U0201130

员工岗位手册系列

数控铣床操作工

岗位手册

北京京城机电控股有限责任公司工会　编

主　编　赵　莹
副主编　尚建伟
参　编　孙淑君　张　雷　李　军
　　　　陈云春　陈　琳

机　械　工　业　出　版　社

本手册是数控铣床操作工岗位必备的工具书，内容依据国家最新的职业标准编写，涵盖了数控铣床操作工岗位所必需的基本知识和技能，以及掌握这些知识和技能必备的基础数据资料。

本手册主要由职业道德及岗位规范、岗位基础知识和典型案例三篇组成。第一篇主要内容有：职业道德及岗位规范；第二篇主要内容有：数控铣削中的机床、铣刀、数学知识，铣削原理、高速切削加工知识，数控铣床编程知识，数控铣削中工件的定位与装夹知识，数控铣床加工操作及数控铣床的检验、维护、保养知识；第三篇以典型案例为主，包括平面加工、轮廓加工、曲面加工、孔类加工、槽类零件加工、配合件加工和易变形零件加工。此外，本手册还附有数控铣工国家职业标准，公差与配合的标准公差与基本偏差表，常用切削材料的牌号、特性、用途、重量计算，国标中螺纹的常识、科技论文撰写知识、数控专业英语等内容。

本手册非常适合数控铣床操作工岗位学习和培训使用，对现场的有关工程技术人员了解该岗位知识、指导工作有着重要的参考价值。同时也是职业院校机械加工专业师生必备的参考书。

图书在版编目（CIP）数据

数控铣床操作工岗位手册/赵莹主编；北京京城机电控股有限责任公司工会编. —北京：机械工业出版社，2012. 7

（员工岗位手册系列）

ISBN 978-7-111-37999-7

Ⅰ. ①数… Ⅱ. ①赵…②北… Ⅲ. ①数控机床：铣床－操作－岗位手册 Ⅳ. ①TG547－62

中国版本图书馆 CIP 数据核字（2012）第 062108 号

机械工业出版社（北京市百万庄大街 22 号 邮政编码 100037）

策划编辑：何月秋 责任编辑：何月秋 高依楠

版式设计：霍永明 责任校对：刘秀芝

封面设计：马精明 责任印制：杨 曦

北京双青印刷厂印刷

2012 年 9 月第 1 版第 1 次印刷

169mm × 239mm · 25.75 印张 · 527 千字

0 001－4 000 册

标准书号：ISBN 978-7-111-37999-7

定价：55.00 元

凡购本书，如有缺页、倒页、脱页，由本社发行部调换

电话服务

社服务中心：(010)88361066

销售一部：(010)68326294

销售二部：(010)88379649

读者购书热线：(010)88379203

网络服务

教材网：http://www.cmpedu.com

机工官网：http://www.cmpbook.com

机工官博：http://weibo.com/cmp1952

策划编辑(010)88379732

封面无防伪标均为盗版

《员工岗位手册系列》编委会名单

序

当前我国正面临千载难逢的战略机遇期，但同时，国际金融危机、欧债危机等诸多不稳定因素也将对我国经济发展产生不利影响。在严峻考验面前，创新能力强、结构调整快、职工素质高的企业才能展示出勃勃生机。事实证明：在做强“二产”，实现高端制造的跨越发展中，除了自主创新，提高核心竞争力外，还必须拥有一支高素质的职工队伍，这是现代企业生存发展的必然要求。我国已进入“十二五”时期，转方式、调结构，在由“中国制造”向“中国创造”转变的关键期和提升期，重要环节就是培育一批具有核心竞争力和持续创新能力的创新型企业，造就数以千万的技术创新人才和高素质职工队伍，这是企业在经济增长中谋求地位的战略选择；是深入贯彻科学发展观，加快职工队伍知识化进程，保持工人阶级先进性的重大举措；也是实施科教兴国战略，建设人才战略强国的重要任务。

《2002年中国工会维权蓝皮书》中有段话：“有一个组织叫工会，在任何主角们需要的时候和地方，他们永远是奋不顾身地跑龙套，起承转合，唱念做打……为职工而生，为维权而立。”北京京城机电控股有限责任公司工会从全面落实《北京“十二五”时期职工发展规划》入手，从关注企业和职工共同发展做起，组织编撰完成了涵盖30个职业的《员工岗位手册系列》，很好地诠释了这句话。此套丛书是工会组织发动企业工程技术人员、一线生产技师、职业教师和工会工作者共同参与编著而成的，注重了技术层面的维度和深度，体现了企业特色工艺，涵盖了较强的专业理论知识，具有作业指导书、学习参考书以及专业工具书的特性，是一套独特的技能人才必备的“百科全书”。全书力求实现企业工会让广大职工体验“一书在手，工作无忧”以及好书助推成长的深层次服务。

我们希望，机电行业的每名职工都能够通过《员工岗位手册系列》的帮助，学习新知识，掌握新技术，成为本岗位的行家能手，为“十二五”发展战略目标彰显工人阶级的英雄风采！

中共北京市委常委，市人大常委会副主任、
党组副书记，市总工会主席

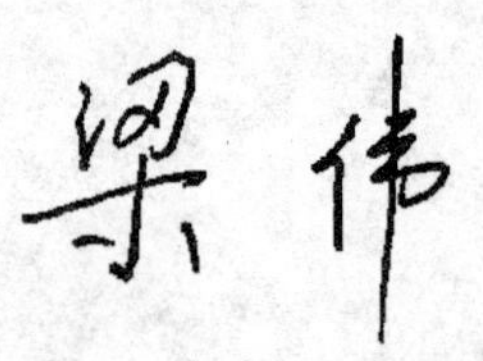

前　言

数控铣床操作工是操作数控铣床的直接责任人，当前随着国内数控铣床使用量的剧增，培养能够正确编程、操作机床并加工出合格零件的应用型高技能人才是企业的当务之急。

本手册是为了满足当前企业对数控铣床操作工的迫切需要，经过市场调研后，根据企业的岗位需求而编写的。

本手册共分三篇，主要介绍职业道德及岗位规范，数控铣床的结构与功能特点，编程用数学知识，数控铣削知识，数控铣削手工编程与自动编程知识，高速加工知识，铣削原理知识，数控铣削定位与装夹知识，数控铣床操作知识，数控铣床的检验、维护与保养知识，数控铣削加工工艺知识，以及数控铣削加工实例等。在内容的组织和编排上，选用了技术先进、市场占有率较大的 FANUC 系统、SIEMENS 系统作为典型数控系统进行剖析，具有广泛的代表性。手册中精选的大量典型实例均来源于生产实际和教学实践。为了使岗位职工更好地掌握专业知识，在附录中增加了数控铣工国家职业标准、公差与配合常用公差表、常用切削材料表、国标中的螺纹常识、专业技术论文知识、数控专业英语等内容。

本手册力求满足当前企业大多数数控铣床操作者的需要，降低了理论知识的深度，强调了内容的实用性和先进性，并反映了数控技术应用中的新工艺、新技术及发展方向。

本手册由赵莹任主编，尚建伟任副主编。孙淑君、张雷、李军、陈云春、陈琳参加了本书的编写工作。黄天石对第三篇的加工实例提出了很多宝贵的意见，在此表示感谢。

本书编写时虽力求严谨完善，但由于时间仓促，参加编写人员水平有限，疏漏错误之处在所难免，敬请读者批评指正。

编　者

目 录

第三篇 典型案例

附 录

第一篇 职业道德及岗位规范

第一章 职业道德

一、职业道德的基本概念

职业道德是规范约束从业人员职业活动的行为准则。加强职业道德建设是推动社会主义物质文明和精神文明建设的需要，是促进行业、企业生存和发展的需要，也是提高从业人员素质的需要。掌握职业道德基本知识，树立职业道德观念是对每一个从业人员最基本的要求。

1. 道德与职业道德

道德，就是一定社会、一定阶级向人们提出的处理人和人之间、个人与社会之间、个人与自然之间各种关系的一种特殊的行为规范。道德是做人的根本。道德是一个庞大的体系，而职业道德是这个体系中一个重要部分，它是社会分工发展到一定阶段的产物。所谓职业道德，它是指从事一定职业劳动的人们，在特定的工作和劳动中以其内心信念和特殊社会手段来维持的，以善恶进行评价的心理意识、行为原则和行为规范的总和，它是人们在从事职业的过程中形成的一种内在的、非强制性的约束机制。职业道德的内容包括：职业道德意识、职业道德行为规范和职业守则等。职业道德是社会道德在职业行为和职业关系中的具体体现，是整个社会道德生活的重要组成部分。

2. 职业道德的特征

职业道德的特征有以下三个方面：

1）范围上的局限性。任何职业道德的适应范围都不是普遍的，而是特定的、有限的。一方面，他主要适用于走上社会岗位的成年人；另一方面，尽管职业道德也有一些共同性的要求，但某一特定行业的职业道德也只适用于专门从事本职业的人。

2）内容上的稳定性和连续性。由于职业分工有其相对的稳定性，与其相适应的职业道德也就有较强的稳定性和连续性。

3）形式上的多样性。因行业而异，一般来说，有多少种不同的行业，就有多少种不同的职业道德。

二、职业道德的社会作用

1. 职业道德与企业的发展

（1）职业道德是企业文化的重要组成部分　职工是企业的主体，企业文化必须以企业职工为中介，借助职工的生产、经营和服务行为来实现。

（2）职业道德是增强企业凝聚力的手段　职业道德是协调职工同事之间、职工与领导之间以及职工与企业之间关系的法宝。

（3）职业道德可以提高企业的竞争力　职业道德有利于企业提高产品和服务的质量；可以降低产品成本、提高劳动生产率和经济效益；有利于企业的技术进步；有利于企业摆脱困难，实现企业阶段性的发展目标；有利于企业树立良好形象、创造著名品牌。

2. 职业道德与人自身的发展

（1）职业道德是事业成功的保证　没有职业道德的人干不好任何工作，每一个成功的人往往都有较高的职业道德。

（2）职业道德是人格的一面镜子　人的职业道德品质反映着人的整体道德素质，职业道德的提高有利于人的思想道德素质的全面提高，提高职业道德水平是人格升华最重要的途径。

三、社会主义职业道德

职业道德是社会主义道德体系的重要组成部分。由于每个职业都与国家、人民的利益密切相关，每个工作岗位、每一次职业行为，都包含着如何处理个人与集体、个人与国家利益的关系问题。因此，职业道德是社会主义道德体系的重要组成部分。

职业道德的实质内容是树立全新的社会主义劳动态度。职业道德的实质就是在社会主义市场经济条件下，约束从业人员的行为，鼓励其通过诚实的劳动，在改善自己生活的同时，增加社会财富，促进国家建设。劳动无疑是个人谋生的手段，也是为社会服务的途径。劳动的双重含义决定了从业人员要有全新的劳动态度和职业道德观念。社会主义职业道德的基本规范如下。

1. 爱岗敬业，忠于职守

任何一种道德都是从一定的社会责任出发，在个人履行对社会责任的过程中，培养相应的社会责任感，从长期的良好行为和规范中建立起个人的道德。因此，职业道德首先要从爱岗敬业、忠于职守的职业行为规范开始。

爱岗敬业是对从业人员工作态度的首要要求。爱岗就是热爱自己的工作岗位，热爱本职工作。敬业就是以一种严肃认真的态度对待工作，工作勤奋努力，精益求精，尽心尽力，尽职尽责。

爱岗与敬业是紧密相连的，不爱岗很难做到敬业，不敬业更谈不上爱岗。如果工作不认真，能混就混，爱岗就会成为一句空话。只有工作责任心强，不辞辛苦，不怕麻烦，精益求精，才是真正的爱岗敬业。

忠于职守，就是要求把自己职业范围内的工作做好，达到工作质量标准和规范要求。如果从业人员都能够做到爱岗敬业、忠于职守，就会有力地促进企业与社会的进步和发展。

2. 诚实守信，办事公道

诚实守信、办事公道是做人的基本道德品质，也是职业道德的基本要求。诚实就是人在社会交往中不讲假话，能够忠于事物的本来面目，不歪曲、篡改事实，不隐瞒自己的观点，不掩饰自己的情感，光明磊落，表里如一。守信就是信守诺言，讲信誉、重信用，忠实履行自己应承担的义务。办事公道是指在利益关系中，正确处理好国家、企业、个人及他人的利益关系，不徇私情，不谋私利。在工作中要处理好企业和个人的利益关系，做到个人服从集体，保证个人利益和集体利益相统一。

信誉是企业在市场经济中赖以生存的重要依据，而良好的产品质量和服务是建立企业信誉的基础。企业的从业人员必须在职业活动中以诚实守信、办事公道的职业态度，为社会创造和提供质量过硬的产品和服务。

3. 遵纪守法，廉洁奉公

任何社会的发展都需要有力的法律、规章制度来维护社会各项活动的正常运行。法律、法规、政策和各种组织制定的规章制度，都是按照事物发展规律制定出来的，用于约束人们的行为规范。从业人员除了要遵守国家的法律、法规和政策外，还要自觉遵守与职业活动行为有关的制度和纪律，如劳动纪律、安全操作规程、操作程序、工艺文件等，才能很好地履行岗位职责，完成本职工作任务。

廉洁奉公强调的是，要求从业人员公私分明，不损害国家和集体的利益，不利用岗位职权牟取私利。遵纪守法、廉洁奉公，是每个从业人员都应该具备的道德品质。

4. 服务群众，奉献社会

服务群众就是为人民服务。一个从业人员既是别人服务的对象，又是为别人服务的主体。每个人都承担着为他人做出职业服务的职责，要做到服务群众就要做到心中有群众、尊重群众、真心对待群众，做什么事都要想到方便群众。

奉献社会是职业道德中的最高境界，同时也是做人的最高境界。奉献社会就是不计个人的名利得失，一心为社会做贡献；是指一种融在一件件具体事情中的高尚人格，就是为社会服务，为他人服务，全心全意为人民服务。从业人员达到了一心为社会做奉献的境界，就与为人民服务的宗旨相吻合了，就必定能做好自己的本职工作。

四、职业守则

1）遵守国家法律、法规和有关规定。

2）具有高度的责任心，爱岗敬业、团结合作。

3）严格执行相关标准、工作程序与规范、工艺文件和安全操作规程。

4）学习新知识新技能，勇于开拓和创新。

5）爱护设备、系统及工具、夹具、量具。

6）着装整洁，符合规定；保持工作环境清洁有序，文明生产。

第二章

数控铣床操作工的岗位规范

第一节　数控铣床操作工概述

一、数控铣床操作工定义

从事编制数控加工程序并操作数控铣床进行零件铣削加工的人员。

二、职业能力特征

具有较强的计算能力和空间感，形体知觉及色觉正常，手指、手臂灵活，动作协调。

三、岗位描述

从事数控铣床编程、操作、安装、调试、维护保养等工作的知识技能型技术人员或有用人才应达到以下要求：掌握数控铣工国家标准相应等级所必需的技术基础和专业理论，并能够熟练运用专业技能完成相应工作，根据相应等级要求能够独立处理、解决技术或工艺难题，具有一定的创新能力和组织管理能力，并能指导低等级工进行生产的技术人员或有用人才。

第二节　数控铣床操作工岗位守则

一、数控铣床操作工职业守则

1）遵守法律、法规和有关规定。

2）具有高度的责任心、爱岗敬业、团结合作。

3）严格执行工作程序、工作规范、工艺文件和安全操作规程。

4）学习新知识、新技能，勇于开拓和创新。

5）爱护设备、系统及工具、夹具、量具。

6）着装整洁，符合规定；保持工作环境清洁有序，文明生产。

二、数控铣床设备操作须知

1）设备的操作人员应按下列规定对设备进行操作维护：

① 应掌握“三好四会”基本功要求，遵守操作“五项纪律”。

② 应熟悉所操作设备的性能、结构原理和操作要领。要做到操作熟练、维护精心、不超规范、不超负荷使用设备。

2）执行“设备谁使用谁维护”的原则。严格做到：

① 工作前：空运转检查机床，并按润滑图表的规定加油。

② 工作中：遵守操作维护规程，正确操作，不许离开岗位。

③ 工作后：认真清理擦拭，经常保持设备内外清洁（达到设备维护“四项要求”）。

3）凭证操作设备。操作工人在独立操作设备前，必须经过设备性能、结构原理、安全操作、维护要求等方面的技术教育和实际操作基本功的培训，经考试（考核）合格取得设备操作证后，方可独立操作。

4）操作者应负责保管好自己使用的机床和附件，未经领导同意，不准他人使用。

5）多人操作的设备应实行机台长制，由机台长负责和协调设备的使用和维护。

6）设备操作证应妥善保管，不得丢失，不准涂改、撕毁、转借。调动工作时应将操作证交回签发部门。

7）改变或更换操作设备机型时，需要重新培训考试，签发操作证。

8）操作者必须执行设备交接班制度，每日班后应认真填写交接班记录和设备运转情况记录。

9）发生事故应立即停车切断电源，保护现场并逐级报告，不得自己处理。

三、“三好”、“四会”、“五项纪律”的基本内容要求

（1）三好

1）管好设备。操作者应负责保管好自己使用的设备，未经领导同意，不准他人操作使用。

2）用好设备。严格贯彻操作规程，不超负荷使用设备。禁止不文明操作。

3）修好设备。设备操作工人要配合维修工人修理设备，及时排除设备故障，按计划交修设备。

（2）四会

1）会使用。操作者应先学习设备操作维护规程。熟悉性能、结构、传动原

理，弄懂加工工艺和工装刀具，正确使用设备。

2）会维护。学习和执行设备维护、润滑规定，上班加油，下班清扫，经常保持设备内外清洁、完好。

3）会检查。了解自己所用设备的结构、性能及易损零件部位，熟悉日常点检，完好检查的项目、标准和方法，并能按规定要求进行日常点检。

4）会排除故障。熟悉所用设备的特点，懂得拆装注意事项及鉴别设备正常与异常，会进行一般的调整和简单故障的排除。自己不能解决的问题要及时报告，并协同维修人员进行排除。

（3）设备操作者的“五项纪律”

1）实行定人定机。凭操作证使用设备，遵守安全操作规程。

2）经常保持设备整洁，按规定加油，保证合理润滑。

3）遵守交接班制度。

4）管好工具、附件，不得遗失。

5）发现异常立即停车检查，自己不能处理的问题应及时通知有关人员检查处理。

（4）设备维护的“四项要求”

1）整齐。工具、工件、附件放置整齐，设备零部件及安全防护装置齐全，线路、管道完整。

2）清洁。设备内外清洁，无黄袍；各滑动面、丝杠、齿条等无黑油污，无碰伤；各部位不漏油、不漏水、不漏气、不漏电；切削垃圾清扫干净。

3）润滑。按时加油、换油，油质符合要求，油壶、油枪、油杯、油嘴齐全，油毡、油线清洁，油标明亮，油路畅通。

4）安全。实行定人定机和交接班制度；熟悉设备结构，遵守操作维护规程，合理使用，精心维护，检测异状，不出事故。

四、数控铣床安全操作规范守则

1）操作者在独立操作设备前，必须经过设备性能、结构原理、安全操作、维护要求等方面的技术教育和实际操作基本功的培训，经考试（考核）合格取得设备操作证后，方可独立操作。

2）操作者必须严格贯彻操作规程，保管好自己使用的设备，每班前必须对设备及物品进行严格认真的检查，合理使用，精心维护，未经领导同意，不准他人操作使用，不超负荷使用设备，禁止不文明操作。

3）上班前操作者必须穿戴好工作服，严禁戴手套；女同志戴工作帽并将头发全部放入帽子内，不宜戴首饰操作机床。

4）机床开始工作前要预热，认真检查润滑系统工作是否正常，如长时间未开动，可先采用手动方式向各部分供油润滑。

5）机床各导轨面严禁存放工具、工件等物品，以免碰、拉损坏机床，应将工具、工件、附件在指定位置放置整齐。

6）工件与刀具必须装夹牢靠，以免飞出伤人。

7）装夹大型工件及刀具时，必须用木板垫好滑动面，以防脱落砸坏机床导轨面。

8）使用的刀具应该与机床允许的规格相符，要及时更换有严重破损的刀具。

9）切削铜、铝、铸铁工件时要戴口罩；要及时处理长的切屑，切勿用手直接去清理。

10）切削时严禁用手摸切削刃和切削部位，或用棉纱擦拭工件和测量尺寸。

11）所用扳手都要合乎规格，紧松工件时不要用力过猛，以免脱滑伤人。

12）不要移动或损坏安装在机床上的警告标牌。

13）成品、半成品、毛坯应在工作场地指定位置摆放整齐，并且应离开机床一米以外，其高度不得影响行车正常运行，防止倒塌。

14）脚踏板必须平稳、结实，以免发生人身事故。

15）严禁超负荷使用机床，严禁使用高压照明灯，以免损坏机器和发生触电事故。

16）机床电器发生故障要及时断电并找电工排除，不得私自处理或接通电源，以免烧坏电动机、电器和发生触电事故。同时设备操作工人要配合维修工人修理设备，及时排除设备故障，按计划交设备维修单。

17）操作者必须坚守岗位，集中精力，严格按图样、工艺要求加工；有事离开机床要停机、关灯、断电。

18）工作完毕后，清洁机床内外，将工作台放在中间位置，断电。

19）操作者必须执行设备交接班制度，每日班后应认真填写交接班记录和设备运转情况记录。

五、数控铣削加工守则

1. 铣刀的选择与装夹

（1）铣刀直径及齿数的选择

1）铣刀直径应根据铣削宽度、深度选择，一般铣削宽度和深度越大、越深，铣刀直径也应越大。

2）铣刀齿数应根据工件材料和加工要求选择，一般铣削塑料材料或粗加工时，选用粗齿铣刀；铣削脆性材料或半精加工、精加工时，选用中、细齿铣刀。

（2）铣刀的装夹

1）在数控铣床上装夹铣刀时，选择合理的刀柄安装。尽可能选用整体式的刀柄。

2）铣刀装夹好后，必要时应用指示表检查铣刀的径向圆跳动。

2. 工件的装夹

（1）夹紧装置应具备的基本要求

1）夹紧过程可靠，不改变工件定位后所占据的正确位置。

2）夹紧力的大小适当，既要保证工件在加工过程中位置稳定不变、振动小，又要使其不会产生过大的夹紧变形。

3）操作简单方便、省力、安全。

4）结构性好，夹紧装置的结构力求简单、紧凑，便于制造和维修。

（2）夹紧力方向和作用点的选择

1）夹紧力应向主要定位基准。

2）夹紧力的作用点应落在定位元件的支承范围内，并靠近支承元件的几何中心。

3）夹紧力的方向和作用点应施加于工件刚性较好的方向和部位。

4）夹紧力作用点应尽量靠近工件加工表面。

5）夹紧力的方向应有利于减小夹紧力的大小。

（3）在平口钳上装夹

1）要保证平口钳在工作台的正确位置，必要时用指示表找正固定钳口面，使其与工作台运动方向平行或垂直。

2）工件下面要垫放适当厚度的平行垫铁，夹紧时应使工件紧密地靠在平行垫铁上。

3）工件不能高出钳口或伸出钳口两端太多，以防铣削时产生振动。

第三节　数控铣床操作工安全操作规范

一、数控铣床安全操作规程

为了正确合理地使用数控铣床，保证数控铣床正常运转，必须制定比较完整的数控铣床操作规程，通常应当做到：

1）机床通电后，检查各开关、按钮和键是否正常、灵活，机床有无异常现象。

2）检查电压、气压、液压是否正常，有手动润滑的部位先要进行手动润滑。

3）各坐标轴手动回零（机械原点）。若某轴在回零前已在零位，必须先将该轴移动离开零点一段距离后，再进行手动回零。

4）在进行工作台回转交换时，台面上、护罩上、导轨上不得有异物。

5）机床空运转 15min 以上，使机床达到热平衡状态。

6）程序输入后，应认真核对，保证无误，其中包括对代码、指令、地址、数值、正负号、小数点及语法的查对。

7）按工艺规程安装找正好夹具。

8）正确测量和计算工件坐标系，并对所得结果进行验证和验算。

9）将工件坐标系输入到偏置页面，并对坐标、坐标值、正负号及小数点进行认真核对。

10）未装工件以前，空运行一次程序，检查程序能否顺利执行，刀具长度选取和夹具安装是否合理，有无超程现象。

11）将刀具补偿值（刀长、半径）输入偏置页面后，要对刀补号、补偿值、正负号、小数点进行认真核对。

12）装夹工件，注意螺钉压板是否妨碍刀具运动，检查零件毛坯和尺寸超长现象。

13）检查各刀头的安装方向及各刀具旋转方向是否合乎程序要求。

14）查看各刀杆前后部位的形状和尺寸是否合乎加工工艺要求，能否碰撞工件与夹具。

15）镗刀头尾部露出刀杆直径部分必须小于刀尖露出刀杆直径部分。

16）检查每把刀柄在主轴孔中是否都能拉紧。

17）无论是首次切削加工的零件，还是周期性重复切削加工的零件，首件都必须对照图样工艺、程序和刀具调整卡，进行逐把刀逐段程序的试切。

18）单段试切时，快速倍率开关必须打到最低挡。

19）每把刀在首次使用时都必须先验证它的实际长度与所给刀补值是否相符。

20）在程序运行时，要重点观察数控系统上的几种显示：

① 坐标显示。可了解目前刀具运动点在机床坐标系及工件坐标系中的位置，了解这一程序段的运动量，还剩余多少运动量等。

② 工作寄存器和缓冲寄存器显示。可看出正在执行程序段各状态指令和下一个程序段的内容。

③ 主程序和子程序。可了解正在执行程序段的具体内容。

21）试切进给时，在刀具运行至工件表面 30 ~ 50mm 处，必须在进给保持下，验证 Z 轴剩余坐标值和 X、Y 轴坐标值是否与图样一致。

22）对一些有试刀要求的刀具，采用“渐近”的方法，如镗孔，可先试镗一小段长度，检验合格后，再镗到整个长度。使用刀具半径补偿功能的刀具数据，可由小到大，边试切边修改。

23）试切和加工中，刃磨刀具和更换刀辅具后，一定要重新测量刀长并修改好刀补值和刀补号。

24）程序检索时要注意光标所指位置是否合理、准确，并观察刀具与机床运动方向坐标是否正确。

25）程序修改后，对修改部分一定要仔细计算和认真核对。

26）进行手摇进给和手动连续进给操作时，必须检查各种开关所选择的位置是否正确，弄清正负方向，认准按键，然后再进行操作。

27）全批零件加工完成后，应核对刀具号、刀补值，使程序、偏置页面、调整卡及工艺中的刀具号、刀补值完全一致。

28）从刀库中卸下刀具，按调整卡或程序，清理编号入库。

29）程序输出并保存，与工艺、刀具调整卡成套入库。

30）卸下夹具。对某些夹具应记录安装位置及方位，并做好记录、存档。

31）将各坐标轴停在中间位置。

32）清扫机床。

二、大型数控铣床操作规程

1）操作者必须熟练掌握该设备的技术性能和操作要领，经过专业培训，持证上岗。

2）开机和关机必须严格遵守该机床说明书规定之顺序进行操作。

3）工作前先检查工装、刀具、工件装夹是否牢固可靠。

4）机床运转时，不可靠得太近进行观察，测量、清除切屑必须在停车状态下进行。

5）加工每一批零件都必须严格遵循首件三检；每天加工第一只零件要特别注意尺寸的复验，防止有人改动程序而不知情。

6）加工由两人同时操作时，必须以一人为主、另一人为辅，由主操作者下达操作指令，辅助操作者必须听从指挥，不得擅自动作。

7）机床运行中，如发现声响异常或有故障，应立即停车检查，并向班组长或车间报告，进行故障排除，确认无问题方可继续进行加工；必要时请专业人员进行维修。

8）不得随意更改加工程序，修正、删除时须与技术人员联系。

9）每天做好机床的例行保养，及时清除切屑，保持机床、工件、工具及工作场地的清洁整齐。

三、砂轮机安全操作规程

1. 使用前的准备

砂轮机要有专人负责，经常检查，以保证正常运转。

更换新砂轮时，应切断总电源，在安装前应检查新砂轮片是否有裂纹，若肉眼不易辨别，可用坚固的线把砂轮吊起，再用一根木头轻轻敲击，静听其声（金属声则优、哑声则劣）。更换后需经 10min 空转后方可使用。在使用过程中要经常检查砂轮片是否有裂纹、异常声音、摇摆、跳动等现象，如果发现应立即停车报告。

砂轮机必须有牢固合适的砂轮罩，工件托架必须安装牢固，托架平面要平整。

托架距砂轮不得超过5mm，否则不得使用。

安装砂轮时，螺母上得不得过松、过紧，在使用前应检查螺母是否松动。砂轮安装好后，一定要空转试验2~3min，看其运转是否平衡，保护装置是否妥善可靠，在测试运转时，应安排两名工作人员，其中一人站在砂轮侧面开动砂轮，如有异常，由另一人在配电柜处立即切断电源，以防发生事故。

2. 使用中的注意事项

1）使用砂轮机作业时应戴好专用防护面罩或戴防护镜，衣袖扣要扣好，不准戴手套，严禁使用棉纱等物包裹刀具进行磨削。不得正对砂轮，而应站在侧面。

2）开动砂轮时必须经40~60s转速稳定后方可磨削，磨削刀具时应站在砂轮的侧面，不可正对砂轮，以防砂轮片破碎飞出伤人。

3）禁止两人同时使用同一块砂轮上，更不准在砂轮的侧面磨削。磨削时的站立位置应与砂轮机成一夹角，且接触压力要均匀，严禁撞击砂轮，以免碎裂，砂轮只限于磨刀具、不得磨笨重的物料或薄铁板以及软质材料（铝、铜等）和木质品。

4）磨切削刃时，操作者应站在砂轮的侧面或斜侧位置，不要站在砂轮的正面，同时刀具应略高于砂轮中心位置。不得用力过猛，以防滑脱伤手。砂轮不圆、有裂纹和磨损剩余部分不足25mm的不准使用。

5）砂轮不准沾水，要经常保持干燥，以防湿水后失去平衡，发生事故。

6）不允许在砂轮机上磨削较大较长的物体，防止震碎砂轮飞出伤人。

7）不得单手持工件进行磨削，防止脱落在防护罩内卡破砂轮。

3. 使用后的注意事项

必须经常修整砂轮磨削面，当发现刀具严重跳动时，应及时用金刚石笔进行修整，合金刀具不得在普通砂轮上磨削，反之，合金砂轮上不许磨削普通刀具。

砂轮磨薄、磨小，砂轮片磨损到与夹板相近，磨损严重时，不准使用，应及时更换，以保证安全。

磨削完毕应关闭电源，不要让砂轮机空转，同时要应经常清除防护罩内积尘，并定期检修更换主轴润滑油脂。

第四节　数控铣床操作工上岗条件及工作责任

1. 上岗条件

（1）文化程度　具有技工学校、职业高中或具有本专业知识的同等水平。

（2）岗位培训及工作经历　取得岗位合格证书，从事相同岗位工作三年以上。

（3）专业知识

1）掌握数控铣削工艺知识。

2）掌握自用数控铣床的名称、规格型号、性能、维护保养方法。

3）掌握常用工具、夹具、量具的名称、规格、使用、维护保养方法。

4）掌握常用润滑剂、切削液的种类和用途。

5）掌握切削用量选择原则。

6）掌握切削温度变化的主要因素及切削温度对刀具寿命和工件变形的影响。

（4）实际操作能力

1）能看懂数控铣床使用说明书。

2）能看懂零件图，正确执行工艺规程。

3）能正确操作和调整自用机床，并能维护和保养。

4）能正确使用工具、夹具、量具，并能维护和保养。

5）能根据工件材料、加工要求正确选择铣刀。

6）能正确合理地选择切削用量。

2. 工作责任

1）对零件的工序加工质量、加工时间负责。

2）对使用的设备、工具、夹具、量具的维护保养负责。

3）对设备及周围环境的卫生负责。

4）按工艺规定，保证工序余量和加工精度，以利于后续工序的顺利进行。

5）若某工序出现加工问题，及时与施工员、检验员及下道工序工作者协商处理。

第五节　文明生产守则和注意事项

一、文明生产

文明生产是协调生产过程中人、物、环境三者之间关系的生产活动。各企业应根据自己企业的特点、传统及企业文化，使人、物、环境和谐有序地生产、流动及保持。大致涉及以下七个方面内容：

1）员工管理。

2）生产管理。

3）质量管理。坚持三检制度，合格后转入下道工序。

4）工艺管理。岗位技能培训，考核合格后方可上岗。

5）定置管理。做到工完、料净、场地清。

6）设备及工、夹、量具的管理。做到“三好四会”。“三好”即用好、管好、保养好；“四会”即会使用、会保养、会检查、会排除一般故障。

7）安全生产管理。贯彻安全第一，预防为主的思想，每名员工都应知道并做到“三不一要”，即我不伤害自己，我不伤害别人，我不被别人伤害，我要安全。

二、注意事项

希望数控铣床的岗位工人能够按照岗位安全规范和操作守则，运用岗位知识和技能，安全地完成本岗位零件的加工，生产出合格的零件。在此特别强调几个注意事项，望数控铣床操作工注意。

1）首先树立“安全第一，预防为主”的思想，坚持“三不一要”。

2）遵守企业管理制度，维护企业形象。

3）正确处理加工数量与加工质量的关系。

4）必须执行工艺纪律，按“三检三按”方针进行加工。三检即自检、互检、专职检；三按即按设计图样、按工艺文件、按技术标准。

5）参加岗位培训，掌握数控铣工的专业知识，不断学习提高操作技能。

第二篇　岗位基础知识

数控铣床是世界上最早研制出来的数控机床，是一种功能很强的机床。它加工范围广，工艺复杂，涉及的技术问题多，是数控加工领域中具有代表性的一种机床。数控机床和柔性制造单元等都是在数控铣床的基础上迅速发展起来的。人们在研究和开发新的数控系统和自动编程软件时，也把数控铣削加工作为重点。

第一章　数控铣削加工的基础知识

第一节　数控铣床知识

一、数控铣床的分类

1. 按机床主轴的布置形式及机床的布局特点分类

（1）立式数控铣床　立式数控铣床的主轴与工作台面垂直，工件装夹方便，加工时便于观察工件的情况，但不便于排屑，见图2-1-1。立式数控铣床又可分为小、中、大三种类型。小型数控立铣一般采用工作台移动和升降，而主轴不移动的方式；中型数控立铣一般采用纵向和横向移动方式，而且主轴可沿垂直方向上下移动；大型数控立铣因考虑到扩大行程、缩小占地面积及保持刚性等技术上的诸多因素，普遍采用龙门移动式，其主轴可以在龙门架的横向和垂直方向移动，而龙门架则沿床身做纵向运动。

（2）卧式数控铣床　卧式数控铣床的主轴与工作台面平行，加工时不便观察，但排屑顺畅，一般配有数控回转工作台，能加工零件的不同侧面，见图2-1-2。与立式数控铣床相比，卧式数控铣床尺寸要大，目前数控铣床大都配备自动换刀装置而成为卧式数控铣床。

（3）立卧两用数控铣床　立卧两用数控铣床的主轴可以变换角度。不仅具有立式数控铣床的功能，而且具有卧式数控铣床的功能。特别是采用数控万能主轴头的立卧两用数控铣床，其主轴头可以任意转换方向，加工出与水平面呈各种

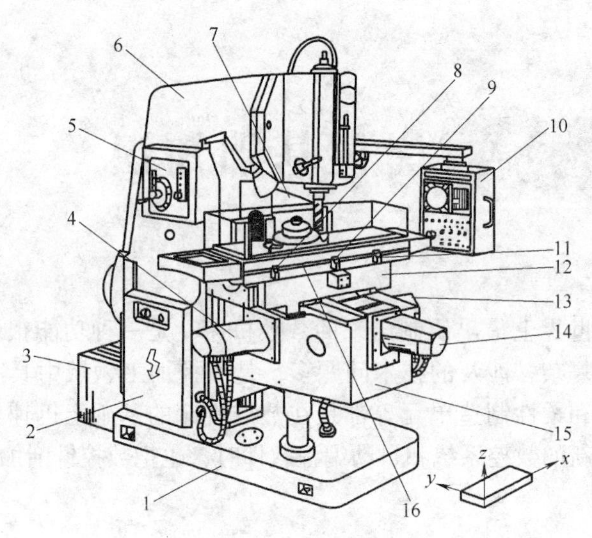

图 2-1-1　立式数控铣床

1—底座　2—强电柜　3—变压器箱　4—垂直升降进给伺服电动机　5—按钮板　6—床身　7—数控柜　8、11—保护开关　9—挡铁　10—操纵台　12—横向溜板　13—纵向进给伺服系统　14—横向进给伺服系统　15—升降台　16—纵向溜板

不同角度的工件表面。若增加数控回转工作台，就可以实现对工件的五面加工。立卧两用数控铣床主轴呈水平和垂直的两种状态，见图 2-1-3。

（4）其他分类　按数控铣床结构的不同，可以分为立柱移动式数控铣床、主轴头可倾式和可交换工作台式数控铣床；按加工对象的不同可以分为仿形数控铣床、数控摇臂铣床和数控万能工具铣床等，见图 2-1-4。

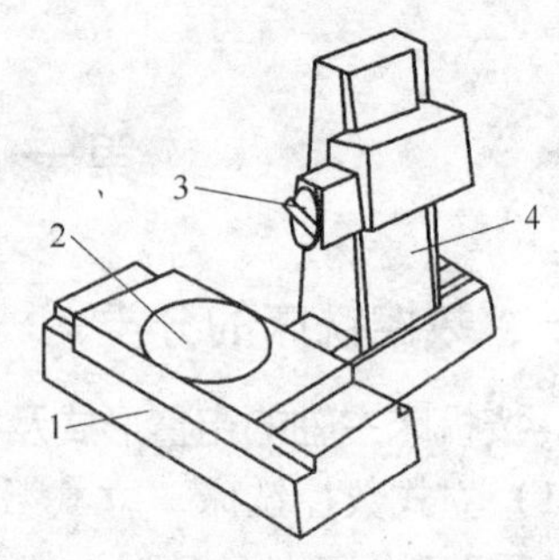

图 2-1-2　卧式数控铣床结构示意图

1—底座　2—工作台　3—主轴箱　4—立柱

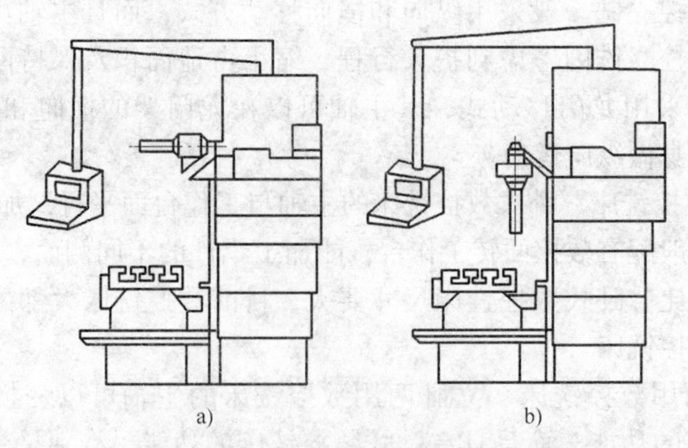

图 2-1-3　立卧两用数控铣床结构图

a）卧式数控铣床　b）立式数控铣床

图 2-1-4　几种不同的铣床

a）立柱移动式数控铣床　b）数控摇臂铣床　c）数控万能工具铣床

2. 按运动方式分类

（1）点位控制系统（Positioning Control）　只控制刀具从一点到另一点的位置，而不控制移动轨迹，在定位移动中不进行切削加工，如坐标镗床、钻床和压力机等。数控钻床的工作原理见图 2-1-5。

（2）直线控制系统（Straight-line Control）　直线控制系统是指，控制刀具或机床工作台以给定速度，沿平行于某一坐标轴方向，由一个位置到另一个位置精确移动。也称点位直线控制系统，见图 2-1-6。

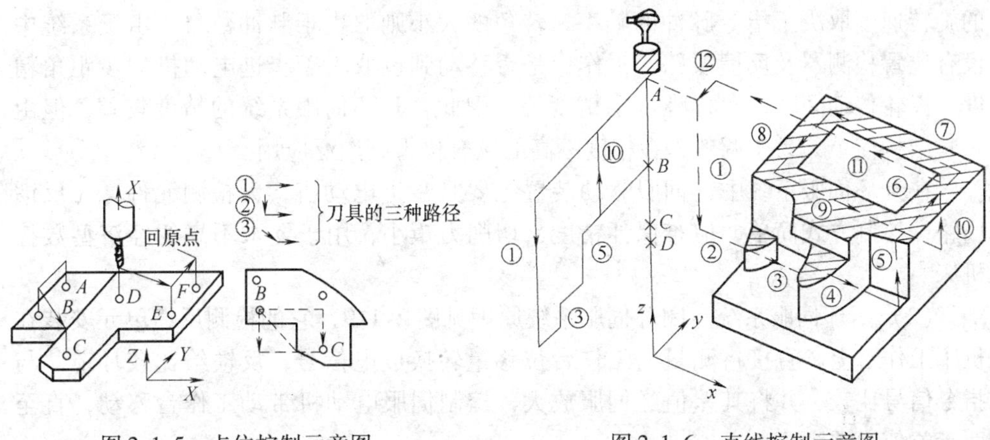

图 2-1-5　点位控制示意图　　　图 2-1-6　直线控制示意图

（3）轮廓控制系统（Contour Control）　轮廓控制系统的特点是对两个或两个以上的坐标轴同时进行控制，它不仅要控制机床移动部件的起点与终点坐标，而且要控制整个加工过程的每一点的速度、方向和位移量，即要控制加工的轨迹加工出要求的轮廓。运动轨迹是任意斜率的直线、圆弧、螺旋线等，如多坐标轮廓控制系统，见图 2-1-7。

3. 按照控制对象和使用目的分类

（1）开环伺服系统　开环伺服系统原理见图 2-1-8，它由步进电动机及其驱动

图 2-1-7　轮廓控制示意图

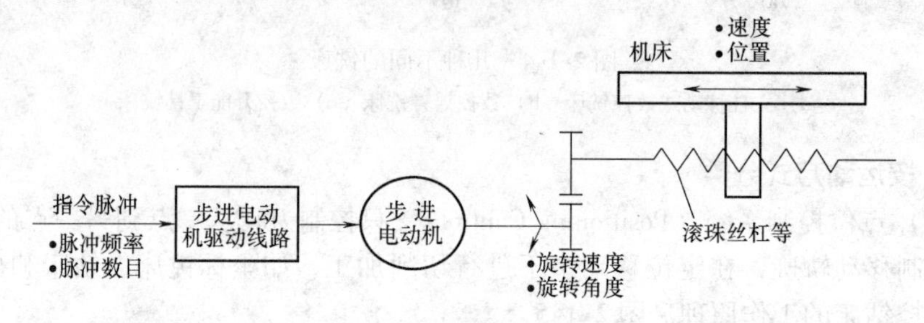

图 2-1-8　开环伺服系统原理图

线路构成。

其功能是，每接收一个指令脉冲，步进电动机就旋转一定角度，步进电动机的旋转速度取决于指令脉冲的频率，转角的大小则取决于脉冲数目。由于系统中没有位置检测器及反馈线路，工作台是否移动到位取决于步进电动机的步距角精度、齿轮传动间隙、丝杠螺母副精度等，因此，开环伺服系统的精度较差，但由于其结构简单，易于调整，在精度不高的场合仍得到广泛应用。

在开环伺服系统中，伺服驱动装置主要是步进电动机，无检测元件，无反馈回路，控制方式简单，但难保证精度，切削力矩小，用于要求不高的经济型数控机床。

（2）闭环伺服系统　闭环伺服系统原理见图 2-1-9，它的检测反馈单元安装在机床工作台上，直接将测量的工作台位移量转换成电信号，反馈给比较环节，与指令信号比较，并将其差值经伺服放大，控制伺服电动机带动工作台移动，直至两者差值为零为止。

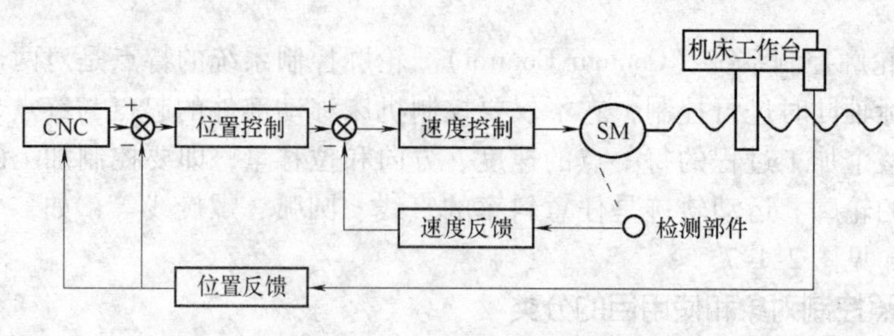

图 2-1-9　闭环伺服系统原理图

闭环伺服系统消除了进给传动系统的全部误差，所以精度很高（从理论上讲，精度取决于检测装置的测量精度）。然而，由于各个环节都包括在反馈回路内，所以机械传动系统的刚度、间隙、制造误差和摩擦阻尼等非线性因素都直接影响伺服系统的调制参数。由此可见，闭环伺服系统的结构复杂，其调试、维护都有较高的技术难度，价格也较昂贵。闭环常用于精密数控机床。

（3）半闭环伺服系统 半闭环伺服系统原理见图2-1-10，其与闭环伺服系统的区别在于，半闭环伺服系统的反馈环节不在机床工作台上，而是安装在中间某一部位（如电动机轴上)，这样的伺服系统称为半闭环伺服系统。由于这种系统抛开了机械传动系统的刚度、间隙、制造误差和摩擦阻尼等非线性因素，所以调试比较容易，稳定性好。尽管这种系统不反映反馈回路之外的误差，但由于采用高分辨率的检测元件，也可以获得比较满意的精度。

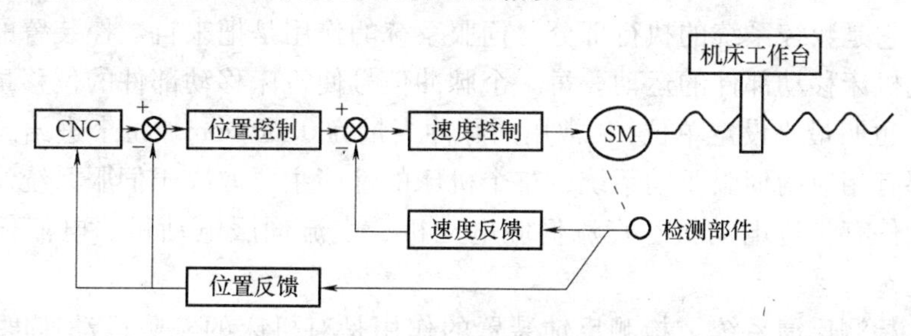

图2-1-10 半闭环伺服系统原理图

二、数控铣床的组成和工作原理

1. 数控铣床的组成

现代计算机数控机床（CNC）由程序、输入输出设备、计算机数控装置、可编程序控制器（PLC)、主轴控制单元及速度控制单元等部分组成，见图2-1-11。

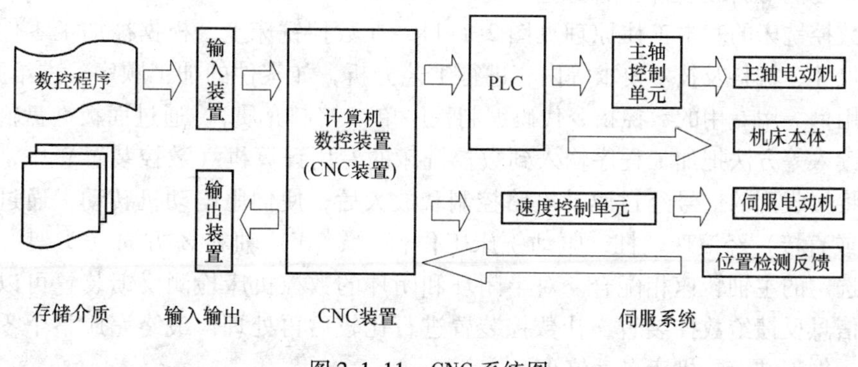

图2-1-11 CNC系统图

（1）程序的存储介质　在数控机床上加工零件时，首先根据零件图样上的零件形状、尺寸和技术条件，确定加工工艺，然后编制出加工程序。程序必须存储在某种存储介质上，如穿孔纸带、磁带或磁盘等。

（2）输入、输出装置　存储介质上记载的加工信息需要输入装置输送给机床数控系统，机床内存中的零件加工程序可以通过输出装置传送到存储介质上。输入输出装置是机床与外部设备的接口，目前输入装置主要有纸带阅读机、软盘驱动器、RS232C 串行通信口、MDI 方式等。

（3）数控装置　数控装置是数控机床的核心，它接收输入装置传送的数字化信息，经过数控装置的控制软件和逻辑电路进行译码、运算和逻辑处理后，将各种指令信息输出给伺服系统，使设备按规定的动作执行。

（4）伺服系统　伺服系统包括伺服驱动电动机、各种伺服驱动元件和执行机构等，它是数控系统的执行部分。伺服系统的作用是把来自数控装置的脉冲信号转换成机床移动部件的运动。每一个脉冲信号使机床移动部件的位移量叫做脉冲当量（也叫最小设定单位），常用的脉冲当量为 0.001mm。每个进给运动的执行部件都有相应的伺服驱动系统，整个机床的性能主要取决于伺服系统。常用伺服驱动元件有步进电动机、直流伺服电动机、交流伺服电动机、电液伺服电动机等。

（5）检测反馈系统　检测反馈装置的作用是对机床的实际运动速度、方向、位移量以及加工状态加以检测，把检测结果转化为电信号反馈给数控装置，通过比较、计算出实际位置与指令位置之间的偏差，并发出纠正误差指令。测量反馈系统可分为半闭环和闭环两种系统。在半闭环系统中，位置检测主要使用感应同步器、磁栅、光栅、激光测距仪等。

（6）机床本体　机床本体是加工运动的实际机械部件，主要包括主运动部件、进给运动部件（如工作台、刀架）和支承部件（如床身、立柱等），还有冷却、润滑、转位（如夹紧、换刀机械手）等辅助装置。

2. 数控铣床的基本工作原理

数控铣床的基本工作原理见图 2-1-11，在数控铣床上，根据被加工零件的图样、尺寸、材料及技术要求等内容进行工艺分析，如零件的加工顺序、进给路线、切削用量等用专用的数控指令代码编制程序单（控制介质），通过面板键盘输入或磁盘读入等方法把加工程序输入到数控铣床的专用计算机（数控装置）中，数控装置将接收到的信号经过驱动电路控制和放大后，使伺服电动机转动，通过齿轮副（或直接）经滚珠丝杠，驱动铣床工作台（X，Y）轴和 Z 方向（头架滑板），再与选定的主轴转速相配合。对半闭环和闭环的数控机床检测反馈装置可以把测得的信息反馈给数控装置，让数控装置进行比较后再处理，最终完成整个零件的加工。加工结束，机床自动停止。

三、数控铣床的主要功能

数控铣床主要可以完成零件的铣削加工以及孔加工。配合不同档次的数控系统，其功能会有较大的差别，但一般都应具有以下主要功能：

1. 铣削加工联动功能

数控铣床一般应具有三坐标以上的联动功能，能够进行直线插补、圆弧插补和螺旋插补，自动控制主轴旋转并带动刀具对工件进行铣削加工。图 2-1-12 所示为三坐标联动的曲面铣削加工，联动轴数越多，对工件的装夹要求就越低，加工范围越大。图 2-1-13 所示为叶片模型，使用五轴联动的数控铣床可以很方便地加工。

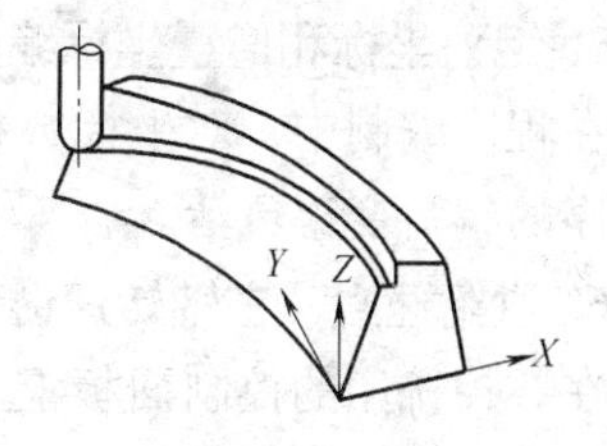

图 2-1-12　三坐标联动的曲面铣削加工

2. 孔及螺纹加工功能

在数控铣床上加工孔可以采用定尺寸的孔加工刀具，如麻花钻、铰刀等，进行钻、扩、铰等加工，见图 2-1-14，也可以采用铣刀铣削加工孔。

螺纹孔可以用丝锥进行攻螺纹，也可以采用螺纹铣刀加工，见图 2-1-15，铣削内螺纹和外螺纹，铣削螺纹主要利用数控铣床的螺旋插补功能，因为这种方法比传统的丝锥加工效率要高得多，正得到日益广泛的应用。

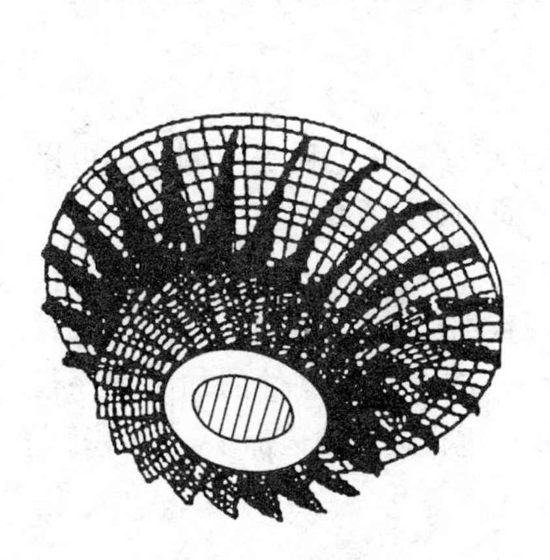
图 2-1-13　叶片模型

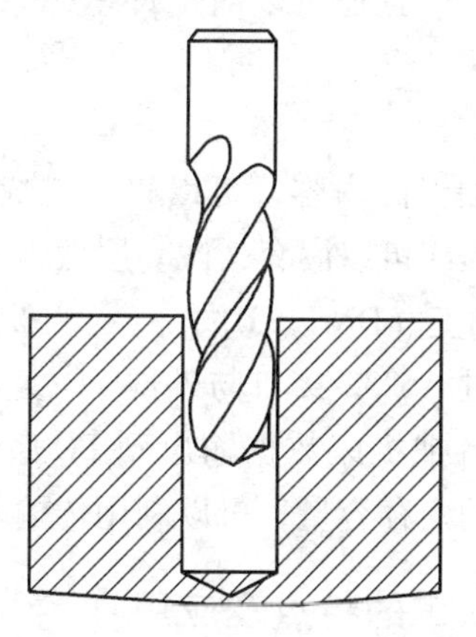
图2-1-14　钻孔加工示意图

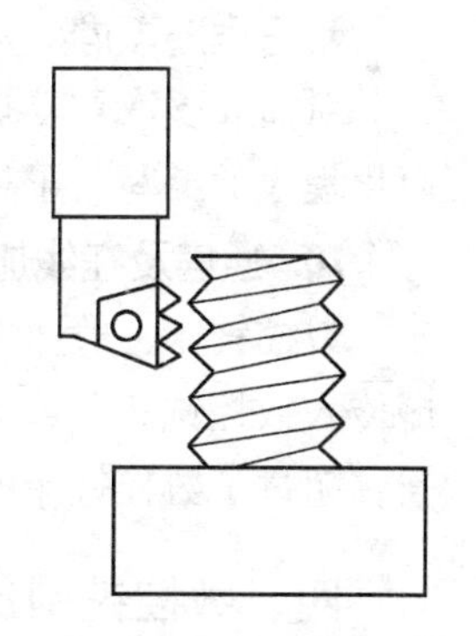
图 2-1-15　螺纹铣削示意图

3. 刀具补偿功能

刀具补偿功能一般包括半径补偿功能和刀具长度补偿功能。利用刀具半径补偿功能可以在平面轮廓加工时解决刀具中心轨迹和零件轮廓之间的位置尺寸关系，编程人员只需根据零件轮廓编程而不必计算刀心轨迹，同时可以改变刀具半径补偿值，实现零件的粗精加工，在使用相同的加工程序时具有更大的灵活性。刀具长度补偿主要解决不同长度的刀具利用长度补偿程序实现设定位置与实际长度的协调问题。

4. 米制、英制转换功能

此项功能可以根据图样的标注尺寸选择米制单位和英制单位编程，而不必进行单位换算，使编程更加方便。

5. 绝对坐标和增量坐标编程功能

在程序编制中，对坐标数据可以使用绝对坐标或者增量坐标，使数据的计算或程序的编写变得灵活。

6. 进给速度、主轴转速调节功能

在数控铣床的控制面板上一般都设有进给速度、主轴转速的倍率开关，用来在程序执行中根据加工状态和编程设定值随时调整实际的进给速度和主轴转速，以达到最佳的切削效果。

7. 固定循环功能

固定循环功能可以实现一些具有典型性的需多次重复加工的内容，如孔的相关加工、挖槽加工等。只要改变参数就可以适应不同尺寸。

8. 工件坐标系设定功能

这项功能用来确定工件在工作台上的装夹位置，对于单工作台上一次加工多个零件来说非常方便，而且还可以对工件坐标系进行平移和旋转，以适应不同特征的工件。

9. 子程序功能

对需要多次重复加工的内容，可以将其编成子程序，在主程序中调用，可以简化程序的编写。子程序可以嵌套，嵌套层数视不同的数控系统而定。

10. 通信及在线加工（DNC）功能

数控铣床一般通过 RS232 接口与外部 PC 实现数据的输入/输出，如把加工程序传入数控铣床，或者把机床数据输出到 PC 备份。有些复杂零件的加工程序很长，超过了数控铣床的内存容量，可以利用传输软件进行边传输边加工。

四、数控铣削加工的特点及应用

1. 数控铣削加工的特点

数控铣床与普通铣床相比有以下特点：

1）高度柔性。

2）加工精度高，质量稳定。

3）生产率高。

4）可大大减轻工人的劳动强度。

2. 数控铣削加工的应用

数控铣床的应用十分广泛，它可以加工各种平面轮廓和立体轮廓的零件，如凸轮、模具和叶片等；还可以进行钻、扩、铰、攻螺纹和镗孔等。根据数控铣床的特点，从铣削加工角度来考虑，适合数控铣削的主要加工对象有以下几类：

（1）平面类零件　加工面平行或垂直于水平面，或加工面与水平面的夹角为定角的零件为平面类零件，见图2-1-16。目前，在数控铣床上加工的绝大多数零件属于平面类零件。平面类零件的特点是各个加工面是平面或可以展开成平面。例如，曲线轮廓面 M（见图2-1-16a）和正圆台面 N（见图2-1-16c），展开后均为平面。

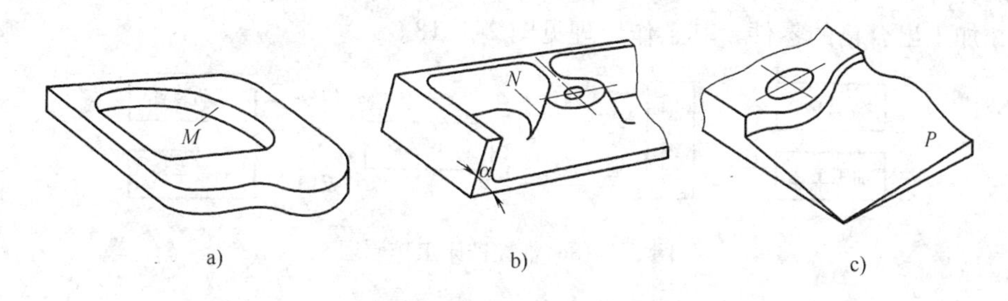

图2-1-16　平面类零件

a）带平面轮廓的平面零件　b）带斜平面的平面零件　c）带正圆台和斜肋的平面零件

平面类零件是数控铣削加工对象中最简单的一类零件，一般只需用三坐标数控铣床的两坐标联动（即两轴半坐标联动）就可以把它们加工出来。

（2）变斜角类零件　加工面与水平面的夹角呈连续变化的零件称为变斜角类零件，这类零件多为电动机零件，如飞机上的整体梁、框、椽条与肋等；此外还有检验夹具与装配型架等属于变斜角类零件。图2-1-17所示为飞机上的一种变斜角梁椽条，该零件的上表面在第②肋至第⑤肋的斜角从3°20′均匀变化为2°20′，从第⑤肋至第⑨肋再均匀变化为1°20′，从第⑨肋到第⑫肋又均匀变化为0°。

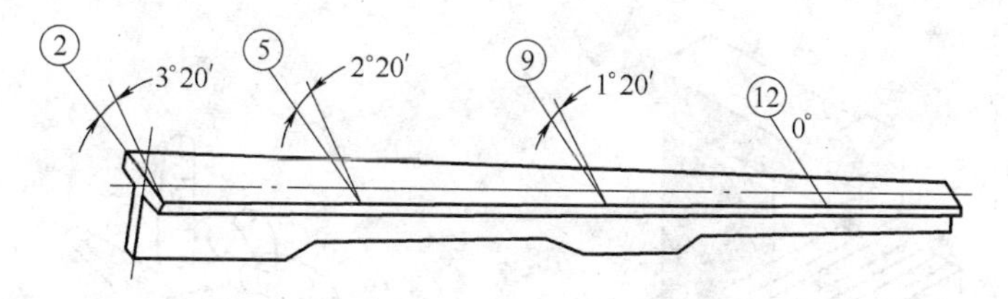

图2-1-17　变斜角梁椽条

变斜角类零件的变斜角加工面不能展开为平面，但在加工中，加工面与铣刀圆周接触的瞬间为一条线；最好采用四坐标或五坐标数控铣床摆角加工，在没有上述机床时，可采用三坐标数控铣床，进行两轴半坐标近似加工。

（3）曲面类零件　加工面为空间曲面的零件称为曲面类零件，如模具、叶片、螺旋桨等。曲面类零件的加工面不能展开为平面，加工时，加工面与铣刀始终为点接触。加工曲面类零件一般采用三坐标数控铣床。当曲面较复杂、通道较狭窄、会伤及毗邻表面及需刀具摆动时，要采用四坐标或五坐标铣床。

五、数控铣削加工的步骤

在数控铣床上，把被加工零件的工艺过程（如加工顺序、加工类别）、工艺参数（如主轴转速、进给速度、刀具尺寸）以及刀具与工件的相对位移用数控语言编写成加工程序，然后将程序输入到数控装置，数控装置便根据数控指令控制机床的各种操作和刀具与工件的相对位移，当零件加工程序结束时，机床会自动停止，加工出合格的零件，其工作原理见图 2-1-18。

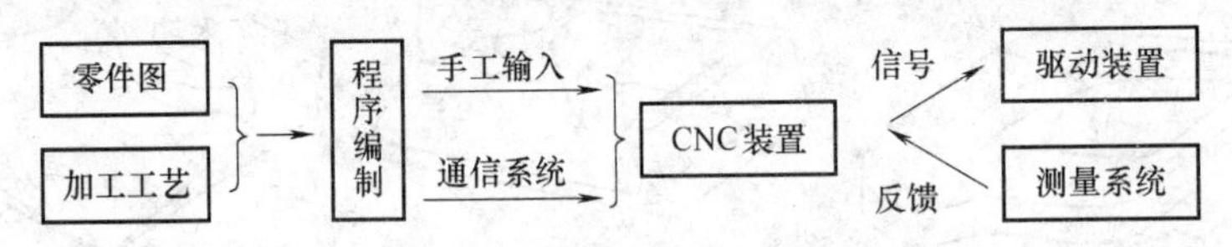

图 2-1-18　数控铣床工作原理

六、数控铣床坐标系统

1. 直角坐标系（Rectangular coordinate system）

（1）右手笛卡儿直角坐标系　在数控铣床上加工工件的原理是建立在由三个平行与机床轴（X、Y、Z）构成的直角坐标系之上的。

相对于机床的坐标系统的定位与机床类型有关，坐标轴的方向由“右手定则（Right-hand rule）”确定。

站在机床的前面，用右手中指指向机床主轴的切入方向，按下面来确定各坐标轴方向，见图 2-1-19。

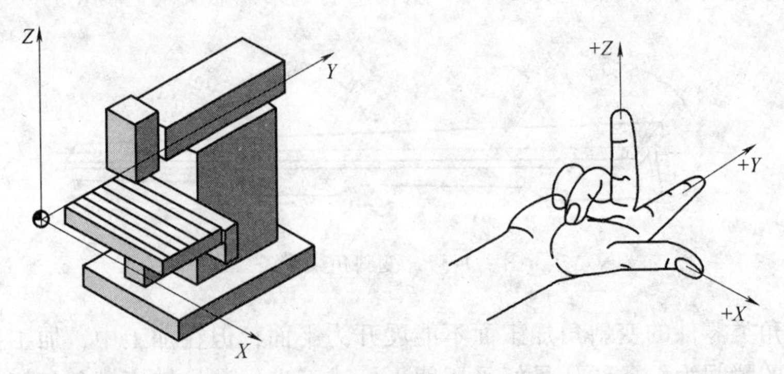

图 2-1-19　机床坐标系和右手定则

1）大拇指指向 X 轴的正向。

2）食指指向 Y 轴的正向。

3）中指指向 Z 轴的正向。

（2）数控铣床的坐标轴　数控铣床以机床主轴轴线方向为 Z 轴方向，刀具远离工件的方向为 Z 轴正方向。X 轴位于与工件安装面相平行的水平面内，操作者面对主轴的右侧方向为 X 轴正方向；Y 轴方向可根据 Z、X 轴按照右手笛卡儿直角坐标系来确定。第四轴为 A 轴，绕 X 轴作回转运动。

2. 平面定义（Plane designations）

每个平面由两个坐标轴定义，每个情况下的第三个轴［刀具轴（tool axls）］垂直于这个平面并决定刀具的切入方向，见图 2-1-20。

当编制一个工件的程序时，首先应指定加工平面，以便数控系统能够正确地计算刀具补偿值，这个平面对于循环编程和极坐标系统（Polar coordinates）具有同样重要的意义。加工平面定义见表 2-1-1。

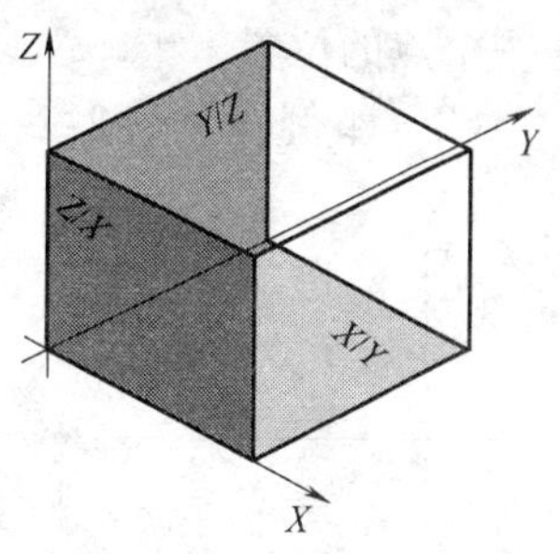

图 2-1-20　平面的定义

表 2-1-1　加工平面定义

平面（Plane）	X/Y	Z/X	Y/Z
刀具轴（tool axls）	Z	Y	X

3. 极坐标系（Polar coordinates）

（1）概述　当零件图中用垂直度量零件时，适合采用直角坐标系来定位；对用圆弧或者角度度量的零件，适合采用极坐标系来定位。极坐标系的零点在“极点（Pole）”处。

（2）举例（见图 2-1-21）　在极坐标系里点 P_1 和 P_2 相对极点定义如下：

1）P_1：极半径 $R=100$，极角 $\alpha=30°$。

2）P_2：极半径 $R=60$，极角 $\alpha=15°$。

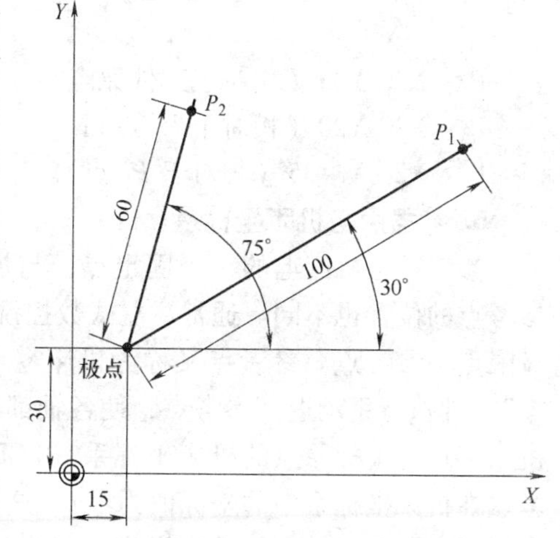

图 2-1-21　极坐标系里点的定义

4. 绝对坐标（Absolute dimension）

（1）概述　对于绝对坐标来说，所有的尺寸都是相对当前有效的工件原点；对于刀具运动来说，绝对坐标表示刀具必须运动到的位置。

（2）举例（见图 2-1-22）　绝对坐标里的 P_1、P_2、P_3 的位置是相对工件原点的。

P_1：X20 Y35；

P_2：X50 Y60；

P_3：X70 Y20。

5. 增量坐标（Incremental dimension）

（1）概述　对于增量坐标，所有的尺寸都是相对工件里的其他点而不是当前有效的工件原点。对于增量坐标输入，每种情况下的指定位置都是相对程序里的上一个点的位置。

（2）举例（见图2-1-23）　增量坐标里的 P_1、P_2、P_3 的定位如下：

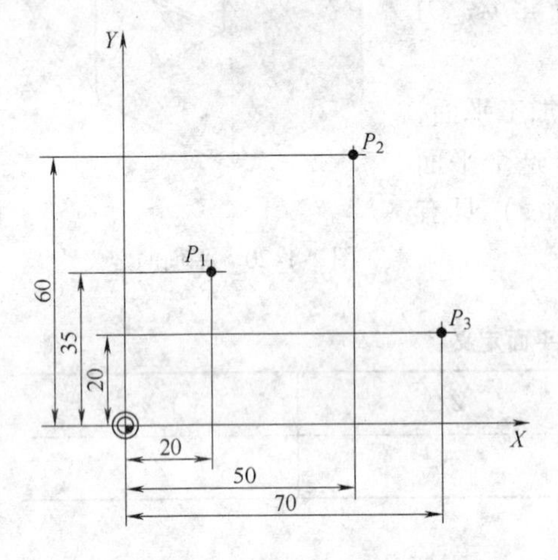

图2-1-22　绝对坐标里点的定义

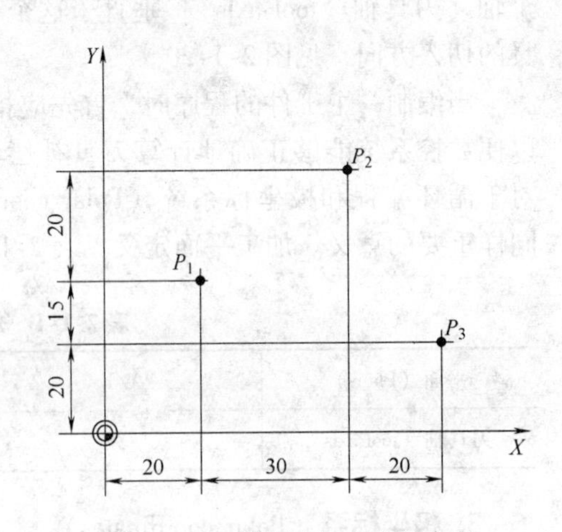

图2-1-23　增量坐标里点的定义

P_1：X20 Y35（相对于工件原点）；

P_2：X30 Y20（相对于 P_1 点）；

P_3：X20 Y－35（相对于 P_2 点）。

6. 参考点与机床坐标系

参考点是机床上的一个固定点，与加工程序无关。数控机床的型号不同，其参考点的位置也不同。通常，立式数控铣床指定 X 轴正向、Y 轴正向和 Z 轴正向的极限点为参考点。参考点又称为机床零点。机床起动后，首先要将机床位置“回零”，即执行手动返回参考点，使各轴都移至机床零点，在数控系统内建立一个以机床零点为坐标原点的机床坐标系（LCD 上显示此时主轴的端面中心，即对刀参考点在机床坐标系中的坐标值为零）。这样在执行加工程序时，才能有正确的工件坐标系。编程时，必须首先设定工件坐标系，即确定刀具相对于工件坐标系坐标原点的距离，程序中的坐标值均以工件坐标系为依据。

7. 工件坐标系

在编程前，首先要考虑对要加工的零件建立一些坐标系，一个零件根据需要可建立多个坐标系。机床坐标系与工件坐标系的关系如图 2-1-24 所示。

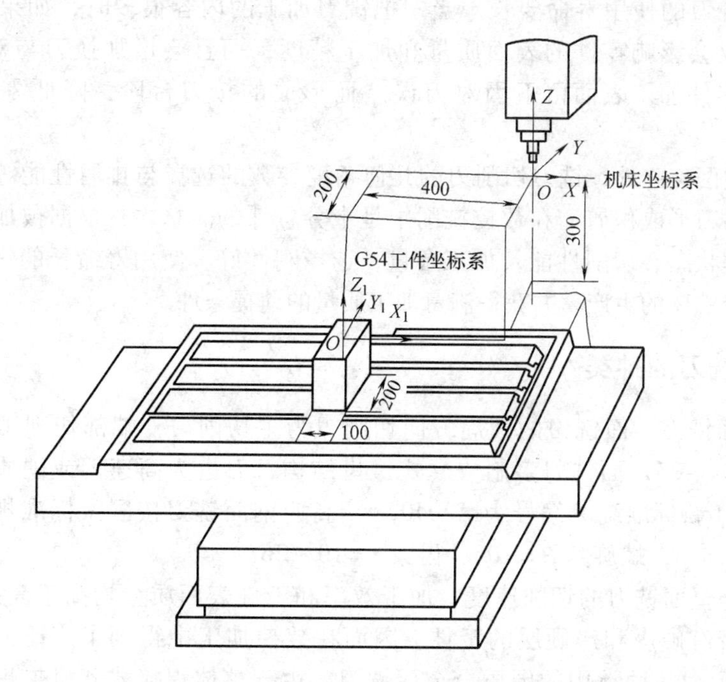

图 2-1-24　机床坐标系与工件坐标系的关系

（1）坐标轴　工件坐标系中坐标轴的意义必须和机床坐标轴一致。坐标轴的运动遵守下列原则：直角坐标轴 X、Y、Z 的运动遵守右手直角坐标系法则。所谓直角坐标轴 X、Y、Z 的运动方向，均以刀具相对工件运动为准，即假定工件相对静止，刀具运动。一般规定 Z 轴为平行主轴中心线的轴，刀具离开工件移动的方向为 $+Z$。

（2）坐标原点　又称工件零点或程序零点。在一个零件上可根据具体情况建立若干个坐标系，因而相应地有若干个坐标系零点。坐标系零点可根据下列原则指定：便于程序的编制；便于机床操作者寻找该点（即确定出该点相对机床零点的坐标值）。

第二节　数控铣刀知识

一、对刀具的基本要求

（1）铣刀刚性要好　要求铣刀刚性好的目的，一是满足为提高生产率而采用大切削用量的需要，二是为了适应数控铣床加工过程中难以调整切削用量的特性。在数控铣削中，因铣刀刚性较差而断刀并造成零件损伤的事例是经常出现的，所以掌握好数控铣刀的刚性问题至关重要。

(2) 铣刀的使用寿命要长　当一把铣刀加工的内容很多时，如果刀具磨损较快，不仅会影响零件的表面质量和加工精度，而且会增加换刀与对刀次数，从而导致零件加工表面留下因对刀误差而形成的接刀台阶，降低零件的表面质量。

除上述两点之外，铣刀切削刃的几何角度参数的选择与排屑性能等也非常重要。切屑粘刀形成积屑瘤在数控铣削中是十分忌讳的。总之，根据被加工工件材料的热处理状态、切削性能及加工余量，选择刚性好、使用寿命长的铣刀，是充分发挥数控铣床的生产率并获得满意加工质量的前提条件。

二、铣刀的种类

(1) 面铣刀　面铣刀的圆周方向切削刃为主切削刃，端部切削刃为副切削刃，见图2-1-25。面铣刀多制成套式镶齿结构，刀齿为高速钢或硬质合金，刀体为40Cr（新标准统一编号为A20402）。高速钢面铣刀按国家标准规定，直径 $d=80\sim250$mm，螺旋角 $\beta=10°$，齿数 $z=10\sim26$。

硬质合金面铣刀的切削速度、加工效率和工件表面质量均高于高速钢铣刀，并可加工带有硬皮和淬硬层的工件，因而在数控加工中得到了广泛的应用。图2-1-26所示为几种常用的硬质合金面铣刀，由于整体焊接式和机夹焊接式面铣

图2-1-25　面铣刀

刀难于保证焊接质量，刀具使用寿命短，重磨较费时，目前已被可转位式面铣刀所取代。

图 2-1-26　硬质合金面铣刀

a）波形刀片可转位面铣刀　b）可转位 R 型面铣刀

c）可转位密齿精切面铣刀及刀片　d）可转位铝合金面铣刀

可转位面铣刀的直径已经标准化，标准直径（mm）系列：50、63、80、100、125、160、200、250、315、400、500，参见《可转位面铣刀 第1部分：套式面铣刀》GB/T 5342.1—2006 和《铣刀代号 第2部分：装可转位刀片的带柄和带孔铣刀》GB/T 20323.2—2006。

（2）立铣刀　立铣刀是数控机床上用得最多的一种铣刀，其结构见图 2-1-27。立铣刀的圆柱表面和端面上都有切削刃，它们可同时进行切削，也可单独进行切削。

立铣刀圆柱表面的切削刃为主切削刃，端面上的切削刃为副切削刃。主切削刃一般为螺旋齿。这样可以增加切削平稳性，提高加工精度。由于普通立铣刀端面中心处无切削刃，所以立铣刀不能作轴向进给，端面刃主要用来加工与侧面相垂直的底平面。

为了能加工较深的沟槽，并保证有足够的备磨量，立铣刀的轴向长度一般较长。为改善切屑卷曲情况，增大容屑空间，防止切屑堵塞，立铣刀齿数比较少，容屑槽圆弧半径则较大。一般粗齿立铣刀齿数 $z=3\sim4$，细齿立铣刀齿数 $z=5\sim8$，

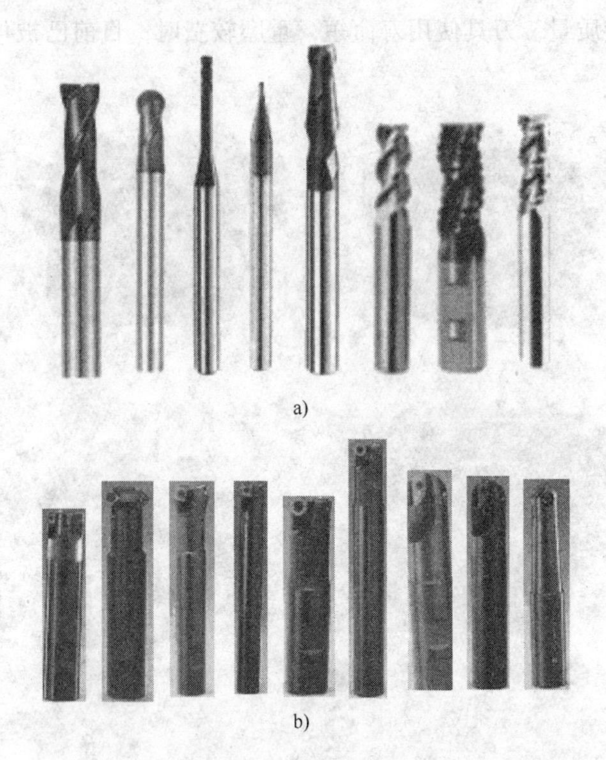

a)

b)

图 2-1-27 立铣刀

a）整体式合金铣刀 b）可转位铣刀

套式结构 $z=10\sim20$，容屑槽圆弧半径 $r=2\sim5$mm。当立铣刀直径较大时，可制成不等齿距结构，以增强抗振作用，使切削过程平稳。

标准立铣刀的螺旋角 β 为 40°～45°（粗齿）和 30°～35°（细齿），套式结构立铣刀的 β 为 15°～25°。直径较小的立铣刀一般制成带柄形式。$\phi2\sim\phi7$mm 的立铣刀制成直柄；$\phi6\sim\phi63$mm 的立铣刀制成莫氏锥柄；$\phi25\sim\phi80$mm 的立铣刀做成 7∶24 锥柄，内有螺纹孔用来拉紧刀具。但是由于数控机床要求铣刀能快速自动装卸，故立铣刀柄部形式也有很大不同，一般是由专业厂家按照一定的规范设计制造成统一形式、统一尺寸的刀柄。直径在 $\phi40\sim\phi60$mm 的立铣刀可做成套式结构。

（3）模具铣刀　模具铣刀由立铣刀发展而成，可分为圆锥形立铣刀（圆锥半角 $\alpha/2=3°$、5°、7°、10°）、圆柱形球头立铣刀和圆锥形球头立铣刀三种，其柄部分为直柄、削平型直柄和莫氏锥柄。它的结构特点是球头或端面上布满了切削刃，圆周刃与球头刃圆弧连接，可以作径向和轴向进给。铣刀工作部分用高速钢或硬质合金制造。国家标准规定直径 $d=4\sim63$mm。高速钢制造的模具铣刀见图 2-1-28，用硬质合金制造的模具铣刀见图 2-1-29。小规格的硬质合金模具铣刀多制成整体结构，ϕ16mm 以上的制成焊接或机夹可转位刀片结构。

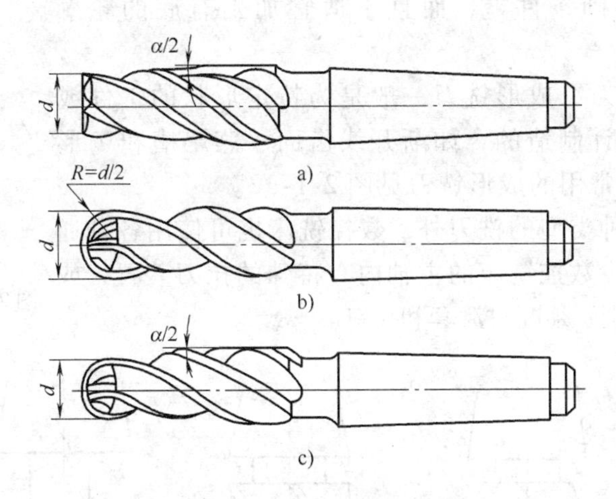

图 2-1-28　高速钢模具铣刀

a）圆锥形立铣刀　b）圆柱形球头立铣刀　c）圆锥形球头立铣刀

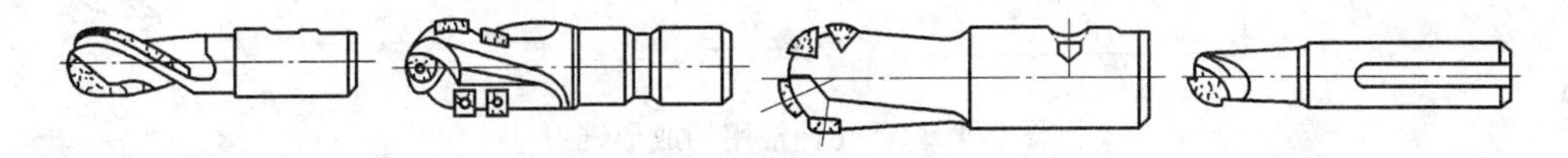

图 2-1-29　硬质合金模具铣刀

（4）键槽铣刀　键槽铣刀（见图 2-1-30）有两个刀齿，圆柱面和端面都有切削刃，端面刃延至中心，既像立铣刀，又像钻头。加工时先轴向进给达到槽深，然后沿键槽方向铣出键槽全长。

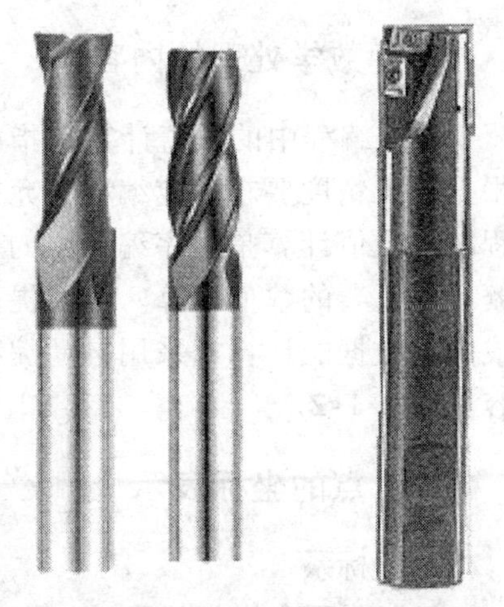

图 2-1-30　键槽铣刀

按国家标准规定，直柄键槽铣刀直径 d = 2～22mm，锥柄键槽铣刀直径 d = 14～50mm。键槽铣刀直径的偏差有 e8 和 d8 两种。键槽铣刀的圆周切削刃仅在靠近端面的一小段长度内发生磨损，重磨时只需刃磨端面切削刃，因此重磨后铣刀直径不变。

（5）鼓形铣刀　图 2-1-31 所示为一种典型鼓形铣刀，它的切削刃分布在半径为 R 的圆弧面上，端面无切削刃。加工时控制刀具上下位置，相应改变切削刃的切削部位，可以在工件上切出从负到正的不同斜角。R 越小，鼓形刀所能加工的斜角范围越广，但所获得的表面质量也越差。这种刀具的特点是刃磨困难，切削条件差，而且不适宜加工有底的轮廓表面。

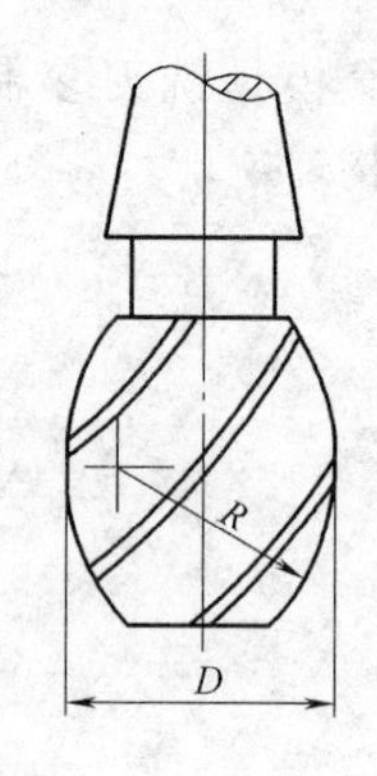

图 2-1-31　鼓形铣刀

(6) 成形铣刀　成形铣刀一般是为特定形状的工件或加工内容专门设计制造的，如渐开线齿面、燕尾槽和 T 形槽等刀具。几种常用的成形铣刀见图 2-1-32。

除了上述几种类型的铣刀外，数控铣床也可使用各种通用铣刀，但因不少数控铣床的主轴内有特殊的拉刀装置，或因主轴内锥孔有别，须配过渡套和拉钉。

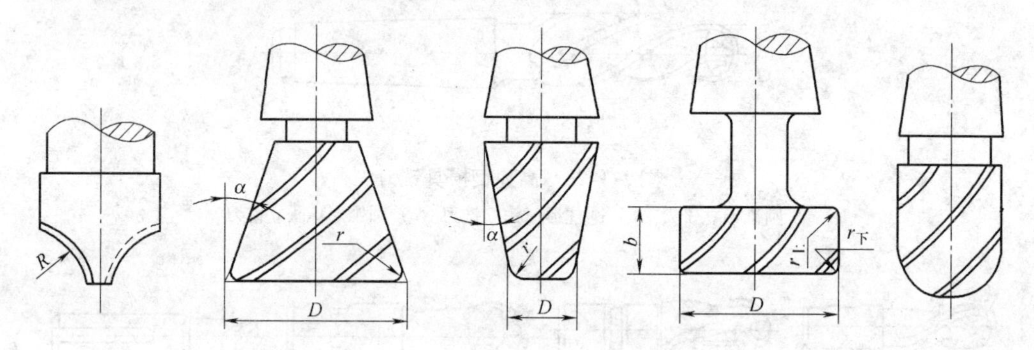

图 2-1-32　几种常用的成形铣刀

第三节　数学计算知识

一、数学处理的内容

数控编程中的数值计算是指根据零件图样的要求，确定零件的加工路线，根据加工精度要求确定编程的允差，然后计算出编制程序所需的数据。手工编程时，数值计算是程序编制中的一个关键性环节。除了点位加工外，一般需经繁琐、复杂的数值计算。为了提高工效和保证准确性，一般采用计算机辅助完成坐标数据的计算或采用自动编程。在手工编程中，经常进行数学处理，其内容见表 2-1-2。

二、点的坐标表示

1. 坐标系

(1) 平面直角坐标系　由平面内有公共原点而且互相垂直的两条数轴构成。通常把两条数轴中的一条画成水平的，另一条画成铅直的。水平的数轴叫做 x 轴或

表 2-1-2　数学处理的内容

<table>
<tr><th colspan="3">内　容</th><th>应　用</th></tr>
<tr><td rowspan="3">数值计算</td><td rowspan="2">标注尺寸换算</td><td>直接计算</td><td>几乎所有的加工程序的编制</td></tr>
<tr><td>间接计算</td><td>几乎所有的加工程序的编制</td></tr>
<tr><td colspan="2">尺寸链解算</td><td>需要掌握控制某些重要尺寸的允许变动量的地方</td></tr>
<tr><td rowspan="3">坐标值计算</td><td colspan="2">基点直接计算</td><td>直线作为其运动轨迹的起点或终点</td></tr>
<tr><td colspan="2">节点拟合计算</td><td></td></tr>
<tr><td colspan="2">刀具中心轨迹计算</td><td>数学处理工作就是完成刀具中心运动轨迹上各基点或节点坐标值的计算</td></tr>
<tr><td rowspan="3">辅助计算</td><td colspan="2">辅助程序段的坐标值计算</td><td>刀具在切削开始之前，从对刀（或机床参考点）到达切削起点间所需引入程序段中的坐标值，以及刀具离开被加工工件后，退刀、换（转）刀或“回参考点”时所需空行程序段中的坐标值等</td></tr>
<tr><td colspan="2">切削用量的辅助计算</td><td>对由经验估计的某切削用量（如主轴转速、进给速度，以及与背吃刀量相关的加工余量分配等）进行的分析与核对工作</td></tr>
<tr><td colspan="2">脉冲数计算</td><td>对某些规定采用脉冲数输入方式的数控系统，需要将其已经计算出的基点或节点坐标值换算成编程所需脉冲数。这在现代数控机床上已经很少使用了</td></tr>
</table>

横轴，取向右为正方向；铅直的数轴叫做 y 轴或纵轴，取向上为正方向。两条数轴一般取相同的单位长度，x 轴和 y 轴统称为坐标轴。两轴的公共原点 O 叫做坐标原点。建立了平面直角坐标系的平面叫做坐标平面。x 轴和 y 轴把坐标平面分成四个部分，称做象限，见图 2-1-33。

（2）极坐标系　在平面内取一定点 O，从 O 引一条射线 Ox，选定一个长度单位和角度的正方向（通常取逆时针方向），就在平面内建立了一个极坐标系，见图 2-1-34。点的坐标由极径 r 和极角 θ 两个参数表示，即 $M(r, \theta)$。

（3）直角坐标系与极坐标系的互换　两坐标系的互换如下式。

$$\begin{cases} x = r\cos\theta \\ y = r\sin\theta \end{cases}$$

$$r = \sqrt{x^2 + y^2}$$

$$\theta = \begin{cases} \arctan\dfrac{y}{x} \\ \pi + \arctan\dfrac{y}{x} \end{cases}$$

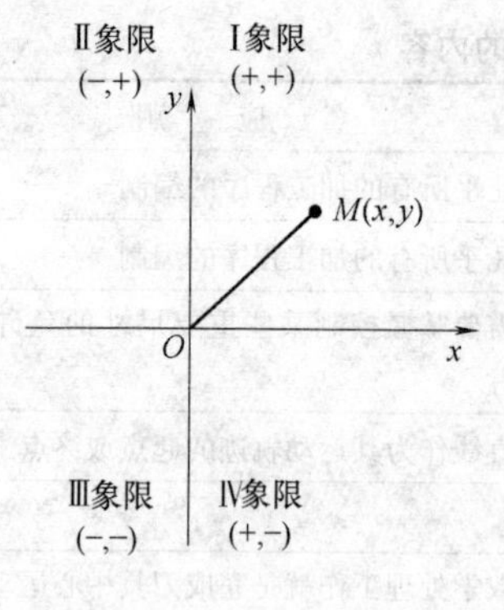

图2-1-33　平面直角坐标系

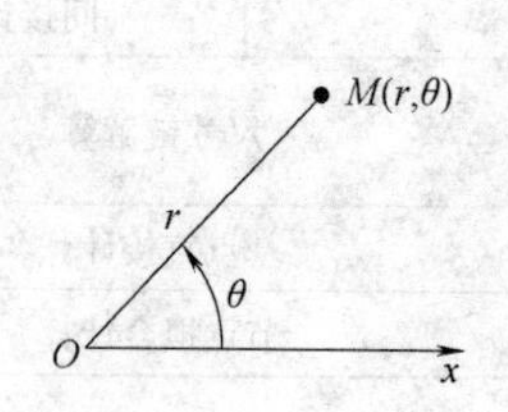

图2-1-34　极坐标系

2. 函数的概念

设在某个变化过程中有两个变量 x 和 y，如果对于 x 在某个范围内的每一个确定的值，按照某个对应法则，y 都有唯一确定的值和它对应，那么，变量 y 就叫做变量 x 的函数，x 叫做自变量。

判断“量 y 是否是 x 的函数”的关键，是看在这个过程中，每给定 x 的一个值后，是否能按某一对应规律唯一确定一个 y 值。这个对应规律即为 y 与 x 间的函数关系。

“y 是 x 的函数”通常记作 $y=f(x)$。括号里的 x 是表示函数的自变量，f 表示从变量 x 到变量 y 的对应法则。有时为了指明函数的定义域，还可以写成 $y=f(x)$，$x\in D$。其中 D 是函数的定义域。

在研究函数的性质时，要用到区间的概念和记号。

设 a、b 是两个实数，且 $a<b$，那么，满足不等式 $a\leqslant x\leqslant b$ 的实数 x 的集合，叫做闭区间，记作 $[a,\ b]$；满足不等式 $a<x<b$ 的实数 x 的集合，叫做开区间，记作 $(a,\ b)$；满足不等式 $a<x\leqslant b$ 或 $a\leqslant x<b$ 的实数 x 的集合，叫做半开半闭区间，分别记作 $(a,\ b]$ 或 $[a,\ b)$。自变量所取的使函数有定义的全体数值叫做函数定义域。函数的定义域要根据问题的实际意义来确定，如果函数关系是用解析式给出的，在求自变量的取值范围时，要满足的条件是使解析式有意义。在初等数学中，一般要考虑三种情况：分母不为零，偶次根号下非负，零次幂的底不为零。

函数可以在平面坐标系中以图像表示。把自变量 x 的一个值和函数 y 的对应值，分别作为点的横坐标和纵坐标，可以在直角坐标系内描出一个点，所有这些点的集合，叫做这个函数的图像。知道函数的解析式，要画出函数图像，一般分列表、描点、连线三个步骤。

例如要作函数 $y=\dfrac{6}{x-3}$ 的图像，列表见表2-1-3，描点、作图见图2-1-35。

表 2-1-3　函数 $y=\frac{6}{x-3}$ 的坐标点

x	…	-3	-1	0	1	2	4	5	6	7	…
y	…	-1	$-3/2$	-2	-3	-6	6	3	2	3/2	…

三、三角函数表和公式

1. 三角函数

（1）定义　P 为角 α 终边上任意一点，它的坐标为（x、y），原点到 P 点的距离为 r，则 $r=|OP|$，见图 2-1-36。

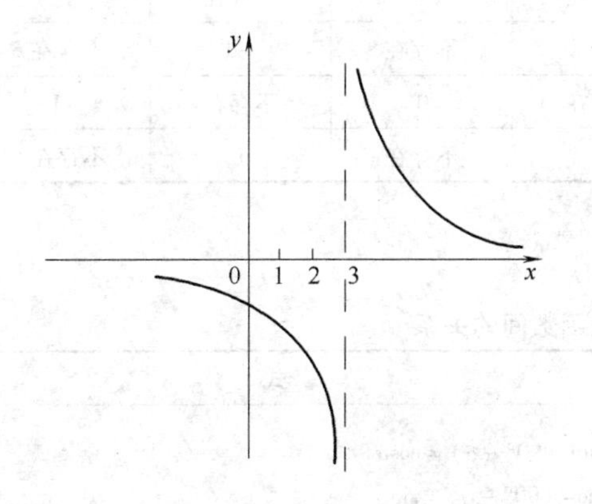

图 2-1-35　函数的图像

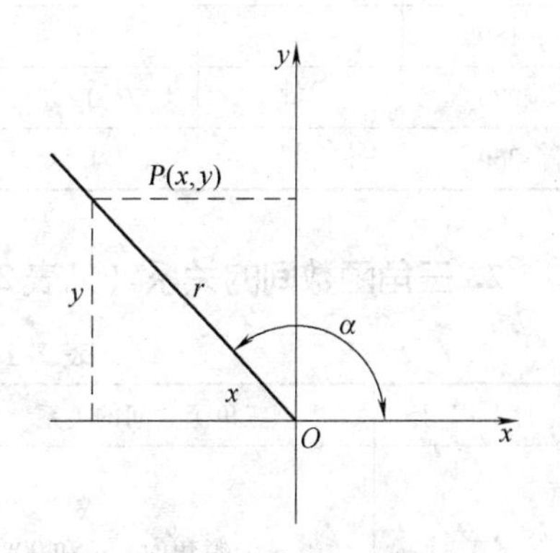

图 2-1-36　三角函数的定义

（2）三角函数　当 α 为锐角时，根据三角函数的定义可得

正弦函数：$\sin\alpha=y/r$；

余弦函数：$\cos\alpha=x/y$；

正切函数：$\tan\alpha=x/y$；

余切函数：$\cot\alpha=y/x$；

正割函数：$\sec\alpha=r/x$；

余割函数：$\csc\alpha=r/y$。

注：由于 r 取正值，所以纵坐标 y 与横坐标 x 的符号决定各三角函数的符号（$0°\leqslant\alpha\leqslant180°$）。

① 当 α 为锐角时，各三角函数都是正的。

② 当 α 为钝角时，正弦（或余割）是正的，余弦（或正割）、正切、余切都是负值。

（3）特殊值的三角函数值　见表 2-1-4。

表 2-1-4　特殊值的三角函数

α	$\sin\alpha$	$\cos\alpha$	$\tan\alpha$	$\cot\alpha$	$\sec\alpha$	$\csc\alpha$
0°	0	1	0	不存在	1	不存在
30°	$\frac{1}{2}$	$\frac{\sqrt{3}}{2}$	$\frac{\sqrt{3}}{3}$	$\sqrt{3}$	$\frac{2\sqrt{3}}{3}$	2
45°	$\frac{\sqrt{2}}{2}$	$\frac{\sqrt{2}}{2}$	1	1	$\sqrt{2}$	$\sqrt{2}$
60°	$\frac{\sqrt{3}}{2}$	$\frac{1}{2}$	$\sqrt{3}$	$\frac{\sqrt{3}}{3}$	2	$\frac{2\sqrt{3}}{3}$
90°	1	0	不存在	0	不存在	1
180°	0	−1	0	不存在	−1	不存在
270°	−1	0	不存在	0	不存在	−1
360°	0	1	0	不存在	1	不存在

2. 三角函数间的关系（见表 2-1-5）

表 2-1-5　三角函数间的关系

序　号	三角函数间的关系	公　式
1	当 α 为锐角时，α 和 $90°-\alpha$ 的三角函数间的关系	$\sin(90°-\alpha)=\cos\alpha$ $\cos(90°-\alpha)=\sin\alpha$ $\tan(90°-\alpha)=\cot\alpha$ $\cot(90°-\alpha)=\tan\alpha$
2	当 α 为锐角时，α 和 $180°-\alpha$ 的三角函数间的关系	$\sin(180°-\alpha)=\sin\alpha$ $\cos(180°-\alpha)=-\cos\alpha$ $\tan(180°-\alpha)=-\tan\alpha$ $\cot(180°-\alpha)=-\cot\alpha$
3	倒数关系	$\sin\alpha\csc\alpha=1$（$\alpha\neq0°$，$\alpha\neq180°$） $\cos\alpha\sec\alpha=1$（$\alpha\neq90°$） $\tan\alpha\cot\alpha=1$（$\alpha\neq0°$，$\alpha\neq90°$，$\alpha\neq180°$）
4	平方关系	$\sin^2\alpha+\cos^2\alpha=1$ $1+\tan^2\alpha=\sec^2\alpha$（$\alpha\neq90°$） $1+\cot^2\alpha=\csc^2\alpha$（$\alpha\neq0°$，$\alpha\neq180°$）
5	商数关系	$\tan\alpha=\sin\alpha/\cos\alpha$（$\alpha\neq90°$） $\cot\alpha=\cos\alpha/\sin\alpha$（$\alpha\neq0°$，$\alpha\neq180°$）

3. 两角和差的三角函数（见表2-1-6）

表2-1-6　两角和差的三角函数

两角和差的三角函数	公　式
两角和与差的公式	$\sin(\alpha \pm \beta) = \sin\alpha\ \cos\beta \pm \cos\alpha\ \sin\beta$ $\tan(\alpha \pm \beta) = \dfrac{\tan\alpha \pm \tan\beta}{1 \mp \tan\alpha\ \tan\beta}$
倍角公式	$\sin 2\alpha = 2\sin\alpha\cos\alpha$ $\cos2\alpha = \cos^2\alpha - \sin^2\alpha = 2\ \cos^2\alpha - 1 = 1 - 2\ \sin^2\alpha$ $\tan^2\alpha = \dfrac{2\tan\alpha}{1 - \tan^2\alpha}$
半角公式	$\sin\alpha/2 = \pm\sqrt{\dfrac{1-\cos\alpha}{2}}$ $\cos\alpha/2 = \sqrt{\dfrac{1+\cos\alpha}{2}}$ $\tan\alpha/2 = \sqrt{\dfrac{1-\cos\alpha}{1+\cos\alpha}}$

4. 三角形应用及求解

（1）直角三角形应用及求解（见图2-1-37）

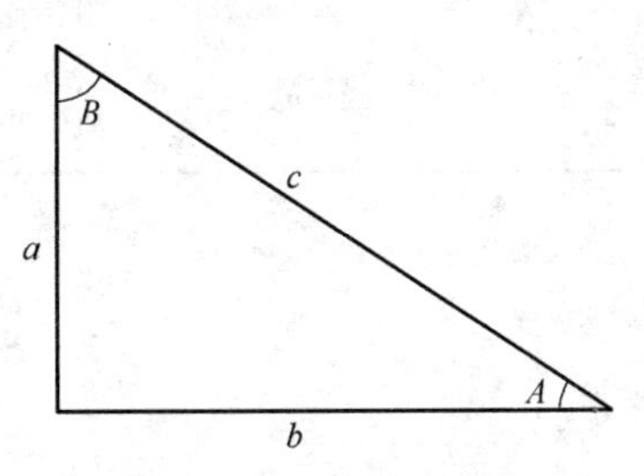

图2-1-37　直角三角形

1）应用。由勾股定理 $c = \sqrt{a^2 + b^2}$ 可推出：

$$a = \sqrt{c^2 - b^2}$$

$$b = \sqrt{c^2 - a^2}$$

2）求解公式见表2-1-7。

（2）解斜三角形

1）角与角的关系：$A + B + C = 180°$。

2）边与角的关系见表2-1-8。

表 2-1-7　直角三角形求解公式

$a=c\ \sin A$	$b=c\ \cos A$	$C=\dfrac{a}{\sin A}$
$a=c\ \cos B$	$b=c\ \sin B$	$C=\dfrac{a}{\cos B}$
$a=b\ \tan A$	$b=a\ \tan B$	$C=\dfrac{b}{\sin B}$
$a=\dfrac{b}{\tan B}$	$b=\dfrac{a}{\tan A}$	$C=\dfrac{b}{\cos A}$
$a=\sqrt{c^2-b^2}$	$b=\sqrt{c^2-a^2}$	$C=\sqrt{a^2+b^2}$
$A=90°-B$	$B=90°-A$	$C=90°$

表 2-1-8　边与角的关系

边与角的关系	公　式	说　明
正弦定理	$\dfrac{a}{\sin A}=\dfrac{b}{\sin B}=\dfrac{c}{\sin C}=2R$	a、b、c—$\angle A$、$\angle B$、$\angle C$ 所对边的边长 R—三角形外接圆半径
余弦定理	$a^2=b^2+c^2-2bc\cos A$ 或 $\cos A=b^2+c^2-\dfrac{a^2}{2bc}$ $b^2=a^2+c^2-2bc\cos B$ 或 $\cos B=a^2+c^2-\dfrac{b^2}{2ac}$ $c^2=b^2+a^2-2ba\cos C$ 或 $\cos C=a^2+b^2-\dfrac{c^2}{2ab}$	a、b、c—$\angle A$、$\angle B$、$\angle C$ 所对边的边长

四、平面解析几何

1. 直线方程

直线方程的一般形式：$Ax+By+C=0$

其中 A、B 不同时为零。

当 $B\neq0$ 时，方程可化为 $y=-\dfrac{A}{B}x-\dfrac{C}{B}$

当 $B=0$ 时，方程可化为 $x=-\dfrac{C}{A}$

直线方程的几种特殊形式如下：

1）点斜式。已知直线经过点 $P_0(x_0,\ y_0)$，且它的斜率为 k，可得方程：

$$y-y_0=k(x-x_0)$$

2）两点式。已知直线经过点 $P(x_1,\ y_1)$ 和点 $P(x_2,\ y_2)$，其中 $x_1\neq x_2$，可得直线方程：

$$\frac{y-y_1}{y_2-y_1}=\frac{x-x_1}{x_2-x_1}(x_1\neq x_2,y_1\neq y_2)$$

3）斜截式。已知直线经过点 $P(0, b)$，且斜率为 k，可得直线方程：

$$y=kx+b$$

4）截距式。已知直线经过两点 $A(a, 0)$、$B(0, b)$，其中 $a\neq0$，$b\neq0$，可得直线方程：

$$\frac{x}{a}+\frac{y}{b}=1$$

2. 点、直线的位置关系

（1）两条直线的位置关系　设直线 l_1 和 l_2 的斜率为 k_1 和 k_2，纵截距为 b_1 和 b_2，方程分别为

$$l_1: y=k_1x+b_1$$

$$l_2: y=k_2x+b_2$$

则该两条直线平行的条件为 $k_1=k_2(b_1\neq b_2)$；该两条直线互相垂直的条件为 $k_1k_2=-1$；该两条直线重合的条件为 $k_1=k_2$，$b_1=b_2$。

（2）两条直线的交点　求直线的交点的坐标，就是求两条直线方程所组成的方程组的解。

（3）两条直线的夹角　约定两条直线的夹角指的是其中不大于直角的角，直线 l_1、l_2 的夹角 θ 的正切公式是

$$\tan\theta=\left|\frac{k_2-k_1}{1+k_2k_1}\right|$$

（4）点到直线的距离　点（x_0，y_0）到直线 $l: Ax+By+C=0$ 的距离可用如下公式计算：

$$d=\frac{|Ax_0+By_0+C|}{\sqrt{A^2+B^2}}$$

3. 二次曲线

（1）圆的方程　圆的方程见表2-1-9。

（2）圆的切线方程　过圆 $(x-a)^2+(y-b)^2=R$ 上一点（x_1，y_1）的切线方程为

$$(x-a)(x_1-a)+(y-b)(y_1-b)=R^2$$

（3）椭圆、双曲线、抛物线的方程　椭圆、双曲线、抛物线的方程见表2-1-10。

4. 参数方程

一般来说，在取定的坐标系中，如果曲线上任意一点的坐标（x，y）可以表示为另一个变数 t 的函数：$\begin{cases}x=f(t)\\y=\varphi(t)\end{cases}$，并且对每一个允许值 t，由该方程组所确定的点 $P(x, y)$ 都在这条曲线上，那么该方程组就叫做这条曲线的参数方程。表示 x，y 之间关系的变数 t 叫做参数。

表 2-1-9　圆的方程

形　　式	直角坐标方程	图　　形
圆的标准方程	圆心坐标为 C，半径为 r $(x-a)^2+(y-b)^2=r^2$	y r b C O a x
圆的一般方程	$x+y+Dx+Ey+F=0$	圆形可能为以下三种情况： 1. 圆 2. 点 3. 虚圆

表 2-1-10　椭圆、双曲线和抛物线方程

	椭　圆	双 曲 线	抛 物 线
定义	平面内一个动点到两个定点 F_1、F_2 的距离之和为定值时，这个动点的轨迹叫椭圆	平面内一个动点到两个定点 F_1、F_2 的距离之差的绝对值为定值时，这个动点的轨迹叫双曲线	平面内一个动点到一个定点和一条定直线的距离相等时，这个动点的轨迹叫抛物线
图形	y C b a A B F_1 O c F_2 x D	y c b O a F_1 A B F_2 x	y l N $P(x,y)$ K O $F(\frac{P}{2},0)$ x $x\infty-\frac{P}{2}$
标准方程	$\frac{x^2}{a^2}+\frac{y^2}{b^2}=1(a>b>0)$	$\frac{x^2}{a^2}-\frac{y^2}{b^2}=1$	$y^2=2Px$
中心	(0，0)	(0，0)	
轴	长轴 $2a$，短轴 $2b$	实轴 $2a$，虚轴 $2b$	$y=0$
焦点	$F_1(-c,0),F_2(c,0)$	$F_1(-c,0),F_2(c,0)$	$F\left(\frac{P}{2},0\right)$

（续）

	椭　圆	双曲线	抛物线
焦距	$c=\sqrt{a^2-b^2}$	$c=\sqrt{a^2+b^2}$	
顶点坐标	A：$(-a,\ 0)$，B：$(a,\ 0)$， C：$(0,\ b)$，D：$(0,\ -b)$	A：$(-a,\ 0)$，B：$(a,\ 0)$	

几种常用曲线的参数方程如下：

1）渐开线。如图2-1-38所示，圆（半径为a）的渐开线方程为

$$\begin{cases}x=a(\cos\theta+\theta\sin\theta)\\y=a(\sin\theta-\theta\cos\theta)\end{cases}$$

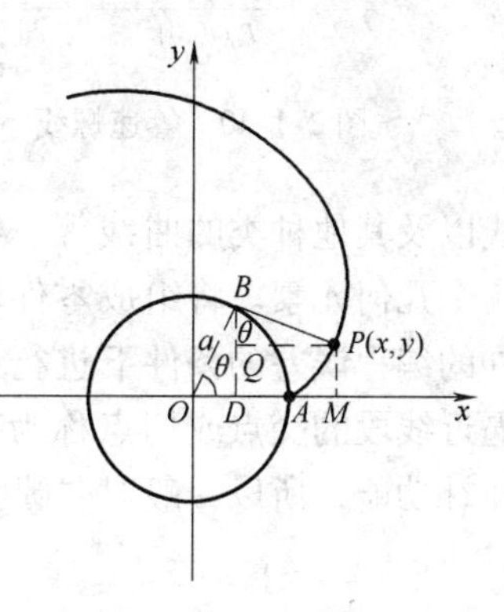

图2-1-38　渐开线

2）摆线。如图2-1-39所示，一个圆沿平面内一条定直线滚动时，圆周上的一个定点的轨迹称作摆线。运动轨迹方程为

$$\begin{cases}x=a(\theta-\theta\sin\theta)\\y=a(1-\cos\theta)\end{cases}$$

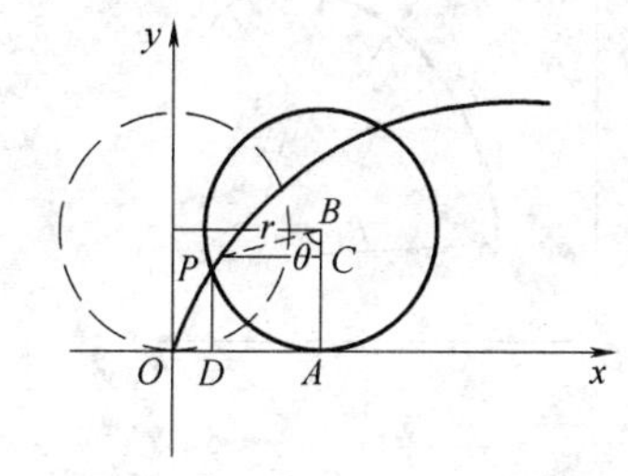

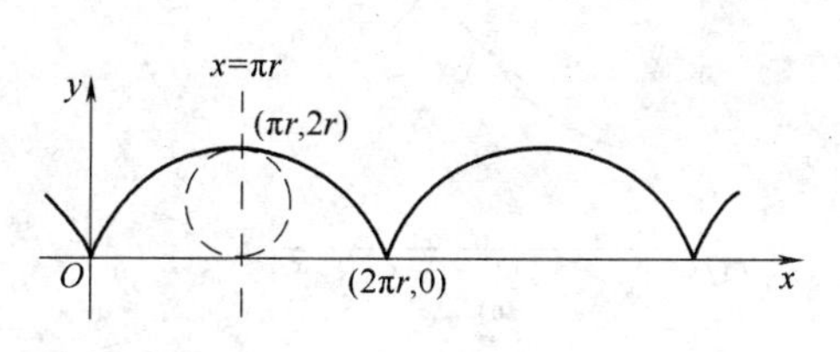

图2-1-39　摆线

3）螺线。分等速螺线和对数螺线。

① 等速螺线见图2-1-40。等速螺线方程为

$$\rho=\rho_0+a\theta$$

② 对数螺线见图2-1-41。对数螺线方程为

$$\rho=a\theta$$

对数螺线的任意矢径都与螺线交成定角。

5. 常见图形轮廓节点的计算

直线、圆弧类零件的数值计算见表2-1-11。

五、基点与节点的计算

1. 基点和节点的计算

一个零件的轮廓往往是由许多不同的几何元素组成的，如直线、圆弧、二次曲

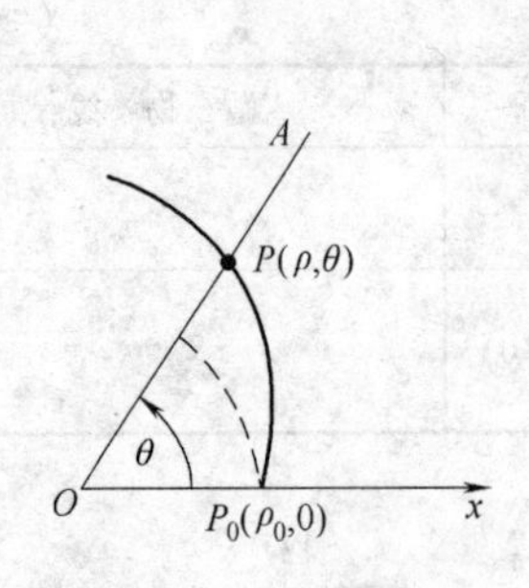

图 2-1-40　等速螺线

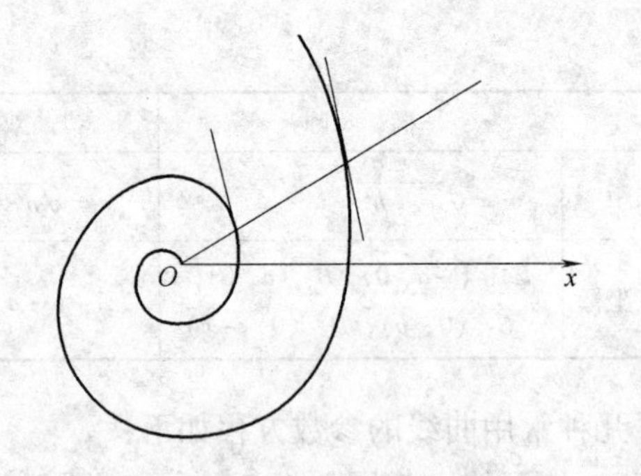

图 2-1-41　对数螺线

线以及其他种类的曲线等。各几何元素间的联结点称为基点。相邻基点间只能是一个几何元素。将组成零件轮廓的曲线，按数控系统插补功能的要求，在满足允许的编程误差的条件下进行分割，即用若干直线段或圆弧段来逼近给定的曲线。逼近线段的交点或切点称为节点。由于目前一般机床数控系统都具有直线、圆弧插补功能，所以一般对非圆曲线的轮廓，可采用直线或圆弧来逼近，见图 2-1-42。

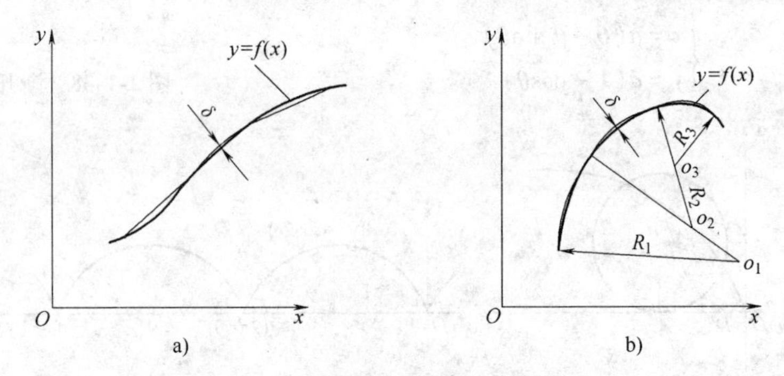

图 2-1-42　曲线的逼近

a）用直线段逼近非圆曲线　b）用圆弧段逼近非圆曲线

从图中看出逼近线段的误差 δ 应小于等于编程允许误差 $\delta_{允}$，即 $\delta \leqslant \delta_{允}$，考虑到工艺系统及计算误差的影响，$\delta$ 一般取零件公差的 1/3 ~ 1/5。

2. 刀具轨迹的计算

零件的轮廓形状是由刀具切削刃部分直接参与切削过程完成的。在大多数情况下，编程轨迹并不与零件轮廓完全重合。但对于具有刀具半径补偿功能的数控系统来说，可以以刀底中心作为刀位点，在编写程序时，加入刀补的有关指令，就可以使刀位点按工件轮廓编制轨迹。这时，可直接按零件轮廓形状计算各基点和节点坐标。

3. 辅助计算

包括增量计算、辅助程序的数值计算等。

（1）增量计算　是仅就增量坐标的数控系统或绝对坐标系统中某些数据仍要

表 2-1-11 直线、圆弧类零件的数值计算

类型	已知参数	零件轮廓基点计算公式	等距线基点计算公式	简图	备注
直线与直线相交	A_1, B_1, C_1 A_2, B_2, C_2	$x_K = \dfrac{B_2C_1 - B_1C_2}{A_2B_1 - A_1B_2}$ $y_K = \dfrac{A_1C_2 - A_2C_1}{A_2B_1 - A_1B_2}$	$x_D = x_K + \dfrac{l(B_1N - B_2M)}{A_2B_1 - A_1B_2}$ $y_D = y_K + \dfrac{l(A_2M - A_1N)}{A_2B_1 - A_1B_2}$		$N = \pm\sqrt{A_2^2 + B_2^2}$ $M = \pm\sqrt{A_1^2 + B_1^2}$ 在 x 值相同时，等距线 y 值大于原直线 y 值时，上式取“+”，否则取“-”
直线与圆弧相交	A, B, C ζ, η, R	$x_K = \dfrac{-M \pm \sqrt{M^2 - 4JN}}{2J}$ $y_K = -\dfrac{Ax_K + C}{B}$	$x_D = \dfrac{-M \pm \sqrt{M^2 - 4JN}}{2J}$ $y_D = \dfrac{-Ax_D - C \pm l\sqrt{A^2 + B^2}}{B}$		$M = 2\left[-\zeta + \dfrac{A}{B}\left(\eta + \dfrac{C \pm l\sqrt{A^2+B^2}}{B}\right)\right]$ $N = \zeta^2 + \left(\eta + \dfrac{C \pm l\sqrt{A^2+B^2}}{B}\right)^2 - (R \pm l)^2$ $J = 1 + \left(\dfrac{A}{B}\right)^2$ 对 x_Ky_K 的 M、N、J，应使 $l=0$ $\pm\sqrt{M^2 - 4JN}$：取两解中大值时，等距线上的 y 值（或 x 值）大于原直线 y 值（或 x 值）时为正，反之为负 $R \pm l$：等距圆在已知圆凸侧时为正，反之取负

（续）

类型	已知参数	零件轮廓基点计算公式	等距线基点计算公式	简图	备注
直线与圆弧相切	A, B, C ζ, η, R	$x_K = \dfrac{B^2\zeta - A(\eta B + C)}{A^2 + B^2}$ $y_K = \dfrac{Ax_K + C}{B}$	$x_D = \dfrac{B^2\zeta + A(\pm l\sqrt{A^2+B^2} - C - \eta B)}{A^2 + B^2}$ $y_D = -\dfrac{Ax_D + C \pm l\sqrt{A^2+B^2}}{B}$	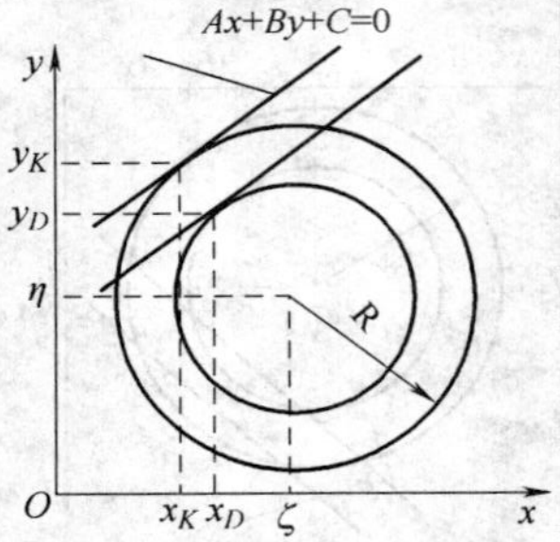 $Ax+By+C=0$	
圆弧与圆弧相交	ζ_1, η_1, R_1 ζ_2, η_2, R_2	$x_K = \dfrac{-M \pm \sqrt{M^2 - 4JN}}{2J}$ $y_K = \dfrac{C + (\zeta_2 - \zeta_1)x_K}{(\eta_1 - \eta_2)}$	$x_D = \dfrac{-M \pm \sqrt{M^2 - 4JN}}{2J}$ $y_D = \dfrac{C + (\zeta_2 - \zeta_1)x_D}{(\eta_1 - \eta_2)}$	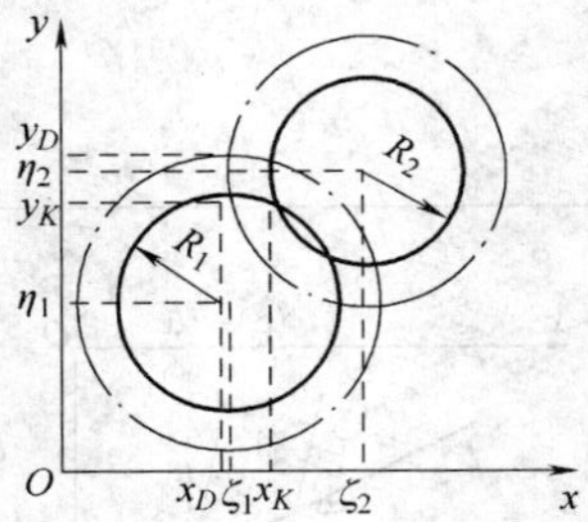	$M = 2\left[-\zeta_1 + \dfrac{\zeta_2 - \zeta_1}{\eta_2 - \eta_1}\left(\eta_1 + \dfrac{C}{\eta_2 - \eta_1}\right)\right]$ $N = \zeta_1^2 + \left(\eta_1 + \dfrac{C}{\eta_2 - \eta_1}\right)^2 - (R_1 \pm l)^2$ $J = 1 + \left(\dfrac{\zeta_2 - \zeta_1}{\eta_2 - \eta_1}\right)^2$ $2C = \zeta_1^2 - \zeta_2^2 + \eta_1^2 - \eta_2^2 - (R_1 \pm l)^2 + (R_2 \pm l)^2$ $R_1 \pm l, R_2 \pm l, \pm\sqrt{M^2 - 4JN}$：符号选取方法同前
圆弧与圆弧相切	ζ_1, η_1, R_1 ζ_2, η_2, R_2	$x_K = \dfrac{-M}{2J}$ $y_K = \dfrac{C + (\zeta_2 - \zeta_1)x_K}{(\eta_1 - \eta_2)}$	$x_D = \dfrac{-M}{2J}$ $y_D = \dfrac{C + (\zeta_2 - \zeta_1)x_D}{(\eta_1 - \eta_2)}$	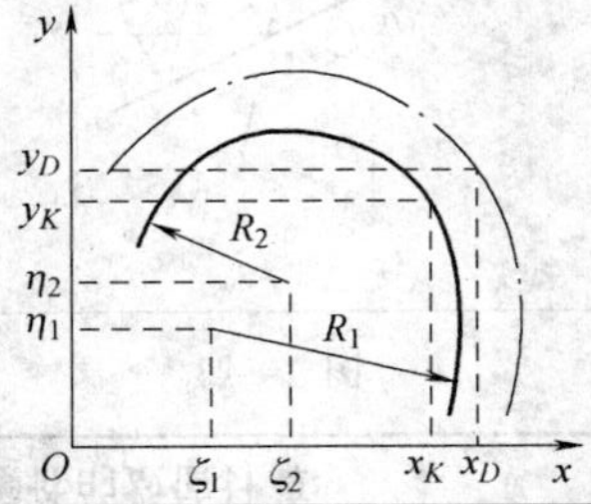	

求以增量方式输入的情况，所进行的由绝对坐标数据到增量坐标数据的转换。

（2）辅助程序的计算　是指对开始加工时刀具从对刀点到切入点，或加工完成以后刀具从切出点返回到对刀点，特意安排的刀具进给路径。

4. 图形的数学处理

对零件图进行数学处理是编程前的主要准备工作之一，而且即便采用计算机进行自动编程，也经常需要先对工件的轮廓图形进行数学预处理，才能对有关几何元素进行定义。

图形的数学处理一般包括两个方面：一方面根据零件图给出的形状、尺寸和公差等直接通过数学方法（如三角、几何与解析几何法等）计算出编程时所需要的有关节点或基点坐标值，例如圆弧插补所需要的圆弧圆心相对起点的坐标增量I、J、K；另一方面是按照零件图给出的条件还不能直接计算出编程时所需要的节点坐标值，也不能按照零件图给出的条件直接对工件轮廓几何元素的定义进行自动编程，那么就必须根据所采用的具体工艺方法、工艺装备等加工条件，对零件原图形及有关尺寸进行必要的数学预处理或改动，才可进行节点的坐标计算和进行正常的编程工作。

可以采用两种方法求出具体数值：

（1）手工数值处理　利用代数、三角函数、几何与解析几何等数学工具，再加上计算器等求出具体数值。例如，图2-1-43中的各点坐标值如下：

$A[-10\times\cos30°, 30+10\times\sin30°]=A(-8.66, 35)$；

$B[10\times\cos30°, 30+10\times\sin30°]=B(8.66, 35)$；

$C[30\times\cos30°+10\times\cos30°, -30\times\sin30°+10\times\sin30°]=C(34.641, -10)$；

$D[30\times\cos30°, -30\times\sin30°-10]=D(25.981, -25)$；

$E[-30\times\cos30°, -30\times\sin30°-10]=E(-25.981, -25)$；

$F[-30\times\cos30°-10\times\cos30°, -30\times\sin30°+10\times\sin30°]=F(-34.641, -10)$。

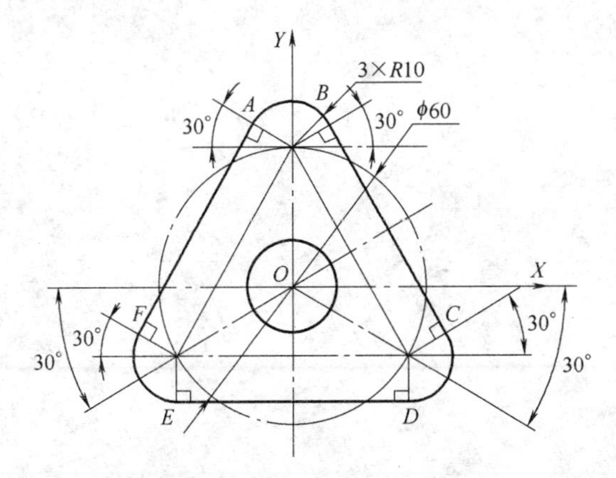

图2-1-43　利用代数、三角函数、几何与解析几何等数学工具进行手工数值处理

（2）利用 Auto CAD 等 CAD 软件来求具体坐标数值　如图 2-1-44 所示，首先画出图形来，再利用尺寸标注，把每一个节点相对于工件坐标系原点的坐标标注出来，就可以得到节点的具体坐标值。对于图 2-1-44 所示的零件图，可以用 Auto CAD 软件来进行坐标值计算，根据图中的尺寸标注可以得出图中各点的坐标值如下：$A(-8.66, 35)$；$B(8.66, 35)$；$C(34.641, -10)$；$D(25.981, -25)$；$E(-25.981, -25)$；$F(-34.641, -10)$。

这里指的是用手工编程的方法进行数值计算，如果采用自动编程，就不必这样了。

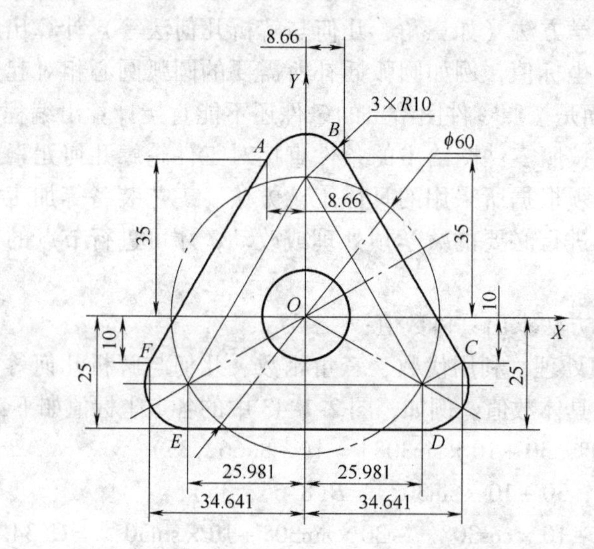

图 2-1-44　利用 Auto CAD 软件进行数值计算

第二章

铣削原理

第一节　铣削过程的基本知识

一、切削过程中的变形

金属切削过程实质上是被切削金属层在刀具偏挤压作用下产生剪切滑移的塑性变形过程。虽然切削过程中必然产生弹性变形，但其变形量与塑性变形相比可忽略不计。在研究切屑形成的机理时都是以直角自由切削为基础的。所谓“直角自由切削”的含义：①只有一条直线切削刃参加切削；②切削刃与合成切削速度 v_e 垂直。这样被切削金属层只发生平面变形而无侧向移动，比较简单。

为了研究方便，通常把切削过程的塑性变形划分为三个变形区，见图 2-2-1。

1. 第Ⅰ变形区的剪切变形

被切削金属层在刀具前面的挤压力作用下，首先产生弹性变形，见图 2-2-2，当最大切应力达到材料的屈服极限时，即沿 *OA* 曲线发生剪切滑移。随着刀具前面的逐渐趋近，塑性变形逐渐增大，并伴随有变形强化，直至 *OM* 曲线滑移终止，被

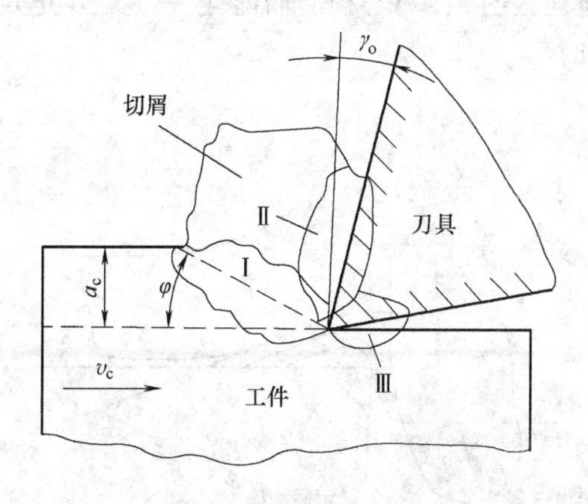

图 2-2-1　三个变形区的划分图

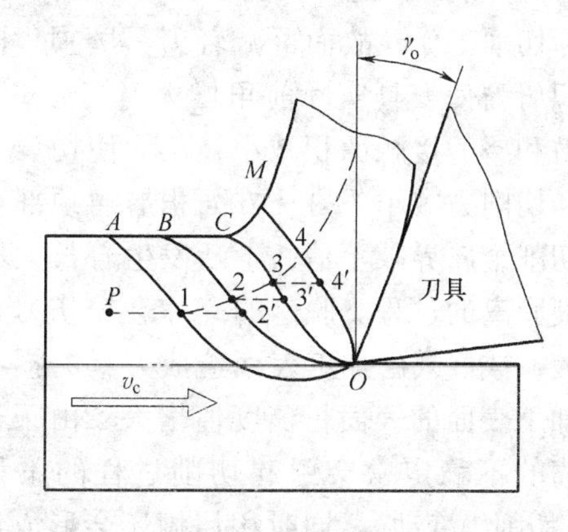

图 2-2-2　第Ⅰ变形区金属的剪切滑移

切削金属层与母体脱离成为切屑沿前面流出。曲线 *OAMO* 所包围的区域是剪切滑移区，又称第Ⅰ变形区，它是金属切削过程中主要的变形区，消耗大部分功率并产生大量的切削热。实际上曲线 *OA* 与曲线 *OM* 间的宽度很窄，约为0.02～0.2mm，且切削速度越高，宽度越窄。为使问题简化，设想用一个平面 *OM* 代替剪切滑移区，平面 *OM* 称为剪切平面。剪切平面与切削速度之间的夹角称为剪切角，以 ϕ 表示。

2. 第Ⅱ变形区的挤压摩擦和变形

经第Ⅰ变形区剪切滑移而形成的切屑，在沿前面流出过程中，靠近前面处的金属受到前面的挤压而产生剧烈摩擦，再次产生剪切变形，使切屑底层薄薄的一层金属流动滞缓。这一层滞缓流动的金属层称为滞流层，又称为第Ⅱ变形区。滞流层的变形程度比切屑上层大几倍到几十倍。

3. 第Ⅲ变形区的变形

第Ⅲ变形区的变形是指工件过渡表面和已加工表面金属层受到切削刃钝圆部分和后面的挤压、摩擦而产生塑性变形的区域，造成表层金属的纤维化和加工硬化，并产生一定的残余应力。第Ⅲ变形区的金属变形，将影响到工件的表面质量和使用性能。

以上分别讨论了三个变形区各自的特征。但必须指出，三个变形区是互相联系而又互相影响的。金属切削过程中的许多物理现象都和三个变形区的变形密切相关。研究切削过程中的变形，是掌握金属切削加工技术的基础。

二、积屑瘤与鳞刺

1. 积屑瘤

（1）积屑瘤及其特征　切削塑性金属材料时，常在切削刃口附近粘结一种硬度很高（通常为工件材料硬度的2～3.5倍）的楔状金属块，它包围着切削刃且覆盖部分前面，这种楔状金属块称为积屑瘤，见图2-2-3。积屑瘤能代替刀尖担负实际切削工作，故而可减轻刀具磨损。同时积屑瘤使刀具实际前角增大（可达35°），刀和屑的接触面积减小，从而使切屑变形和切削力减小。另一方面积屑瘤顶部和被切削金属界限不清，不断发生着长大和破裂脱离的过程。脱落的碎片会损伤刀具表面，或嵌入已加工表面造成刀具磨损和已加工表面的表面粗糙度值增大。由于积屑瘤的不稳定常会引起切削过程的不稳定（切削力变动）。同时积屑瘤还会形成切削刃的不规则和不光滑，使已加工表面非常

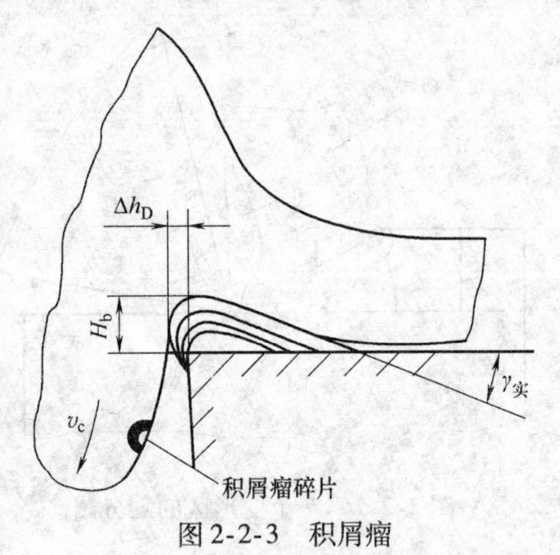

图2-2-3　积屑瘤

粗糙、尺寸精度降低。因此精加工时必须设法抑制积屑瘤的形成。

(2) 积屑瘤的成因及其抑制措施　积屑瘤的形成和刀具前面上的摩擦有着密切关系。一般认为，最基本的原因包括：高压，一定的切削温度，刀和屑界面在新鲜金属表面接触，加之原子间的亲和力作用，产生切屑底层的粘结和堆积。

影响积屑瘤的因素很多，主要有工件材料、切削速度、切削液、刀具表面质量和前角以及刀具材料等切削条件。工件材料塑性高、强度低时，切屑与前面摩擦大，切屑变形大，容易粘刀而产生积屑瘤，而且积屑瘤尺寸也较大。切削脆性金属材料时，切屑呈崩碎状，刀和屑接触长度较短，摩擦较小，切削温度较低，一般不易产生积屑瘤。实际生产中，可采取下列措施抑制积屑瘤的生成：

① 切削速度。实验研究表明，切削速度是通过切削温度对前刀面的最大摩擦系数和工件材料性质的影响而影响积屑瘤的，控制切削速度使切削温度控制在300℃以下或500℃以上，就可以减少积屑瘤的生成，所以具体加工中采用低速或高速切削是抑制积屑瘤的基本措施。

② 进给速度。进给速度增大，则切削厚度增大，刀、屑的接触长度增加，从而形成积屑瘤的生成基础。若适当降低进给速度，则可削弱积屑瘤的生成基础。

③ 前角。若增大刀具前角，切屑变形减小，则切削力减小，从而使前刀面上的摩擦减小，减小了积屑瘤的生成基础。实践证明，前角增大到35°时，一般不产生积屑瘤。

④ 切削液。采用润滑性能良好的切削液可以减少或消除积屑瘤的产生。

2. 鳞刺

鳞刺是已加工表面上出现的鳞片状反刺，见图2-2-4a。它是以较低的速度切削塑性金属（如拉削、插齿、滚齿、螺纹切削等）时常出现的一种现象，会使已加工表面质量恶化，表面粗糙度值增大2~4级。

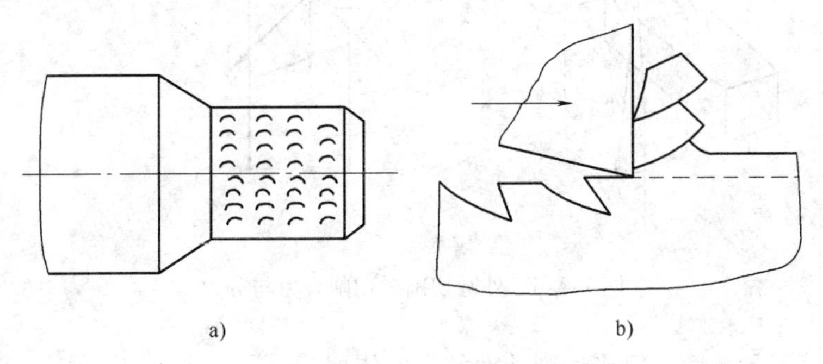

图2-2-4　鳞刺现象

a）鳞刺　b）鳞刺产生

鳞刺生成的原因是由于部分金属材料的粘结层积而导致即将切离的切屑根部发生断裂，在已加工表面层留下金属被撕裂的痕迹，见图2-2-4b。与积屑瘤相比，鳞刺产生的频率较高。避免产生鳞刺的措施与积屑瘤类似。

三、切削力

在切削过程中，为切除工件毛坯的多余金属使之成为切屑，刀具必须克服金属的各种变形抗力和摩擦阻力。这些分别作用于刀具和工件上的大小相等、方向相反的力的总和称为切削力。

1. 切削力的来源及分解

切削力的来源：三个变形区内产生的弹性变形抗力和塑性变形抗力；切屑、工件与刀具间的摩擦力。作用在刀具上的力如图2-2-5所示，作用在前刀面上的是弹、塑性变形抗力 $F_{n\gamma}$ 和摩擦力 $F_{f\gamma}$；作用在后刀面上的是弹、塑性变形抗力 $F_{n\alpha}$ 和摩擦力 $F_{f\alpha}$。它们的合力 F_r 作用在前刀面上近切削刃处，其反作用力 F'_r，作用在工件上。

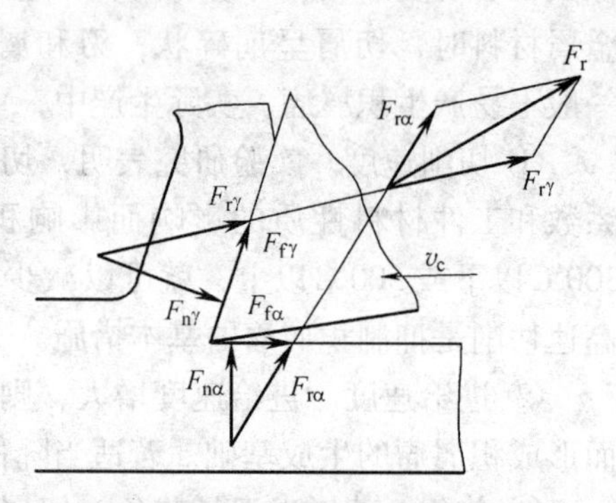

图2-2-5 作用在刀具上的力

为了便于切削力的作用和测量，通常将切削力分解成三个互相垂直的分力，见图2-2-6。

（1）主切削力 F_c 垂直于基面，与切削速度方向一致（y 方向）。功率消耗最大，是计算刀具强度、机床切削功率的主要依据。

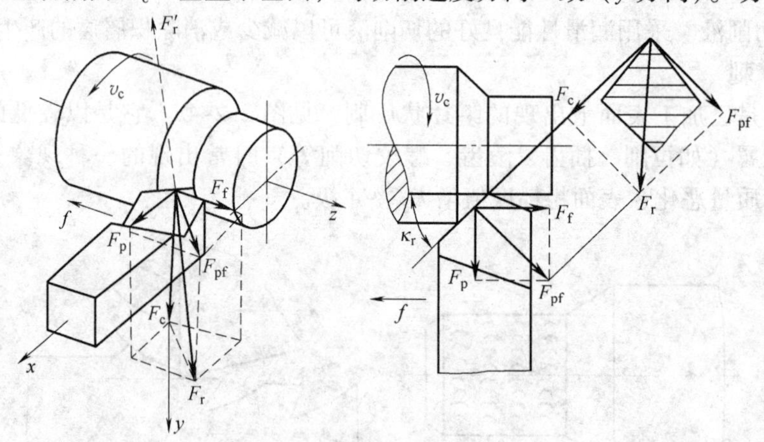

图2-2-6 外圆切削时切削合力与分力

（2）背向力 F_p x 方向分力，是验算工艺系统刚度的主要依据。

（3）进给力 F_f z 方向分力，是机床进给机构强度和刚度设计、校验的主要依据。各分力 F_c、F_p、F_f 与合力 F_r 的关系为

$$F_r = \sqrt{F_c^2 + F_p^2 + F_f^2} \tag{2-2-1}$$

$$F_p = F_{pf}\cos k_r \tag{2-2-2}$$

$$F_f = F_{pf}\sin k_r \tag{2-2-3}$$

2. 切削力的经验公式

（1）指数公式

$$F_c = C_{Fc}a_p^{x_{Fc}}f^{y_{Fc}}v_c^{n_{Fc}}K_{Fc}$$

$$F_p = C_{Fp}a_p^{x_{Fp}}f^{y_{Fp}}v_c^{n_{Fp}}K_{Fp}$$

$$F_f = C_{Ff}a_p^{x_{Ff}}f^{y_{Ff}}v_c^{n_{Ff}}K_{Ff} \tag{2-2-4}$$

式中 x_{Fc}、x_{Fp}、x_{Ff}——背吃刀量 a_p 对 F_c、F_p、F_f 的影响系数；

y_{Fc}、y_{Fp}、y_{Ff}——进给速度 f 对 F_c、F_p、F_f 的影响系数；

n_{Fc}、n_{Fp}、n_{Ff}——切削速度 v_c 对 F_c、F_p、F_f 的影响系数；

C_{Fc}、C_{Fp}、C_{Ff}——与实验条件有关的影响系数；

K_{Fc}、K_{Fp}、K_{Ff}——计算条件与实验条件不同时的修正系数。

公式中的系数和指数可以根据切削条件从工艺手册中查出。

（2）用单位切削力计算切削力的公式 单位切削力 p 是指单位切削面积上的主切削力（N/mm^2），可以从《切削用量手册》中查出。

$$p = F_c/A_D = F_c/a_p f \tag{2-2-5}$$

$$F_c = pa_pfK_{Fp}\ K_{vcfc}\ K_{Fc} \tag{2-2-6}$$

式中 K_{Fp}——进给速度对单位切削力的修正系数；

K_{vcfc}——切削速度改变时对主切削力的修正系数；

K_{Fc}——刀具几何角度不同时对主切削力的修正系数。

3. 切削功率

切削过程中三个分力消耗的功率之和，通常用主切削力 F_c 消耗的功率 P_c（单位为 kW）来表示

$$P_c = F_c v_c \times 10^{-3}/60 \tag{2-2-7}$$

机床电动机所需功率 P_E 为

$$P_E \geqslant P_c/\eta \tag{2-2-8}$$

式中 η——机床传动效率，一般取 0.75 ~ 0.85。

4. 影响切削力的主要因素

工件材料的强度、硬度越高，剪切屈服强度越高，切削力就越大。强度、硬度相近的材料，塑性、韧性越大，则切削力越大。

1）背吃刀量和进给速度的影响。a_p 加大一倍，切削力增大一倍；f 加大一倍，切削力增大 68% ~ 86%。

2）切削速度的影响。切削速度对切削力的影响，见图 2-2-7。

3）刀具几何角度的影响。前角 γ_o 增大，变形减小，切削力减小；主偏角 κ_r 增大，F_p 减小、F_f 增大；刃倾角 λ_s 减小，F_p 增大、F_f 减小，对主切削力 F_c 的影

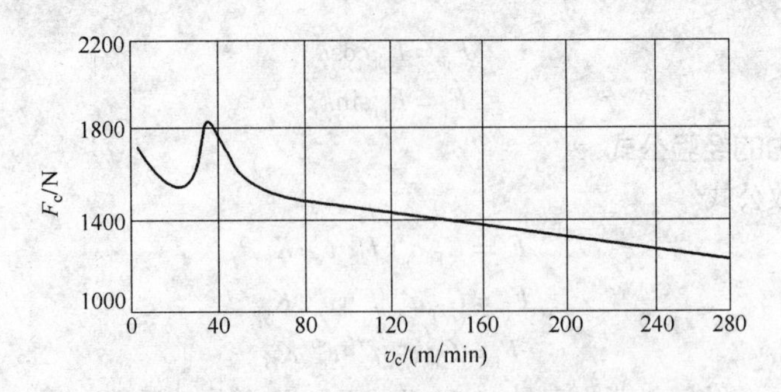

图 2-2-7　切削速度对切削力的影响

响不显著。

4）刀具磨损的影响。后刀面磨损形成零后角，且切削刃变钝、后刀面与已加工表面间的挤压和摩擦加剧，使切削力增大。

5）切削液的影响。润滑作用为主的切削液可减小刀具与工件之间的摩擦，降低切削力。

四、切削热与切削温度

1. 切削热的产生与传散

（1）切削热的产生　切削层金属的弹、塑性变形和刀具与切屑、工件之间的摩擦所消耗的功，均可转变为切削热，见图 2-2-8。

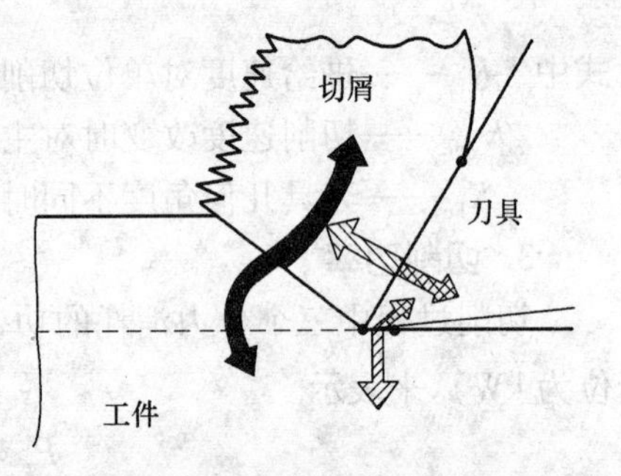

图 2-2-8　切削热的产生与传散

切削过程中产生的总切削热 Q 为

$$Q = Q_p + Q_{\gamma f} + Q_{\alpha f} \qquad (2\text{-}2\text{-}9)$$

式中　Q_p——剪切区金属变形功转变的热；

$Q_{\gamma f}$——切屑与前刀面的摩擦功转变的热；

$Q_{\alpha f}$——已加工表面与后刀面的摩擦功转变的热。

（2）切削热的传散　通过切屑、工件、刀具和周围介质传出的热量分别用 Q_{ch}、Q_w、Q_c 和 Q_f 表示。切削热的产生与传出的关系为

$$Q_p + Q_{\gamma f} + Q_{\alpha f} = Q_{ch} + Q_w + Q_c + Q_f \qquad (2\text{-}2\text{-}10)$$

切削热传出的大致比例如下：

① 车削加工时，Q_{ch} 为 50% ~86%、Q_c 为 40% ~10%、Q_w 为 9% ~3%、Q_f 为 1%。

② 钻削加工时，Q_{ch} 为 28%、Q_c 为 14.5%、Q_w 为 52.5%、Q_f 为 5%。

影响传热的主要因素是工件和刀具材料的热导率及周围介质的状况。

2. 切削温度的分布

切削塑性金属时切削温度分布的实例见图 2-2-9，由图中的等温曲线和温度分布曲线可知：

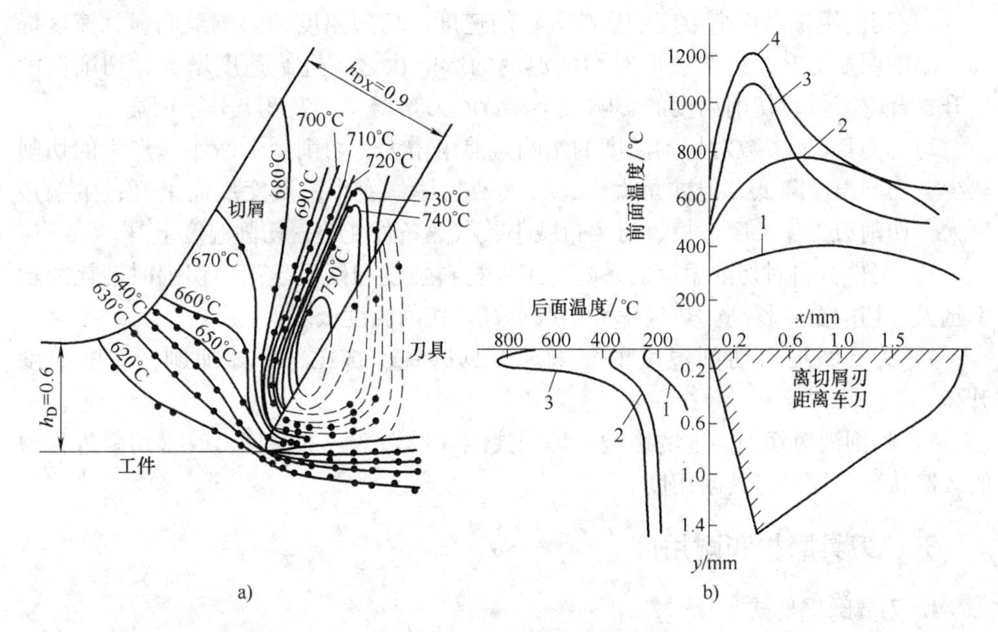

图 2-2-9　切削温度的分布

a）直角自由切削正交平面内的温度场　b）切削不同材料时刀面上的温度分布

注：工件材料：低碳易切钢；工件与刀具材料：1—45 钢　$\gamma_o=30°$　$\alpha_o=7°$　$v_c=0.38\text{m/s}$

2—GCr15-YT14　3—钛合金-YG8　4—BT2-YT15　$v_c=0.5\text{m/s}$　$f=0.2\text{mm/r}$

1）刀屑界面温度比切屑的平均温度高得多，一般约高 2～2.5 倍，且最高温度在前面上离切削刃一定距离的地方，而不在切削刃上。

2）沿剪切平面各点温度几乎相同。由此可以推想剪切平面上各点的应力应变规律基本上相差不大。

3）切屑沿前面流出时，在垂直前面方向上温度变化较大，说明切屑在沿前面流出时被摩擦加热。

4）后面上温度分布也与前面类似，即最高温度在刚离开切削刃的地方，但较前面上最高温度低。

5）工件材料的热导率越低（如钛合金比碳钢热导率低），刀具前、后面的温度越高。

6）工件材料的塑性越低，脆性越大，前面上最高温度处越靠近切削刃，同时沿切屑流出方向的温度变化越大。切削脆性材料时，最高温度出现在靠近切削刃的后面上。

切削温度通常是指切屑和刀具前面接触区的平均温度。它不但测量简单，而且与刀具磨损、积屑瘤的生长与消失和已加工表面质量有密切关系。因此，了解和运用切削温度的变化规律是很有实用意义的。

3. 影响切削温度的因素和变化规律

1）切削用量对切削温度的影响。切削速度对切削温度的影响最明显，速度提高，温度明显上升；进给速度对切削温度的影响次之，进给速度增大，切削温度上升；背吃刀量对切削温度的影响很小，背吃刀量增大，温度上升不明显。

2）刀具几何参数对切削温度的影响。前角增大，切削变形减小，产生的切削热少，切削温度降低，但前角太大，刀具散热体积变小，温度反而上升；主偏角增大，切削刃工作长度缩短、刀尖角减小，散热条件变差，切削温度上升。

3）工件材料对切削温度的影响。工件材料强度和硬度越高，切削时消耗的功率越大，切削温度越高。热导率大，散热好，切削温度低。

4）刀具磨损对切削温度的影响。刀具磨钝，挤压、摩擦加剧，切削温度升高。

5）切削液对切削温度的影响。切削液能降低切削区的温度，改善切削过程中的摩擦状况，提高刀具耐用度。

五、刀具磨损和耐用度

1. 刀具磨损形式

刀具磨损的形式有正常磨损和非正常磨损两大类。刀具的正常磨损形式见图 2-2-10。

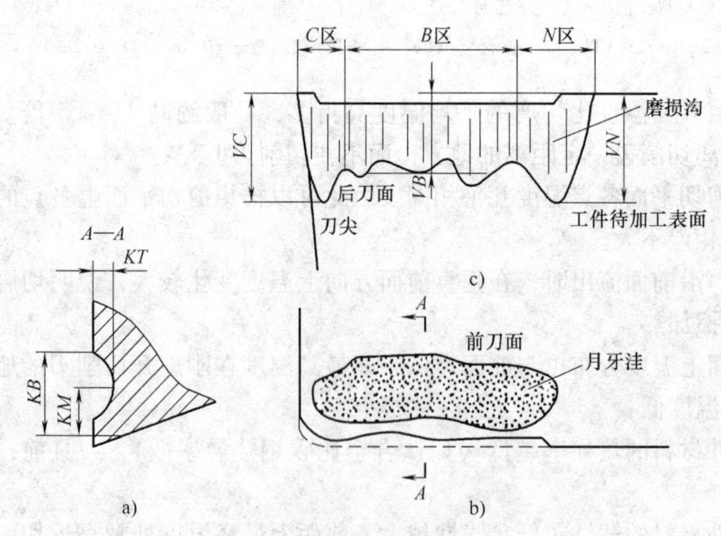

图 2-2-10　刀具的正常磨损形式

（1）前刀面磨损　在切削速度较高、切削厚度较大的情况下，切削高熔点塑性金属材料时，易产生前刀面磨损。磨损量用月牙洼的深度 KT 表示，见

图2-2-10a。

（2）后刀面磨损　在切削速度较低、切削厚度较小的情况下，会产生后刀面磨损，见图2-2-10c，刀尖和靠近工件外皮两处的磨损严重，中间部分磨损比较均匀。

（3）前刀面和主后刀面同时磨损　在中等切削速度和进给速度的情况下，切削塑性金属材料时，经常发生前、后刀面同时磨损。

2. 铣刀的磨损及磨钝标准

铣削过程中，铣刀在切除切屑的同时，本身也将被磨损而变钝。铣刀磨钝到一定程度后，如果继续使用，就会导致切削力和切削温度的显著增加，铣刀的磨损量也将迅速增大，从而影响加工精度与加工表面质量和铣刀的利用率。

刀具的磨损，主要发生在切削刃及其附近的前面及后面上。铣刀的磨损以后面和切削刃边缘的磨损为主。

（1）铣刀磨损的原因　铣刀磨损的原因主要包括机械磨损和热磨损。

1）机械磨损。机械磨损又称磨粒磨损。由于切屑或工件摩擦表面有微小的硬质点，如碳化物、氧化物、氮化物和积屑瘤碎块等，在刀具上刻划出深浅不一的沟痕，造成机械磨损。工件材料越硬，硬粒擦伤刀具表面的能力越强。这种磨损对高速工具钢刀具的作用比较明显。提高铣刀的刃磨质量，减小前面、后面和切削刃的表面粗糙度值，能减慢铣刀机械磨损的速度。

2）热磨损。铣削时，由于切削热的产生而使温度升高。刀具材料因温度升高产生相变而硬度降低，刀具材料与切屑和工件相互粘结而被粘附带走，产生粘结磨损；在高温作用下，刀具材料与工件材料的合金元素相互扩散置换，使刀具的机械性能降低，在摩擦作用下，产生扩散磨损。这些由切削热和温度升高而使铣刀产生的磨损，统称热磨损。

（2）铣刀的磨损过程　铣刀与其他切削刀具一样，随切削时间的增加，磨损逐渐发展，其磨损过程可分为三个阶段，见图2-2-11。

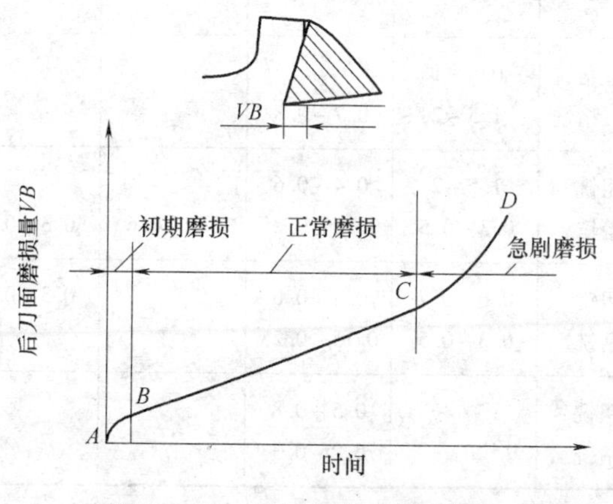

图2-2-11　刀具的典型磨损曲线

1）初期磨损阶段。图2-2-11中曲线*AB*段，称为初期磨损阶段。这一阶段磨损较快，主要是铣刀在刃磨后，表面砂轮磨痕产生的凸峰和切削刃处的毛刺在较短的时间内很快被磨平，若凸峰大，毛刺严重，则磨损量大。提高铣刀的刃磨质量，用研磨或用油石修光切削刃和前面、后面，能有效地减少初期磨损阶段的磨损量。

2）正常磨损阶段。图2-2-11中曲线*BC*段，称为正常磨损阶段。这一阶段磨损比较缓慢，磨损量随切削时间增加而均匀稳定地增加。曲线*BC*基本上是一条上升的直线，直线的斜率代表了铣刀的磨损率，反映了铣刀磨损的快慢。斜率越小，表示铣刀切削性能越好、越耐磨。

3）急剧磨损阶段。图2-2-11中曲线*CD*段，称为急剧磨损阶段。铣刀经较长时间切削使用后，切削刃变钝，使切削力增大，切削温度升高，铣削条件变差，铣刀磨损速度急剧上升，磨损率急剧增大，刀具迅速失去切削能力。使用铣刀时，应避免使铣刀磨损进入这一阶段。

（3）铣刀的磨钝标准　刀具磨损达到不能继续使用时的磨损限度称为磨钝标准。

铣刀的磨钝标准以铣刀后面上的磨损值*VB*来制定，故*VB*值是铣刀的磨损限度。铣刀的磨损量不应超过*VB*值，否则将影响铣刀的合理使用和加工质量。

*VB*值按加工条件和铣刀结构不同而有所区别。工件材料的切削加工性越差，切削温度越高，*VB*值越小。此外，切削速度越高，*VB*值也越小。铣刀后刃面允许的磨损量*VB*见表2-2-1。

表2-2-1　铣刀后刀面允许的磨损量*VB*　（单位：mm）

刀具材料	工件材料	加工性质	铣刀种类					
			套式面铣刀	圆柱铣刀	盘形铣刀	立铣刀	成形铣刀	
							铲齿的	尖齿的
YT	钢（除耐热钢）	粗、精铣	1~1.2	0.5~0.6	1~1.2	0.3~0.5		
YG	耐热钢 铸铁	粗、精铣 粗、精铣	0.8~1 1.5~2	 0.7~0.8				
高速钢	钢（除耐热钢）	粗铣 精铣	1.5~2 0.3~0.5	0.4~0.6 0.15~0.25	0.4~0.6	0.3~0.5	0.3~0.4 0.2	0.6~0.7 0.2~0.3
	耐热钢	粗铣 精铣	0.6~0.7 0.3~0.5	0.4~0.6 0.15~0.25		0.3~0.5		
	铸铁	粗铣 精铣		0.5~0.8 0.2~0.3				

注：表2-2-1中的磨损量适用于焊刀片铣刀，可转位铣刀应适当减少，*VB*=0.2~0.3mm。

在实际工作中，如出现下列情况之一，则说明铣刀已磨钝：已加工表面的表面粗糙度值比原来明显增大，表面出现亮点和鳞刺；切削温度明显升高，切屑颜色改变；切削力增大，甚至出现振动现象；后面靠近刃口处明显被磨损，甚至出现不正常声响等。此时，必须把铣刀拆下进行刃磨，不能继续铣削，以免使铣刀严重磨损甚至损坏。

3. 刀具寿命

（1）刀具寿命的概念　刀具在刃磨后或新刀片的一个切削刃从开始切削到磨损量达到磨钝标准为止的总切削时间 T，称为刀具寿命，单位为 min。注意：刀具寿命 T 不包括对刀、测量、快进、回程等非切削时间。

（2）影响刀具寿命的因素

1）切削用量。切削用量三要素对刀具寿命的影响程度：切削速度最大、进给量次之、背吃刀量最小。

2）刀具几何参数。前角 γ_o 增大，切削力减小、切削温度降低，刀具寿命提高；但前角太大，刀具强度降低，散热变差，刀具寿命反而降低了。主偏角减小，刀尖强度提高，散热条件改善，刀具寿命提高；但是主偏角 κ_r 太小，F_p 增大，当工艺系统刚性较差时，易引起振动。

3）刀具材料。刀具材料的热硬性越高，则刀具寿命就越高。但是，在有冲击切削、重型切削和难加工材料切削时，影响刀具寿命的主要因素为冲击韧性和抗弯强度。

4）工件材料。工件材料的强度、硬度越高，产生的切削温度越高，故刀具寿命越低。

（3）刀具寿命的确定　确定刀具寿命的合理原则是提高生产率和降低加工成本。生产中常用刀具寿命参考值见表 2-2-2。

表 2-2-2　常用刀具寿命参考值　（单位：min）

刀具类型	刀具寿命 T 值	刀具类型	刀具寿命 T 值
高速钢车刀	60～90	硬质合金面铣刀	120～180
高速钢钻头	80～120	齿轮刀具	200～300
硬质合金焊接车刀	60	自动机用高速钢车刀	180～200
硬质合金可转位车刀	15～30		

选择刀具寿命时，还应该考虑以下几点：

1）复杂、高精度、多刃刀具寿命应比简单、低精度、单刃刀具高。

2）可转位刀具换刃、换刀片快捷方便，为保持切削刃锋利，刀具寿命可选得低一些。

3）精加工刀具切削负荷小，刀具寿命应选得比粗加工刀具高一些。

4）精加工大件时，为避免中途换刀，刀具寿命应选得高一些。

5）数控加工中的刀具寿命一般应大于一个工作班，至少应大于一个零件的切削时间。

六、金属切削过程基本规律的应用

1. 切屑的种类及其控制

（1）切屑的种类　不同工件材料，不同切削条件，切削过程中的变形程度也就不同，从而形成不同的切屑。根据切削过程中变形程度的不同，可把切屑分为四种不同的类型，见图2-2-12。

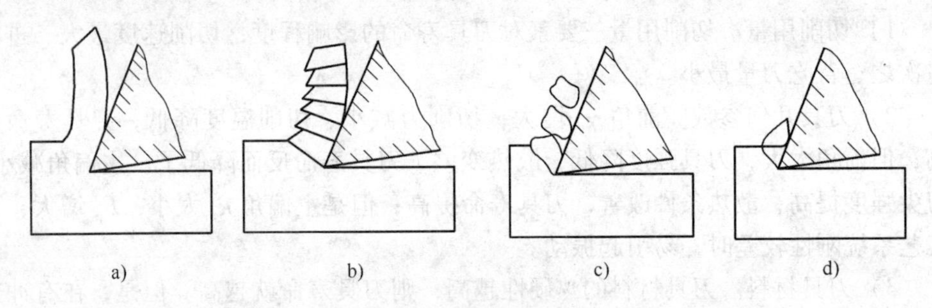

图2-2-12　切屑类型

a）带状切屑　b）节状切屑　c）粒状切屑　d）崩碎切屑

1）带状切屑，见图2-2-12a。这种切屑的底层光滑，上表面呈毛茸状，无明显裂纹。当加工塑性金属材料（如软钢、铜、铝等），且切削厚度较小、切削速度较高、刀具前角较大时，容易得到这种切屑。形成带状切屑时，切削过程较平稳，切削力波动较小，已加工表面粗糙度的值较小。

2）节状切屑见图2-2-12b，又称挤裂切屑。这种切屑的底面有时出现裂纹，上表面呈明显的锯齿状。节状切屑大多在加工塑性较低的金属材料（如黄铜），且切削速度较低、切削厚度较大、刀具前角较小时产生；当工艺系统刚性不足时加工碳素钢材料，也容易得到这种切屑。产生挤裂切屑时，切削过程不太稳定，切削力波动也较大，已加工表面粗糙度值较大。

3）粒状切屑见图2-2-12c，又称单元切屑。采用小前角或负前角，以极低的切削速度和大的切削厚度切削塑性金属（延伸率较低的结构钢）时，会产生这种切屑。产生单元切屑时，切削过程不平稳，切削力波动较大，已加工表面粗糙度值较大。

4）崩碎切屑，见图2-2-12d。切削脆性金属（铸铁、青铜等）时，由于材料的塑性很小，抗拉强度很低，在切削时切削层内靠近切削刃和前刀面的局部金属未经明显的塑性变形就被挤裂，形成不规则状的碎块切屑。工件材料越硬、刀具前角越小、切削厚度越大时，越容易产生崩碎切屑。产生崩碎切屑时，切削力波动大，加工表面凹凸不平，切削刃容易损坏。由于刀屑接触长度较短，切削力和切削热量集中作用在切削刃处。

需要说明的是，切屑的形态是可以随切削条件的改变而转化的。从加工过程的平稳性、保证加工精度和加工表面质量考虑，带状切屑是较好的切屑类型。在实际生产中，带状切屑也有不同的形式。

（2）切屑的流向和卷曲

1）切屑的流向见图 2-2-13。在直角自由切削时，切屑沿正交平面方向流出。在直角非自由切削时，由于刀尖圆弧半径和副切削刃的影响，切屑流出方向与正交平面形成一个出屑角 η，η 与 κ_r 和副切削刃工作长度有关；斜角切削时，切屑的流向受刃倾角 λ_s 影响，出屑角 η 近似等于刃倾角 λ_s。λ_s 对切屑流向的影响见图 2-2-14。

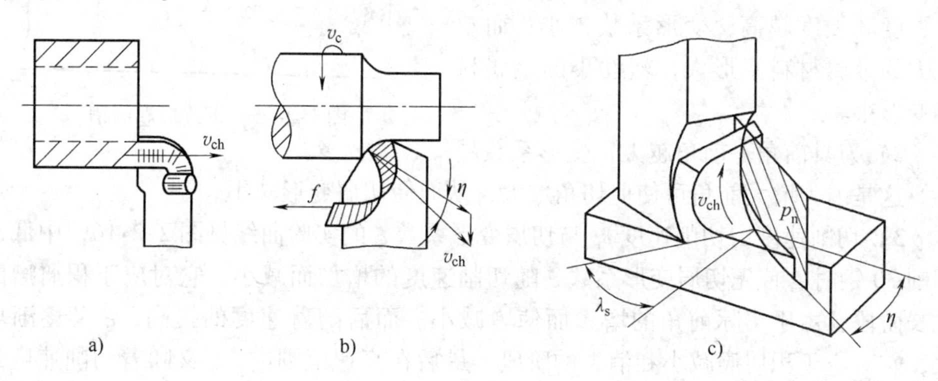

图 2-2-13　切屑的流向

a）直角自由切削　b）直角非自由切削　c）斜角切削

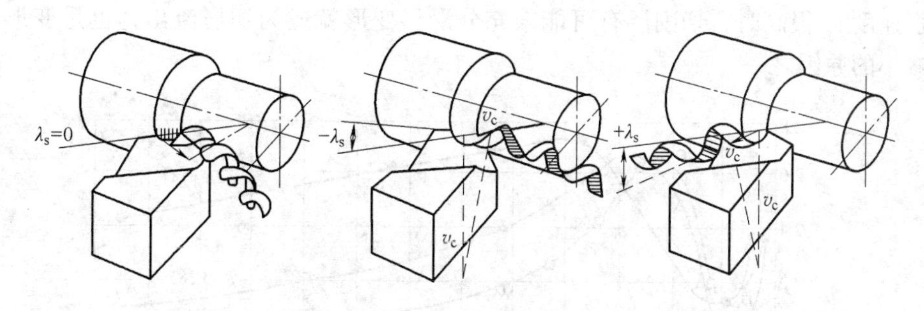

图 2-2-14　λ_s 对切屑流向的影响

2）切屑的卷曲。切屑的卷曲是由于切削过程中的塑性和摩擦变形、切屑流出时的附加变形而产生的，在前刀面上制出卷屑槽（断屑槽）、凸台、附加挡块以及其他障碍物可以使切屑产生充分的附加变形。采用卷屑槽能可靠地促使切屑卷曲。切屑在流经卷屑槽时，受外力 F 作用产生力矩 M 使切屑卷曲，图 2-2-15 所示为折

线形卷屑槽，切屑的卷曲半径 r_{ch} 可由下式算出

$$r_{ch}=\frac{l_{Bn}}{2\sin\frac{\delta_{Bn}}{2}} \tag{2-2-11}$$

式中　l_{Bn}——卷屑槽宽度（mm）；

δ_{Bn}——反屑角（rad）。

（3）影响切屑变形的因素　切屑变形的大小，主要取决于第Ⅰ变形区及第Ⅱ变形区挤压及摩擦情况。凡是影响这两个变形区变形和摩擦的因素都会影响切屑的变形。其主要影响因素及规律如下：

1）工件材料。实验结果表明，工件材料强度和硬度越高，变形系数越小；而塑性大的金属材料变形大，塑性小的金属材料变形小。

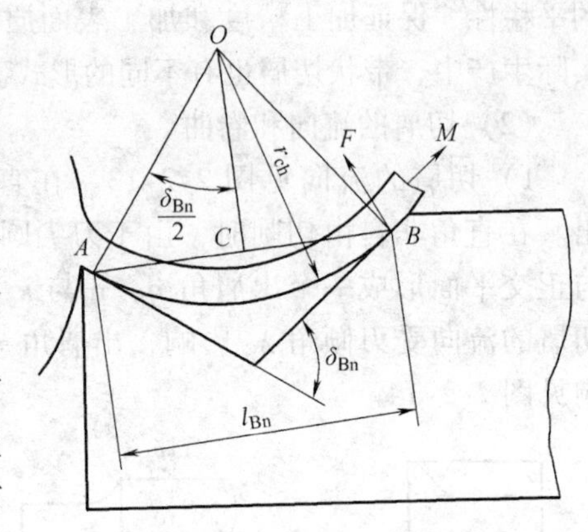

图 2-2-15　折线形卷屑槽

2）刀具前角。前角越大，变形系数越小。这是因为增大前角可使剪切角增大，从而使切屑变形减小。

3）切削速度。切削速度 v_c 与切屑变形系数 ξ 的实验曲线见图 2-2-16，中低速切削 30 钢时，首先切屑变形系数 ξ 随切削速度的增加而减小，它对应于积屑瘤的成长阶段，由于实际前角的增大而使 ξ 减小。而后随着速度的提高，ξ 又逐渐增大，它对应于积屑瘤减小和消失的阶段。最后在高速范围内，ξ 又随着切削速度的继续增高而减小（这是因为切削温度随 v_c 的增大而升高，使切屑底层金属被软化，剪切强度下降，降低了刀和屑之间的摩擦系数，从而使变形系数减小）。此外，当切削速度 v_c 很高时，切削层有可能未充分滑移变形就成为切屑流出，也是变形系数减小的原因之一。

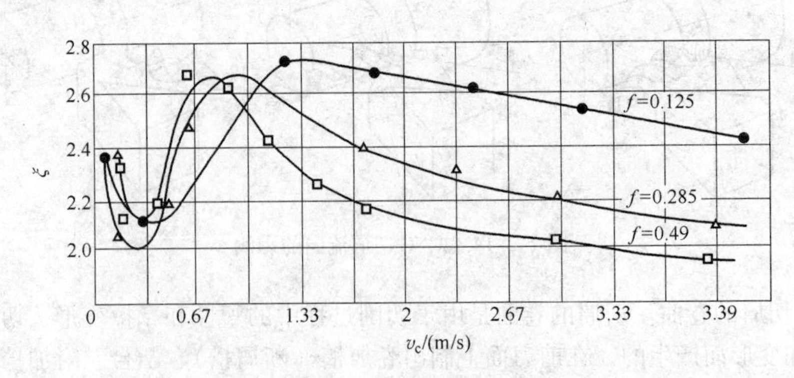

图 2-2-16　切削速度与切屑变形系数的实验曲线

注：工件材料：30 钢；背吃刀量：a_p = 4mm。

4）切削厚度。由图2-2-16可知，当进给速度增加（切削厚度增加）时，切屑变形系数减小。

（4）影响断屑的因素

1）断屑槽的尺寸参数。断屑槽的形式有折线形、直线圆弧形和全圆弧形三种，见图2-2-17。槽的宽度l_{Bn}和反屑角δ_{Bn}是影响断屑的主要因素。宽度减小和反屑角增大，都能使切屑卷曲半径减小，卷曲变形增大，使切屑易折断。但l_{Bn}太小或δ_{Bn}太大，切屑易堵塞，排屑不畅，会使切削力增大、切削温度升高。

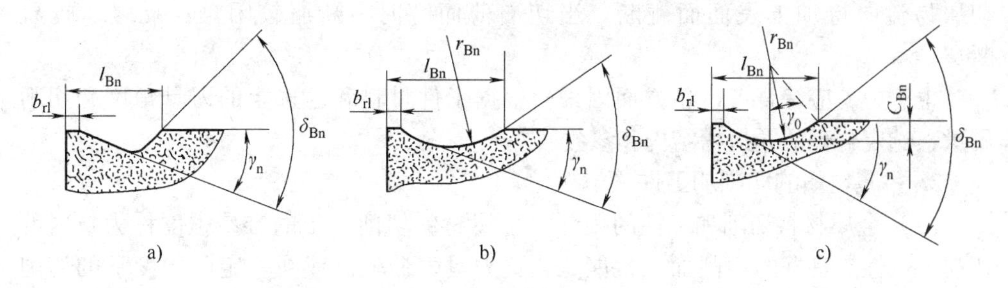

图2-2-17　断屑槽的形式

a）折线形　b）直线圆弧形　c）全圆弧形

断屑槽槽形斜角（断屑槽相对主切削刃的倾斜角）也影响切屑的流向和屑形，在可转位车刀或焊接车刀上可做成外斜、平行和内斜三种槽型，见图2-2-18。外斜式槽型（Y型）使切屑与工件表面相碰而形成C形屑；内斜式槽型（K型）使切屑背离工件流出；平行式槽型（A型）可在背吃刀量a_p变动范围较宽的情况下获得断屑效果。

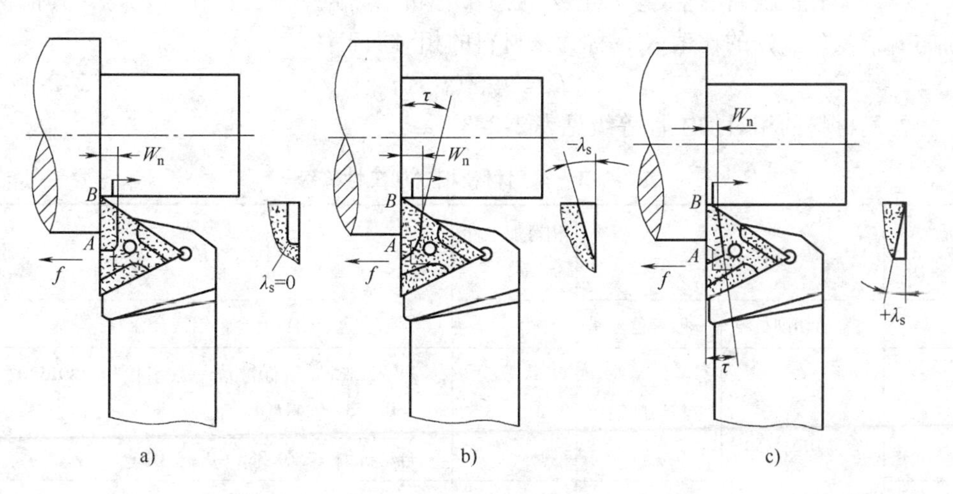

图2-2-18　断屑槽槽形斜角

a）A型　b）Y型　c）K型

2）刀具角度。主偏角和刃倾角对断屑影响最明显，κ_r 增大，使切削厚度增加，从而导致切屑在卷曲时弯曲应力增大，易于折断。一般来说，κ_r 在 75°～90°范围内较好。刃倾角是控制切屑流向的参数。刃倾角为负值时，切屑流向已加工表面或加工表面；刃倾角为正值时，切屑流向待加工表面或背离工件。

3）切削用量。切削速度提高，易形成长带状切屑，不易断屑；进给速度增大，切削厚度也按比例增大，使切屑卷曲应力增大，容易折断；背吃刀量减小，主切削刃工作长度变小，副切削刃参加工作比例变大，使出屑角 η 增大，切屑易流向待加工表面而碰断。当切屑薄而宽时，断屑较困难；反之，较易断屑。

生产中，应综合考虑各方面因素，根据工件材料和已选定的刀具角度和切削用量，选定合理的卷屑槽结构和参数。

2. 金属材料的切削加工性

（1）金属材料切削加工性的概念　金属材料切削加工的难易程度称为材料的切削加工性。良好的切削加工性能是指：刀具寿命较高或在一定耐用度下的切削速度较高、切削力较小、切削温度较低、容易获得较好的工件表面质量和切屑形状容易控制或容易断屑。研究材料切削加工性的目的是为了寻找改善材料切削加工性的途径。

（2）衡量金属材料切削加工性的指标

1）切削速度指标 v_{cT}。v_{cT}的含义是当刀具寿命为 T 时，切削某种材料允许达到的切削速度。在相同刀具寿命下，v_{cT} 值高的材料切削加工性好。一般用 $T=60\text{min}$ 时所允许的切削速度 v_{c60} 来评定材料切削加工性的好坏。难加工材料用 v_{c20} 来评定。

2）相对加工性指标 K_r。以正火状态 45 钢的 v_{c60} 为基准，记作（v_{c60}），其他材料的 v_{c60} 与（v_{g60}）j 的比值 K_r，称为该材料的相对加工性。

$$K_r = v_{c60}/(v_{g60})j \tag{2-2-12}$$

常用材料的相对加工性等级见表 2-2-3。

表 2-2-3　常用材料相对加工性等级

加工性等级	名称及种类		相对加工性 K_r	代表性材料
1	很容易切削材料	一般有色金属	>3	铜铅合金，铝铜合金，铝镁合金
2	容易切削材料	易切削钢	2.5～3	退火 15Cr（新标准统一数字代号 A20152），$\sigma_b=0.373\sim0.441\text{GPa}$
				自动机钢 $\sigma_b=0.383\sim0.491\text{GPa}$
3		较易切削钢	1.6～2.5	正火 30（新标准统一数字代号 U20302）钢 $\sigma_b=0.441\sim0.549\text{GPa}$

（续）

加工性等级	名称及种类		相对加工性 K_r	代表性材料
4	普通材料	一般钢及铸铁	1.0～1.6	45（统一数字代号 U20452）钢，灰铸铁
5		稍难切削材料	0.65～1.0	20Cr13（新标准统一数字代号 S42020）调质 $\sigma_b=0.834\mathrm{GPa}$ 85（新标准统一数字代号 U20852）钢 $\sigma_b=0.883\mathrm{GPa}$
6	难切削材料	较难切削材料	0.5～0.65	45 调质（新标准统一数字代号 U20452）$\sigma_b=1.03\mathrm{GPa}$ 65Mn（新标准统一数字代号 U21652）调质 $\sigma_b=0.932\sim0.981\mathrm{GPa}$
7		难切削材料	0.15～0.5	50Cr（新标准统一数字代号 A20502）调质，1Cr18Ni9Ti，某些钛合金
8		很难切削材料	<0.15	某些钛合金，铸造镍基高温合金

（3）改善金属材料切削加工性的途径　材料的切削加工性对生产率和表面质量有很大的影响，因此在满足零件使用要求的前提下，应尽量选用加工性较好的材料。改善材料的切削加工性有以下几种措施：

1）热处理方法。例如对低碳钢进行正火处理，适当降低塑性，提高硬度，可提高精加工表面质量。又如对高碳钢和工具钢进行球化退火处理，降低硬度，可改善切削加工性。

2）调整材料的化学成分。例如在钢中加入适量的硫、铅等元素使之成为易切钢，可减小切削力、提高刀具寿命、断屑容易，并可获得较好的表面加工质量。

3. 切削用量及其选择

铣削加工切削用量包括主轴转速（切削速度）、进给速度、背吃刀量和侧吃刀量，见图 2-2-19。切削用量的大小对切削力、切削功率、刀具磨损、加工质量和加工成本均有显著影响。数控加工中选择切削用量时，就是在保证加工质量和刀具使用寿命的前提下，充分发挥机床性能和刀具切削性能，使切削效率最高，加工成本最低。

为保证刀具的使用寿命，切削用量的选择方法是，先选取背吃刀量或侧吃刀量，其次确定进给速度，最后确定切削速度。

（1）背吃刀量（面铣）或侧吃刀量（圆周铣）背吃刀量 a_p 为平行于铣刀轴线测量的切削层尺寸（mm）。面铣时，a_p 为切削层深度；而圆周铣削时，a_p 为被加工表面宽度。

侧吃刀量 a_e 为垂直于铣刀轴线测量的切削层尺寸（mm）。面铣时，a_e 为被加

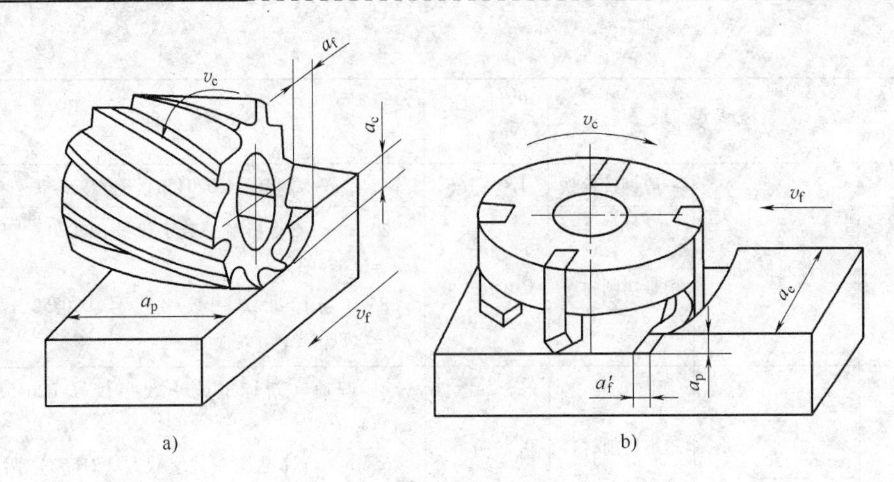

图 2-2-19　切削用量
a）圆周铣　b）面铣

工表面宽度；而圆周铣削时，a_e 为切削层的深度。

背吃刀量或侧吃刀量的选取主要由加工余量和对表面质量的要求决定。

1）在工件表面粗糙度值要求为 $Ra = 12.5 \sim 25\mu m$ 时，如果圆周铣削的加工余量小于5mm，面铣的加工余量小于6mm，则粗铣一次进给就可以达到要求。但在余量较大，工艺系统刚性较差或机床动力不足时，可分两次进给。

2）在工件表面粗糙度值要求为 $Ra = 3.2 \sim 12.5\mu m$ 时，可分粗铣和半精铣两步进行。粗铣时背吃刀量或侧吃刀量选取同前。粗铣后留 0.5～1.0mm 余量，在半精铣时切除。

3）在工件表面粗糙度值要求为 $Ra = 0.8 \sim 3.2\mu m$ 时，可分粗铣、半精铣、精铣三步进行。半精铣时背吃刀量或侧吃刀量取 1.5～2mm；精铣时圆周铣侧吃刀量取 0.3～0.5mm，面铣刀背吃刀量取 0.5～1mm。

（2）进给速度 f（mm/r）与进给速度 v_f（mm/min）　铣削加工的进给速度 f 是指刀具转一周，工件与刀具沿进给运动方向的相对位移量（mm/r）；进给速度 v_f 是单位时间内工件与铣刀沿进给方向的相对位移量（mm/min）。其计算公式如下：

$$v_f = nf \qquad (2\text{-}2\text{-}13)$$

式中　v_f——进给速度（mm/min）

n——主轴转速（r/min）

进给速度与进给速度是数控铣床加工切削用量中的重要参数，根据零件的表面粗糙度值、加工精度要求、刀具及工件材料等因素，参考切削用量手册选取或参考表 2-2-4 选取。工件刚性差或刀具强度低时，应取小值。铣刀为多齿刀具，其进给速度 v_f、刀具转速 n、刀具齿数 z 及每齿进给速度 f_z 的关系为

$$v_f = nzf_z$$

表 2-2-4　铣刀每齿进给速度 f_z

工件材料	每齿进给速度 f_z/(mm/z)			
	粗　铣		精　铣	
	高速钢铣刀	硬质合金铣刀	高速钢铣刀	硬质合金铣刀
钢	0.10～0.15	0.10～0.25	0.02～0.05	0.10～0.15
铸铁	0.12～0.20	0.15～0.30		

（3）切削速度 v_c　切削速度是指切削刃上选定点相对于工件的主运动速度，即主运动的线速度，也就是铣刀切削刃上离旋转中心最远的一点在单位时间内所转过的长度，用符号 v_c 表示（m/min）。其计算公式如下：

$$v_c = \pi dn/1000 \tag{2-2-14}$$

式中　d——铣刀直径（mm）。

n——铣刀转速（r/min）。

根据已经选定的背吃刀量、进给速度及刀具使用寿命选择切削速度。可用经验公式计算，也可根据生产实践经验，在机床说明书允许的切削速度范围内查阅有关切削用量手册或参考表 2-2-5 选取。

表 2-2-5　切削速度参考值

工件材料	硬度　HBW	切削速度 v_c/(m/min)	
		高速钢铣刀	硬质合金铣刀
钢	<225	18～42	66～150
	225～325	12～36	54～120
	325～425	6～21	36～75
铸铁	<190	21～36	66～150
	190～260	9～18	45～90
	160～320	4.5～10	21～30

实际编程中，切削速度 v_c 确定后，还要按式 $v_c = \pi dn/1000$ 计算出铣床主轴转速 n，并填入程序单中。

4. 切削液的合理选择

在金属切削过程中，合理选择切削液，可改善工件与刀具之间的摩擦状况，降低切削力和切削温度，减轻刀具磨损，减小工件的热变形，从而可以提高刀具寿命、加工效率和加工质量。

（1）切削液的作用

1）冷却作用。切削液可降低切削区温度。切削液的流动性越好，比热容、热导率和汽化热等参数越高，则其冷却性能越好。

2）润滑作用。切削液能在刀具的前、后刀面与工件之间形成一层润滑薄膜，可减少或避免刀具与工件或切屑间的直接接触，减轻摩擦和粘结程度，因而可以减轻刀具的磨损，提高工件表面的加工质量。

3）清洗作用。使用切削液可以将切削过程中产生的大量切屑、金属碎片和粉末，从刀具（或砂轮）、工件上冲洗掉，从而避免切屑粘附刀具、堵塞排屑和划伤已加工表面。这一作用对磨削、螺纹加工和深孔加工等工序尤为重要。为此，要求切削液有良好的流动性，并且在使用时有足够大的压力和流量。

4）防锈作用。为了减轻工件、刀具和机床受周围介质（如空气、水分等）的腐蚀，要求切削液具有一定的防锈作用。防锈作用的好坏，取决于切削液本身的性能和防锈添加剂的品种和比例。

（2）切削液的种类　常用的切削液分为三大类：水溶液、乳化液和切削油。

1）水溶液。水溶液是以水为主要成分的切削液。水的导热性能和冷却效果好，但单纯的水容易使金属生锈，润滑性能差。因此，常在水溶液中加入一定量的添加剂，如防锈添加剂、表面活性物质和油性添加剂等，使其既具有良好的防锈性能，又具有一定的润滑性能。在配制水溶液时，要特别注意水质情况，如果是硬水，则必须进行软化处理。

2）乳化液。乳化液是将乳化油用95%～98%（体积分数）的水稀释而成，呈乳白色或半透明状的液体，具有良好的冷却作用。但润滑、防锈性能较差。通常再加入一定量的油性、极压添加剂和防锈添加剂，配制成极压乳化液或防锈乳化液。

3）切削油。切削油的主要成分是矿物油，少数采用动植物油或复合油。纯矿物油不能在摩擦界面形成坚固的润滑膜，润滑效果较差。实际使用中，常加入油性添加剂、极压添加剂和防锈添加剂，以提高其润滑和防锈作用。

（3）切削液的选用

1）粗加工时切削液的选用。粗加工时，加工余量大，所用切削用量大，产生大量的切削热。采用高速钢刀具切削时，使用切削液的主要目的是降低切削温度，减少刀具磨损。硬质合金刀具耐热性好，一般不用切削液，必要时可采用低浓度乳化液或水溶液。但必须连续、充分地浇注，以免处于高温状态的硬质合金刀片产生巨大的内应力而出现裂纹。

2）精加工时切削液的选用。精加工时，要求表面粗糙度值较小，一般选用润滑性能较好的切削液，如高浓度的乳化液或含极压添加剂的切削油。

3）根据工件材料的性质选用切削液。切削塑性材料时需用切削液。切削铸铁、黄铜等脆性材料时，一般不用切削液，以免崩碎切屑粘附在机床的运动部件上。加工高强度钢、高温合金等难加工材料时，由于切削加工处于极压润滑摩擦状态，故应选用含极压添加剂的切削液。切削有色金属和铜、铝合金时，为了得到较高的表面质量和精度，可采用10%～20%（体积分数）的乳化液、煤油或煤油与矿物油的混合物，但不能用含硫的切削液，因为硫对有色金属有腐蚀作用。

切削镁合金时，不能用水溶液，以免燃烧。

第二节 铣削方式与铣削特征

铣刀种类繁多，但从铣削原理看又可以概括为面铣和周铣两类，其典型刀具是面铣刀和圆柱平面铣刀。

圆周铣削和端面铣削加工时的切削层形状见图 2-2-20。

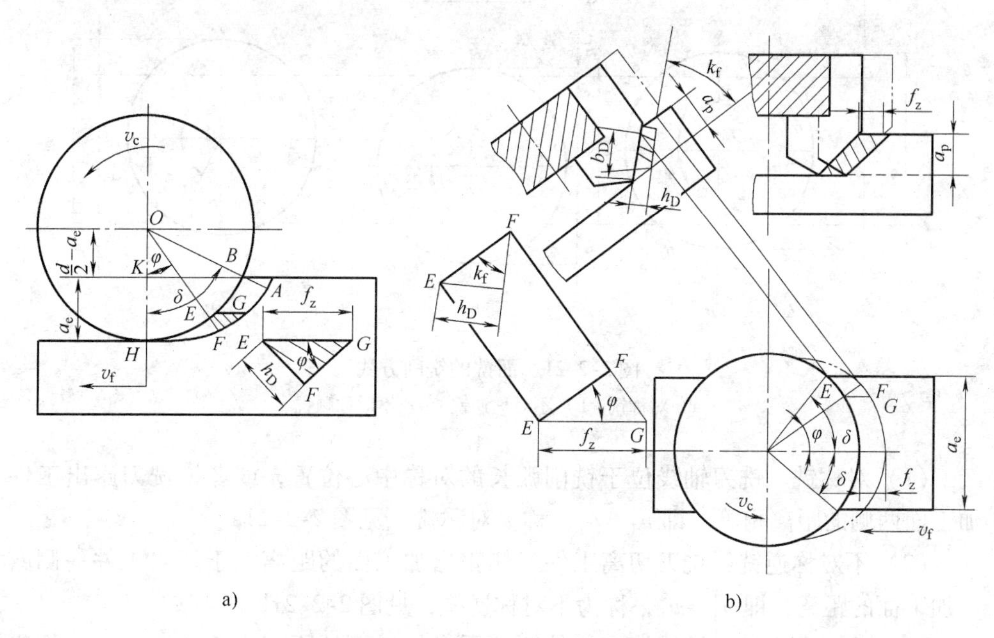

图 2-2-20 铣削加工时的切削层形状

a）圆周铣削 b）端面铣削

切削层厚度 h_D 是在基面内测量的相临两个刀齿主切削刃运动轨迹之间的距离。圆周铣削和端面铣削的切削层厚度计算公式为

圆周铣削：

$$h_D = f_z \sin\phi \tag{2-2-15}$$

端面铣削：

$$h_D = f_z \cos\phi \sin\kappa_r \tag{2-2-16}$$

式中 κ_r——主偏角（°）；

ϕ——刀齿回转位置角（°）。

从式（2-2-15）和式（2-2-16）可以看出，铣削时切削层厚度 h_D 是随刀齿回转位置角 ϕ（即刀齿位置）的不同而变化的。圆周铣削时，刀齿在起始位置 H 点时，$h_D=0$，为最小值；刀齿即将离开工件到达 A 点时，切削层厚度最大。面铣时，切削层厚度在刀齿刚切入工件时最小，中间位置最大，然后又逐渐减小。由于切削层厚度的不断变化，铣削加工过程切削力的波动比车削加工要大一些。

一、面铣的铣削方式及其特点

1. 面铣的铣削方式

端面铣削时，根据铣刀与工件加工面相对位置的不同，可分为对称铣、不对称逆铣和不对称顺铣三种铣削方式，见图2-2-21。

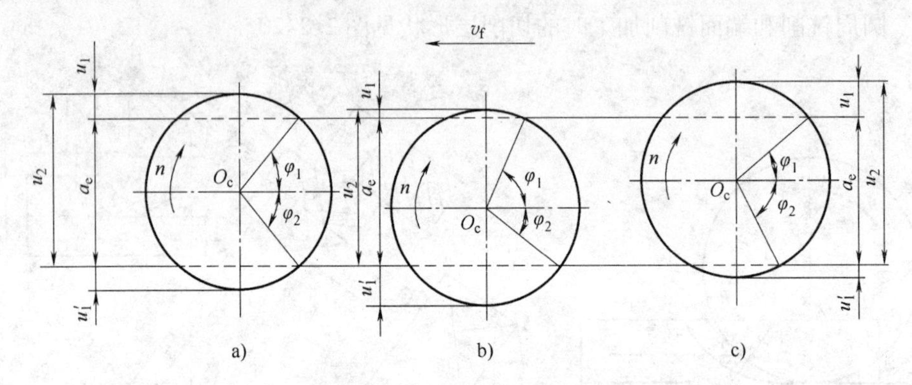

图2-2-21　面铣的铣削方式
a）对称铣　b）不对称逆铣　c）不对称顺铣

（1）对称铣　铣刀轴线位于铣削弧长的对称中心位置，或者说铣刀露出工件加工面两侧的距离相等，即 $u_1' = u_1$，称为对称铣，见图2-2-21a。

（2）不对称逆铣　铣刀切离工件一侧露出加工面的距离大于切入工件一侧露出加工面的距离，即 $u_1' > u_1$，称为不对称逆铣，见图2-2-21b。

（3）不对称顺铣　铣刀切离工件一侧露出加工面的距离小于切入工件一侧露出加工面的距离，即 $u_1' < u_1$，称为不对称顺铣，见图2-2-21c。

2. 面铣的特点

1）对称铣中，铣刀每个刀齿切入和切离工件时切削厚度相等。

2）不对称逆铣中，切入时的切削厚度小于切离时的切削厚度，这种铣削方式切入冲击较小。适用于面铣普通碳钢和高强度低合金钢。

3）不对称顺铣中，切入时切削厚度大于切离时的切削厚度，这种铣削方式用于铣削不锈钢和耐热合金时，可减少硬质合金的剥落磨损，提高40%～60%的切削速度。当 $u_1' << u_1$时，铣刀作用于工件进给运动方向的分力有可能与工件进给运动方向 v_f 同向，引起工作台丝杠、螺母之间的轴向窜动。

二、圆周铣削的铣削方式及其特点

1. 圆周铣削的铣削方式

圆周铣削（简称周铣）可看作面铣的一种特殊情况，即主偏角 $\kappa_r = 90°$。用立铣刀铣沟槽时是对称铣的特殊情况，$u_1' = u_1 = 0$；用圆柱铣刀加工平面时，是不对称铣的特殊情况。圆周铣削分为逆铣和顺铣两种方式，见图 2-2-22。

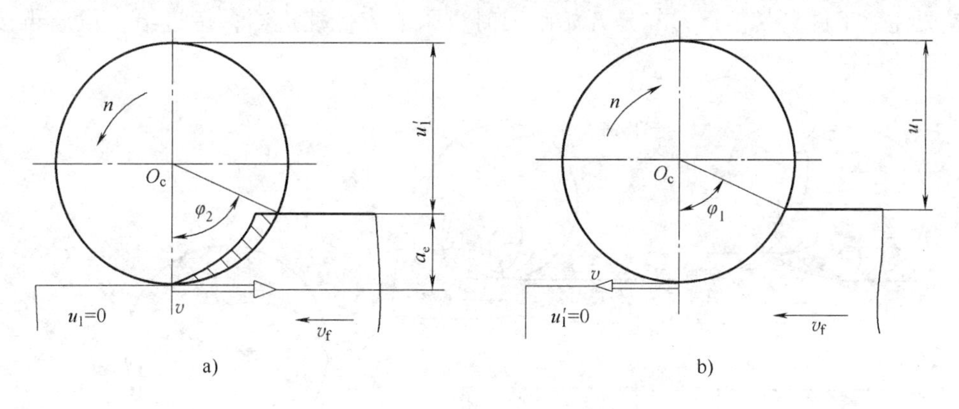

图 2-2-22　圆周铣削的两种方式

a）逆铣　b）顺铣

（1）逆铣　$u_1' > u_1$，且 $u_1 = 0$，即只有切离工件一侧铣刀凸出切削宽度 a_e 之外时为逆铣。周铣逆铣时，刀齿切入工件时的主运动方向与工件进给运动方向相反，见图 2-2-22a。

（2）顺铣　$u_1' < u_1$，且 $u_1' = 0$，即只有在切入工件一侧铣到凸出切削宽度 a_e 之外时为顺铣。顺铣时，刀齿切离工件时的主运动方向与工件进给运动方向一致，见图 2-2-22b。

2. 周铣时两种铣削方式的特点

（1）逆铣的特点

1）刀齿切入工件时的切削厚度 $h_D = 0$，随着刀齿的回转，切削厚度 h_D 理论上逐渐增大。但实际上刀齿并非从一开始接触工件就能切入金属层内。其原因是，切削刃并不是前、后刀面的交线，而是有刃口钝圆半径 r_n 存在的实体，它相当于一个小圆柱的一部分。钝圆半径 r_n 的大小与刀具材料种类，晶粒粗细，前、后面的刃磨质量以及刀具磨损等多种因素有关。一般新刃磨好的高速钢和硬质合金刀具 $r_n = 10 \sim 26\mu m$，随着刀具的磨损，r_n 可能进一步增大。根据研究一般认为，当理论切削厚度（计算值）h_D 小于刃口钝圆半径 r_n 时，不易生成切屑，只有当理论切削厚度 h_D 约等于（或大于）刃口钝圆半径 r_n 时，刀齿才能真正切入金属，形成切屑。因此逆铣时，刀齿开始接触工件及以后的一段距离内不能切下切屑，而是刀齿的刃口钝圆部分对被切削金属层进行挤压、滑擦和啃刮。值得一提的是，这一挤压、滑擦现象是发生在前一刀齿所形成的硬化层内的，使得逆铣的这一缺点更加突出，致使刀具磨损加剧，易产生周期性振动，工件已加工表面粗糙度值增大。

2）逆铣时前刀面给予被切削层的作用力（在垂直方向的分力 F_V）是向上的。

这个向上的分力有把工件从夹具内拉出的倾向。特别是开始铣削一端，见图2-2-23。开始吃刀时若工件夹紧不牢会使工件翻转发生事故。为防止事故发生，一是要注意工件夹紧牢靠；二是开始吃刀时可采取先低速进给，待进给一段后再按正常速度进给。

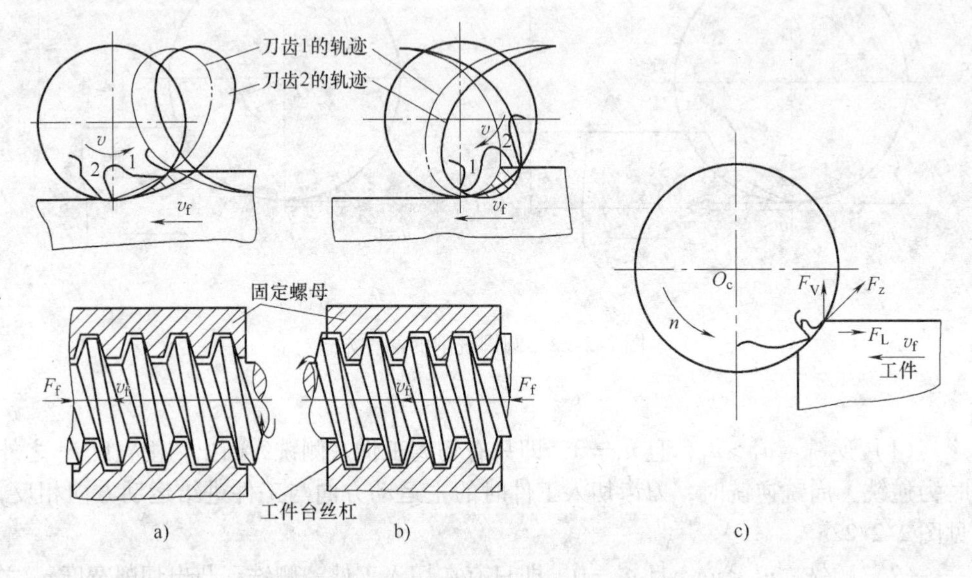

图2-2-23　逆铣和顺铣的受力及丝杠窜动

a）逆铣　b）顺铣　c）逆铣垂直分力

（2）顺铣的特点

1）铣刀齿切入工件时的切削厚度 h_D 最大，随后逐渐减小。避免了逆铣切入时的挤压滑擦和啃刮现象。而且刀齿的切削距离较短，铣刀磨损较小，寿命可比逆铣时高2~3倍，已加工表面质量也较好。特别是铣削硬化趋势强的难加工材料时效果更明显。前刀面作用于切削层的垂直分力 F_V 始终向下，因而整个铣刀作用于工件的垂直分力较大，将工件压紧在夹具上，安全可靠。

2）顺铣虽然有明显的优点，但也不是在任何情况下都可以采用的。由于铣刀作用于工件上进给方向的分力 F_f 与工件进给方向相同，而进给力 F_f 又是变化的。当进给力 F_f 足够大时可推动工件“自动”进给；而当进给力 F_f 小时又“停下”，仍靠螺母回转推动丝杠（丝杠与工作台相连）前进，这样丝杠时而靠紧螺母齿面的左侧，时而又靠紧螺母齿面的右侧，如图2-2-23b所示。这种在丝杠、螺母机构间隙范围内的窜动或称爬行现象，不但会降低已加工表面质量，甚至会引起打刀。因此采用顺铣时，必须消除进给机构的间隙，避免爬行现象，见图2-2-24，一般铣床为丝杠螺母机构，需注意调整双螺母距离以消除间隙，但也不应过紧，以免产生卡死现象。采用顺铣的第二个限制条件是工件待加工表面无硬皮，否则刀齿易崩刃损坏。在不具备这两个条件的情况下还是以逆铣为好。

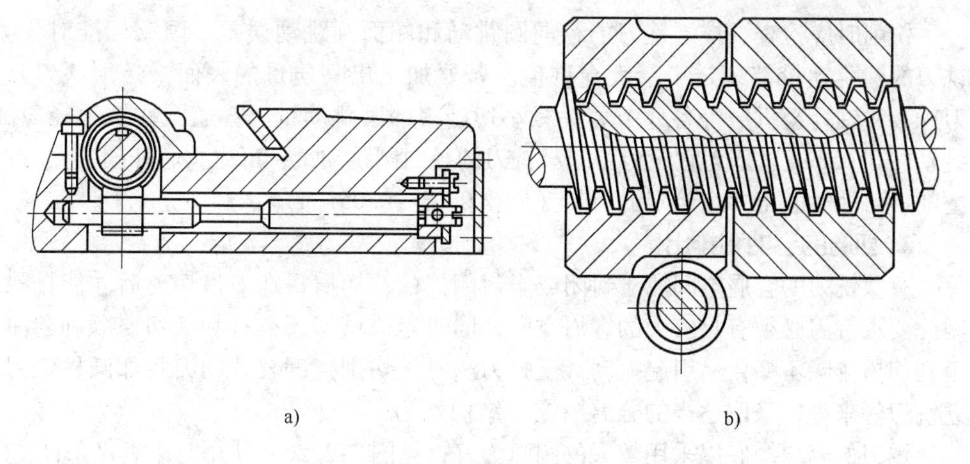

图 2-2-24　丝杠螺母机构间隙与调整

三、铣削特征

铣刀是多刃刀具，就整个铣刀来说，无空程，生产率较高，但对每个刀齿来说是断续切削，与车削等连续切削相比，有其显著的特征。

1. 表面特征和铣刀主要技术要求

铣刀是回转刀具，由于制造、刃磨的误差，刀杆的弯曲变形，铣刀轴线与机床主轴回转轴线不重合（安装误差）等原因，致使铣刀各刃不在一个回转表面上，总是存在径向圆跳动和端面圆跳动误差。当跳动量（又称摆差）较大时，将导致各齿负荷不均，磨损不一，切削过程不稳，刀具寿命降低，已加工表面质量下降。圆柱铣刀铣出的已加工表面状态见图 2-2-25。其显著特点是最大不平度高度 H_{max} 远超过由每齿进给量 f_z 所造成的残留面积高度。图 2-2-25 所示为已加工表面状态是由于铣刀的径向圆跳动误差所致，其波峰或波谷间的距离与铣削时的每转进给量相当。铣出的已加工表面的粗糙度与每转进给量密切相关，而与每齿进给量关系不大。每转进给量 f 越大，已加工表面粗糙度值越大。因此，在精铣和半精铣时应依据已加工表面所允许的表面粗糙度直接选择每转进给量 f。而粗铣仍应选择每齿进给量 f_z。

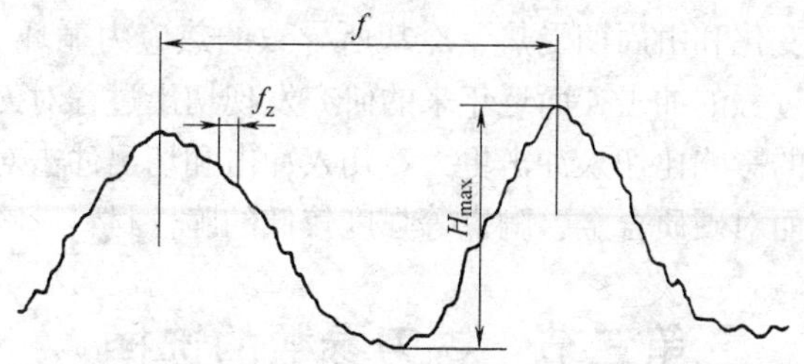

图 2-2-25　圆柱铣刀铣出的已加工表面状态

铣削时应检查、控制铣刀的径向圆跳动和端面圆跳动误差。国家标准对各类铣刀的圆跳动量都规定了最大允许值。若要加工出高质量的表面，必须从刀具、刀杆、心轴乃至机床等各环节着手减小切削刃的圆跳动量。普通圆柱铣刀径向圆跳动在0.05mm以下为宜。为了减小铣刀的径向圆跳动量，可先重磨外圆，然后在磨削后刀面时磨出一个较窄的刃带（$b_{\alpha 1}<0.03\sim0.05$mm）。

2. 切屑的容纳和排出

有些铣刀的容屑空间属于封闭或半封闭式的，切屑得在刀齿切离后才能排除。因此要求铣刀必须有足够大的容屑空间，同时容屑槽形还得有利于切屑顺利卷曲。否则切屑排除不畅，易引起振动甚至打刀。对于切削宽度较宽的刀具如圆柱铣刀、立铣刀等来说，采取适当的分屑措施（结构）为好。

铣刀的容屑槽底以采用较大的圆弧为好，见图2-2-26。使用时应满足条件：

$$f_z a_e \leqslant K\pi r^2 \tag{2-2-17}$$

式中　πr^2——有效容屑面积（mm^2）；

　　K——容屑系数，加工韧性材料时，可取$K=3\sim6$。

工件材料韧性越高，卷曲情况越差，K越应取大值。当不满足上述条件式时应减小每齿进给量f_z。

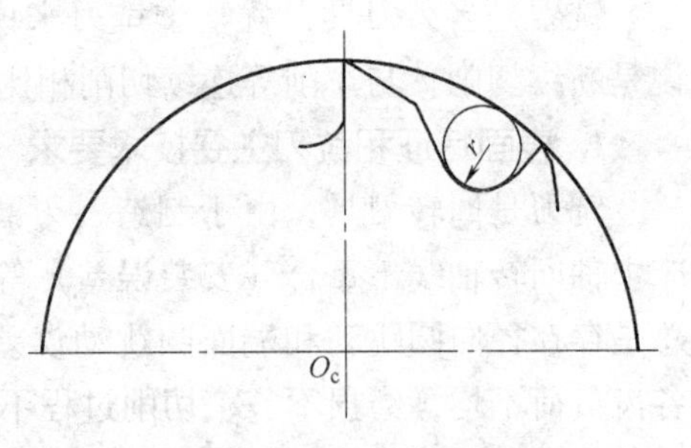

图2-2-26　铣刀的容屑空间

3. 切削力的周期变化

由于切削厚度h_D、切削宽度a_e和同时工作齿数z_e的周期变化，导致铣削过程中切削总面积的周期变化，切削力、转矩也必然是周期变化的，因此铣削过程易引起振动。为此，要求机床、刀具、夹具等整个工艺系统应具有较高的刚度。此外，工作齿数z_e不宜少于2。同时工作齿数越多，铣削过程越平稳。刀齿强度、容屑排屑和齿数是铣刀设计者应综合考虑的问题，也是使用者应注意的问题。

4. 切入冲击和切出冲击

铣削时，对于每个刀齿来说是断续切削，有切入和切出过程，这就必然带来刀齿应力的周期循环变化和由周期受热、冷却所导致的热应力循环。特别应指出的是，人们容易接受切入过程的冲击，而近年来的研究发现切出过程对刀齿也是一个冲击过程，且对刀具寿命的影响比切入冲击更大。切入冲击和切出冲击对强度较高的高速钢刀具的影响较小，而对硬质合金、陶瓷等强度较低的脆性材料影响甚大。

第三节　铣刀参数的选择

铣刀类型应与工件的表面形状和尺寸相适应。加工较大的平面应选择面铣刀；

加工凹槽、较小的台阶面及平面轮廓应选择立铣刀；加工空间曲面、模具型腔或凸模成形表面等多选用模具铣刀；加工封闭的键槽选择键槽铣刀；加工变斜角零件的变斜角面应选用鼓形铣刀；加工各种直的或圆弧形的凹槽、斜角面、特殊孔等应选用成形铣刀。数控铣床上使用最多的是可转位面铣刀和立铣刀，因此，这里重点介绍面铣刀和立铣刀参数的选择。

一、面铣刀主要参数的选择

标准可转位面铣刀直径为16～630mm，应根据侧吃刀量选择适当的铣刀直径，尽量包容工件整个加工宽度，以提高加工精度和效率，减小相邻两次进给之间的接刀痕迹和保证铣刀的寿命。

可转位面铣刀有粗齿、细齿和密齿三种。粗齿铣刀容屑空间较大，常用于粗铣钢件；粗铣带断续表面的铸件和在平稳条件下铣削钢件时，可选用细齿铣刀。密齿铣刀的每齿进给量较小，主要用于加工薄壁铸件。

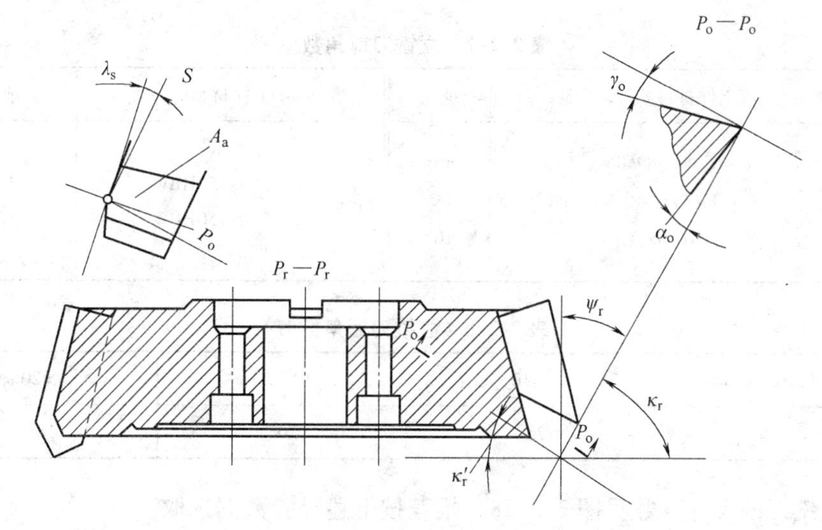

图2-2-27　面铣刀几何角度的标注

面铣刀几何角度的标注见图2-2-27。前角的选择原则与车刀基本相同，只是由于铣削时有冲击，故前角数值一般比车刀略小，尤其是硬质合金面铣刀的前角数值减小得更多些。切削强度和硬度都高的材料可选用负前角。前角的数值主要根据工件材料和刀具材料来选择，其具体数值可参见表2-2-6。

铣刀的磨损主要发生在后刀面上，因此适当加大后角，可减少铣刀磨损。常取 $\alpha_o = 5° \sim 12°$，工件材料软时取大值，工件材料硬时取小值；粗齿铣刀取小值，细齿铣刀取大值。

铣削时冲击力大，为了保护刀尖，硬质合金面铣刀的刃倾角常取 $\lambda_s = -5° \sim 15°$。只有在铣削低强度材料时，取 $\lambda_s = 5°$。

表 2-2-6　面铣刀的前角数值

工件材料＼刀具材料	钢	铸　铁	黄　铜	铝　合　金
高速钢	10°～20°	5°～15°	10°	25°～30°
硬质合金	-5°～15°	-5°～5°	4°～6°	15°

主偏角 κ_r 在 45°～90°范围内选取，铣削铸铁常用 45°，铣削一般钢材常用 75°，铣削带凸肩的平面或薄壁零件时要用 90°。

二、立铣刀主要参数的选择

立铣刀主切削刃的前角在法平面内测量，后角在端平面内测量。前、后角都为正值，分别根据工件材料和铣刀直径选取，其具体数值可分别参见表 2-2-7 和表 2-2-8。

表 2-2-7　立铣刀前角数值

工件材料		前角	工件材料		前角
钢	$\sigma_b<0.589$GPa 0.589GPa $<\sigma_b<0.981$GPa $\sigma_b>0.981$GPa	20° 15° 10°	铸铁	≤150HBW >150HBW	15° 10°

表 2-2-8　立铣刀后角数值

铣刀直径 d_0/mm	≤10	10～20	>20
后角	25°	20°	16°

立铣刀的尺寸参数见图 2-2-28，推荐按下述经验数据选取。

1）刀具半径 R 应小于零件内轮廓面的最小曲率半径 ρ，一般取 $R=(0.8\sim0.9)\rho$。

2）零件的加工高度 $H\leqslant(4\sim6)R$，以保证刀具具有足够的刚度。

3）对不通孔（深槽），选取 $l=H+(5\sim10)$ mm（l 为刀具切削部分长度，H 为零件高度）。

4）加工外形及通槽时，选取 $l=H+r+(5\sim10)$ mm（r 为端刃圆角半径）。

5）粗加工内轮廓面时见图 2-2-29，铣刀最大直径 $D_粗$ 可按下式计算。

$$D_{粗}=\frac{2\left(\delta\sin\frac{\varphi}{2}-\delta_1\right)}{1-\sin\frac{\varphi}{2}}+D \tag{2-2-18}$$

式中　D——轮廓的最小凹圆角直径；

δ——圆角邻边夹角等分线上的精加工余量；

δ_1——精加工余量；

φ——圆角两邻边的夹角。

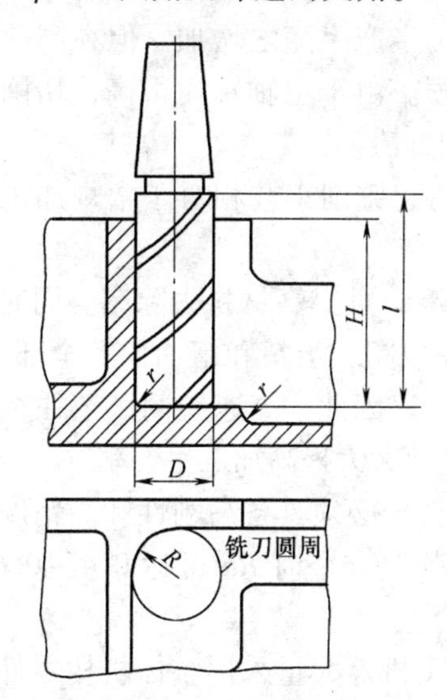

图2-2-28　立铣刀的尺寸参数

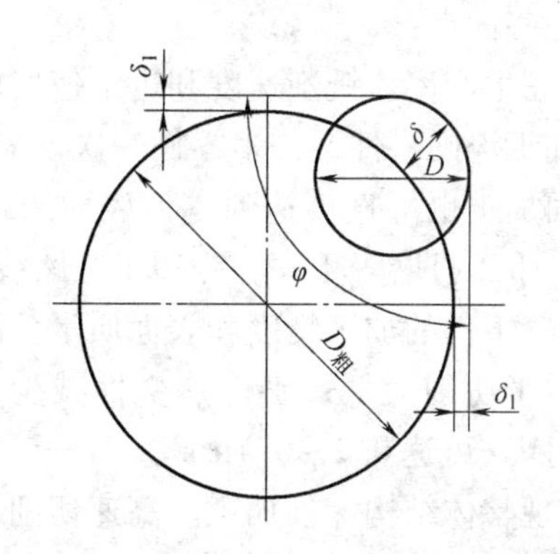

图2-2-29　粗加工立铣刀直径计算

6）加工加强肋时，刀具直径为 $D=(5\sim10)\ b$（b 为肋的厚度）。

第四节　高速切削加工

高速切削是自20世纪90年代迅速走向实际应用的先进加工技术，通常指高主轴转速和高进给速度下的立铣，在航空航天制造业、模具加工业、汽车零件加工以及精密零件加工等领域得到广泛应用。高速切削可用于铝合金、铜等易切削金属和淬火钢、钛合金、高温合金等难加工材料，以及碳纤维、塑料等非金属材料。例如：在铝合金等飞机零件加工中，曲面形状和结构复杂，材料去除量高达90%~95%，采用高速切削可大大提高生产率和加工精度；在模具加工中，高速切削可加工淬火硬度大于50HRC的钢件，因此许多情况下可省去电火花加工和手工修磨；在热处理后采用高速切削达到零件尺寸、形状和表面粗糙度要求。

高速切削加工尚无统一的定义，一般认为高速切削加工是指采用超硬材料的刀具，通过极大地提高切削速度和进给速度来提高材料切除率、加工精度和加工表面质量的现代加工技术。高速切削加工的切削速度和进给速度是以普通切削的5~10倍为界定的；主轴转速应大于等于100000r/min。

一、高速切削加工的一般特征

高速切削一般采用高的切削速度、适当的进给速度、小的径向和轴向切削深度。铣削时，大量的切削热被切屑带走，因此工件表面温度较低。随着切削速度的提高，切削力略有下降，表面质量提高，加工生产率随之增加。但在高速加工范围内，随着切削速度的提高会加剧刀具的磨损。由于主轴转速很高，切削液难以注入加工区，通常采用油雾冷却或水雾冷却的方法。

高速铣削的优点：由于高速铣削的特性，高速铣削工艺相对于常规加工来说具有以下一些优点：

1）提高生产率。铣削速度和进给速度的提高，可提高材料去除率。同时，高速铣削可加工淬硬零件，许多零件一次装夹可完成粗、半精和精加工等全部工序，对复杂型面加工也可直接达到零件表面质量要求。因此，高速铣削工艺往往可省却电加工、手工打磨等工序，缩短工艺路线，进而大大提高加工生产率。

2）改善工件的加工精度和表面质量。高速铣床必须具备高刚性和高精度等性能，同时由于切削力低，工件热变性减少，铣削铝合金时 Ra 可达 0.4 ~ 0.6μm，铣削钢件时 Ra 可达 0.2 ~ 0.4μm。

3）实现整体结构零件加工。高速切削可使飞机等大量采用整体机构零件，明显减轻部件重量，提高零件可靠性，减少装配工时。

4）有利于使用直径较小的刀具。高速铣削较小的切削力适合使用小直径的刀具，可减少刀具规格、降低刀具费用。

5）有利于加工薄壁零件和高精度、高硬度脆性材料。高速铣削切削力小，有较高的稳定性，可高质量地加工出薄壁零件，采用高速铣削可以加工出壁厚0.2mm、壁高20mm的薄壁零件。高强度和高硬度材料的加工也是高速铣削的一大特点。目前，高速铣削可加工硬度达60HRC。因此，高速铣削允许在热处理以后再进行加工，使磨具制造工艺大大简化。

6）可部分替代其他某些工艺，如电加工、磨削加工。由于加工质量高，可进行硬切削，在许多模具加工中，高速铣削可替代电加工和磨削加工。

7）经济效益显著提高。

由于上述种种优点——综合效率提高、质量提高、工序简化等，因此尽管机床投资和刀具投资以及维护费用增加等，高速铣削工艺的综合经济效益仍有显著提高。

二、高速切削 CNC 机床

（1）高稳定性的机床支撑部件　高速切削机床的床身等支撑部件应具有很好的动、静刚度，热刚度和最佳的阻尼特性。大部分机床都采用高质量、高刚性和高抗张性的灰铸铁作为支撑部件材料，有的机床公司还在底座中添加高阻尼特性的聚合物混凝土，以增加其抗振性和热稳定性，不但保证机床精度稳定，也防止切削时刀具震颤；采用封闭式床身设计，整体铸造床身，对称床身结构并配有密布的加强肋，如德国德马吉（Deckel Maho）公司的桥式结构或龙门结构的DMC系列高速立式加工中心，美国布里奇波特（Bridgeport）公司的VMC系列立式加工中心，日本日立精机VS系列高速切削加工中心，使机床获得了在静态和动态方面更大限度的稳定性。一些机床公司的研发部门在设计过程中，还采用模态分析和有限元结构计算，优化了结构，使机床支撑部件更加稳定可靠。

（2）高速主轴系统　高速主轴是高速切削技术最重要的关键技术，也是高速切削机床最重要的部件。要求动平衡性很高，刚性好，回转精度高，有良好的热稳定性，能传递足够的转矩和功率，能承受高的离心力，带有准确的测温装置和高效的冷却装置。高速切削一般要求主轴转速能力大于等于40000r/min，主轴功率大于15kW。通常采用主轴电动机一体化的电主轴部件，实现无中间环节的直接传动，电动机大多采用感应式集成主轴电动机。而随着技术的进步，新近开发出一种使用稀有材料铌的永磁电动机，该电动机能更高效、大功率地传递转矩，且传递转矩大，易于对使用中产生的温升进行在线控制，且冷却简单，不用安装昂贵的冷却器，加之电动机体积小，结构紧凑，所以大有取代感应式集成主轴电动机之势。最高主轴转速受限于主轴轴承性能，提高主轴的dn值是提高主轴转速的关键。目前一般使用较多的是热压氮化硅（Si_3N_4）陶瓷轴承和液体动、静压轴承以及空气轴承。润滑多采用油-气润滑、喷射润滑等技术。最近几年也有采用性能极佳的磁力轴承的。主轴冷却一般采用主轴内部水冷或气冷。

（3）高精度快速进给系统　高速切削是高切削速度、高进给速度和小切削用量的组合，进给速度为传统的5~10倍。这就要求机床进给系统具有很高的进给速度和良好的加减速特性。一般要求快速进给速度不小于60m/min，程序可编辑进给速度小于40m/min，轴向正逆向加速大于$10m/s^2$（$1g$）。机床制造商大多采用全闭环位置伺服控制的小导程、大尺寸、大质量的滚珠丝杠或大导程多头丝杠。随着电动机技术的发展，先进的直线电动机已经问世，并成功应用于CNC机床。先进的直线电动机驱动使CNC机床不再有质量惯性、超前、滞后和振动等问题，加快了伺服响应速度，提高了伺服控制精度和机床加工精度，不仅能使机床在60m/min以上进给速度下进行高速切削加工，而且快速移动速度达120m/min，加速度达$2g$，提高了零件的加工精度。但直线电动机在使用中存在着承载力小、发热等问题，有待改进。

（4）高效的冷却系统　高速切削中机床的主轴、滚珠丝杠、导轨等产生大量的热，如不进行有效的冷却，将会严重影响机床的精度。大多采用强力高压、高效的冷却系统，使用温控循环水或其他介质来冷却主轴电动机、主轴轴承、滚珠丝杠、直线电动机、液压油箱等。山善（Yamazen）公司将压力为6.8MPa的切削液通过主轴中心孔，对机床主轴、刀具和工件进行冷却。日立精机公司研制开发出通过在中空的滚珠丝杠中传输切削液，实现冷却丝杠、稳定加工的滚珠丝杠冷却器。为了避免导轨受温升的影响，日立精机公司和轴承商联合研制出 Eeo-Eeo 的导轨润滑脂，该润滑脂具有润滑和冷却效果好，无有害物质，能进行自动润滑及不需专用设备等特点。日立精机公司 VS 系列 CNC 高速铣就采用此润滑脂，具有良好的使用性和经济效果。

（5）高性能 CNC 控制系统　高速切削加工要求 CNC 控制系统有快速处理数据的能力，来保证高速切削加工时的插补精度。一般要求程序段传送时间达 1.6～20ms，RS232 系列数据接口 19.2kbit/s（20ms），以太网（Ethernet）数据传送 200kbit/s（1.6ms）。新一代的高性能 CNC 控制系统采用 32 位或 64 位 CPU，程序段处理时间短至 1.6ms。近几年网络技术已成为 CNC 机床加工中的主要通信手段和控制工具，相信不久的将来，将形成一套先进的网络制造系统，通信将更快和更方便。大量的加工信息可通过网络进行实时传输和交换，包括设计数据、图形文件、工艺资料和加工状态等，极大提高了生产率。但目前用得最多的还是利用网络改善服务，给用户提供技术支持等。美国辛辛那提机械（Cincinati Machine）公司研制开发出了网络制造系统，用户只要购买所需的软件、调制解调器、网络摄像机和耳机等，即可上网，无需安装网络服务器，通过网上交换多种信息，生产率得到了提高。日立精机公司开发的万能用户接口的开放式 CNC 系统，能将机床 CNC 操作系统软件和因特网连接，进行信息交换。

（6）高安全性　机床安全门罩高速切削机床普遍采用全封闭式安全门罩，高强度透明材料制成的观察窗等更完备的安全保障措施来保证机床操作者及机床周围现场人员的安全，避免机床、刀具和工件等有关设施受到损伤。一些机床公司还在 CNC 系统中开发了机床智能识别功能，识别并避免可能引起重大事故的工况，保证产品的产量和质量。

（7）高精度、高速度的传感检测技术　这包括位置检测、刀具状态检测、工件状态检测和机床工况监测等技术。

三、高速切削刀具

高速切削的代表性刀具材料是立方氮化硼（CBN）。端面铣削使用 CBN 刀具时，其切削速度可高达 5000m/min，主要用于灰铸铁的切削加工。聚晶金刚石（PCD）刀具被称之为 21 世纪的刀具，它特别适用于切削含有 SiO_2 的铝合金材料，而这种金属材料重量轻、强度高，广泛地应用于汽车、摩托车的发动机及电子装置的壳体、底座等方面。目前，用聚晶金刚石刀具端面铣削铝合金时，5000m/min 的切削速度已达到实用化水平，此外陶瓷刀具也适用于灰铸铁的高速切削加工。CBN 和聚晶金刚石刀具尽管具有很好的高速切削性能，但成本相对较高。采用涂层技术能够使切削刀具既价格低廉，又具有优异性能，可有效降低加工成本。现在高速切削加工用的立铣刀，大都采用 TiAlN 系的复合多层涂镀技术进行处理，如目前在对铝合金或有色金属材料进行干式切削时，DLC（Diamond Like Carbon）涂层刀具就受到极大的关注，预计其市场前景十分可观；刀具的夹持系统是支撑高速切削的重要技术，目前使用最为广泛的是两面夹紧式工具系统。已作为商品正式投放市场的两面夹紧式工具系统主要有HSK、KM、Bigplus、NC5、AHO等系统。在高速切削的情况下，刀具与夹具回转平衡性能的优劣，不仅影响加工精度和刀具寿命，而且也会影响机床的使用寿命。因此，在选择工具系统时，应尽量选用平衡性能良好的产品。高速切削加工的切削速度为常规切削速度的10倍左右。为了使刀具每齿进给量基本保持不变，以保证零件的加工精度、表面质量和刀具寿命，进给速度也必须相应提高10倍左右，达到60m/min以上，有的甚至高达120m/min。因此，高速切削加工通常是采用高转速、高进给速度和小切削深度的切削工艺参数。

四、高速切削加工编程

高速切削加工技术具有许多优点，如可以获得光滑的表面质量，容易实现零件精细结构的加工，可以有效地对高硬度材料进行加工，特别是可以实现脆性材料和薄壁零件的加工等。同时简化了生产的工序，使绝大多数的工作都集中在高速切削加工中心上完成。

使用高速切削加工技术，不仅要有适合高速切削加工的设备——高速切削加工中心，还要选择适合进行高速切削加工的刀具。另外，采用适合高速切削加工的编程策略也至关重要。

1. 高速切削加工编程时主要关心的问题

采用高速铣削加工编程的原则主要与数控加工系统、加工材料、所用刀具等方面有关。使用CAM系统进行数控编程时，由于刀具、切削用量以及合适的加工参数可以根据具体情况设置，因此加工方法的选择就成为了高速切削加工数控编程的关键。选择合适的加工方法来较为合理、有效地进行高速切削加工的数控编程，需要考虑的问题主要与以下几个方面相关：

1）由于高速切削加工中心具有前视或预览功能，在刀具需要进行急速转弯时加工中心会提前进行预减速，在完成转弯后再提高运动速度。机床的这一功能主要是为了避免惯性冲击过大，从而导致惯性过切或损坏机床主轴而设置的。有些高速切削加工中心尽管没有这一功能也能较好地承受惯性冲击，但该情况对于机床的主轴是不利的，会影响主轴等零件的寿命。在使用CAM进行数控编程时，要尽一切可能保证刀具运动轨迹的光滑与平稳。

2）由于高速切削加工中刀具的运动速度很高，而高速切削加工中采用的刀具通常又很小，这就要求在加工过程中保持固定的刀具载荷，避免刀具过载。因为刀具载荷的均匀与否会直接影响刀具的寿命、对机床主轴等也有直接影响，在刀具载荷过大的情况下还会导致断刀。

3）采用更加安全和有效的加工方法与迅速进行安全检查校验与分析。

2. 高速切削加工编程采用的编程策略

（1）采用光滑的进、退刀方式　在系统中，有多种多样的进、退刀方式，如在走轮廓时，有轮廓的法向进、退刀，轮廓的切向进、退刀和相邻轮廓的角分线进、退刀等。高速切削加工时应尽量采用轮廓的切向进、退刀方式以保证刀具轨迹的平滑。在对曲面进行加工时，刀具可以是 Z 向垂直进、退刀，曲面法向的进、退刀，曲面正向与反向的进、退刀和斜向或螺旋式进、退刀等。在实际加工中，可以采用曲面的切向进刀或更好的螺旋式进刀。而且螺旋式进刀切入材料时，如果加工区域是上大下小时，螺旋半径会随之减小以进刀到指定深度，有些 CAM 系统具有基于知识加工的功能，在检查刀具信息后发现刀具具有盲区时，螺旋加工半径不会无限制减小，以避免撞刀。这些对程序的安全性提供了周全的保障。

（2）采用光滑的移刀方式　这里所说的移刀方式主要指的是行切中的行间移刀，环切中的环间移刀，等高加工的层间移刀等。普通 CAM 软件中的移刀大多不适合高速切削加工的要求。如在行切移刀时，刀具多是直接垂直于原来行切方向的法向移刀，致使刀具路径中存在尖角；在环切的情况下，环间移刀也是从原来轨迹的法向直接移刀，也致使道路轨迹存在不平滑情况；在等高线加工中的层间移刀时，也存在移刀尖角。这些导致加工中心频繁地预减速，影响了加工的效率，甚至使高速切削加工不“高速”。

高速切削加工中，采用的吃刀量都很小（侧吃刀量和背吃刀量很小），移刀运动量也会急剧增加。因此必须要求 CAM 产生的刀具轨迹中的移刀平滑。在支持高速切削加工的 CAM 系统软件中，提供了非常丰富的移刀策略。

1）行切光滑移刀

① 行切的移刀直接采用切圆弧连接。该种方法在行切切削用量（行间距）较大的情况下处理得很好，在行切切削用量（行间距）较小的情况下会由于圆弧半径过小而导致圆弧接近一点，即近似为行间的直接直线移刀，从而也导致机床预减速，影响加工的效率，对加工中心也不利。

② 行切的移刀采用内侧或外侧圆弧过渡移刀。该种方法在一定程度上会解决在前面采用切圆弧移刀的不足。但是在使用非常小的刀（0.6mm 直径的球头刀）进行精加工时，由于刀具轨迹间距非常的小（侧吃刀量为 0.2mm），使得该方法也不够理想。这时可以考虑采用更为高级的移刀方式。

③ 切向的移刀采用高尔夫球竿头式移刀方式。

2）环切的光滑移刀

① 环切的移刀采用环间的圆弧切出与切入连接。这种方法的弊端是在加工 3D 复杂零件时，由于移刀轨迹直接在两个刀具轨迹之间生成圆弧，在间距较大的情况下，会产生过切。因此该方法一般多用于 2.5 轴的加工，所有的加工都在一个平面内。

② 环切的移刀采用空间螺旋式移刀。该种移刀方法由于移刀在空间完成，避免了上面方法的弊端。

3）层间的空间螺旋移刀。在进行等高加工时，要采用螺旋式等高线间的移刀。

（3）应采用光滑的转弯进给　采用光滑的转弯进给与进行光滑的移刀一样，对保证高速切削加工的平稳与效率同样重要。

1）圆角进给。该种进给方式并不是什么新的走拐角方式，一般 CAM 系统都有提供。该方式较适合高速切削加工，应予以采用。

2）圆环进给。该种方法是较为高级的走拐角方式，就像驾驶高速跑车在高速公路上跑时，在不损失速度的情况下转弯和保证转弯更平稳，或沿着立交环岛来转弯一样。这种方法在走锐角弯路时效果特别明显。

① 应采用更适合高速切削加工的加工方法。先进的 CAM 系统提供了许多更适合高速切削加工的加工方法。如在轮廓加工中，可以使用螺旋式三轴连动的加工方法。使用该种方法进行轮廓加工时，刀具一边沿轮廓切削，一边在纵向进刀，这保证了刀具载荷的稳定，刀具轨迹也自然平滑。采用摆线式加工。摆线式加工是利用刀具沿一滚动圆的运动来逐次对零件表面进行高速与小切量的切削。采用该种方法可以有效地进行零件上窄槽和轮廓的高速小切量切削，对刀具具有很好的保护作用。

② 利用 CAM 内在的优秀功能。许多 CAM 系统都有很多高级的加工能力，充分利用和挖掘这些能力可以极大地改善加工的效果。

粗切时使用层间二次粗加工优化功能。在等高线粗切中，由于零件上存在斜面，在斜面上会留有台阶，导致残留余量不尽均匀。这样对后续的加工不利，如刀具载荷不均匀。尽管系统具有载荷的分析与优化，但毕竟将影响加工的效率和质量。因此在进行粗切时，应选择具有优秀的层间二次粗加工功能的系统，在粗切时可以得到余量均匀的结果，为后续加工提供更有利的条件，也提高了加工的效率。

在最后阶段对零件进行清根时，利用具有斜率分析的清根算法，对陡峭拐角和平坦拐角区别对待，即对陡峭拐角的清根使用等高线一层一层清根，对平坦拐角采用沿轮廓清根，可以更好地保护刀具，获得更好的表面质量。

在等高线（WCUT）精加工时，应使用螺旋式改变进刀位置的方式，以避免在固定位置留有进刀痕迹，保证加工结果的整体优良。

在编程过程中，应利用有效的刀柄干涉检查的功能，确保刀具的安全性。要选择具有毛坯残留知识加工的系统。这种系统的干涉检查更为合理，因为此系统将刀具信息与上次加工的残留毛坯进行校验。

可以利用 CAM 系统提供的结果校验工具进行余量可视化分析，加快作出进一步调整加工策略和进行补充加工的决定。

可以利用Cimatron系统具有的自动化编程机制，制订结合工厂实际的加工模板，提升加工的效率与可靠性。

随着高速铣削技术的不断普及，越来越多的企业已经在生产实践中开始应用该技术，如知名的海尔集团，西安安泰叶片技术有限公司等。加工高速铣削加工是一项综合技术的应用，编程是其中的一项关键性工作，也是一项创造性的工作。理想的产品来自于技术与经验的有效结合和在实践中的不断探索。对于开始采用高速切削加工技术的企业来说，要有一个适应、探索、总结和提高的过程。

五、高速切削加工技术的应用

目前国际上高速切削加工技术主要应用于汽车工业和模具行业，尤其是在加工复杂曲面的领域、工件本身或刀具系统刚性要求较高的加工领域，显示了强大的功能。其高效、高质量为人们所推崇。国内高速切削加工技术的研究与应用始于20世纪90年代，应用于模具、航空、航天和汽车工业。但采用的高速切削CNC机床、高速切削刀具和CAD/CAM软件等以进口为主。随着我国社会主义市场经济的蓬勃发展，作为制造业的重要基础的模具行业迅速发展，这为高速铣削技术的应用和发展提供了广阔的空间。高速铣削加工技术加工时间短，产品精度高，可以获得十分光滑的加工表面，能有效地加工高硬度材料和淬硬钢，避免了电极的制造和费时的电加工（EDM）时间，大幅度减少了钳工的打磨与抛光量。同时，模具表面因电加工（EDM）产生的白硬层消失了，扭变也绝迹了，这样就提高了模具的寿命，减少了返修。因为不需要电极的制造工作了，所以模具改型只需通过CAD/CAM，使改型加快。一些市场上越来越需要的薄壁模具工件，高速铣削可又快又好地完成。而且在高速铣削CNC加工中心上，模具一次装夹可完成多工步加工。这些优点在资金回转要求快、交货时间紧急、产品竞争激烈的今天是非常适宜的。所以高速铣削得到了快速而广泛的推广。反过来，这又促进了高速铣削技术的发展。

第三章

数控铣床及编程指令

第一节　数控铣床的性能和主要技术规格

一、数控铣床的性能

数控铣床是在普通铣床的基础上发展起来的，两者的加工工艺基本相同，结构也有些相似，但数控铣床是靠程序控制的自动加工机床，所以其结构也与普通铣床有很大区别。

数控铣床是在普通铣床上集成了数字控制系统，可以在程序代码的控制下较精确地进行铣削加工的机床。数控铣床一般由数控系统、主传动系统、进给伺服系统、冷却润滑系统等几大部分组成。

各种类型数控铣床所配置的数控系统虽然各有不同，但除一些特殊功能不尽相同外，其主要功能基本相同。

（1）点位控制功能　此功能可以实现对相互位置精度要求很高的孔系加工。

（2）连续轮廓控制功能　此功能可以实现直线、圆弧的插补功能及非圆曲线的加工。

（3）刀具半径补偿功能　此功能可以根据零件图样的标注尺寸来编程，而不必考虑所用刀具的实际半径尺寸，从而减少编程时的复杂数值计算。

（4）刀具长度补偿功能　此功能可以自动补偿刀具的长短，以适应加工中对刀具长度尺寸调整的要求。

（5）比例及镜像加工功能　比例功能可将编好的加工程序按指定比例改变坐标值来执行。镜像加工又称轴对称加工，如果一个零件的形状关于坐标轴对称，那么只要编出一个或两个象限的程序，其余象限的轮廓就可以通过镜像加工来实现。

（6）旋转功能　该功能可将编好的加工程序在加工平面内旋转任意角度来执行。

（7）子程序调用功能　有些零件需要在不同的位置上重复加工同样的轮廓形状，将一轮廓形状的加工程序作为子程序，在需要的位置上重复调用，就可以完成对该零件的加工。

（8）宏程序功能　该功能可用一个总指令代表实现某一功能的一系列指令，并能对变量进行运算，使程序更具灵活性和方便性。

二、主要技术规格

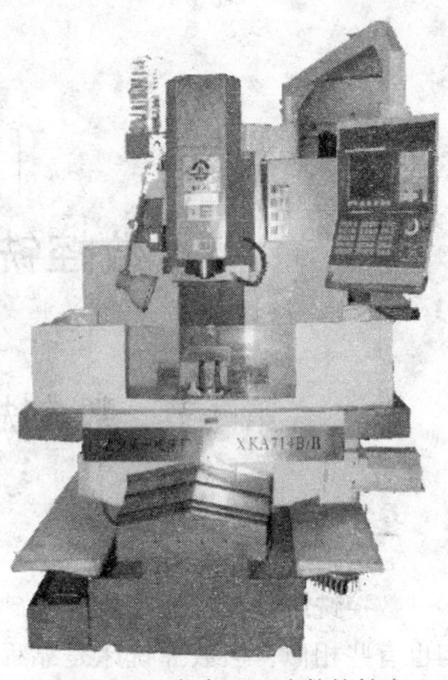

图 2-3-1　床身型立式数控铣床

数控铣床的种类规格较多，但基本原理和操作方法基本相同。下面以北京市第一机床厂生产的 XKA714B/B 床身型立式数控铣床为例进行说明，其外观见图2-3-1，主要规格参数见表 2-3-1。

XKA714B/B 床身型数控铣床采用立式主轴、十字型床鞍工作台布局，结构十分紧凑。大件均采用抽筋封闭式框架结构，机床刚度高，抗振性好。主传动采用主轴电动机，同步齿型带传动，可在 80～6000r/min 范围内实

表 2-3-1　XKA714B/B 床身型数控铣床主要规格参数

项　目		参　数
主轴	主轴锥孔	BT40#（7∶24）
	主轴转速	80～8000r/min
工作台	工作台尺寸（长×宽）	800mm×400mm
	T 形槽数	3
	T 形槽宽度	18mm
	T 形槽间距	100mm
	工作台允许最大承重	5000N
行程	工作台 *X* 向行程	600mm
	工作台 *Y* 向行程	410mm
	工作台 *Z* 向行程	510mm
	主轴端面至工作台面距离	125～635mm
	主轴中心至立柱导轨面距离	420mm
	工作台中心至立柱导轨面距离	215～625mm
进给速度	进给速度范围	1～5000mm/min
	快速移动速度	15m/min
精度	分辨力	0.001mm
	定位精度（*X*，*Z* 轴）	0.04mm
	定位精度（*Y* 轴）	0.03mm
	重复定位精度	0.016mm

（续）

项　目		参　数
控制系统	控制系统型号	FANUC 0i-MC
	系统分辨力	0.001mm
电动机	主轴电动机功率	7.5kW
	X、Y、Z 向进给电动机	3.5kW
	机床电源	380V，50Hz
	外形尺寸（长×宽×高）	2500mm×2295mm×2550mm
机床质量		4500kg

现无级调速。对各类零件加工的适应能力较好，传动噪声低。主轴套筒内设有自动拉紧和松刀装置，能在数秒钟内完成装刀和卸刀动作，效率较高。进给方向 X、Y、Z 三向均由伺服电动机通过联轴器与滚珠丝杠直联，从而使工作台、床鞍及铣头沿 X、Y、Z 轴做直线运动。导轨的材料采用铸铁，淬硬后再精磨，配合面贴塑，精度好，寿命长。采用滚珠丝杠传动，高速时进给振动小，低速时无爬行现象。其主要结构特点如下：

（1）床身部分　床身是整个机床的基础。床身底面通过调节螺栓和垫铁与地面相连。调整调节螺栓可使机床工作台处于水平。床身上的 Y 向矩形导轨连接床鞍，并使其沿导轨运动。

（2）立柱部分　立柱安装于床身后部，上面设有 Z 向矩形导轨用于连接铣头部件，并使其沿导轨做 Z 向进给运动。立柱内部安放平衡锤，平衡锤用于平衡铣头部件的质量，以减少垂直方向滚珠丝杠的拉力。它是由铣头上下移动，经铣头上的连接杆、套筒滚子链、链轮等带动而上下运动的。

（3）铣头部分　铣头部分由铣头壳体、主传动系统及主轴组成。铣头壳体用于支撑主轴组件及各传动件。壳体后部的垂直导轨处装有压板、镶条及调节螺钉，用于调节铣头与立柱导轨的间隙。主传动系统用于实现夹刀、装刀动作，并保证主轴的回转精度。

（4）工作台床鞍部件　工作台位于床鞍上，用于安装工件，并与床鞍一起分别执行 X，Y 向的进给运动。工作台、床鞍采用矩形导轨，配合相应的压板、镶条及调节螺钉，确保导轨副的高精密配合。

第二节　数控系统知识（FANUC 0i-MC）

一、程序代码

国际上通用的数控代码有 ISO、EIA 两种。

（1）国际标准化组织 ISO（International Standard Organization）　ISO 代码由 7

位二进制数和一位偶校验码位组成，故也称偶数码。

（2）美国电子工业协会EIA（electronic industries association） EIA代码的特点是除CR外，其他字符均不占用第八列，其次它的每一排孔的孔数都是奇数，故也称奇数码，其中第五列为补奇孔。

二、程序结构

一个完整的加工程序由程序名称、程序内容、程序结束部分组成。

例如：

```
O0001;                        程序名称
G92 X30. Y30. ;              ┐
G90 G00 X28. T01 S800 M03;   │
G01 X-8. Y8.  F200;          │
X0 Y0 ;                      ├程序内容
X8. Y30. ;                   │
G00 X40. ;                   ┘
M30;                          程序结束
```

程序名称便于从数控装置存储器中检索。不同的数控系统有不同的命名方法，西门子（SINUMERIK）系统可以用字母和数字组成，后面跟后缀名，主程序用MPF作为后缀名，如“CNC_Ol. MPF”，主程序后缀名可省略，但必须遵循以下命名原则：

1）开始的两个符号必须是字母。

2）其后的符号可以是字母、数字或下划线。

3）字符数最多为16个。

4）不得使用如逗号、运算号等分隔符。

发那科（FANUC）系统用字母“O”开头，后面跟数字来表示程序名称，主程序和子程序命名方法相同，如：“O1234”。有些国产系统用“%”开头（南京迪特康公司的COM-HAND-400T系统），后面数字作为程序名称，如“%1234”。

程序的内容部分由若干程序段构成，每个程序段完成特定的功能。程序段又由若干个程序字组成，常见的程序字有顺序号字、准备功能字、尺寸字、进给功能字、主轴功能字、刀具功能字和辅助功能字。程序字由英文字母表示的地址和后面的数字、字符组成。

程序的结束部分一般放在程序的最后，用M02或M30指令结束程序。M30除了结束指令以外还可使程序回到头部。

三、程序段格式

程序段格式是程序的书写规则。常见的程序段格式有以下几种：

1. 字-地址程序段格式

这是目前最常用的程序段格式。这种格式是以地址符开头后面跟随数字或符号组成的程序字，每个程序字根据地址来确定含义。每个程序段根据所需完成的功能选择相应的程序字，不需要的可以省略，程序字可以不按顺序排列，如 G01 X30 F100。采用字-地址形式编制的数控程序直观，便于检查，数控铣床大都采用这种形式。建议字-地址程序段中的程序字的顺序按如下排列：

N__ G__ X__ Y__ Z__ F__ S__ T__ M__

2. 固定顺序段字格式

固定顺序段字格式的程序段中没有地址符，字的顺序和程序的长度是固定的，不能省略，如下所示：

007	01	+03500	-12600	15	30	02	LF
（N）	（G）	（X）	（Y）	（F）	（S）	（M）	（回车符）

这种格式的数控系统比较简单，但程序太长、不直观、故应用较少。

3. 分隔符的程序段格式

用分隔符的程序段格式也不使用地址符，但字的顺序是固定的。各字之间用分隔符 TAB 隔开，TAB 表示地址符顺序，如下所示：

007	TAB01	TAB +03500	TAB -12600	TAB15	TAB30	TAB02	LF
（N）	（G）	（X）	（Y）	（F）	（S）	（M）	（回车符）

四、具体要求

（1）程序名称

格式：O_ _ _ _

说明：

1）“O”：文件名首字母，如“O001，O002”；

2）范围O1 ~ O7999　　用户区

　　O8000 ~ O8999　　用户区（加密、加锁）

　　O9000 ~ O9999　　扩展区（厂方修改）

（2）顺序号（标识作用）

格式：N_ _ _ _（注释）

说明：范围：N1 ~ N9999

（3）准备功能（简称 G 功能）　由地址符“G”和两位数字组成，如 G01、G02 等，G 功能的代号已标准化。

（4）尺寸字（坐标字）　由坐标地址符和数字组成，各组数字必须有作为地址代码的字母开头包括 X、Y、Z、U、V、W、P、Q、R；A、B、C、D、E；I、J、K。其中，X50.、X50.0、X50000 在相对坐标编程时，都表示沿 X 轴移动 50mm。

（5）进给功能字F　该指令表示刀具中心运动时的进给速度。由地址F和其后的若干数字组成，单位一般为“mm/min”或“mm/r”。数字的单位取决于每个系统所采用的进给速度的指定方法。具体内容见所用机床的编程说明书。

注意事项如下：

1）当编写程序时，第一次遇到直线（G01）或圆弧（G02/G03）插补指令时，必须编写进给速度F，如果没有编写F功能，CNC采用F0。当工作在快速定位（G00）方式时，机床将以通过机床轴参数设定的快速进给速度移动，与编写的F指令无关。

2）F指令为模态指令，实际进给速度可以通过CNC操作面板上的进给倍率旋钮，在0~120%之间调整。

（6）主轴转速功能字S　该指令表示机床主轴的转速，由主轴地址符S和其后的若干数字组成，单位为“r/min”。其表示方法有以下三种：

1）转速：S表示主轴转速，单位为r/min。如S1000表示主轴转速为1000r/min。

2）线速度：在恒线速度状态下，S表示切削点的线速度，单位为m/min。如：S60表示切削点的线速度恒定为60m/min。

3）代码：用代码表示主轴速度时，S后面的数字不直接表示转速或线速度的数值，而只是主轴速度的代号。如：某机床用S00~S99表示100种转速，S40表示主轴转速为1200r/min，S41表示主轴转速为1230r/min，S00表示主轴转速为0r/min，S99表示最高转速。

（7）刀具功能字T　该指令由刀具地址符和数字组成，数字表示刀具库中的刀具号（最多8位）。

刀具和刀具参数的选择是数控编程的重要内容，其编程格式因数控系统不同而异，主要格式有以下两种：

1）采用T指令编程。由T和数字组成，有T××格式。数字的位数由所用数控系统决定，T后面的数字用来指定刀具号和刀具补偿号。例如：T04表示选择4号刀。

2）采用T、D指令编程。利用T功能选择刀具，利用D功能选择相关的刀具偏置。在定义这两个参数时，其编程的顺序为T、D。T和D可以编写在一起，也可以单独编写，例如：T4 D04表示选择4号刀，采用刀具偏置表第4号的偏置尺寸；D12表示仍用4号刀，采用刀具偏置表第12号的偏置尺寸；T2表示选择2号刀，采用与该刀具相关的刀具偏置尺寸。

（8）辅助功能字M　该指令是控制数控机床“开、关”功能的指令，主要用于完成加工操作时的辅助动作。由辅助操作地址符M和两位数字组成。M功能的代码已标准化。

1）M功能有非模态M功能和模态M功能两种形式：

① 非模态M功能（当段有效代码）：只在书写了该代码的程序段中有效。

② 模态 M 功能（续效代码）：一组可相互注销的 M 功能，这些功能在被同一组的另一个功能注销前一直有效。如：M02 或 M30 、M03、M04、M05 等。模态 M 功能组中包含一个默认功能，系统上电时将被初始化为该功能。

2）M 功能还可分为前作用 M 功能（在程序段编制的轴运动之前执行）和后作用 M 功能（在程序段编制的轴运动之后执行）两类。

3）常用的 M 辅助功能代码及其应用见 2-3-2。

表 2-3-2　M 辅助功能代码

代　码	意　义	代　码	意　义
M00	程序停止	M08	液状切削液开
M01	程序计划停止	M09	切削液关
M02	程序结束	M19	主轴定向
M03	主轴正转	M30	程序结束并回到程序头
M04	主轴反转	M98	子程序调用
M05	主轴停止	M99	子程序返回
M06	换刀	M198	调用子程序（用于外部输出、输入）
M07	雾状切削液开	—	—

① 程序停止 M00。功能：执行完包含 M00 的程序段后，机床停止自动运行，此时所有存在的模态信息保持不变，用循环启动使自动运行重新开始（对于 FANUC 系统来说，M00 为程序无条件暂停指令）。

② 程序计划停止 M01。功能：与 M00 类似，执行完包含 M01 的程序段后，机床停止自动运行，只是当机床操作面板上的任选停机的开关置 1 时，这个代码才有效。

M00 和 M01 常常用于加工中途工件尺寸的检验或排屑。

③ 主轴正转 M03、反转 M04、停止 M05。功能：M03、M04 指令可使主轴正、反转，与同段程序其他指令一起开始执行。M05 指令可使主轴在该程序段其他指令执行完成后停转。

格式：M03S __

M04S __

M05

说明：数控机床的主轴转向的判断方法是，对于铣床来说，沿 $-Z$ 方向看（从主轴头向工作台看），顺时针方向旋转为正转，逆时针方向旋转为反转。对于车床来说，沿着 $+Z$ 方向看（从主轴向尾架看），顺时针方向旋转为正转，逆时针方向旋转为反转。

④ 换刀 M06。功能：自动换刀。用于具有自动换刀装置的机床，如数控铣床、数控车床、加工中心机床等。

格式：M06 T __

说明：（本指令针对加工中心）当数控系统不同时，换刀的编程格式有所不同，具体编程时应参考操作说明书。不在没有刀库的数控铣床上设置本指令。

⑤ 程序结束 M02 或 M30。功能：

a. M02 为主程序结束指令。执行到此指令，进给停止，主轴停止，切削液关闭。但程序光标停在程序末尾。

b. M30 为主程序结束指令。功能同 M02，不同之处是，光标返回程序头位置，不管 M30 后是否还有其他程序段。

说明：该指令必须编在最后一个程序段中。

对于 BEIJING-FANUC 0i 系统来说，一般情况下，在一个程序段中仅能指定一个 M 代码。但是，设定参数 No. 3404#7 （M3B）=1 时，在一个程序段中一次最多可以指定三个 M 代码。

五、编程指令应用

常用 G 准备功能代码见表 2-3-3。

表 2-3-3　G 准备功能代码

代码	分组	意义	代码	分组	意义
G00	01	快速进给、定位	G22	04	存储行程检查功能开
G01		直线插补	G23		存储行程检查功能关
G02		圆弧插补 CW（顺时针）	G27	00	返回参考点检查
G03		圆弧插补 CCW（逆时针）	G28		返回参考点
G04	00	暂停，准确停止	G29		从参考点回归
G07.1		圆柱插补	G30		返回第 2、3、4 参考点
G09		准确停止	G40	07	刀具补偿取消
G10		可编程数据输入	G41		左侧刀具半径补偿
G15	17	极坐标指令取消	G42		右侧刀具半径补偿
G16		极坐标指令	G43	08	正向刀具长度补偿
G17	02	选择 *XY* 平面	G44		负向刀具长度补偿
G18		选择 *ZX* 平面	G45	00	刀具位置补偿伸长
G19		选择 *YZ* 平面	G46		刀具位置补偿缩短
G20	06	英制输入	G47		刀具位置补偿 2 倍伸长
G21		米制输入	G48		刀具位置补偿 2 倍缩短

（续）

代　码	分　组	意　义	代　码	分　组	意　义
G49	08	刀具长度补偿取消	G68	16	坐标旋转有效
G50	11	比例缩放取消	G69		坐标旋转取消
G51		比例缩放	G73	09	高速深孔钻削固定循环
G50.1	22	可编程镜像取消	G74		左旋攻螺纹固定循环
G51.1		可编程镜像有效	G76		精镗固定循环
G52	00	局部坐标系设定	G80		固定循环取消
G53	00	机械坐标系选择	G81		钻孔、点钻固定循环
G54	14	工件坐标系 1 选择	G82		钻孔、锪镗固定循环
G55		工件坐标系 2 选择	G83	09	排屑深孔钻削固定循环
G56		工件坐标系 3 选择	G84		攻螺纹固定循环
G57		工件坐标系 4 选择	G85		镗削固定循环
G58		工件坐标系 5 选择	G86		镗削固定循环
G59		工件坐标系 6 选择	G87		镗削、背镗固定循环
G60	00/01	单方向定位	G88		镗削固定循环
G61	15	准确停止状态	G89		镗削固定循环
G62		自动转角速度	G90	03	绝对方式指定
G63		攻螺纹状态	G91		相对方式指定
G64		切削状态	G92	00	工件坐标系的变更
G65	00	宏调用	G98	10	返回固定循环初始点
G66	12	宏模态调用	G99		返回固定循环 R 点
G67		宏模态调用取消			

1. 绝对坐标和相对坐标指令——G90、G91

功能：设定编程时的坐标值为增量值或者绝对值。

说明：

1）G90 绝对值编程，每个编程坐标轴上的编程值是相对于程序原点的，G90 为默认值。

2）G91 相对值编程，每个编程坐标轴上的编程值是相对于前一位置而言的，该值等于沿轴移动的距离。

3）G90、G91 是一对模态指令，在同一程序段中只能用一种。

举例：如图 2-3-2 所示，已知刀具中心运动轨迹为“$A \to B \to C$”，起点为 A，则

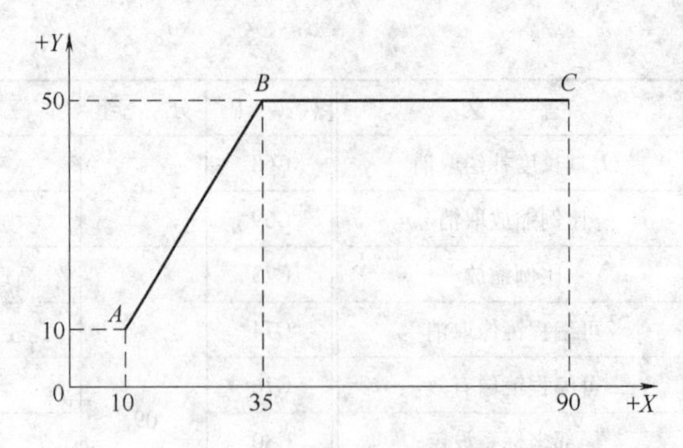

图 2-3-2　刀具中心运动轨迹

G90 时：G90 G00 X35. Y50. ;

X90. ;

G91 时：G91 G00 X25. Y40. ;

X55. ;

2. 建立工件坐标系指令——G92

格式：G92 X __ Y __ Z __

说明：

1）若程序中使用 G92 指令，则该指令应位于程序的第一句。

2）通常将坐标原点设于主轴轴线上，以便于编程。

3）程序启动时，如果第一条程序是 G92 指令，那么执行后，刀具并不运动，只是当前点被置为 X、Y、Z 的设定值。

4）G92 要求坐标值 X、Y、Z 必须齐全，不可默认，并且不能使用 U、V、W 编程。

如：G92 X10 Y10；含义为刀具并不产生任何动作，只是将刀具所在的位置设为 X10 Y10，即确定了坐标系。

3. 坐标系设定指令——G54 ~ G59

功能：设定坐标系。

说明：

1）加工前，将测得的工件编程原点坐标值预存入数控系统对应的 G54 ~ G59 中。编程时，在指令行里写入 G54 ~ G59 即可。

2）比 G92 稍麻烦些，但不易出错。所谓零点偏置就是在编程过程中进行编程坐标系（工件坐标系）的平移变换，使编程坐标系的零点偏移到新的位置。

3）G54 ~ G59 为模态功能，可相互注销，G54 为默认值。

4）使用 G54 ~ G59 时，不用 G92 设定坐标系。G54 ~ G59 和 G92 不能混用。

建立 G54 ~ G59 共 6 个加工坐标系见图 2-3-3。其中：G54 为加工坐标系 1，G55 为加工坐标系 2，G56 为加工坐标系 3，G57 为加工坐标系 4，G58 为加工坐标系 5，G59 为加工坐标系 6。

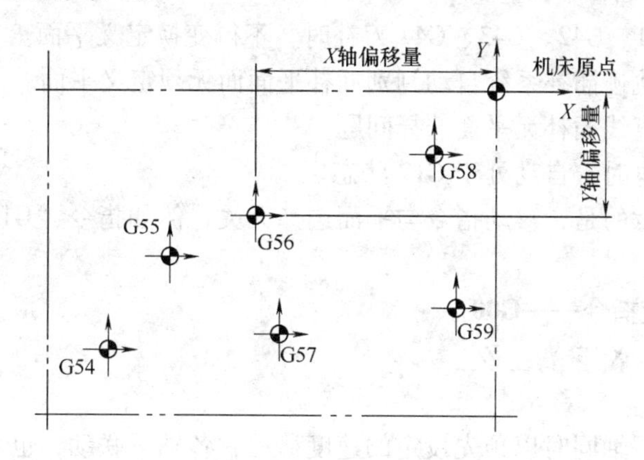

图 2-3-3　6 个加工坐标系

G54 的确定：首先回参考点，移动刀具至某一点 *A*，将此时屏幕上显示的机床坐标值输入到数控系统 G54 的参数表中，编程序时（如 G54 G00 G90 X40. Y30.）则刀具在以 *A* 点为原点的坐标系内移至（40，30）点。这就是操作时 G54 与编程时 G54 的关系。

举例：工件坐标系的设定见图 2-3-4，要求刀具从当前点移动到 *A* 点，再从 *A* 点移动到 *B* 点。

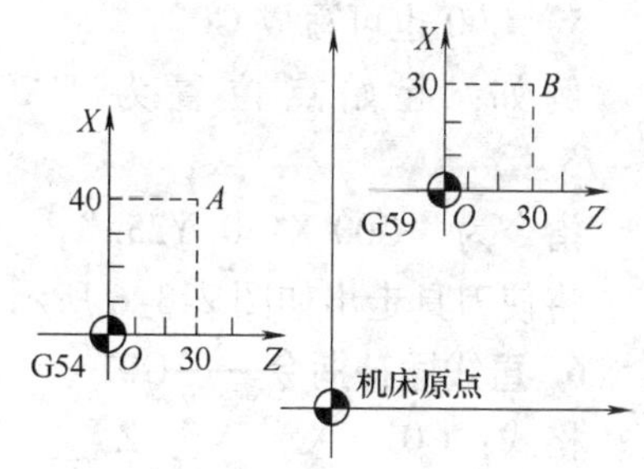

图 2-3-4　工件坐标系的设定

编程：

O3303

N01 G54 G00 G90 X40. Z30.

N02 G59

N03 G00 X30. Z30.

N04 M30

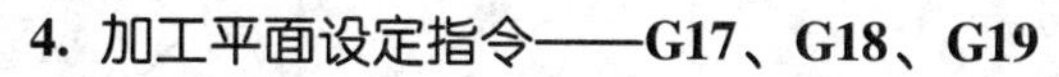

4. 加工平面设定指令——G17、G18、G19

插补平面选择见图 2-3-5。

格式：G17（或 G18，或 G19）

G17：选择 XOY 平面插补。

G18：选择 XOZ 平面插补。

G19：选择 YOZ 平面插补。

说明：

1）适应于以下情况的平面定义：

a. 定义刀具半径补偿平面。

b. 定义螺旋线补偿的螺旋平面。

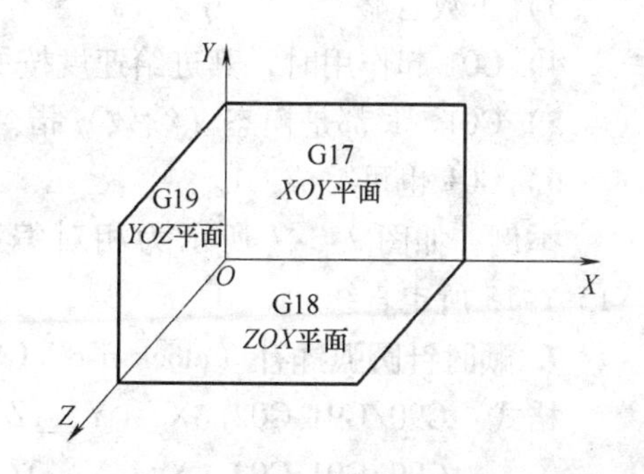

图 2-3-5　插补平面选择

c. 定义圆弧插补平面。

2）当在 G41、G42、G43、G44 刀补时，不得变换定义平面。

3）一般的轨迹插补系统自动判别插补平面而无须定义平面。

4）三联动直线插补无平面选择问题。

5）系统上电时，自动处于 G17 状态。

6）需要注意的是，移动指令与平面选择无关，例如指令“G17 G01 Z10”时，*Z* 轴照样会移动。

5. 快速定位指令——G00

格式：G00　X＿Y＿Z＿

说明：

1）所有编程轴同时以预先设定的速度移动，各轴可联动，也可以单独运动。

2）不运动的坐标可以省略编程，省略的坐标不作任何运动。

3）目标点坐标值可以用绝对值，也可用增量值。

4）G00 功能起作用时，其移动速度按参数中的参数设定值运行，也可由面板上的“快速修调”修正。

5）G00 也可写成 G0。

例如：起始点位置为“X－50, Y－75.”；

指令为“G00 X150. Y25.”；

将使刀具走出如图 2-3-6 所示轨迹。

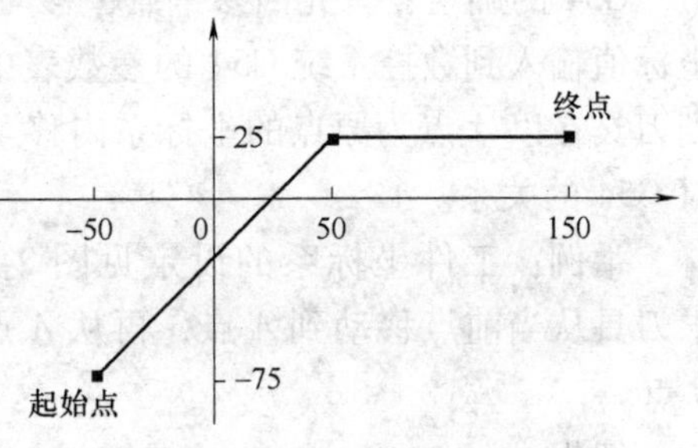

图 2-3-6　刀具轨迹

6. 直线插补指令——G01

格式：G01　X＿Y＿Z＿＿F＿

说明：

1）其中 X、Y、Z 是线性进给的终点，F 是合成进给速度。

2）无变化的坐标可以省略不写。

3）正数省略“+”号。

4）G01 起作用时，其进给速度按所给的 F 值运行。

5）G01、F 都是模态（续效）指令。

6）G01 也可写成 G1。

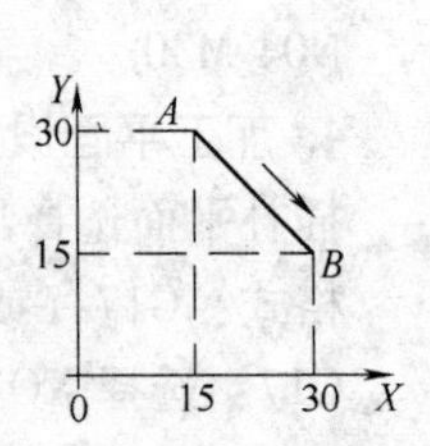

图 2-3-7　直线

举例：如图 2-3-7 所示为相对编程程序段 N30 G91 G01 X15 Y-15 所走直线。

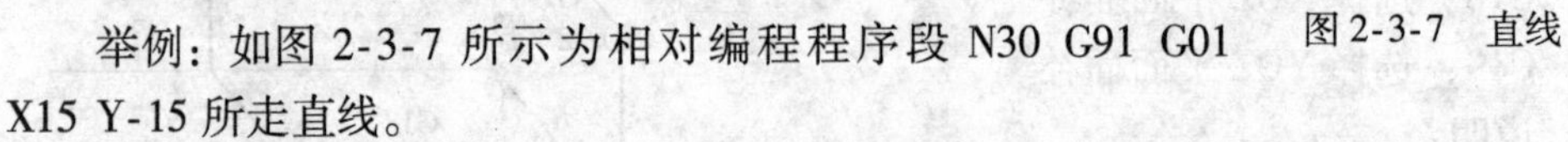

7. 顺时针圆弧插补（clockwise，CW）**指令——G02**（见图 2-3-8）

格式：G90/G91 G02　X＿Y＿Z＿I＿J＿K＿F＿

　　　G90/G91 G02　X＿Y＿Z＿R＿F＿

其中：X、Y、Z 为 *X* 轴、*Y* 轴、*Z* 轴的终点坐标；I、J、K 为圆弧圆心点相对

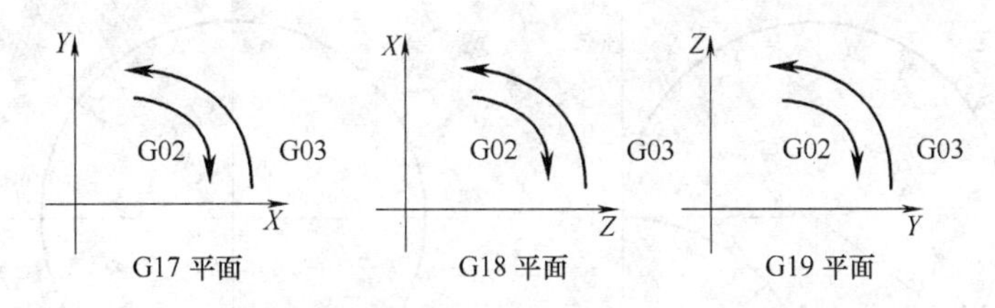

图 2-3-8 各补偿平面下的圆弧插补方向

于起点在 X、Y、Z 轴向的增量值；R 为圆弧半径；F 为进给速度。

终点坐标可以用绝对坐标 G90 或增量坐标 G91 表示，但是 I、J、K 的值总是以增量方式表示。

说明：

1）X、Y、Z 在 G90 时，圆弧终点坐标是相对编程零点的绝对坐标值；在 G91 时，圆弧终点是相对圆弧起点的增量值。I、J、K 是圆心坐标，是相对于圆弧起点的增量值，I 是 X 方向，J 是 Y 方向，K 是 Z 方向。圆心坐标在圆弧插补时不得省略，不论是绝对值方式，还是增量方式，圆心坐标总是相对圆弧起点的增量值。当系统提供 R 编程功能时，I、J、K 可不编，当两者同时被指定时，R 指令优先，I、K 无效。

2）用 G02 指令编程时，可以直接对过象限圆、整圆等编程。

注：过象限时，会自动进行间隙补偿，如果参数区未输入间隙补偿或参数区的间隙补偿与机床实际反向间隙相差悬殊，都会在工件上产生明显的切痕。

3）铣整圆时注意：圆心坐标 I 和 J 不能给错，特别是 I、J 不能同时为 0。

4）整圆不能用 R 编程，因为经过同一点，半径相同的圆有无数个。

5）ZOX、YOZ 平面内的圆弧需定义插补平面（G18、G19）。

6）起点、终点相同时，存在优、劣两段弧。劣弧时，R 为正值；优弧时，R 为负值。180°的圆弧半径值为 R。

8. 逆时针圆弧插补（counter clockwise，CCW）**指令——G03**（见图 2-3-8）

格式：G90/G91 G03 X__ Y__ Z__ I__ J__ K__ F__

G90/G91 G03 X__ Y__ Z__ R__ F__

说明：除了圆弧旋转方向相反外，其余与 G02 指令完全相同。

所谓顺时针或逆时针，是沿垂直于圆弧所在平面的坐标轴的负方向看，顺时针为 G02，逆时针为 G03。

例 1：优弧、劣弧、整圆的插补、增量、绝对指令练习，见图 2-3-9、表 2-3-4、表 2-3-5。

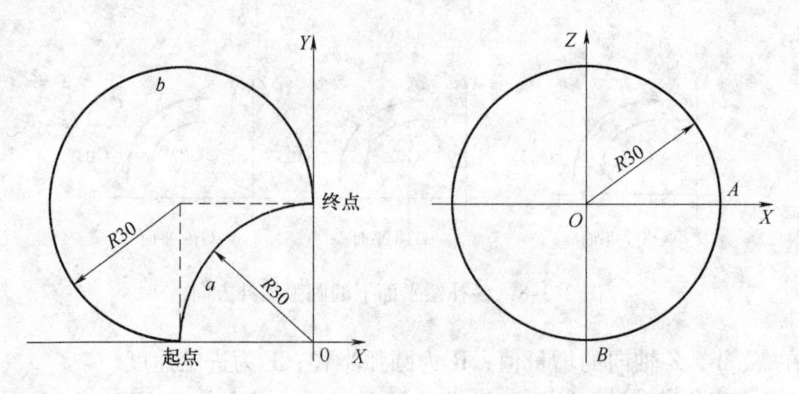

图 2-3-9　优弧、劣弧、整圆的程序编制

表 2-3-4　劣弧、优弧的程序

类　别	劣弧（a 弧）	优弧（b 弧）
增量编程	G91 G02 X30. Y30. R30. F100	G91 G02 X30. Y30. R-30. F100
	G91 G02 X30. Y30. I30. J0 F100	G91 G02 X30. Y30. I0 J30. F100
绝对编程	G90 G02 X0 Y30. R30. F100	G90 G02 X0 Y30. R－30. F100
	G90 G02 X0 Y30. I30. J0 F100	G90 G02 X0 Y30. I0 J30. F100

表 2-3-5　整圆的程序

类　别	从 A 点顺时针一周	从 B 点逆时针一周
增量编程	G91 G02 X0 Y0 I－30. J0 F100	G91 G03 X0 Y0 I0 J30. F100
绝对编程	G90 G02 X30. Y0 I－30. J0 F300	G90 G03 X0 Y－30. I0 J30. F100

例 2：进给速度为 100mm/min，主轴转速为 800r/min，刀具在编程原点处，见图 2-3-10。

编程：

O1（G01，G90）

N1 G90 G54 G00 X20. Y20. S800 M03；

N2 G01 Y50. F100；

N3 X50.；

N4 Y20.；

N5 X20.；

N6 G00 X0 Y0 M05；

N7 M30；

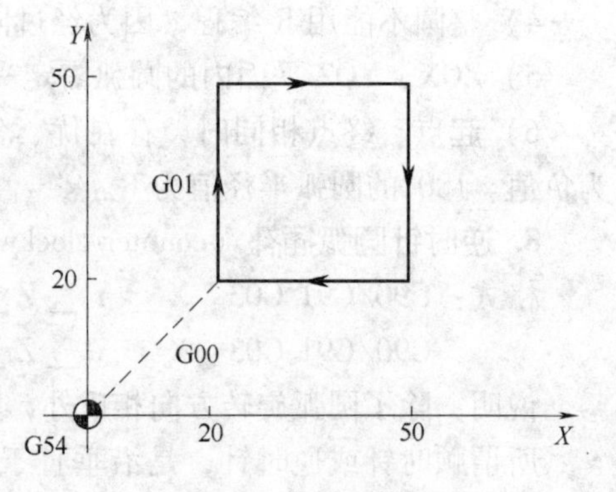

图 2-3-10　直线插补轮廓

例 3：主轴转速为 1000r/min，进给速度为 100mm/min，A 为起点，B 为终点。刀具在编程原点处，见图 2-3-11。

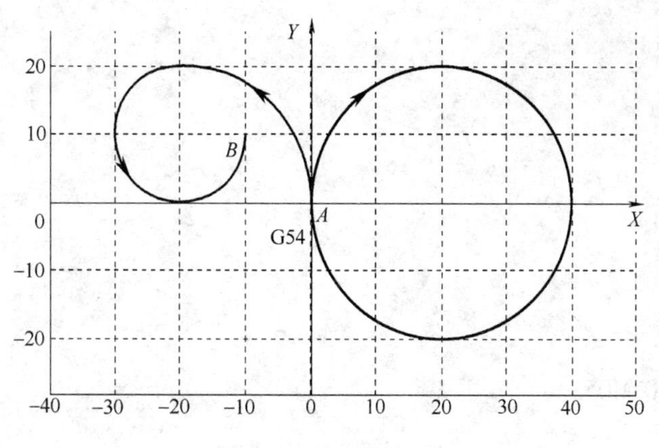

图 2-3-11　圆弧插补

编程:

O2（G02，G03）

N1 G90 G54 G02 I20. F100;

N2 G03 X－20. Y20. I－20.；（R20.）

N3 G03 X－10. Y10. J－10.；（R－10.）

9. Z 轴移动

在实际加工中，刀具不能只在 *XOY* 平面内移动，否则刀具平行移动时将与工件、夹具发生干涉，另外在切削型腔时刀具也不能直接快速运动到所需切削深度，所以必须对 *Z* 轴移动有所控制。

量块（对刀块）有 100.0mm、50.0mm 长的，量块若太长，则对刀时容易手握失稳。

注：在起刀点和退刀点时应注意，尽量避免三轴联动，要将 *Z* 轴的运动和 *XOY* 平面内的运动分成两行写，以避免三轴联动引起度不必要的碰撞。

例：从原点上方 100mm 开始，切削深度为 10mm，见图 2-3-12。注：本例中不涉及刀补。

编程:

O1（*Z* 轴移动例题，G90）

G90 G54 G00 X0 Y0 S800 M03;

Z100.0 M08;

X30. Y10.;

Z5.0;

G01 Z－10.0 F50;（若切削深度为 10.0mm，*Z* 向进给应慢些，平面进给时可提速）

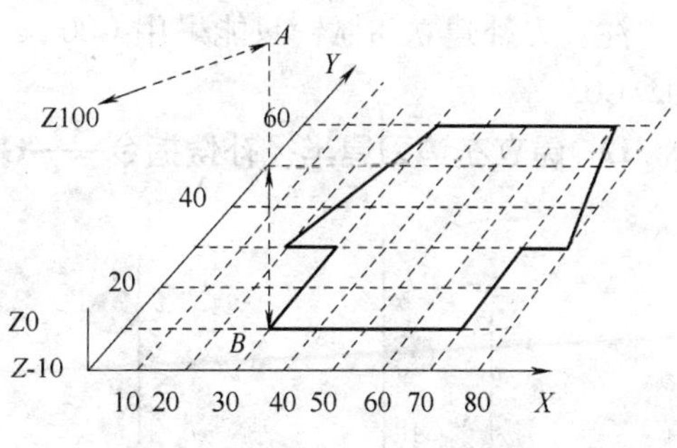

图 2-3-12　加工中 Z 轴移动轨迹

```
Y30. F100;
X20. ;
X30. Y60. ;
X70. ;
X80. Y30. ;
X70. ;
Y10. ;
X30. ;
G00 Z100. 0 M05;
X0 Y0;
M30;
```

10. 暂停指令——G04

格式：G04 X __或 G04 P __

说明：

1）程序在执行到某一段后，需要暂停一段时间，进行无进给光整加工，这时就可以用 G04 指令使程序暂停，用于镗平面、锪平面等场合。暂停时间一到，继续执行下一段程序。暂停时间由 X 或 P 后的数值说明，X __以秒为单位，P __以毫秒为单位。

2）G04 的程序段里不能有其他命令。

11. 取消刀具补偿指令——G40

格式：G40

说明：

1）G40 必须与 G41 或 G42 成对使用。

2）编入 G40 的程序段为撤销刀具半径补偿的程序段，必须编入撤刀补的轨迹，用 G01 或 G00 指令和数值。

例如：N100　G40　G01　X0　Y0;

3）G40 是模态指令，机床初始状态为 G40。

注：刀补建立和撤销只能采用 G00 或 G01 进行，而不能采用圆弧插补指令如 G02/G03 等。

12. 建立左边刀具半径补偿指令——G41（见图 2-3-13）

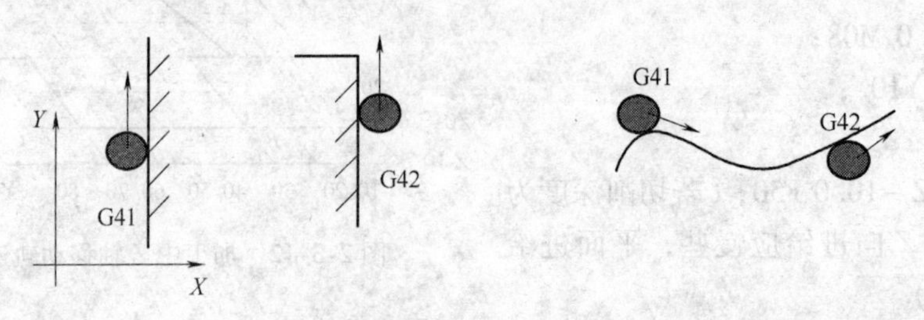

图 2-3-13　左、右刀具半径补偿

格式：G41　G01　X __ Y __ D __

说明：

1）G41 的切削方向是沿着刀具前进方向观察，刀具偏在工件的左边（假定工件不动）。

2）G41 发生前，刀具参数（D __）必须在主功能 PARAM 中刀具参数内设置完成。

3）G41 本段程序，必须有 G01 或 G00 功能及对应的坐标参数才有效，以建立刀补。

4）G41 与 G40 之间不得出现任何转移、更换平面的加工指令，如镜像，子程序等。

5）由于当前段加工的刀补方式与下一加工段的数据有关，因此，下一段加工轨迹的数据说明必须在 10 段（甚至 2 段）程序之内出现。

6）当改变刀具补偿号时，必须先用 G40 取消当前的刀补。

7）必须在远离工件的地方建立、取消刀补，且应与选定好的切入点和进刀方式协调，保证刀具半径补偿的有效性。如果建立刀补后需切削的第一段轨迹为直线，则建立刀补的轨迹应在其延长线 S 上；若为圆弧，则建立刀补的轨迹应在圆弧的切线上。如果撤销刀补前的切削轨迹为直线，则刀具在移至目标点后应继续沿其延长线移动至少一个刀具半径，再撤销刀补；若为圆弧，则刀具在移至目标点后应沿圆弧的切线方向移动至少一个刀具半径，再撤销刀补。

8）G41 是模态指令。

13. 右边刀具半径补偿指令——G42（见图 2-3-13）

格式：G42　G01　X __ Y __ D __

说明：除刀具在前进方向的右边外，与 G41 相同，为模态指令。

各数控铣床大都具有刀具半径补偿功能，为程序的编制提供方便。总的来说，该功能有以下几方面的用途：

1）利用这一功能，在编程时可以很方便地按工件实际轮廓形状和尺寸进行编程计算，而加工中使刀具中心自动偏离工件轮廓一个刀具半径，加工出符合要求的轮廓表面。

2）利用该功能，通过改变刀具半径补偿量的方法来弥补铣刀制造的尺寸精度误差，扩大刀具直径选用范围和刀具返修刃磨的允许误差。

3）利用改变刀具半径补偿值的方法，以同一加工程序实现分层铣削和粗、精加工，或用于提高加工精度。

4）通过改变刀具半径补偿值的正负号，还可以用同一加工程序加工某些需要相互配合的工件，如相互配合的凸凹模等。

14. 刀具长度补偿（偏置）指令——G43、G44、G49

格式：G43（G44）G00（G01）Z __ H __；

说明：

1）H 为补偿号，H 后边指定的地址中存有刀具长度值。进行长度补偿时，刀具要有 Z 轴移动。

2）G43 为正向补偿，与程序给定移动量的代数值做加法；G44 为负向补偿，与程序给定移动量的代数值做减法。

15. 自动回归原点指令——G28

格式：G90（G91）G28 X__ Y__ Z__；

说明：

1）经过（X、Y、Z）点回机床原点。

2）使用 G28 之前，必须消除刀具半径补偿。

3）在返回原点后使用刀具长度补偿取消（G49）功能。

16. 子程序调用指令——M98、M99

加工程序分为主程序和子程序两种。所谓主程序是一个完整的零件加工程序，或是零件加工的主体部分，它和被加工零件或加工要求一一对应，不同的零件或不同的加工要求，都有唯一的主程序。

在编制加工程序时，有时会遇到一组程序在一个程序中多次出现，或者在几个程序中都使用它。这个典型的加工程序可以作为固定程序，并单独加以命名，这组程序段称为子程序。

在主程序中，调用子程序的程序段格式如下：

1）书写格式：M98 P××× ××××；

其中：地址 P 后面的尾 4 位数字用于指定被调用的子程序的程序名称，头 3 位数字用于指定调用该子程序的次数。如果调用一次，可以忽略头 3 位数字，最大调用次数为 999 次。

例如：M98 P1002； 调用 1002 号子程序，重复 1 次。

M98 P5 0004；调用 4 号子程序，重复 5 次。

2）子程序调用的执行顺序如下例：

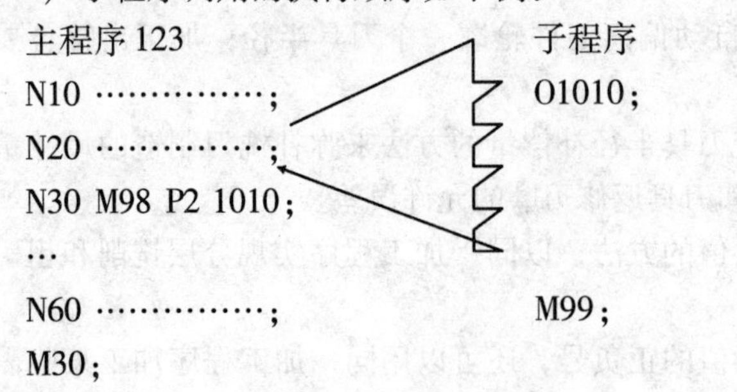

说明：

1）子程序是以 O 开始，以 M99 结尾的，子程序是相对于主程序而言的。

2）M98 置于主程序中，表示开始调用子程序。

3）M99 置于子程序中，表示子程序结束，返回主程序。

4）主程序与子程序间的模态代码互相有效；如主程序中使用 G90 模式，调用子程序，子程序中使用 G91 模式，则返回主程序时，在主程序里 G91 模式继续有效。

5）在子程序中多使用 G91 模式编程。

6）在半径补偿模式下，如无特殊考虑，则应避免主子程序切换。

7）子程序可多重嵌套调用，最多可达四重。

8）每次调用子程序时的坐标系，刀具半径补偿值、坐标位置、切削用量等可根据情况改变。

例 1：加工如图 2-3-14 所示两个工件，编制程序。*Z* 轴开始点为工件上方 100mm 处，切削深度 10mm。

工件坐标系原点：G55　X－300　G56　X－220　G57　X－140

Y－200　Y－200　Y－200

Z－250　Z－250　Z－250

方法一：O1（MAIN_P，多次调用）

```
G17 G90 G54 G00 X0 Y0 S800 M03;
Z100. M08;
M98 P100;
G90 G00 X80.;
M98 P100;
G90 G00 X0 Y0 M05;
M30;
O100（SUB_P，相对坐标编程）
G91 G00 Z-95.;
G41 X40. Y20. D01;
G01 Z-15. F20;
Y30. F100;
X-10.;
X10. Y30.;
X40.;
X10. Y-30.;
X-10.;
Y-20.;
X-50;
G00 Z110.;
G40 X-30. Y-30;
M99;
```

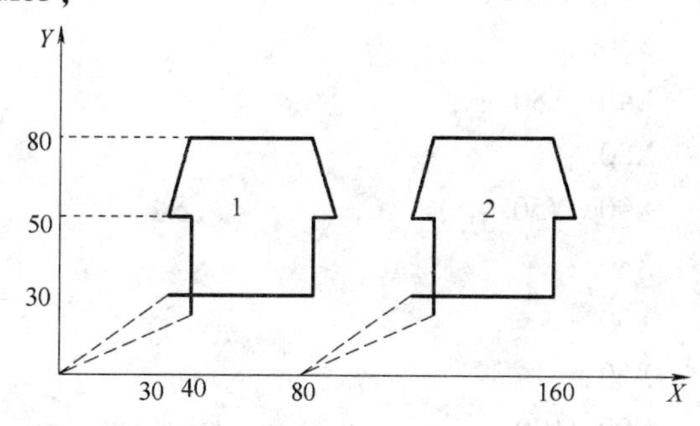

图 2-3-14　加工两个工件

方法二：O1（MAIN_P，采用不同编程坐标系）

```
G17 G90 G54 G00 X0 Y0 S800 M03;
Z100. M08;
M98 P101;
G90 G55 G00 X0 Y0.;
M98 P101;
G90 G56 G00 X0 Y0.;
M98 P101;
G90 G54 G00 X0 Y0;
M30;
O101（SUB_P，绝对坐标编程）
G90 G00 Z5.;
G41 X40. Y20. D01;
G01 Z-10. F20;
Y50. F100;
X30.;
X40. Y80.;
X80.;
X90. Y50.;
X80.;
Y30.;
X30;
G00 Z100.;
G40 X0. Y0;
M99;
```

方法三：O1（MAIN_P，采用调用次数）

```
G17 G90 G54 G00 X0 Y0 S800 M03;
Z100. M08;
M98 P2 102;
G90 G00 X0 Y0 M05;
M30;
O102（SUB_P，相对坐标编程）
G91 G00 Z-95.;
G41 X40. Y20. D01;
G01 Z-15. F20;
Y30. F100;
```

```
X-10.;
X10. Y30.;
X40.;
X10. Y-30.;
X-10.;
Y-20.;
X-50;
G00 Z110.;
G40 X-30. Y-30;
X80.;
M99;
```

例 2：*Z* 轴起始高度 100mm，切削深度 10mm，使用调用次数见图 2-3-15。

编程：

```
O1;(MAIN_P)
G17 G90 G54 G00 X0 Y0 S800 M03;
Z100. M08;
M98 P102 K3;
G90 G00 X0 Y60.;
M98 P102 K3;
G90 G00 X0 Y0 M05;
M30;
O102;(SUB_P，相对坐标编程)
G91 G00 Z-95.;
G41 X20. Y10. D01;
G01 Z-15. F20;
Y40. F100;
X30.;
Y-30.;
X-40.;
G00 Z110.;
G40 X-10. Y-20;
X50.;
M99;
```

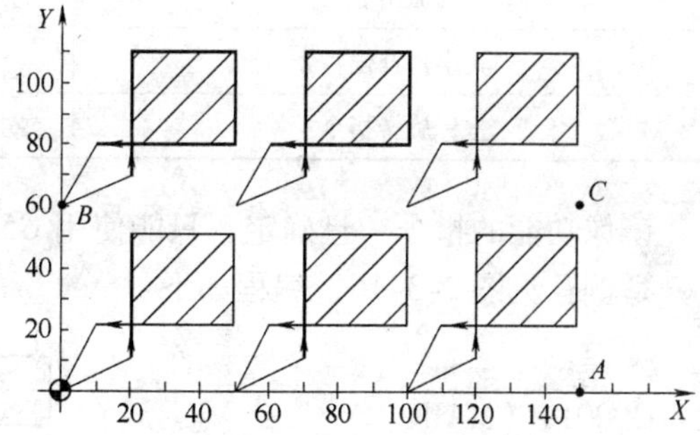

图 2-3-15　子程序多次调用实例

17. 镜像功能指令——G51.1，G50.1

镜像功能也称轴对称加工编程，是将数控加工刀具轨迹关于某坐标轴进行镜像变换而形成加工轴对称零件的刀具轨迹。对称轴（或镜像轴）可以是 *X* 轴、*Y*

轴，有时也可以关于原点对称。

指令格式：G51.1 X __；或 G51.1 Y __；或 G51.1 Z __；设置可编程镜像

G51.1 X __；或 G51.1 Y __；或 G51.1 Z __；取消可编程镜像

其中：X __、Y __、Z __是用 G51.1 指定镜像的对称点（位置）和对称轴。

例如：G51.1 X0 表示关于 Y 轴对称，在坐标系中，X=0 的轴为 Y 轴。

G51.1 Y0 表示关于 X 轴对称，在坐标系中，Y=0 的轴为 Y 轴。

镜像功能可改变刀具轨迹沿任一坐标轴的运动方向，它能给出对应工件坐标原点的镜像运动。如果只有 X 轴或 Y 轴的镜像，将使刀具沿相反方向运动。此外，如果在圆弧加工中只指定了一轴镜像，则 G02 与 G03 的作用会反过来，左右刀具半径补偿 G41 与 G42 也会反过来。

在指定平面内的一个轴上的镜像。在指定平面对某个轴镜像时，相应的指令发生变化，见表 2-3-6。

表 2-3-6　镜像时指令的变化

指　　令	说　　明
圆弧指令	G02 和 G03 被互换
刀具半径补偿指令	G41 和 G42 被互换
坐标旋转指令	旋转方向被互换

镜像功能的指令一旦确定，只能使用 G50.1 指令来取消该轴镜像。

举例：见图 2-3-16，编程如下：

编程：

```
O0001;（MAIN_P）
G90 G40 G21 G17 G94;
G50.1 X0 Y0;
G91 G28 20;
G90 G54 M03 S680;
M08;
M98 P0002;
G51.1 X0;
M98 P0002;
G50.1  X0;
M30;

O0002;（SUB_P）
G00 X-58 Y-48;
```

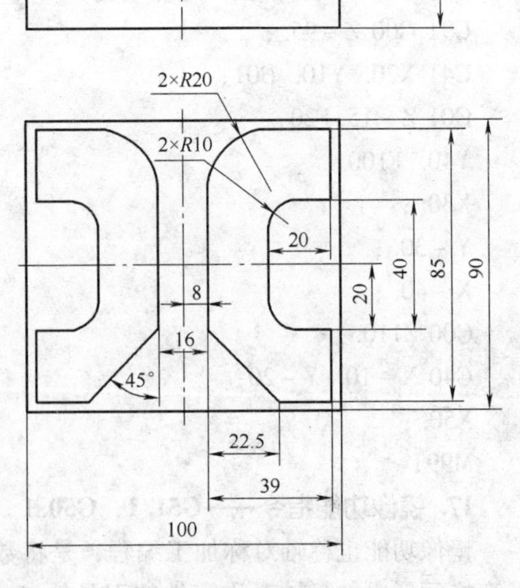

图 2-3-16　镜像编程实例

```
Z50;
Z5;
G01 Z-10.0 F50;
G41 D01 G01 X-47 Y-45 F100;
    X-47 Y- 20;
    X-37 Y-20;
G03 X-27 Y-10 R10;
G01 X-27 Y10;
G03 X-37 Y20 R10;
G01 X-47 Y20;
    X-47 Y42.5;
    X-28 Y42.5;
G02 X-8 Y22.5 R20;
G01 X-8 Y-20;
    X-30.5 Y-42.5;
    X-50 Y-42.5;
G40 G01 X-58 Y-48;
G00 Z50;
M99;
```

18. 旋转指令——G68，G69

用坐标系旋转功能编程可将工件旋转某一指定的角度。另外，如果工件的形状由许多相同的图形组成，则可将图形单元编成子程序，然后用主程序的旋转指令调用。这样可简化编程，节省时间和存储空间。

指令格式：G17～G19 G68 X __ Y __ R __；坐标系开始旋转

G69；取消旋转

其中：X __ Y __ Z __是旋转中心的坐标值；

R __是旋转角度，单位是（°），0°≤R≤360°且 R 数值有“+”和“-”之分，顺时针旋转时为“-”，反之为“+”。

如果程序是 G68　X0 Y0　R __；或者程序是 G68 R __；则表示以程序原点为中心旋转某一角度；如果在有刀具补偿的情况下使用旋转指令，先旋转后刀补；如果在有缩放功能的情况下使用旋转功能，先缩放后旋转。

举例：见图 2-3-17。

编程：

```
O0001;
G54 G40;
G69;
```

```
M03 S700;
G68 X0 Y0 R30;
G00 X0 Y0;
Z50 M08;
Z5;
G01 Z-5 F50;
G41 D01 G01 X25 Y10 F100;
G03 X15 Y20 R10;
G01 X-15;
G03 X-25 Y10 R10.0;
G01 Y-10;
G03 X-15 Y-20 R10;
G01 X15;
G03 X25 Y-10 R10;
G01 X25 Y10;
G40 G01 X0 Y0;
G00 Z100;
M09;
M30;
```

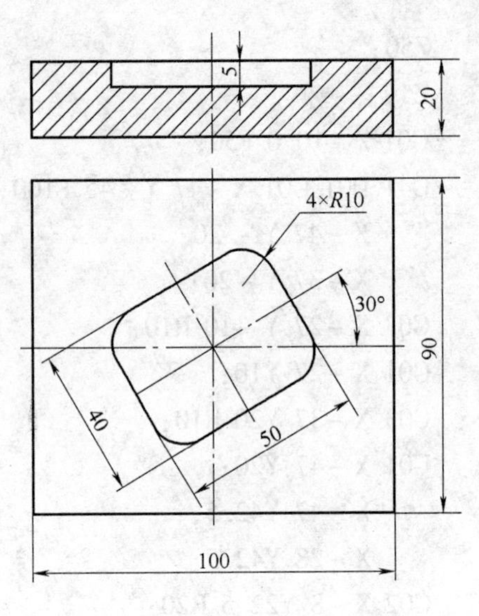

图 2-3-17　旋转指令编程实例

六、固定循环功能

在数控加工中常遇到孔的加工，如定位销孔、螺纹底孔、挖槽加工预钻孔等。采用立式数控铣床和数控铣床进行孔加工是最普通的加工方法。数控加工中，某些加工动作循环已经典型化。例如，钻孔、镗孔的动作是孔位平面定位、快速接近工件、工作进给（慢速钻孔）、快速退回等一系列典型的加工动作，这样就可以预先编好程序，存储在内存中，并可用一个 G 代码程序段调用，称为固定循环。最终目的是简化编程工作。

孔加工固定循环指令包括 G73、G74、G76、G80 ~ G89。G81 为连续切削普通钻孔指令，G73 和 G83 两个指令均用于深孔加工，G73 为高速深孔往复排屑钻指令，G83 为深孔往复排屑钻指令（深孔加工较为困难，在深孔加工中除合理选择切削用量外，还需解决三个主要问题：排屑、冷却钻头和使加工周期最小化），见表 2-3-7。

孔加工的动作步骤：

孔加工通常由下述 6 个动作构成，见图 2-3-18。

1）快速移动至（X，Y，Z）坐标。

2）沿 Z 轴定位到 R 点（定位方式取决于上次是 G00 还是 G01）。

表 2-3-7 常用固定循环指令

G 代码	加工运动（Z 轴负向）	孔底动作	返回运动（Z 轴正向）	应用
G73	分次，切削进给	—	快速定位进给	高速深孔钻削
G74	切削进给	暂停—主轴正转	切削进给	左螺纹攻螺纹
G76	切削进给	主轴定向，让刀	快速定位进给	精镗循环
G80	—	—	—	取消固定循环
G81	切削进给	—	快速定位进给	普通钻削循环
G82	切削进给	暂停	快速定位进给	钻削或粗镗削
G83	分次，切削进给	—	快速定位进给	深孔钻削循环
G84	切削进给	暂停—主轴反转	切削进给	右螺纹攻螺纹
G85	切削进给	—	切削进给	镗削循环
G86	切削进给	主轴停	快速定位进给	镗削循环
G87	切削进给	主轴正转	快速定位进给	反镗削循环
G88	切削进给	暂停—主轴停	手动	镗削循环
G89	切削进给	暂停	切削进给	镗削循环

3）孔加工（或切削进给加工）。

4）孔底动作。

5）沿 *Z* 轴返回到 *R* 点（参考点）。

6）快速返回到初始点。

固定循环的程序格式如下：

$\begin{Bmatrix} G98 \\ G99 \end{Bmatrix}$G__ X__ Y__ Z__ R__ Q__ P__ I__ J__ K__ F__

说明：

G98——返回初始平面；

G99——返回 *R* 点平面；

G——固定循环代码 G73、G74、G76 和 G81 ~ G89 之一；

X、Y——加工起点到孔位的距离（G91）或孔位坐标（G90）；

Z——*R* 点到孔底的距离（G91，此时 *Z* 为负值）或孔底坐标（G90）；

R——初始点到 *R* 点的距离（G91，此时 *R* 为负值）或 *R* 点的坐标（G90）；

Q——每次进给深度（G73/G83）；

P——刀具在孔底的暂停时间；

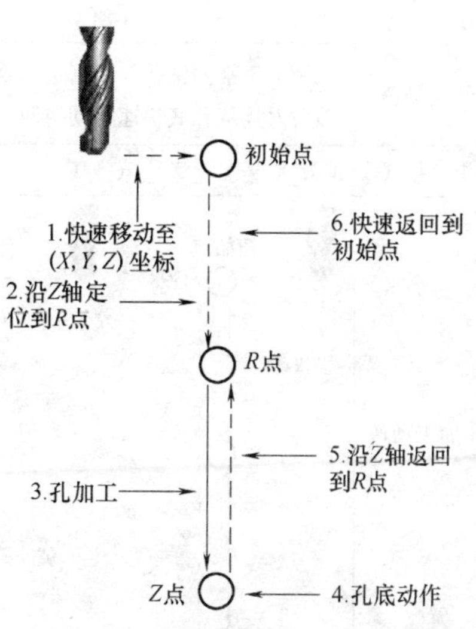

图 2-3-18 孔加工的 6 个动作

I、J——刀具在轴反向位移增量（G76/G87）；

K——固定循环的次数，默认为1；

F——切削进给速度。

固定循环的数据表达形式可以采用绝对坐标（G90）和相对坐标（G91）表示，见图2-3-19。

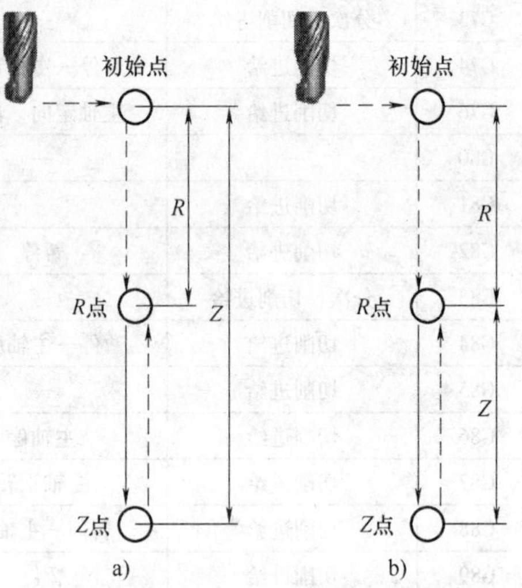

图2-3-19　绝对坐标（G90）和相对坐标（G91）

a）采用G90的表示　b）采用G91的表示

固定循环的程序格式包括数据形式、返回点平面、孔加工方式、孔位置数据、孔加工数据和循环次数。数据形式（G90或G91）在程序开始时就已指定，因此在固定循环程序格式中可不注出。

孔加工指令为续效指令，直到G80或G00、G01、G02、G03出现，从而取消钻孔循环。

注：在示意图中，虚线表示快速点定位，实线表示切削进给。

1. 钻孔循环G81与锪孔循环G82（见表2-3-8）

G81钻孔动作循环，包括*X*，*Y*坐标定位、快进、工进和快速返回等动作。而G82指令动作类似于G81，只是在孔底增加了进给后的暂停动作，暂停时间由地址P给出。需要注意的是，如果*Z*方向的移动量为零，则这两个指令均不执行。

表2-3-8　钻孔循环G81与锪孔循环G82

指　令	G81	G82
使用场合	用于正常的钻孔，切削进给执行到孔底，然后刀具从孔底快速移动退回	常用于不通孔、锪孔或台阶孔的加工
指令格式	G81 X__Y__Z__R__F__;	G82 X__Y__Z__R__P__F__;
孔加工动作	初始点 G98　R点　Z点　初始点　R点 G99　Z点	初始点 G98　R点　Z点 ←暂停　初始点　R点 G99　Z点 ←暂停

举例：见图2-3-20。

编程：

```
O0010;
G90 G54 G00 X0 Y0 S1000 M03;
G43 Z100.0 H01;
M08;
G98 G81 X100.0  Y-80.0 Z-3.0 R2.0 F50;
        X100.0  Y80.0;
        X-100.0 Y80.0;
        X-100.0 Y-80.0;
G80 X0 Y0;
M30;
```

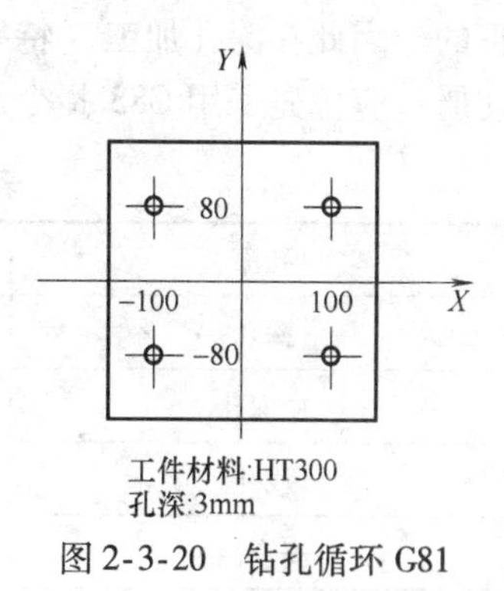

图2-3-20　钻孔循环G81编程实例

2. 高速深孔钻循环G73和深孔钻循环G83（见表2-3-9）

G73用于Z轴的间歇进给，使较深孔加工时容易断屑，减少退刀量，可以进行高效率的加工。注意当Z、Q、D的移动量为零时，该指令不被执行。

G83指令通过Z轴方向的间歇进给，即采用啄钻的方式，实现断屑与排屑。

表2-3-9　高速深孔钻循环G73和深孔钻循环G83

指　　令	G73	G83
使用场合	适用于深孔加工	适用于深孔加工
指令格式	G73 X__Y__Z__R__Q__F__;	G83 X__Y__Z__R__Q__F__;
孔加工动作	初始点 G98 R点 Q d Q d Z点；初始点 G99 R点 Q d Q d Z点	初始点 G98 R点 Q Q Z点；初始点 G99 R点 Q Q Z点

虽然G73和G83指令均能实现深孔加工，而且指令格式也相同，但二者在Z向的进给动作是有区别的。

从表2-3-9可以看出，执行G73指令时，每次进给后令刀具退回一个d值（用参数设定）；而G83指令则每次进给后均退回至R点，即从孔内完全退出，然后再钻入孔中。深孔加工与退刀相结合可以破碎钻屑，令其小切屑足以从钻槽顺利排出，并且不会造成表面的损伤，可避免钻头的过早磨损。

G73 指令虽然能保证断屑，但排屑主要是依靠钻屑在钻头螺旋槽中的流动来保证的。因此在深孔加工（特别是长径比较大的深孔）时，为保证顺利打断并排出切屑，应优先采用 G83 指令。加工时建议优先选用的功能见表 2-3-10。

表 2-3-10　建议优先选用的功能

孔深	材料	功能
深孔	钢件	G83
中深孔	钢件	G73
浅孔		G81
安全性	G83 > G73 > G81	
效率	G81 > G73 > G83	

通过合理地设置钻孔加工参数和适当地修改后置处理文件，使自动编程产生的程序能满足深孔加工时断屑，保证刀具充分冷却等。

举例：针对如图 2-3-21 所示的深孔加工实例使用 G73 指令编制深孔加工程序，设刀具起点距工件上表面 42mm，距孔底 80mm，在距工件上表面 2mm 处（*R* 点）由快进转换为工进，每次进给深度 10mm，每次退刀距离 5mm。

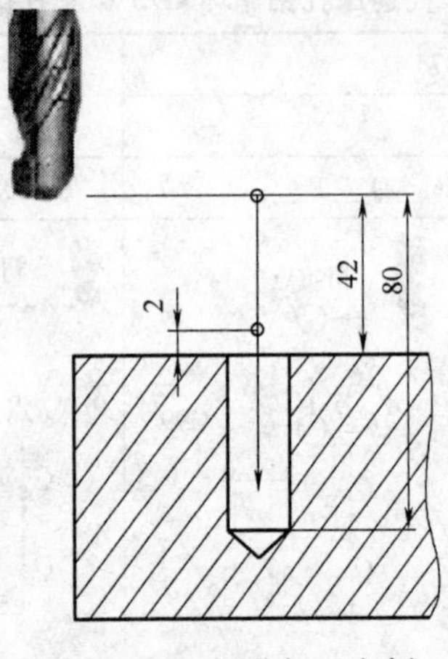

图 2-3-21　深孔加工实例

编程：

%01　　程序名

N10 G90 G54 G00 X0 Y0 M03 S600;　　设置刀具起点，主轴正转

N20 Z80 M08;

N30 G91 G98 G73 X100 R -40 P2 Q -10 Z -80 F200;　　深孔加工，返回初始平面

N40 G00 X0 Y0 G80;　　返回起点

N60 M05;

N70 M30；　　　　　　　　　　　　　　　　　　程序结束

3. 取消固定循环指令 G80

该指令能取消固定循环，同时 R 点和 Z 点也被取消。

4. 攻左螺纹 G74 与攻右螺纹 G84（见表 2-3-11）

利用 G74 攻反螺纹时，主轴反转，到孔底时主轴正转，然后退回。因此应注意以下几点：

1）攻螺纹时速度倍率、进给保持均不起作用。

2）R 点应选在距工件表面 7mm 以上的地方。

3）如果 Z 方向的移动量为零，则该指令不执行。

表 2-3-11　攻左螺纹 G74 与攻右螺纹 G84

指　　令	G74	G84
使用场合	用于加工左旋螺纹	用于加工右旋螺纹
指令格式	G74 X__ Y__ Z__ R__ P__ F__；	G84 X__ Y__ Z__ R__ P__ F__；
孔加工动作	初始点 G98 主轴反转 R点 主轴反转 暂停 Z点 暂停 主轴正转；初始点 主轴反转 R点 G99 主轴反转 暂停 暂停 主轴正转	初始点 G98 主轴正转 R点 主轴正转 暂停 Z点 暂停 主轴反转；初始点 主轴正转 R点 G99 主轴正转 暂停 Z点 暂停 主轴反转

举例：针对如图 2-3-22 所示的攻螺纹循环实例使用 G74 指令编制攻螺纹加工程序，设刀具起点距工件上表面 48mm，距孔底 60mm，在距工件上表面 8mm 处（R 点）由快进转换为工进。

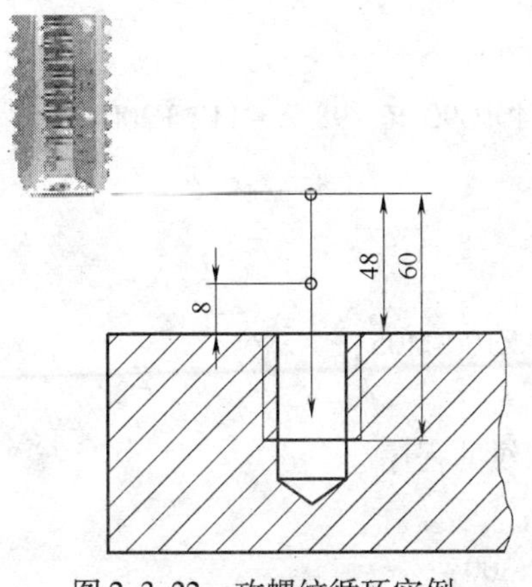

图 2-3-22　攻螺纹循环实例

编程：

```
O8081;                               程序名
N10 G92 X0 Y0 Z60;                   设置刀具的起点
N20 G91 G00 M04 S500;                主轴反转，转速500r/min
N30 G98 G74 X100 R-40 P4 F200;       攻螺纹，孔底停留4个单位时间，返回初始平面
N35 G90 Z0;
N40 G0 X0 Y0 Z60;                    返回到起点
N50 M05;
N60 M30;                             程序结束
```

利用G84攻螺纹时，从 R 点到 Z 点主轴正转，在孔底暂停后，主轴反转，然后退回。因此应注意以下几点：

1）攻螺纹时速度倍率、进给保持均不起作用。

2）R 点应选在距工件表面7mm以上的地方。

3）如果 Z 方向的移动量为零，则该指令不执行。

举例：针对如图2-3-23所示的固定循环综合编程实例编制螺纹加工程序，设刀具起点距工作表面100mm，螺纹切削深度为10mm。

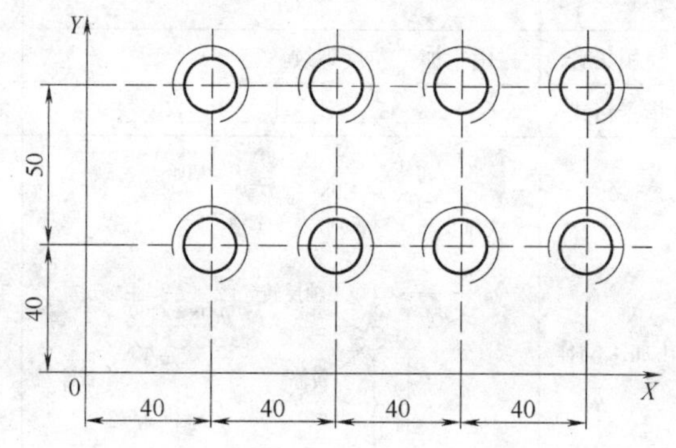

图2-3-23 固定循环综合编程

解：在工件上加工孔螺纹，应先在工件上钻孔，钻孔的深度应大于螺纹深（定为12mm），钻孔的直径应略小于内径（定为8mm）。

编程：

```
O8091; 先用G81钻孔的主程序
N10 G92 X0 Y0 Z100;
N20 G91 G00 M03 S600;
N30 G99 G81 X40 Y40 G90 R-98 Z-112 F200;
N50 G91 X40 L3;
N60 Y50;
N70 X-40 L3;
N80 G90 G80 X0 Y0 Z100 M05;
N90 M30;
O8092; 用G84攻螺纹的程序
N210 G92 X0 Y0 Z0;
N220 G91 G00 M03 S300;
```

N230 G99 G84 X40 Y40 G90 R－93 Z－110 F100；
N240 G91 X40 L3；
N250 Y50；
N260 X－40 L3；
N270 G90 G80 X0 Y0 Z100 M05；
N280 M30；

5. 粗镗孔循环 G85、G86、G88、G89（见表 2-3-12）

表 2-3-12 粗镗孔循环

指令	G85	G86
使用场合	除用于较精密的镗孔外，还可以用于铰孔、扩孔的加工	常用于精度或表面粗糙度要求不高的镗孔加工
指令格式	G85 X__ Y__ Z__ R__ F__；	G86 X__ Y__ Z__ R__ P__ F__；
孔加工动作	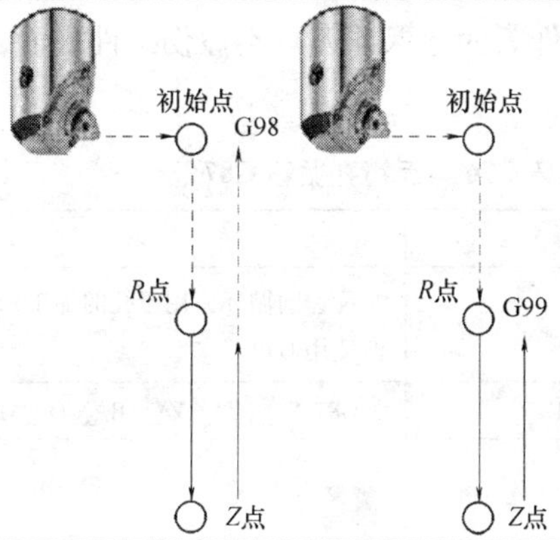 初始点 G98 R点 Z点；初始点 R点 G99 Z点	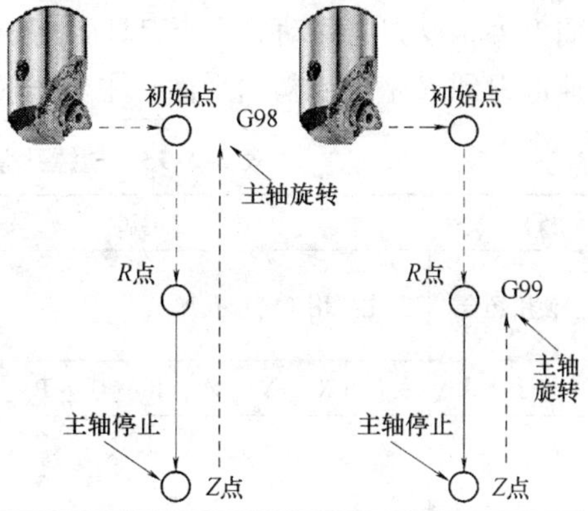 初始点 G98 主轴旋转 R点 主轴停止 Z点；初始点 R点 G99 主轴旋转 主轴停止 Z点
指令	G88	G89
使用场合	可用于反镗，即需镗孔的上方有一比镗孔尺寸小的孔。注意如果主轴没有定向功能，可能不会提供此功能，太危险，容易撞刀	常用于阶梯孔的加工
指令格式	G88 X__ Y__ Z__ R__ P__ F__；	G89 X__ Y__ Z__ R__ P__ F__；
孔加工动作	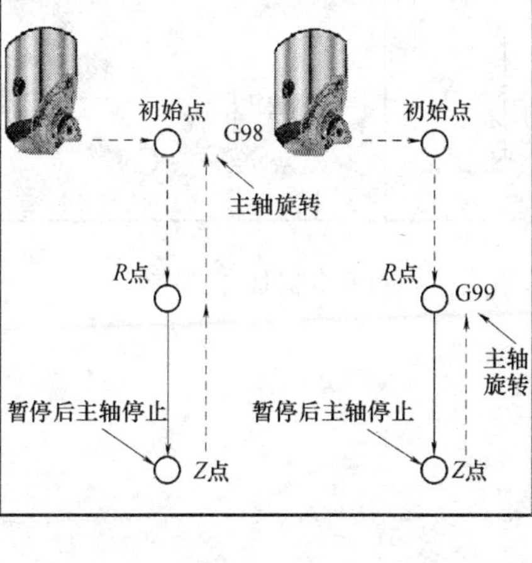 初始点 G98 主轴旋转 R点 暂停后主轴停止 Z点；初始点 R点 G99 主轴旋转 暂停后主轴停止 Z点	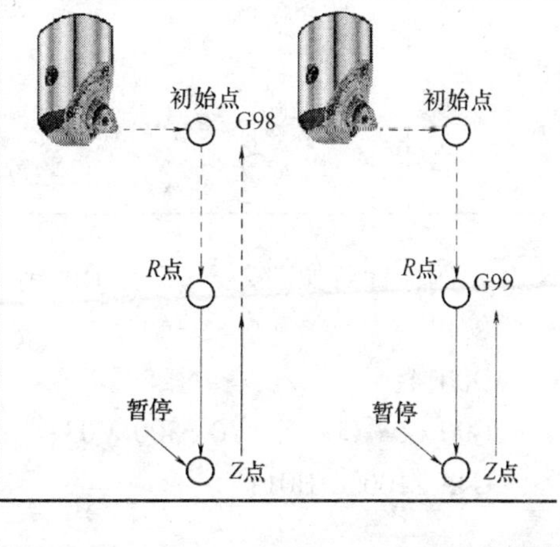 初始点 G98 R点 暂停 Z点；初始点 R点 G99 暂停 Z点

举例：针对如图 2-3-24 所示的粗镗孔循环实例编制加工程序。

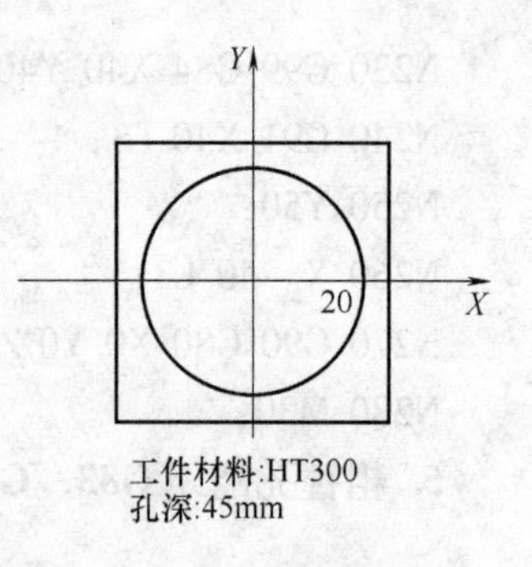

图 2-3-24　粗镗孔循环实例

编程：

O0013；

G90 G54 G00 X0 Y0 S500 M03；

G43 Z100.0 H01；

M08；

G85 X0 Y0 Z－45.0 R2.0 F50；

G80；

M30；

6. 精镗孔循环 G76 与反镗孔循环 G87（见表 2-3-13）

在执行 G76 指令时，刀具以切削进给方式加工到孔底，实现主轴准停，刀具向刀尖相反方向移动 Q，使刀具脱离工件表面，保证刀具不擦伤工件表面，然后快速退刀到 R 平面或初始平面，主轴正转。

表 2-3-13　精镗孔循环 G76 与反镗孔循环 G87

指　　令	G76	G87
使用场合	主要用于精镗孔加工	反镗削循环，用于孔的加工，该指令不能使用 G99
指令格式	G76 X__ Y__ Z__ R__ Q__ P__ F__；	G87 X__ Y__ Z__ R__ Q__ F__；
孔加工动作	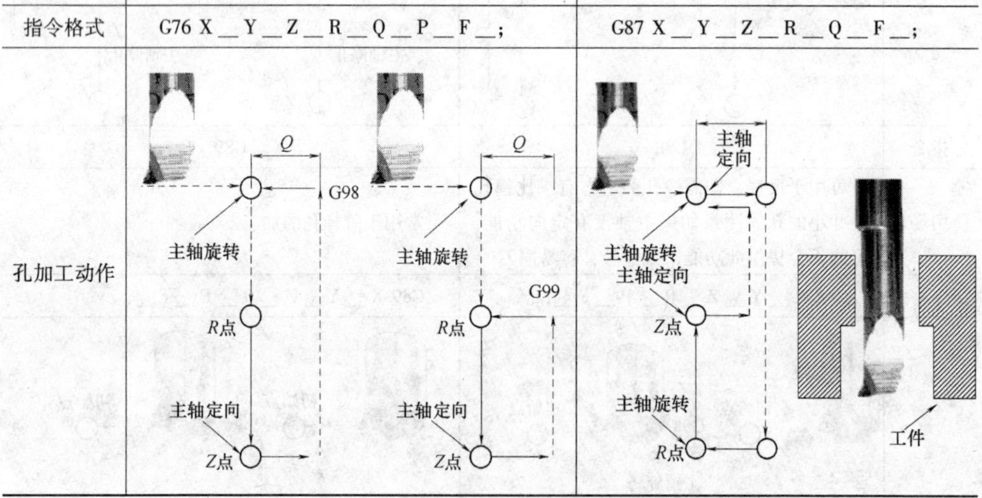	

举例：针对如图 2-3-25 所示的精镗孔循环实例编制加工程序。

编程：

O0014；

G90 G54 G00 X0 Y0 S500 M03；

G43 Z100.0 H01；

M08；

G76 X0 Y0 Z－45.0 R2.0 P1000 F50；

G80；

M30；

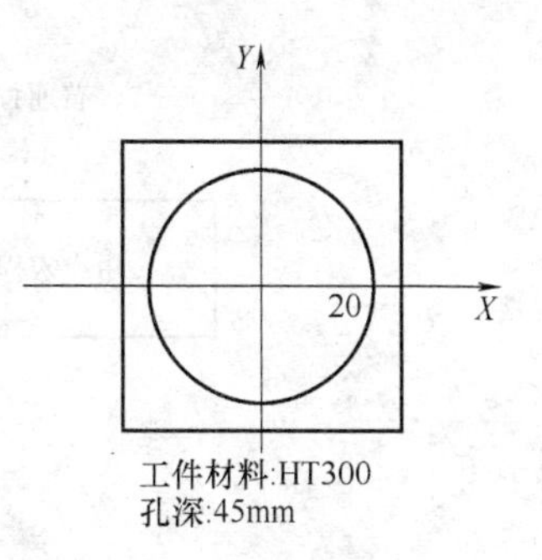

图 2-3-25　精镗孔循环实例

使用固定循环时应注意以下几点：

1）在固定循环指令前应使用 M03 或 M04 指令使主轴回转。

2）在固定循环程序段中，应至少指定一个 X、Y、Z、R 数据才能进行孔加工。

3）在使用控制主轴回转的固定循环（G74 G84 G86）中，如果连续加工一些孔间距比较小，或者初始平面到 *R* 点平面的距离比较短的孔时，会出现在进入孔的切削动作前，主轴还没有达到正常转速的情况。遇到这种情况时，应在各孔的加工动作之间插入 G04 指令，以获得时间。

4）当用 G00～G03 指令注销固定循环时，若 G00～G03 指令和固定循环出现在同一程序段，则按后出现的指令运行。

5）在固定循环程序段中，如果指定了 M，则在最初定位时送出 M 信号，等待 M 信号完成后，才能进行孔加工循环。

七、变量编程的规则和方法

1. 宏变量简介

（1）基本概念　ISO 代码指令编程。每个代码的功能是固定的，由系统生产厂家开发，使用者只需按规定编程即可。但有时这些指令满足不了用户的需要，系统提供了用户宏程序功能，用户可以自己扩展数控系统的功能。

在数控机床系统中有一批存储器，在机床执行程序时作为数据处理使用。它们都有自己对应的编号，使用时只要键入这些编号，就可以对相应的存储器进行操作。这些编号叫变量名，所有的编号集合叫做变量。变量基本上分为两类：系统占用部分，用于系统内部运算时各种数据的存储；用户变量，用户可以单独使用，系统作为处理资料的一部分。用户宏程序是指用户自己编制自动循环程序，用图案数据输入功能等专用程序事先登录在存储器中。利用宏程序中的各种变量，通过运算指令和控制命令进行有效的编程即为宏程序变量编程，简称宏变量编程。用户宏程序结构见图 2-3-26。下面主要介绍 FANUC 0i 系统的用户宏程序。

（2）宏程序的特点　用户宏程序的最大特点是，可以对变量进行运算，使程序应用更加灵活、方便。虽然子程序对编制相同的加工操作的程序非常有用；用户宏程序由于允许使用变量算术和逻辑运算及条件转移，使得编制相同加工操作的程序更方便、更容易，可将相同的加工操作编为通用程序。使用时，加工程序

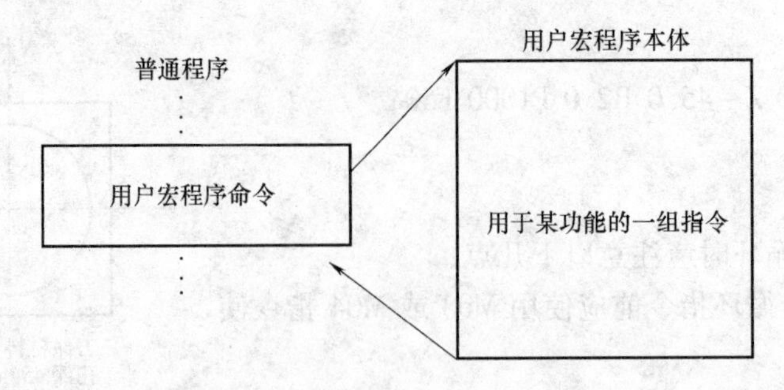

图 2-3-26　用户宏程序结构

可用宏指令调出用户宏程序，和调用子程序完全一样。

用户宏程序与普通程序的区别在于，用户宏程序本体中，能使用变量，可以给变量赋值，变量间可以运算，程序运行可以跳转。而普通程序中，只能指定常量，常量之间不能运算，程序只能顺序执行，不能跳转，因此功能是固定的，不能变化。有了用户宏程序功能，机床用户自己可以改进数控机床的功能。

FANUC 系统提供两种用户宏功能，即用户宏程序功能 A 和用户宏程序功能 B。现阶段多用宏 B 的形式编程。

2. 宏程序使用方法

（1）宏程序使用格式　宏程序格式与子程序一样，结尾用 M99 返回主程序。

主程序	宏程序
O1；主程序	O8000；宏程序
…	…
G65　P8000（引数和引数值）；	〔变量〕
…	〔运算指令〕
…	〔控制指令〕
…	…
M03；	M99；

（2）选择程序号　程序在存储器中的位置决定了该程序的一些权限，但据程序的重要程度和使用频率，用户可选择合适的程序号，见表 2-3-14。

表 2-3-14　程序的存储区间

程序号	说明
O1 ~ O7999	程序能自由存储、删除和编辑
O8000 ~ O8999	不经设定，该程序就不能进行存储、删除和编辑
O9000 ~ O9019	用于特殊调用的宏程序
O9020 ~ O9899	如果不设定参数就不能进行存储、删除和编辑
O9900 ~ O9999	用于机器人操作程序

（3）宏程序调用方法

1）非模态调用 G65（单纯调用）指一次性调用宏主体，即宏程序只在一个程序段内有效，叫做非模态调用。其格式如下：

G65 P＿ ＿ ＿ ＿（宏程序号）L（重复次数）（引数及引数指定值）

一个引数是一个字母，对应于宏程序中变量的地址，引数后边的数值赋给宏程序中与引数对应的变量。同一语句中可以有多个引数，见下例：

主程序	宏程序
O1；主程序	O7000；宏程序
…	G91 G00 X#24 Y#25；
G65 P7000 L2 X100.0 Y100.0 Z－12.0 R－70.0 F80；	Z#18；
G00 X－200.0 Y100.0；	G01 Z#26 F#9；
…	#100＝#18＋#26；
…	G00 Z#100；
M30；	M99；

注：G65 必须放在该句首，引数指定值为有小数点的正、负数。1 为执行次数，最高可达 9999 次。

2）模态调用 G66 功能近似固定循环的续效作用，在调用宏程序的语句以后，机床在指定的多个位置循环执行宏程序。宏程序的模态调用 G67 取消，其使用格式如下：

…

G66 P＿ ＿ ＿ ＿　（宏程序号）L 重复次数（指定引数）；（此时机床不动）

X＿　Y＿　（机床在这些点开始加工）

X＿　Y＿

…

G67；　（停止宏程序的调用）

见下例 宏程序的模态调用

主程序		宏程序
O7000；		
…		
G65 P7000 Z－12 R－12 F100；	（机床不动）	G91 G00 Z#18；
X100.0 Y－50.0；	（机床开始动作）	G01 Z#26 F#9；
X100.0 Y80.0；		#100＝#18＋#26；
G67；		G00 Z#100；
M30；		M99；

3）多重非模态调用。宏程序也可以进行多重调用，最多 4 层。

3. 变量

1）变量的表示。一个变量由#符号和变量号组成，如：#i（i＝1，2，3，…），也可用表达式来表示变量，如#［（表达式）］。

举例：　#［#50　#］　#［#2001-1］　#［#4/2］

2）变量的使用　在地址号后可使用变量，如：

F#9　若#9 = 100.0 则表示 F100；

Z - #26　若 #26 = 10.0 则表示 Z - 10.0；

G#13　若#13 = 2.0 则表示 G02；

M#5　若#5 = 8.0 则表示 M08；

…

3）变量的赋值。

① 直接赋值变量可在操作面板 MACRO 内容处直接输入，也可用 MDI 方式赋值，也可在程序内用以下方式赋值，但等号左边不能用表达式，如：

= 数值（或表达式）

② 引数赋值。宏程序体以子程序方式出现，所用的变量可在宏调用时在主程序中赋值，如：

G65 P9120 X100.0 Y20.0 F20.0；

其中 X、Y、F 对应于宏程序中的变量号，变量的具体数值由引数后的数值决定。引数与宏程序体中变量的对应关系有 2 种，2 种方法可以混用，其中 G、L、N、O、P 不能作为引数为变量赋值。

变量赋值方法Ⅰ、Ⅱ见表 2-3-15 和表 2-3-16。

表 2-3-15　变量赋值方法Ⅰ

引数（自变量）	变量	引数（自变量）	变量	引数（自变量）	变量	引数（自变量）	变量
A	#1	H	#11	R	#18	X	#24
B	#2	I	#4	S	#19	Y	#25
C	#3	J	#5	T	#20	Z	#26
D	#7	K	#6	U	#21		
E	#8	M	#13	V	#22		
F	#9	Q	#17	W	#23		

表 2-3-16　变量赋值方法Ⅱ

自变量地址	变量	自变量地址	变量	自变量地址	变量	自变量地址	变量
A	#1	I3	#10	I6	#19	I9	#28
B	#2	J3	#11	J6	#20	J9	#29
C	#3	K3	#12	K6	#21	K9	#30
I1	#4	I4	#13	I7	#22	I10	#31
J1	#5	J4	#14	J7	#23	J10	#32
K1	#6	K4	#15	K7	#24	K10	#33
I2	#7	I5	#16	I8	#25		
J2	#8	J5	#17	J8	#26		
K2	#9	K5	#18	K8	#27		

举例：变量赋值方法Ⅰ举例。

G65 P9120 A200. 0 X100. 0 F100. 0

↓ ↓ ↓

#1 #24 #9

举例：变量赋值方法Ⅱ举例。

G65 P2012 A10. 0 I5. 0 J0 K0 I0 J30 K9

↓ ↓ ↓ ↓ ↓ ↓ ↓

#1 #4 #5 #6 #7 #8 #9

4）变量的种类。变量有局部变量、公用变量（全局变量）和系统变量3种。

① 局部变量（#1 ~ #33）。局部变量是一个在宏程序中局部使用的变量、当宏程序A调用宏程序B而且都有#1变量时，因为它们服务于不同局部所以A中的#1与B中的#1不是同一个变量，互不影响。

② 公用变量。（全局变量，# 100 ~ #149；# 500 ~ #509）公用变量贯穿整个程序过程，包括多重调用。若宏程序A与宏程序B同时调用全局变量#100，则A中的#100与B中的#100是同一个变量。

③ 系统变量。宏程序能够对机床内部变量进行读取和赋值，从而可完成复杂任务。

a. 接口信号。

b. 刀具补偿#2000 ~ #2200，其中长度补偿与半径补偿均在此区内。

c. 工件偏置量# 5201 ~ #5326。

d. 报警信息#3000，#3000中存储报警信息地址，如：#3000 = n，则显示n号警告。

e. 时钟#3001、#3002。

f. 禁止单程序段停止和等待辅助机能结束信号#3003。

g. 进给保持（不能手动调节机床进给速度）#3004。

h. 模态信息#4001 ~ #4120，如：#4001为G00 ~ G03，若当前为G01状态，则#4001中值为01；#4002为G17 ~ G19，若当前为G17平面，则#4002值为17；#4003为G90，G91。

i. 位置信号#5001 ~ #5105保存各种坐标值，包括绝对坐标、距下一点距离等。

系统变量还有多种，为编制宏程序提供了丰富的信息来源。

5）未定义变量的性质。未定义变量又叫做空变量，有其特殊的性质，其与变量值为零的变量是有区别的。变量#0总是空变量。表2-3-17 ~ 表2-3-19给出了空变量的性质。

4. 运算指令

宏程序具有赋值、算术运算、逻辑运算和函数运算等功能，见表2-3-20。

表 2-3-17 使用空变量

	#1 = <空>	#1 = 0
G90 X50. Y#1;	相当于 G90 X50.;	相当于 G90 X50. Y0;

表 2-3-18 空变量运算

	#1 = <空>	#1 = 0
#2 = #1	#2 = <空>	#2 = 0
#2 = #1 + 1	#2 = 0	#2 = 0
#2 = #1 + #1	#2 = 0	#2 = 0

表 2-3-19 条件式

	#1 = <空>	#1 = 0
#1 = 0	√	×
#1 ≠ 0	√	×
#1 ≥ 0	√	√
#1 > 0	×	×

表 2-3-20 变量的运算

序号	名称	形式	意义
1	定义转换	#i = #j	定义、转换
2	加法形演算	#i = #j + #k	和
		#i = #j - #k	差
		#i = #j OR #k	逻辑和
		#i = #j XOR #k	异或
3	乘法形演算	#i = #j * #k	积
		#i = #j/#k	商
		#i = #j AND #k	逻辑乘
		#i = #j MOD #k	取余
4	函数运算	#i = SIN [#j]	正弦（度）
		#i = COS [#j]	余弦（度）
		#i = TAN [#j]	正切
		#i = ATAN [#j]	反余切
		#i = SQRT [#j]	平方根
		#i = ABS [#j]	绝对值
		#i = ROUND [#j]	四舍五入整数化
		#i = FIX [#j]	小数点以下舍去
		#i = FUP [#j]	小数点以下进位
		#i = ACOS [#j]	反余弦（度）
		#i = LN [#j]	自然对数
		#i = EXP [#j]	$e^{\#j}$

5. 控制指令

控制指令起到控制程序流向的作用。

（1）分支语句（GOTO）　其格式为

［IF <条件表达式>］GOTO n；

若条件表达式为成立则程序转向段号为n的程序段，若条件不满足就继续执行下一句程序，条件式的种类见表2-3-21。

表2-3-21　条件式的种类

条件式	意义
# j EQ # k	=
# j NE # k	≠
# j GT # k	>
# j LT # k	<
# j GE # k	⩾
# j LE # k	⩽

（2）循环指令　其格式如下：

WHILE［<条件式>］DO m（m=1，2，3，…）；

…

END　m；

当条件式满足时，就循环执行WHILE与END m之间的程序段，若条件不满足就执行END m的下一个程序段。

6. 宏程序体编制

举例：机床启动暖机程序，程序使机床在加工前以一定条件达到热平衡。

编程：

O0018；（暖机程序）

G65 P9008 D4.0 V12.0；　　D为刀具直径；V为切削速度（线速度）

#3005 =128；　　用#3005变量确定机床初始状态（机床初始化，不同的机床有不同的数值）

G49 G40 G80 G17 G98；

G91 G00 G28 X0 Y0 Z0；　　各轴回原点

G65 P9009 F0.1 T2；　　F为切削条件（每齿进给量）；T为刀具齿数

M03 S #110；

G01 Z -100.0 F#111；

M69；　　回转工作台锁定开关开（放开）

G00 G28 Z0 A0；　　机械运动（有卧式加工中心的回转工作台运动）

X500.0

G28 X-500.0;

G00 Y250.0 A360.0;

G28 Y250.0 360.0;

M05;

G04 P2000;

M06;

/M99;　　　　　　　　　　　重复运动直至跳步开关开

T01;

M06;

M30;

O9008　　　　　　　　　　　计算主轴转速

#100=#22、　　　　　　　　把#22、(V)、#7（D）的数值赋给公用变量

#101=#7;

IF [#7LE20.0] GO TO5;

#100 [#100/[3.1415*#101]]*1000;

M99;

N5#110=[#100/[3.1415*# 101] 1*500；把过高的转速降半（也可编为在一定转速下锁定）

M99;

O9009;（进给速度的计算）

#102=#9;　　　　　　　　　把#9（每齿进给量）、#20（齿数）数值赋给全局变量

#103=#20;

#111=#111-#102=#103*#110;计算每分钟进给速度（mm/min）

IF [#111 GE500] GOTO6;　　若进给速度在500mm/min以上转至N6 M99;

N6#111=500;　　　　　　　锁定进给速度，避免速度过高

M99;

举例：加工如图2-3-27所示的圆周分布孔，编制宏程序（绝对坐标方式），变量含义见表2-3-22。

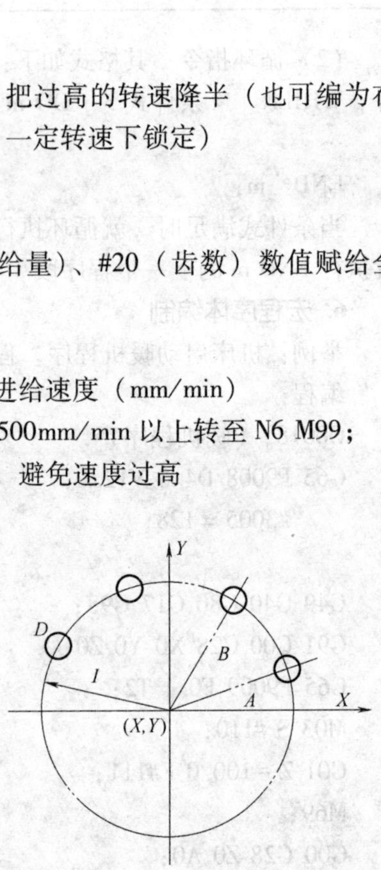

图2-3-27　圆周分布孔

编程：

O9190;（ARC）

IF [[#4=#2*#7] EQO] GOTO 990;

IF [#24EQ#0] GOTO 990;

IF [#25EQ#0] GOTO 990;

#10=0;

```
#27 = #7 - 1;
#27 = ROUND [#27 * 1000] /1000;
WHILE [#10LE#27] DO 1;
#11 = #1 + #10 * #2;
#12 = #24 + #4 * COS [#11];
#13 = #25 + #4 * SIN [#11];
G90 X#12 Y#13;
#10 = #10 + 1;
END;
GOTO 999;
N99#3000 = 140;
N999 M99;
```

表 2-3-22　变量含义

引　　数	意　　义	默认状态
X	分布中心坐标 X	警报 140
Y	分布中心坐标 Y	警报 140
I	旋转半径	警报 140
B	等分角度	警报 140
D	个数	报警 140
A	第一孔的开始角	A0

O9190 的使用实例：加工分布在（70，80）的 3 个均布孔，分布半径为 55mm，起始角 30°，各孔间隔 60°，其程序如下：

```
O100;
G90 G00 G54 S800 M03;
G76 R2.0 Z-15.0 Q0.5 F80 L0;
G65 P9190 X70 Y80.0 I55.0 B60.0 D3 A30.0;
G80 X0 Y0 M05;
M30;
```

举例：精铣如图 2-3-28 所示孔。编制宏程序，完成精加工孔腔侧壁的功能。

1）该程序的格式如下，各参数的意义见表 2-3-23。

```
G65 P9011  I__D__R__Z__F__C__S__Q__M__;
```

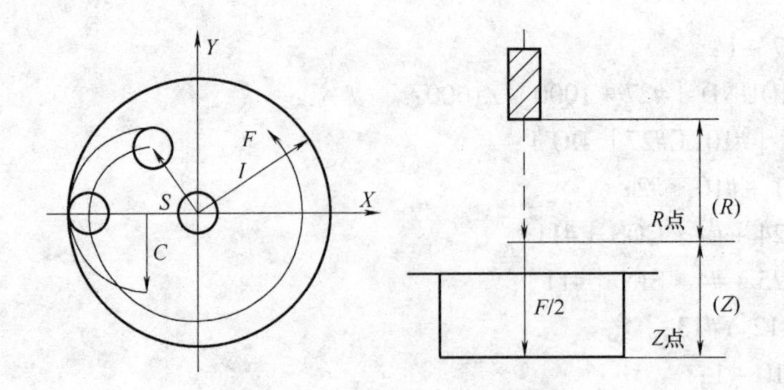

图 2-3-28　孔壁精加工示意

表 2-3-23　参数意义

引　数	意　义	默认时状态	引　数	意　义	默认时状态
I	孔半径	警报 140	C	切入圆半径	I/2
D	刀具半径补偿号	警报 140	S	快速接近速度	3F
R	快速接近点	警报 140	Q	切削方向	逆时针
Z	孔底	警报 140	M	R、Z 的指令方法	绝对坐标方式
F	切削速度	警报 140			

2）程序内容。

```
O9110;（CIRCLE FINISH）
IF [[#4 * #7 * #9] EQ 0] GOTO 990
IF [#18 EQ: #0] GOTO 990;
IF [#26 EQ#0] GOTO 990;
#32 = #4001;                 存储 G 代码当前状态（G00 G01 G02 G03）
#31 = #4003;                 存储 G 代码当前状态（G90 G91）
#30 = #2000 + #7;            读取刀半径补偿值
#33 = #5003;                 读取程序段程序终点 Z 轴位置（相对于工
                             件坐标系）
IF [#4LE#30] GOTO 991;       若孔径小于刀具半径报警
IF [#3NE#0] GOTO 10;         确定接近圆弧半径
#3 = #4/2;                   接近圆弧半径默认值为 1/2
N10 IF [#3LE#30] GOTO 991;   若接近圆弧半径小于刀径报警
IF [#3GT#4] GOTO 992;        若接近圆弧半径大于刀径报警
IF [#19 NE#0] GOTO 20;       确定 S（快速移动）的速度
#19 = #19 * 3;               S 默认值是 3F
N20 IF [#13EQ1] GOTO 30;     确定 R（Z 轴安全高度）、Z（孔深）的指
```

```
                                  令方法（G91 或 G90）
IF [#18LT#26] GOTO 992;           R 平面低于 Z 平面报警（绝对坐标）
IF [#33LT#18] GOTO 992;           上一程序段 Z 轴终点坐标低于 R 报警（绝
                                  对坐标）
#5 = [#33 - #18];                 计算 Z 轴运动到 R 平面的相对运动距离
                                  （由绝对坐标计算相对移动量）
#6 = ABS [#18 - #26];             计算由 R 平面切削至孔底的相对距离
GOTO 40;
N30#5 = ABS [#18];                增量方式下上一程序段 Z 平面到 R 平面距
                                  离取绝对值
#6 = ABS [#26];                   增量方式下 R 平面到孔底 Z 距离取绝对值
N40 G91 G00 G17 Z - #5;           快速运动到 R 平面
G01 Z - #6 F [#9/2];              慢速进给至孔底
IF [#7EQ1] GOTO 50;               若切削方向为右回转（顺时针），转至 N50
                                  语句
G41 X - [#4 - #3] Y#3 D#7F#19;    逆时针加工孔壁（增量方式）
G03 X - #3Y - #3J - #3F#9;
I#4;
X#3Y - #3I#3;
G01 G40 X [#4 - #3] Y#3F#19;
GOTO 60;
N50 G42X - [#4 - #3] Y - #3 D#7;  顺时针加工孔壁（增量方式）
F#19;
G02 X - #3Y#3J#3F#9;
I#4;
X#3Y#3I#3;
G01 G40 X [#4 - #3] Y#3F#19;
N60 G00 Z [#5 - #6];              Z 轴返回起始高度
GOTO 999;
N990#3000 = 140 (DATA LACK)
N991#3000 = 141 (OFFSET ERROR)
N992#3000 = 142 (DATA ERROR)
N999G#32G#31F#9;                  返回主程序前，把 G 代码状态、F 值恢复为
                                  宏程序调用前状态
M99;
```

3）加工方法见图2-3-29。

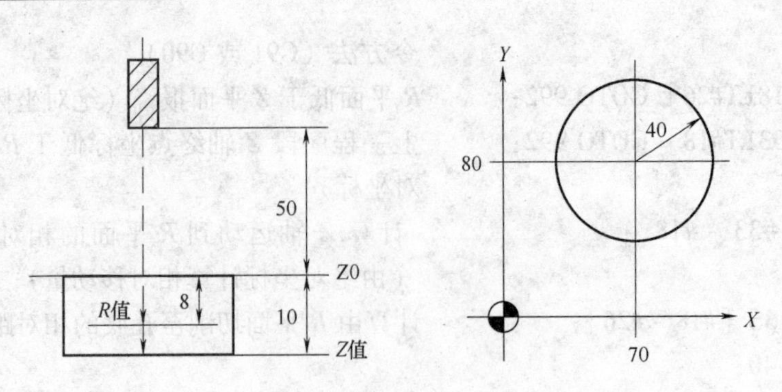

图 2-3-29 加工圆腔

① 绝对坐标方式：选 ϕ20mm 立铣刀，D_{12} = 10.0mm，f = 70mm/min，S = 200mm/min，逆时针切削，使用绝对坐标方式（G90）。

编程：

```
O100;
G90 G54 G0 X70.0 Y80.0 S300 M03;
G43 Z50.0 H1;
G65 P9110 I40.0 D12.0 R-8.0 Z-10.0 F70.0 S200;
X0 Y0 M05;
M30;
```

② 相对坐标方式：选择 ϕ16mm 立铣刀，D_{10} = 10.0mm，f = 80mm/min，S = 200mm/min，顺时针切削，使用相对坐标方式（G91）。

编程：

```
O200;
G90 G90 G54 G0 X70.0 Y80.0 S300 M03;
G43 Z50.0 H1;
G65 P9110 I40.0 D10.0 R-58.0 Z-2.0 F80.0 S200 Q1.0 M1.0;
X0 Y0 M05;
M30;
```

第三节　西门子数控系统（SINUMERIK 802D）

SINUMERIK 802D 数控系统编程指令中的说明：

① 带“*”的指令：表示该功能在程序启动时就生效。

② 模态有效：指该功能一旦指定就一直有效，直到被同组的其他指令取代为止。

③ 程序段方式有效：指该功能只在本程序段有效。

1. 平面选择

（1）功能　平面选择为模态有效，在计算刀具长度补偿和刀具半径补偿时，必须首先确定一个两坐标轴的坐标平面，在此平面中进行刀具补偿，见图 2-3-30。

（2）格式

① G17 * 选择 *XY* 平面，垂直坐标轴为 *Z* 轴。

② G18 选择 *ZX* 平面，垂直坐标轴为 *Y* 轴。

③ G19 选择 *YZ* 平面，垂直坐标轴为 *X* 轴。

平面选择的不同会影响圆弧插补时圆弧方向的定义（顺时针和逆时针），也可以在非当前平面中运行圆弧插补，见图 2-3-31。

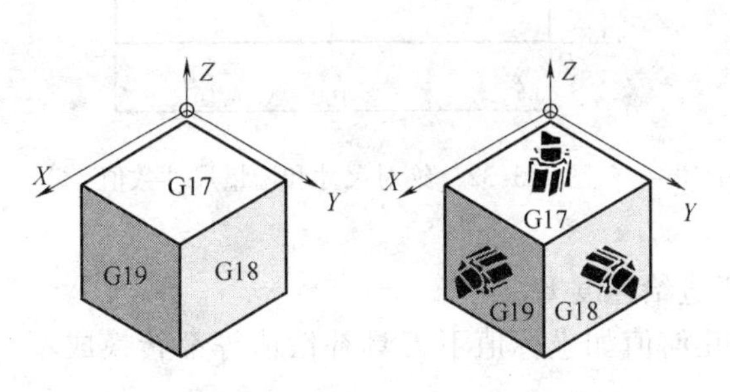

图 2-3-30　钻削/铣削时的平面和坐标轴布置

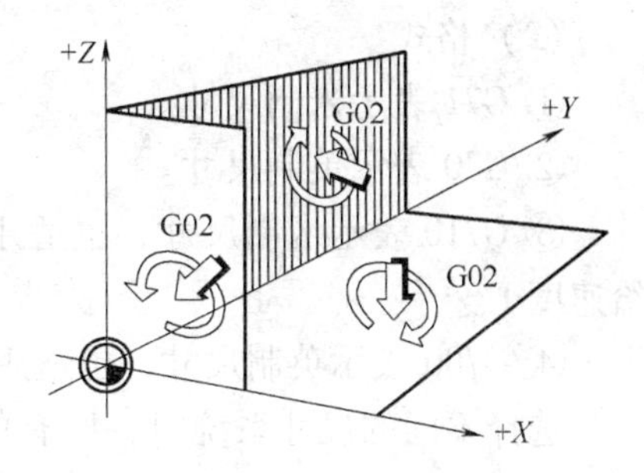

图 2-3-31　不同平面的顺时针圆弧定义

（3）编程举例　N10 G17 T1 D1 选择 *XY* 平面。

2. 绝对尺寸和增量尺寸

（1）功能　在程序编制过程中，可以用绝对坐标位置编程也可以用相对坐标位置编程，绝对坐标指目标点坐标是相对于工件零点，增量坐标指目标点相对于前一位置点，这样可以提高编程的灵活性。

（2）格式

① G90 * 表示用绝对尺寸编程，执行 G90 指令后，其后所有程序段中的坐标尺寸均是以工件原点为基准点的绝对尺寸。

② G91 表示用增量尺寸编程，执行 G91 指令后，其后所有程序段中的坐标尺寸均是以前一位置为基准点的增量尺寸，移动的方向由符号决定。

③ X = AC，表示某轴以绝对尺寸输入；程序段方式有效，G91 状态下仍然是绝对尺寸。

④ X = IC，表示某轴以增量尺寸输入，程序段方式有效，在 G90 状态下仍然是增量尺寸。

（3）编程实例　见图 2-3-32，各点以不同的方式表示如下：

① 绝对尺寸：*A*(－50，40)，*B*(50，40)，*C*(50，－40)，*D*(－50，－40)。

② 增量尺寸：*A*(－50，40)（假设刀具第一点位于工件原点），*B*(100，0)，*C*(0，－40)，*D*(－100，0)。

③ 混合尺寸：N10 G90 X－50 Y40 表示绝对尺寸到 *A* 点

N20 X = IC(100) Y40 X 表示增量尺寸，Y 仍然是绝对尺寸

3. 米制尺寸和英制尺寸

（1）功能　在具体的编程中，有时工件标注的尺寸系统与系统设定的尺寸系统会不同，如工件图样是英制尺寸，而数控系统设定的尺寸系统为米制，运用下述指令可以方便地完成尺寸的转换工作。

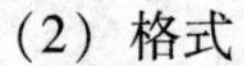

（2）格式

① G71 表示米制尺寸。

② G70 表示英制尺寸。

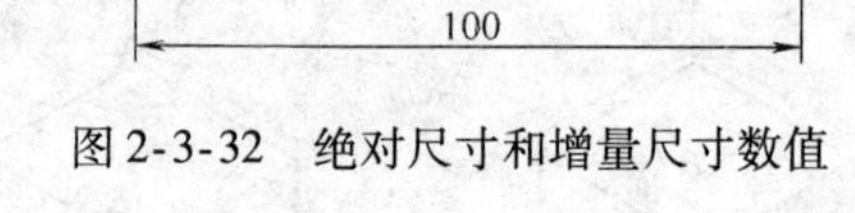

图 2-3-32　绝对尺寸和增量尺寸数值

③ G710 表示米制尺寸，也适用于进给速度 F。

④ G700 表示英制尺寸，也适用于进给速度 F。

选择不同的尺寸系统时，所有的几何值如坐标值下刀具补偿值等都转换成不同的尺寸系统。

（3）编程实例

N10 G70 X10 Z30 选择英制尺寸

N20 G71 X15 Z20 选择米制尺寸

4. 工件零点偏置（模态有效）

（1）功能　当工件装夹在机床（夹具）上时，工件零点以机床零点为基准，有一定的偏移量，见图 2-3-33，把这个偏移量通过操作面板输入到规定的零点偏置数据区，程序可以选择相应的零点偏置来激活此值。

（2）格式

① G54 表示第一可设定零点偏置。

② G55 表示第二可设定零点偏置。

③ G56 表示第三可设定零点偏置。

④ G57 表示第四可设定零点偏置。

⑤ G58 公表示第五可设定零点偏置。

⑥ G59 表示第六可设定零点偏置。

⑦ G500 表示取消可设定零点偏置（模态有效）

⑧ G53 表示取消可设定零点偏置（模态有效）。

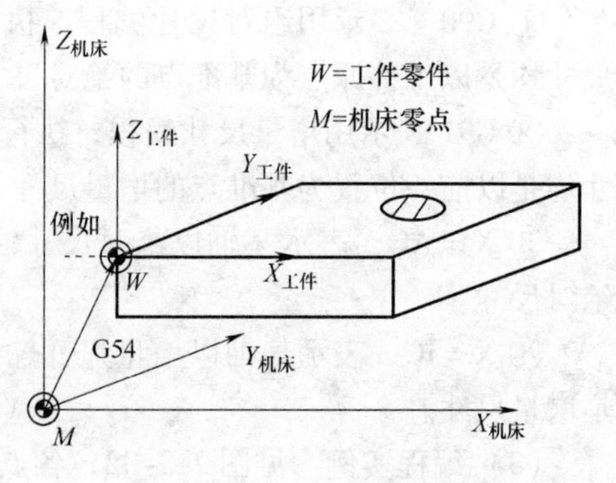

图 2-3-33　可设定零件偏置

在使用零点偏置时需注意刀具最终运行到的位置是零点偏置值和基本零偏值以及刀具表里的刀具半径和半径磨损值相叠加，*Z* 方向位置会和对应的刀具长度及长度磨损值叠加。

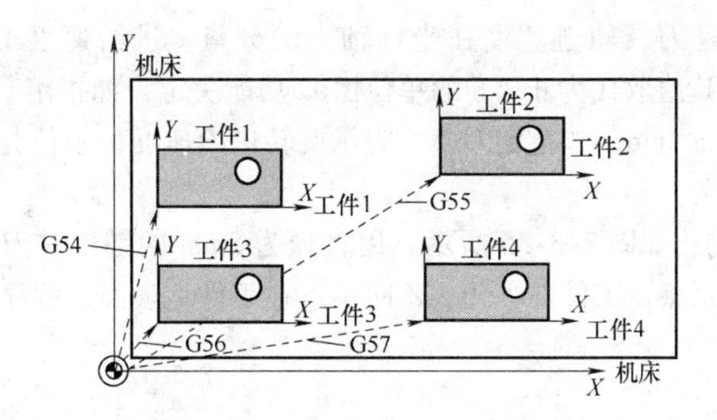

图2-3-34　利用不同的零件偏置加工

（3）编程实例　假设在工作台上装有4个相同的零件，见图2-3-34，零件的加工程序一样。这里用子程序的形式表示。可以把每个零件的工件零点以不同的零点偏置输入到相应的数据区，分别进行调用加工。

N10　G54　X__　Y__　　　　调用第一零点偏置

N20　L10　　　　　　　　　调用L10子程序加工工件1

N30　G54　X__　Y__　　　　调用第二零点偏置

N40　L10　　　　　　　　　调用L10子程序加工工件2

N50　G54　X__　Y__　　　　调用第三零点偏置

N60　L10　　　　　　　　　调用L10子程序加工工件3

N70　G54　X__　Y__　　　　调用第四零点偏置

N80　L10　　　　　　　　　调用L10子程序加工工件4

N90　G500　G0　X__　Y__　　取消可设定零点偏置

5. 坐标轴运动指令

（1）快速线性移动指令G00

1）功能：快速移动指令G00主要用于快速定位刀具，此时刀具没有对工件进行加工，可以在几个轴上同时执行快速移动，在程序开始的进刀和加工结束时的退刀常使用G00。用G00快速移动时，移动速度由机床数据设定，进给速度F无效，要注意刀具快速移动时不能和工件或夹具发生干涉。

2）格式：G00 X___ Y___ Z___刀具以机床设定的快进速度到达目标点。

3）编程实例：G00 G54 Z10 刀具快速定位到工件上表面10mm处（假设工件零点为上表面）。

（2）带进给速度线性插补G01

1）功能：线性插补G01主要用于切削工件时，刀具以给定的进给速度从起始点移动到目标位置。所有坐标轴可以同时运行。

2）格式：G01 X___ Y___ Z___ F___

其中：F为进给速度，是刀具的轨迹速度，它是所有移动坐标轴速度的矢量和。坐标轴速度是刀具轨迹速度在坐标轴上的分量。进给速度 F 也是模态有效，直到被一个新的 F 值取代为止。F 的单位由 G 功能决定，如指定 G94，表示直线进给速度，单位为 m/min，如指定 G95，表示旋转进给速度，单位为 m/min，只有主轴旋转时才有意义。

3）编程实例：如图 2-3-35 所示，用直径为 8mm 的键槽铣刀在工件上加工一条圆弧槽。编程原点在工件左下角，Z 向零点在工件上表面，程序如下：

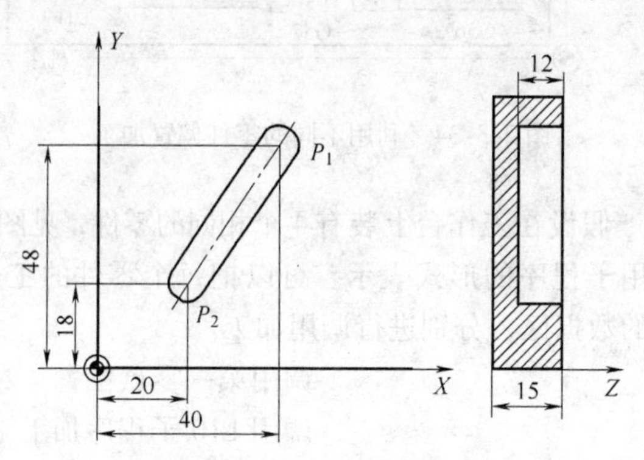

图 2-3-35　G01 进给路线举例

CNC _ 01. MPF	程序名称
N10 G54 G90 G17	工艺参数设定
N20 T1 D1	调用 1 号刀 1 号刀补
N30 G00 Z50 S500 M03	主轴正转刀具，快速到达工件上表面 50mm 处
N40 X40 Y48	到达 P_1 点上方
N50 Z3	快速进刀接近工件上表面
N60 G01 Z－12 F60	直线插补到 P_1 点处
N70 X20 Y18	直线插补到 P_2 点处
N80 G00 Z50	快速退刀
N90 X－20 Y100	快速回到起始点
N100 M05 M02	主轴停止，程序结束

（3）圆弧插补 G02、G03

1）功能：圆弧插补功能用于圆弧加工，刀具以圆弧轨迹从起始点插补到终点，方向由 G02 或 G03 确定。G02 为顺时针插补，G03 为逆时针插补。圆弧顺逆方向的判断根据所在平面从第三轴的正向往负向看，以 XY 平面为例，圆弧的顺逆方向见图 2-3-36。

2）格式：

① G02/G03 X _ Y _ I _ J _ F _圆心坐标和终点坐标编程，I、J 为圆心坐标到圆弧起点坐标的增量，只有这种方式才可以编制一个整圆程序。

② G02/G03 X __ Y __ CR = ___ F ___半径和终点坐标编程，CR = ___表示一个大于半圆的圆弧段、否则为一个小于或等于半圆的圆弧段。

③ G02/G03 AR = __ I __ J __张角和圆心坐标编程。

④ G02/G03 AR = __ X __ Y __张角和圆弧终点坐标编程。

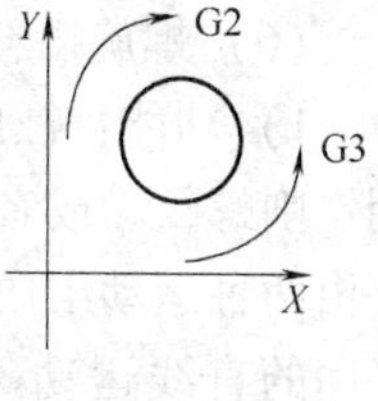

图2-3-36 圆弧的顺逆方向

3）编程实例：见图2-3-37，圆弧插补从A点到B点，插补方向为G03，采用上述四种编程方法进行编程。

① G03 X17.32 Y10 I20 J0 F100

② G03 X17.32 Y10 CR = -20 F100

③ G03 AR = 210 I20 J0 F100

④ G03 X17.32 Y10 AR = 210

在其他坐标平面内也能进行圆弧插补，如在G18指定的ZX平面内，圆弧插补指令为G02/G03 X __ Z __ CR = __ F 或G02/G03 X __ Z __ I __ K __ F __。在G19指定的YZ平面内圆弧插补指令为G02/G03 Y __ Z __ CR = __ F __ 或G02/G03 Y __ Z __ I __ K __ F __。I、J、K均为圆弧圆心坐标到圆弧起点坐标的增量。

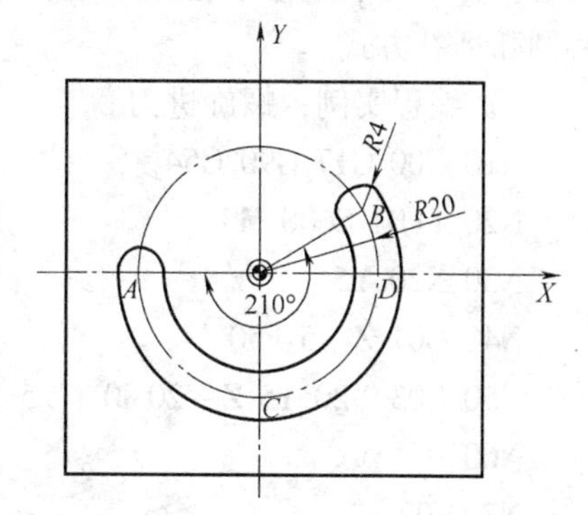

图2-3-37 圆弧插补编程实例

（4）通过中间点进行圆弧插补CIP

1）功能：如果已经知道圆弧轮廓上3个点的坐标而不知道圆弧的圆心、半径或张角，可以使用CIP功能进行编程。圆弧的方向由中间点的位置确定，中间点位于圆弧起始点和终点之间。

2）格式：CIP X __ Y __ I1 = __ J1（K1） = __ F __ I1、J1、K1分别对应经X、Y、Z轴。

3）编程实例：见图2-3-37，圆弧插补从A点到B点，以C点为中间点，用中间点进行圆弧插补编程。

CIP X17.32 Y10 I1 = 0 J1 = -20 F100（假设刀具位于圆弧起始点A）

（5）切线过渡圆弧CT

1）功能：在当前平面内使用切线过渡圆弧指令CT以及编程的终点可以使圆弧与前面的轨迹（圆弧或直线）进行切向连接。圆弧的半径和圆心可从前面的轨迹与编程的终点之间的几何关系中得出。

2）格式：CT X __ Y ___ F __

3）编程实例：图2-3-38所示为用CT功能编程一圆弧与前面的直线相切过渡。

N10 G01 X20 F100 线插补至X20处

N20 CT X __ Y __切向连接圆弧过渡

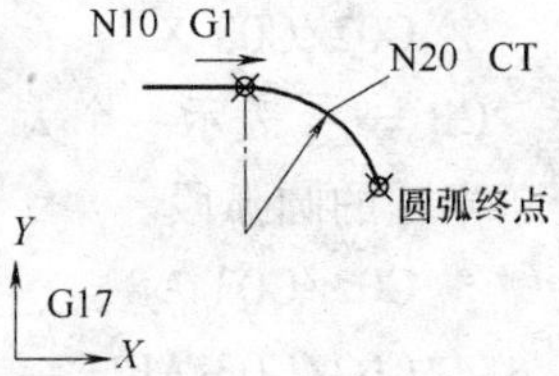

（6）螺旋插补 G2/G3，TURN

1）功能：螺旋插补可以产生一螺旋线轨迹，可以用铣削螺纹，或者进刀时采用螺旋进刀方式等。螺旋插补由两种运动组成，在坐标平面内的圆弧运动和垂直该平面的直线运动。指令 TURN 后面指定整圆循环的个数，附加到圆弧编程中。

N10 G1
N20 CT
圆弧终点
Y
G17
X

图 2-3-38 圆弧与前面的直线相切过渡

2）格式：G02/G03X __ Y __ I __ J __ TURN = 以圆心坐标和终点坐标编程，圆弧方式也可以用其他的几种圆弧插补方式。

3）编程实例：螺旋进刀。

```
N10 G00 G17 G90 G54                          技术参数定义
N20 T1D1 S600 M3
N30 X20 Y5                                   平面起始点
N40 G01 Z-5 F50
N50 G03 X20 Y5 Z-20 I0 J7.5   TURN=2         螺旋插补
N60 …
N70M02
```

（7）返回出定点 G75（程序段方式有效）

1）功能：返回固定点操作用于返回到机床中某个固定点，如换刀点。固定点位置存储在机床数据中，它不会产生偏移。每个轴的返回速度为 G00 的快速移动速度。G75 编程时需要一独立程序段，机床坐标轴的名称必须要编程。在 G75 后的程序段中原先插补方式组中 G 指令将再次生效。

2）编程实例：N10 G75 Z1 =0 *Z* 轴返回固定点。

（8）返回参考点 G74（程序段方式有效）

1）功能：用 G74 指令能实现数控程序中返回参考点的功能，每个轴的速度和方向都存储在机床数据中。G74 编程时需要一独立程序段。机床坐标轴的名称必须要编程。在 G74 后的程序段中原先插补方式组中 G 指令将再次生效。

2）编程实例：N10 G74 X1 =0 Y1 =0 Z1 =0 三轴回参考点。

（9）圆弧进给速度修调 CFTCP，CFC *

1）功能：在刀具半径补偿（G41/G42）生效和圆弧插补方式的情况下，如果要求圆弧轮廓处的进给速度值就是所编程的进给速度 F 值，就必须对刀具中心点处的进给速度进行修调。当修调功能激活后，系统会自动考虑圆弧的内外加工以及所用的刀具半径。在线性加工时，无需进行圆弧进给速度修调，此时刀具中心的进给速度与所编程轮廓处的进给速度相同。如果要求所编程的进给速度在刀具中心有效，应关闭进给速度修调功能。图 2-3-39 所示为内部/外部加工时进给速度修调。

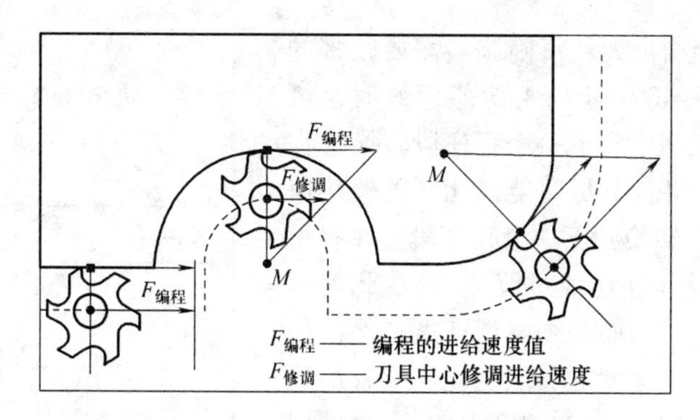

图 2-3-39　内部/外部加工时进给速度修调

2）格式：CFTCP 关闭圆弧进给速度修调功能；

CFC 开启圆弧进给速度修调功能修调后的进给速度。

① 外部加工 $F_{修调}=F_{编程}\ (r_{轮廓}+r_{刀具})/r_{轮廓}$

② 内部加工 $F_{修调}=F_{编程}\ (r_{轮廓}-r_{刀具})/r_{轮廓}$

式中　$r_{轮廓}$——圆弧轮廓半径；

$r_{刀具}$——刀具半径。

3）编程实例：

```
N10 G42 Cl X __ Y __ F __       刀具半径右补偿生效
N20 CFC                         开启圆弧进给速度修调
N30 G02 X __ Y __ CR = __       进给速度值在轮廓处有效
N40 CFTCP                       关闭圆弧进给速度修调
N50 ……
N60 M02                         程序结束
```

（10）准确定位/连续路径加工 G09，G60 *，G64

1）功能：此项功能主要为适应程序段转换时不同的性能要求，如有时要求坐标轴快速定位，有时要求按轮廓编程对几个程序段进行连续路径加工。

2）格式：

① G60 * 准确定位（模态有效）。

② G09 准确定位（程序段有效）。

③ G64 连续路径加工（模态有效）。

当 G60 或 G09 功能生效时，到达定位精度后，移动轴的进给速度减小到零。如果一个程序段的轴位移结束并开始执行下一个程序段，则可以设定下一个模态有效的 G 功能。准确定位又可分为精准确定位 G601 * 和粗准确定位 G602，精准确定位时，当所有坐标轴都达到“精准确定位窗口”（机床数据中设定值）后，开始程序段的转换。粗准确定位时，当所有坐标轴都达到“粗准确定位窗口”（机床数据中设定值）后，开始程序段的转换。在执行多次定位过程时，“准确定位窗口”如何选择将对加工运行总时间影响很大。精确调整需要较多的时间，见图 2-3-40。当 G64 功能生效时，可以避免前一个程序段到下一个程序段转换过程中的进给停顿，并使其尽可能以相同的轨迹速度（切线过渡）转换到下一个程序段。在有拐角的轨迹过渡时（非切线过渡），会在此轮廓拐角处发生磨削，因而必须降低速度，保证程序段转换时不发生速度的突然变化，或者加速度的改变受到限制。在自动编程中，如采用 Mastercan 软件生成的曲面加工程序（尤其是精加工）应使用 G64 功能，否则在加工过程中会出现停顿，使曲面的表面质量受到影响。

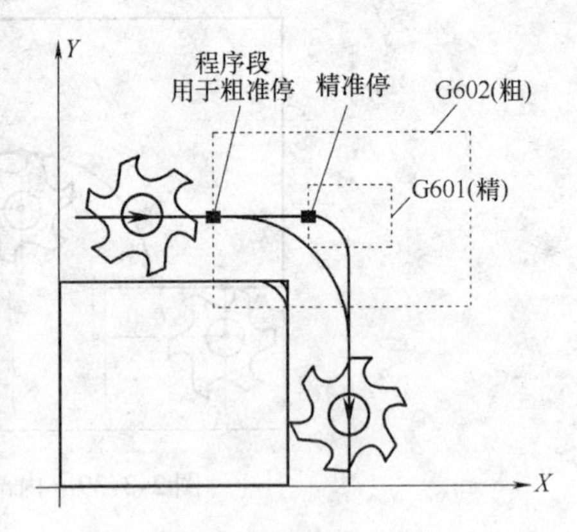

图 2-3-40 粗准确定位窗口和精准确定位窗口

3）编程实例：N30G64 连续路径加工有效。

（11）带先导控制功能运行 FFWON，FFWOF *

1）功能：通过先导控制功能可以把轨迹运行时速度相关的随动距离减少为零，使轨迹运行精度更精确，从而使加工结果更令人满意。

2）格式：

① FFWON 先导控制功能打开。

② FFWOF 先导控制功能关闭。

（12）第 4 轴功能

1）功能：第 4 轴可以为直线轴，也可以为旋转轴。比如回转工作台、旋转工作台等，取决于机床的结构设计，以绕 *X* 轴旋转的 *A* 轴为例，*A* 轴可以与其他轴在一个程序段中，当含有 G1、G2/G3 指令时，其进给速度取决于进给轴 *X*、*Y*、*Z* 的进给速度，并且与剩余轴一起开始和结束。如果 *A* 轴以 G1 指令编程在一独立的程序段中时，则以有效的进给速度 F 运行、单位为（°）/min（G94 指定）或（°）/r（G95 指定）。

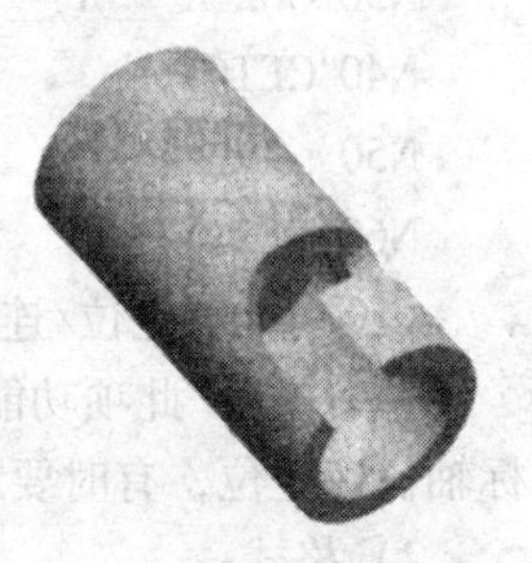

图 2-3-41 第 4 轴加工钩形槽

2）编程实例：钩形槽见图 2-3-41，用第 4 轴编程将十分方便。以工件右端面中心为编程零点，刀具直径为 16mm。

N10 G94 M3 S500	指定进给速度 F，单位为（°）/min
N20 G00 X20 Y0 A0	快速移动各轴
N30 Z30	*Z* 向接近工件
N40 G01 Z16 F500	*Z* 向进刀
N50 X －40 F80	*X* 向切削
N60 G1 A90 F300	*A* 轴以 300°/min 的进给速度运行到 90°位置

N70 …

N80 M02　　　　　　　程序结束

（13）暂停 G04（程序段有效）

1）功能：通过在两个程序段之间插入一个 G04 程序段，可以使加工中断给定的时间，如麻花钻在孔底暂停。

2）格式：

① G04 F　暂停时间（s）。

② F04 S　暂停主轴转速（受控主轴有效）。

（14）倒角和倒圆

1）功能：通过倒角和倒圆指令可以在直线轮廓之间、圆弧轮廓之间以及直线轮廓和圆弧轮廓之间插入一倒角或倒圆，与加工拐角的轴运动指令一起写入到程序段中。倒角和倒圆见图 2-3-42、图 2-3-43。

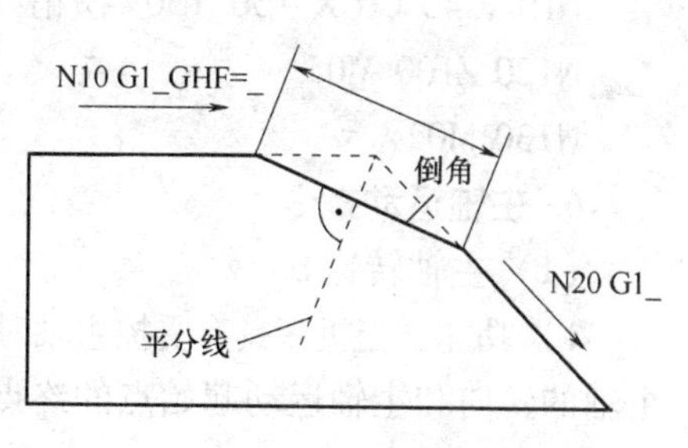

图 2-3-42　倒角

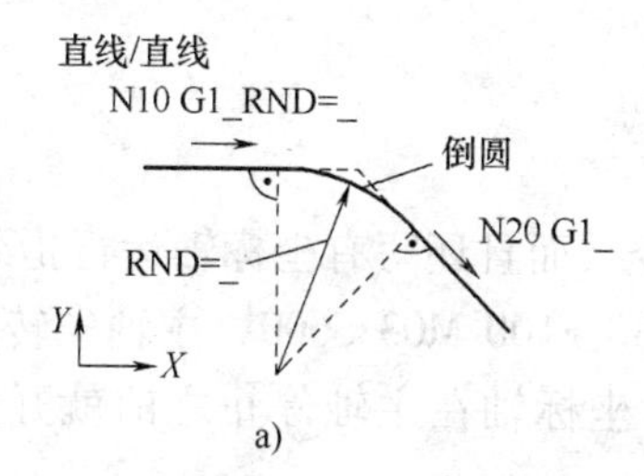

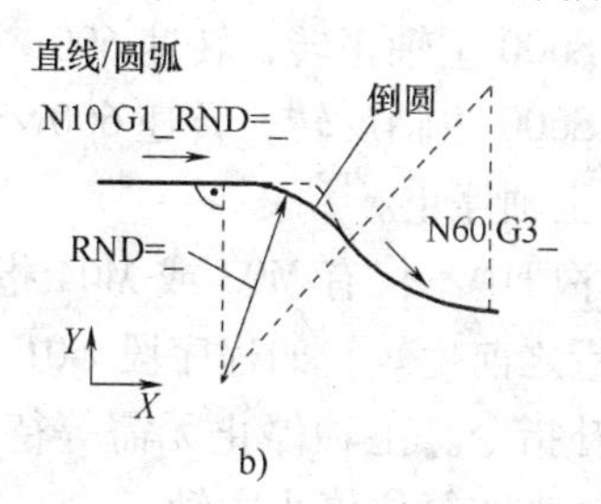

图 2-3-43　倒圆

a）在直线段之间插入倒圆弧　b）在直线段和圆弧之间插入倒圆弧

2）格式：① CHF = __插入倒角（倒角长度）。

② CHR = __插入倒角（倒角边长）。

③ RND = __插入倒圆（倒圆半径）。

在程序段中，若轮廓长度不够，系统会自动削减倒角和倒圆的数值。当连续编程的程序段超过三段没有运动指令或更换坐标平面时，不插入倒角或倒圆。

3）编程实例：图 2-3-44 所示轮廓采用倒角和倒圆指令编程如下，刀具半径为 8mm。

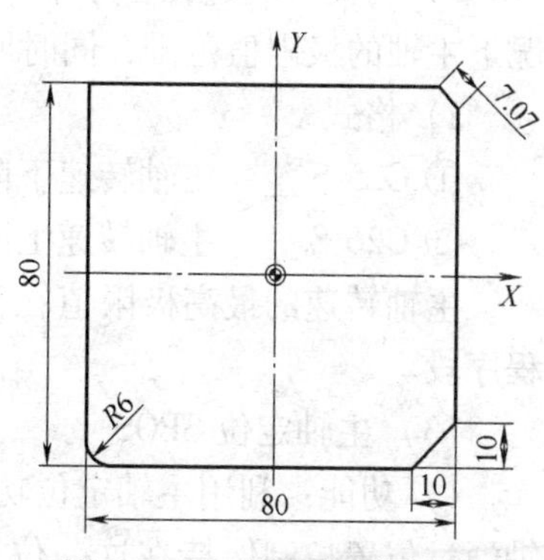

图 2-3-44　倒角和倒圆编程

CNC　02. MPF

N010 G00 G17 G90 G54　　设定工艺参数

N020 T1Dl M03 S500　　调用刀具及补偿，主轴正转转速 500r/min

N030 X －50 Y50　　到达程序起始点

N040 Z5

```
N050 G111 Z-3 F100      进刀至工件深度
N060 G41 Y40            刀具半径左补偿
N070 X41 CHF=7.07       倒角斜边长度为7.07mm
N080 Y-40 CHR=10        倒角边长度为10mm
N090 X-40 RND=6         倒圆半径为6mm
N100 Y42
N110 G40 G0 X-50 Y50    撤销刀具半径补偿
N120 Z100 M05
N130 M02
```

6. 主轴运动指令

（1）主轴转速S

1）功能：当机床具有受控主轴时，主轴的转速可以编在地址S下，单位为r/min。主轴的转向和主轴运动起始点的终点通过M指令规定。

2）格式：

① M03 S600 主轴正转，转速600r/min。

② M04 S600 主轴反转，转速600r/min。

③ M05 主轴停止。

如果程序段中不仅有M03或M04指令，而且还写有坐标轴运行指令，则M指令在坐标运行之前生效，如程序段G01 X30 F100 M03 S600，主轴先转起来后，再执行直线插补指令。主轴停止无需等待，坐标轴在主轴停止之前就开始运动。可以通过程序结束或复位停止主轴。

（2）主轴转速极限G25，G26

1）功能：通过在程序中写入G25或G26和地址S下的转速，可以限制特定情况下主轴的极限值范围，同时原来设定数据中的数据被覆盖。

2）格式

① G25 S__　主轴转速下限。

② G26 S__　主轴转速上限。

主轴转速的最高极限值在机床数据中设定。G25和G26指令均要求一独立的程序段。

（3）主轴定位SPOS

1）功能：利用主轴定位功能可以把主轴定位到一个确定的转角位置，然后主轴通过位置控制保持在这一位置。定位运行速度在机床数据中予以规定。此功能的前提条件是主轴必须可以进行位置控制。

2）格式：SPOS=__　绝对位置：0°~360°。

7. 刀具和刀具补偿

（1）刀具补偿的作用　利用刀具补偿对工件进行编程时，无需考虑刀具长度或刀具半径，可以直接根据零件图样对工件进行编程。同时通过改变刀具补偿参数还可实现零件的粗精加工。刀具补偿可分刀具长度补偿（见图 2-3-45）和刀具半径补偿（见图 2-3-46）。

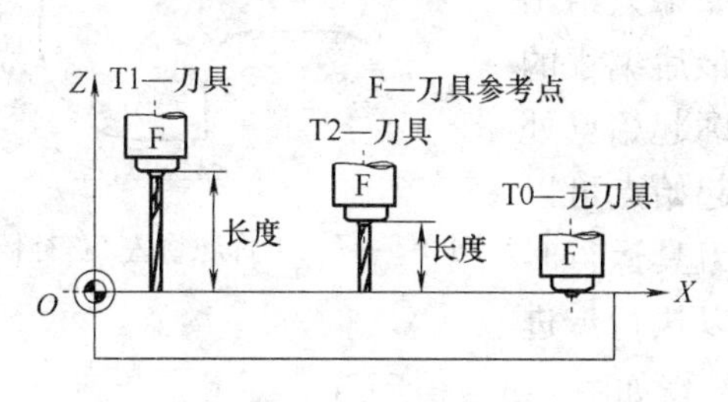

图 2-3-45 不同长度的刀具加工工件

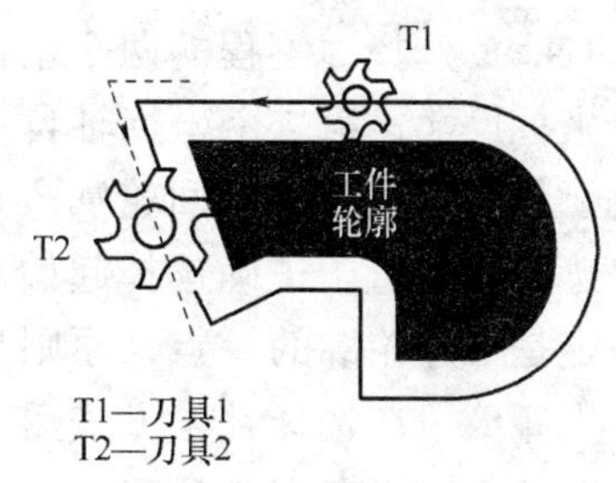

图 2-3-46 用不同半径的刀具加工

（2）刀具 T

1）功能：通过 T 指令可以选择刀具。可以用 T 指令直接更换刀具（如数控车床常用的转塔式刀架），也可以用 T 指令预选刀具，配以 M06 换刀指令换刀。采用哪种方法换刀由机床数据决定。

2）格式：

① T 直接更换刀具。

② T M06 用 M 指令更换刀具。

如果已经激活一把刀具，则它一直保持有效，不管程序是否结束以及电源是否关闭。要手动更换一把刀具，必须把更换的刀具输入到控制系统，并且确定系统已经识别正确的刀具。输入刀具参数时还要注意刀具形式，比如是铣刀还是麻花钻。

（3）刀具补偿号 D

1）功能：一把刀具可以匹配 1 ~ 9 个不同补偿的数据组（用于多个切削刃）。通过调用不同的补偿值可以改变刀沿与工件轮廓的位置。

2）格式：D 刀具补偿号 1 ~ 9。

如果没有编写 D 指令，则 D1 自动生效；如果编程 D0，刀具补偿无效。SINUMERIK 802D 系统最多可以存储 64 个刀具补偿数据组。

刀具调用后，刀具长度补偿立即生效。刀具半径补偿必须与 G41/G42 配合使用。

补偿存储器的内容包括几何尺寸和刀具类型。几何尺寸又可分为基本尺寸和磨损尺寸，刀具类型分为铣刀和钻头。

（4）刀具半径补偿 G41、G42（模态生效）

1）功能：在当前平面内，刀具通过调用相应的补偿号 D，数控系统自动计算出当前刀具运行产生的与编程轮廓等距离的刀具轨迹。刀具半径补偿通过 G41 和 G42 生效。G41 和 G42 的判别方向见图 2-3-47。

2）格式：

① G41 G1X __ Y __ F __在工件轮廓左边刀具半径补偿有效。

② G42 G1X __ Y __ F __在工件轮廓右边刀具半径补偿有效。

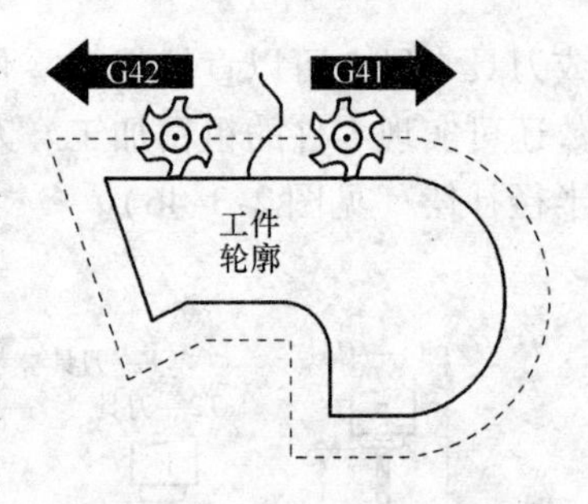

图 2-3-47　工件轮廓左/右补偿

只有在线性插补 G00 或 G01 时才可以进行 G41/G42 的选择，编程的两个坐标轴，如果只给出一个坐标尺寸，第二个坐标轴自动地以最后编程的尺寸赋值。刀具以直线回轮廓，并在轮廓起始点处与轨迹切向垂直。正确选择起始点，该起始点可以不一定是工件轮廓的一点，原则是保证刀具运行时不发生碰撞。在选择补偿方式后，也可以执行带进给速度的或 M 指令的程序段。刀具半径补偿如图 2-3-48 所示。

在刀具半径补偿中，重复执行相同的补偿方式时可以直接进行新的编程而无需在其中写入 G40 指令。新补偿调用之前的程序段在其轨迹终点处按补偿矢量的正常状态结束，然后开始新的补偿。可以在补偿运行过程中变换补偿号 D，补偿号变换后，在新补偿号程序段的段起始处新的刀具半径已经开始生效，但整个变化需等到程序段结束时才能发生。刀具半径补偿方向 G41 和 G42 可以互换，无需在其中写入 G40 指令，原补偿方向的程序段在其轨边终点处按补偿矢量的正常状态结束，然后在新的补偿方向开始进行补偿，见图 2-3-49。刀具半径补偿也可通过 M2 指令结束，则最后的程序段以补偿矢量的正常位置坐标结束，不进行补偿移动，程序以此刀具位结束。

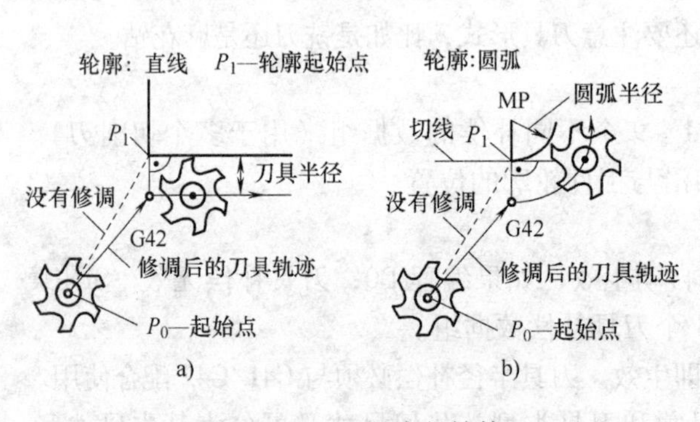

图 2-3-48　刀具半径补偿

a）起始轮廓为直线　b）起始轮廓为圆弧

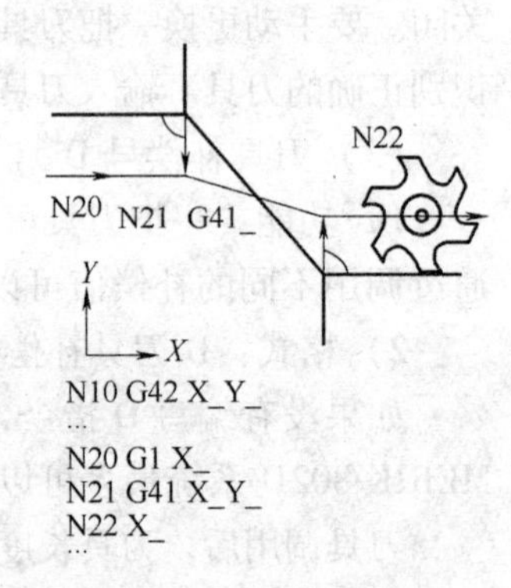

图 2-3-49　变换刀具半径补偿方向

（5）拐角特性 G450＊，G451（模态有效）

1）功能：在半径补偿 G41/G42 有效的情况下，一段轮廓到另一段轮廓以不连续的拐角过渡时，可以通过 G450 和 G451 功能来调节拐角特性。

2）格式：

① G450 圆弧过渡。

② G451 交点过渡。

系统能自动识别内角和外角。外角拐角特性见图 2-3-50。内角时必须要回到轨迹等距线交点，见图 2-3-51。

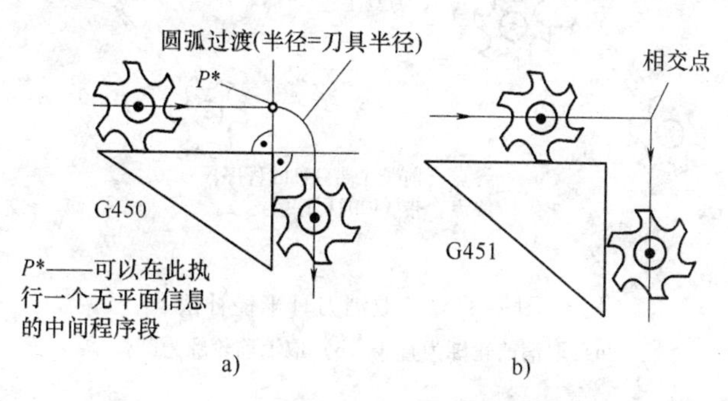

图 2-3-50　外角的拐角特性

a）圆弧过渡　b）交点过渡

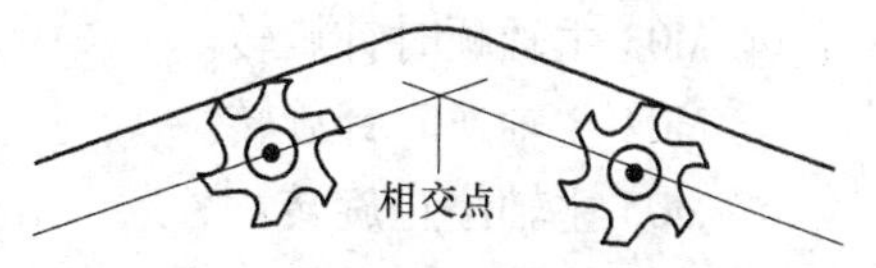

图 2-3-51　内角的拐角特性

采用圆弧过渡，刀具中心轨迹为一个圆弧，其起点为前一曲线的终点，终点为后一曲线的起点，圆弧半径等于刀具半径。圆弧过渡在运行下一个待运行指令的程序段时才有效。采用交点过渡时，回刀具中心轨迹交点，即以刀具半径为距离的等距线交点（圆弧或直线）。这种方式在轮廓有尖角时可能会产生多余的空行程，其大小与刀具的半径有关。当达机床所设定的角度值（一般为 100°）时，系统自动转换到圆弧过渡。

（6）取消刀具半径补偿 G40 *（模态有效）

1）功能：G40 用于取消刀具半径补偿，在 G40 指令前的程序段刀具以正常的方式结束（结束时补偿矢量垂直于轨迹终点处的切线）并与起始角无关。在运行 G40 程序段后，刀具中心点到达编程终点，见图 2-3-52。

2）格式：G40 G1X __　Y __　F __　取消刀具半径补偿功能。

只有在线性插补（G0/G1）情况下才可以取消刀具补偿。编程的两个坐标轴如果只给出一个坐标尺寸，第二个坐标轴自动地以最后编程的尺寸赋值。在选择 G40 程序编程终点时要始终确保运行时不和工件发生碰撞。

8. 辅助功能

1）功能：辅助功能 M 主要用于设定一些开关操作，如打开/关闭切削液等。除少数 M 功能被数控系统生产厂家设定了某些固定的功能外，其余部分一般由机床生产厂家自由设定。在一个程序段中最多可以有 5 个 M 功能。

2）格式：

① M00 程序停止。

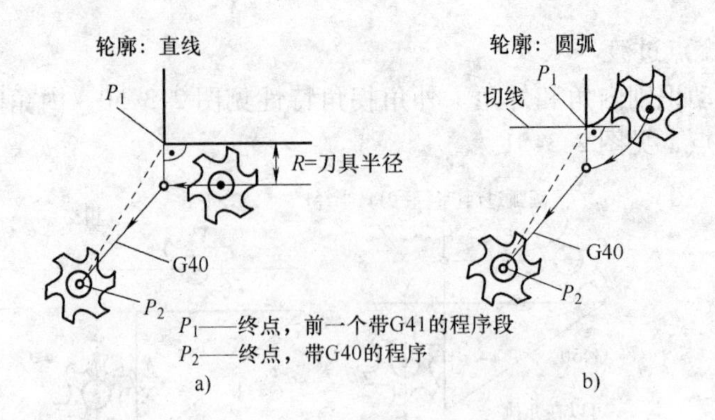

图 2-3-52　取消刀具半径补偿

a）取消前轮廓为直线　b）取消前轮廓为圆弧

② M01 程序有条件停止，需配合操作面板上的按钮。

③ M02 程序结束。

④ M03 主轴顺时针旋转。

⑤ M04 主轴逆时针旋转。

⑥ M05 主轴停止旋转。

⑦ M06 换刀，一般用于加工中心。

⑧ M08 打开切削液。

⑨ M09 关闭切削液。

3）编程实例：零件见图 2-3-53，采用直径为 12mm 的立铣刀加工。

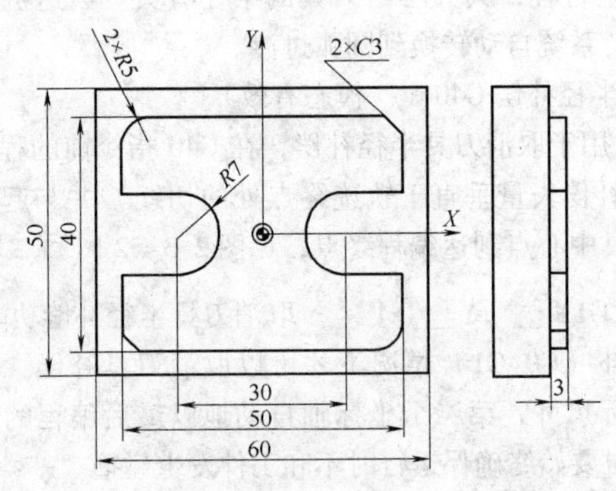

图 2-3-53　刀具补偿及 M 指令编程实例

编程：

CNC 03. MPF	程序名称
N10 T1D1 M3 S1200	调用刀具和补偿，主轴正转转速 1200r/min
N20 G00 G17 G90 G54	技术参数定义

```
N30 Z20                        Z 向快速下刀
N40 X-40 Y-5                   到达平面起始点
N50 Z2 M08                     逼近工件上表面，打开切削液
N60 G01 Z-3 F200               慢速下到工件深度
N70 G41 X-25 Y0 F100           建立刀具半径左补偿
N80 Y20 RND=5 F100             沿轮廓进给，倒圆弧
N90 X25 CHR=3                  倒角，直角边长为3mm
N100 Y7                        沿轮廓进给…
N110 X15
N120 G03 Y-7 CR=7
N130 G01 X25
N140 Y-20 RND=5
N150 X-25 CHR=3
N160 Y-7
N170 X-15
N180 G03 Y7 CR=7
N190 C01 X-26
N200 G40 X-40 Y0 F300 M09      撤销刀具半径补偿，关闭切削液
N210 G00 Z100 M5               快速退刀，主轴停止
N220 M02                       程序结束
```

9. 计算参数 R

1）功能：一个 NC 程序不仅适用于常数下的加工，也可以用变量计算出数值进行加工，这两种情况均可以使用计算参数。参数可以在程序运行时由控制器计算或设定所需要的数值，也可以通过操作面板设定参数值。如果参数已经赋值，则它们可以在程序中对由变量确定的地址进行赋值。

2）格式：

① R0 = ___ ~ R299 = ___参数赋值。

② 参数的赋值。R 参数可从 R0 到 R299，赋值范围为 ±（0.0000001 ~ 99999999）在取整数值时可以去除小数点，正号可以省略，如 R1 = 5，R2 = -0.3。一个程序段中可以有多个赋值语句，也可以用计算表达式赋值。可以通过其他的 NC 地址分配计算参数或参数表达式，这样能够增加 NC 程序的通过性。可以用数值、算术表达式或 R 参数对任意 NC 地址赋值，但对 N、G 和 L 地址例外。赋值时在地址符之后写入符号“=”，赋值语句也可以赋值一负号。给坐标轴地址（运行指令）赋值时，要求有一独立的程序段，如 G0X = R2。角度的计算单位为（°）。

③ 参数的计算。在计算参数时遵循通常的数学运算规则：圆括号内的运算优先进行，乘法和除法运算优先于加法和减法运算。

3）编程实例：

N10 R1 = 0　　把 0 赋值给参数 R1

N20 R2 = 5　　把 5 赋值给参数 R2

N30 R1 = R1 + 1　　由原来的 R1 加上 1 后得到新的 R1

N40 R12 = SIN（30）　　参数 R12 等于正弦 30°

N50 R14 = R12 + R1　　R14 等于 R12 与 R1 之和

N60 R15 = SQRT（R14 * R14 - R2 * H2）　R15 等于 R14 与 R2 的平方差开根号

N70 G01X = R15 F150　　直线插补运行到 X 坐标为 R15 处

10. 程序的跳转

（1）标记符

1）功能：标记符或程序段号用于标记程序中所跳转的目标程序段。

跳转功能可以实现程序运行的分支。标记符可以自由选取，必须由 2 ~ 8 个字母或数字组成，并且开始两个符号必须是字母或下划线。跳转目标程序段中标记符后面必须为冒号，标记符位于程序段段首。如果程序段有段号，则标记符紧跟着段号。在一个程序段中，标记符不能含有其他意义。

2）编程实例：

N10 MARK1：G01 X20　　跳转目标程序段有段号，MARK1 为标记符

N20 MARK2：G00 Z20　　B8 转目标程序段无段号，MARK2 为标记符

N100 G01 X40　　程序段号可以是跳转目标

（2）绝对跳转

1）功能：通过程序绝对跳转功能可以改变程序的执行顺序。跳转目标只能是有标记符的程序段，此程序段必须位于该程序之内。绝对跳转指令必须占用一个独立的程序段。

2）格式：

① GOTO F〈标记符〉向前跳转 向程序结束的方向跳转。

② GOTO B〈标记符〉向后跳转 向程序开始的方向跳转。

3）编程实例：N10 GOTO F MARK1 表示向程序结束的方向跳转到含有 MARK1 标记的程序段。

（3）有条件跳转

1）功能：利用条件语句 IF 可以实现程序有条件跳转。如果满足条件，程序进行跳转。跳转目标只能是有标记符的程序段，此程序段必须位于该程序之内。绝对跳转指令必须占用一个独立的程序段。在一个程序内可以有多个条件跳转指令。使用有条件跳转指令可以简化编程。

2）格式：

1）IF〈条件〉GOTO F〈标记符〉如果满足条件向前跳转到有标记符的程序段。

2）IF〈条件〉GOTO B〈标记符〉如果满足条件向后跳转到有标记符的程序段。

IF 条件语句常用到比较运算符，计算表达式也可用于比较运算。比较运算的结束方式有两种，一种为“满足”，另一种为“不满足”。常用的比较运算符号见表 2-3-24。

表 2-3-24　常用的比较运算符号

运算符号	意　义	运算符号	意　义
= =	等于	<	小于
< >	不等于	> =	大于等于
>	大于	< =	小于等于

3）编程实例：见图 2-3-54，利用计算参数和有条件跳转实现圆弧上点的移动。

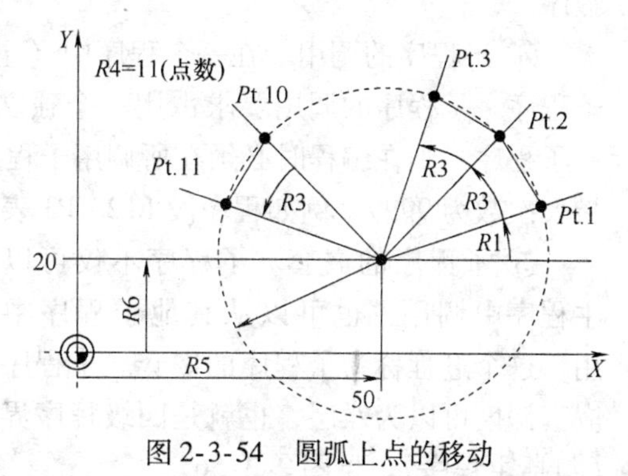

图 2-3-54　圆弧上点的移动

已知：

起始角	30°	R1
圆弧半径	32mm	R2
间隔角度	10°	R3
点数	11	R4
圆心位置 X 方向	50mm	R5
圆心位置 Y 方向	20mm	R6

…

```
N10 R1 =30 R2 =32 R3 =10 R4 =11 R5 =50 R6 =20     参数赋初始值
N20 MARK1：X = R2 * COS（R1）+ R5 Y = R2 * SIN（R1）- R6
                                                  坐标轴计算用赋值
N30 R1 = R1 + R3 R4 = R4 -1                       相关参数变化
N40 IF R4 >0 GOTO B MARK1                     如果 R4 >0 重新执行 N20 号
                                              语句，否则运行 N50 号语句
N50 M02
```

11. 子程序

1）功能：当一个工件具有相同的加工内容需重复加工时，为了简化程序的编制，可以运用子程序的形式进行编程，在主程序适当的地方进行调用加工，见图 2-3-55。另外 SINUMERIK 802D 系统具有丰富的固定循环功能，这些固定循环也属于用于特定加工过程的工艺子程序。

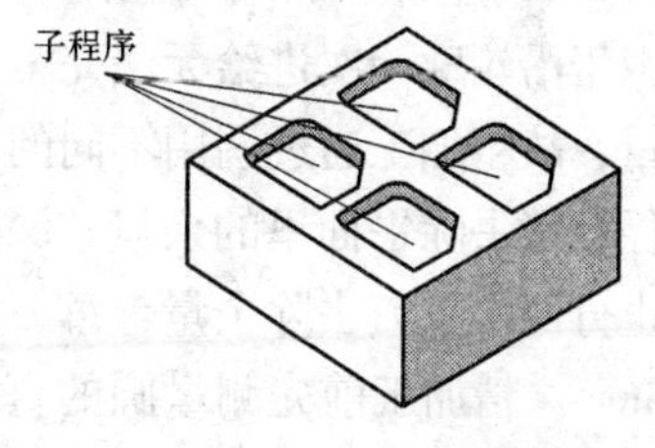

图 2-3-55　子程序

2）格式：

① L __ P __其中 L __为子程序名称，P 后面跟调用次数。

② 子程序的结构。原则上子程序与主程序的结构一样。子程序结束可以用 M02 指令或 RET 指令，RET 指令要求占用一个独立的程序段。用 RET 指令结束子程序不会中断 G64 连续路径运行，而 M02 指令结束子程序则会中断 G64 运行方式，并进入停止状态。

③ 子程序的命名。子程序的命名与主程序一样，可以自由选取，但必须遵循和主程序一样的命名原则。子程序的后缀名为 SPF，如 FRAME. SPF。另外子程序还可以使用地址 L 命名，其后可以有 7 位（只能为整数），地址字 L __之后的每个零均有意义，不可省略。例如 L123 并非 L0123 或 L00123，它们表示三个不同的子程序。

④ 子程序的调用。在一个程序中（主程序或子程序）可以直接用程序名调用子程序。子程序的调用要求占用一个独立的程序段。如果要求多次连续地执行某一子程序，则在编程时必须在所调用子程序的程序名后用地址 P __写入调用次数，最大次数为 9999。例如程序段 L123 P3 表示调用 L123 子程序三次。

⑤ 子程序的嵌套。子程序不仅可以从主程序中调用，也可以从其他子程序中调用，这个过程称为子程序的嵌套。子程序的嵌套深度可以为八层，也就是四级程序界面（包括主程序）。见图 2-3-56。

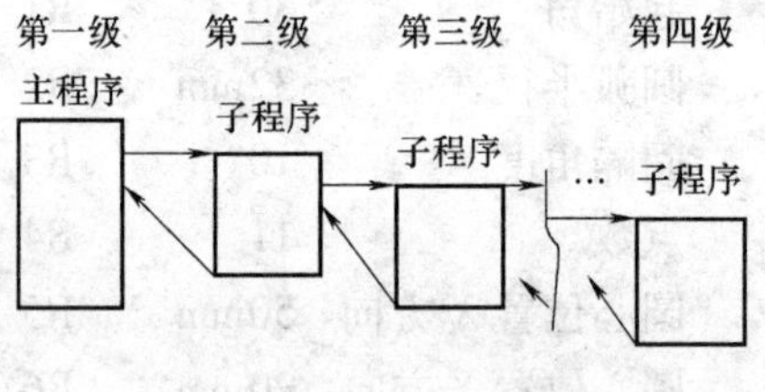

图 2-3-56　子程序嵌套

⑥ 模态调用子程序，使用 MCALL 指令可以模态调用子程序，如果在 MCALL 指令段后面的程序段中含有轨迹运行，则子程序会自动调用，且一直保持有效，直到调用下一个程序段。

在子程序中可以改变模态有效的 G 功能，例如 G90 到 G91 的变换。在返回调用时要注意检查所有模态有效的 G 功能指令，并按要求进行调整。在使用计算参数 R 时也应注意，不要无意识地用上级程序中所使用的 R 参数。

3）编程实例：采用直径为 20mm 的立铣刃加工（见图 2-3-57），由于沿轮廓一次进给无法完全去除余量，故粗加工通过调用不同的刀具半径补偿去除平面里的余量。深度方向也分两次下刀去除余量，每刀深度为 3mm。精加工前先测量圆的直径，根据公差要求修改刀具半径补偿 M，直接下到 -3mm 处，调用一次子程序完成零件的精加工。

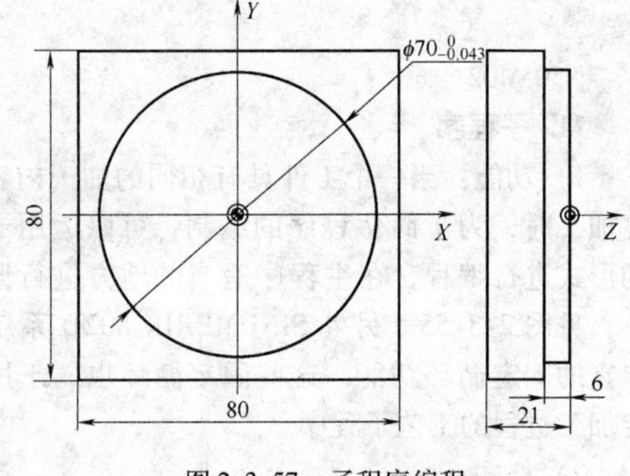

图 2-3-57　子程序编程

```
CNC__04. MPF                      程序名称（粗加工程序）
N010 G54 C90 C17                  工艺参数设定
N020 T1 D1                        调用 1 号刀补（D1 = 14mm）
N030 G00 Z50 S500 M03             主轴正转刀具快速到达工件上表面 50mm 处
N040 X0 Y60                       到达程序起始点
N050 Z2                           快速进刀接近工件上表面
N060 G01 Z0 F200                  直线插补下到工件上表面
N070 L10 P2                       调用子程序 L10 两次
N080 G01 Z0                       快速退刀
N090 D2                           调用 2 号刀补（D2 = 10. 2mm）
N100 L10 P2                       再次调用子程序 L10 两次
N110 G00 Z150                     主轴快速退刀至工件上表面 150mm 处
N120 M05                          主轴停止
N130 M02                          程序结束

L10. SPF                          子程序名称
N010 G91 G01 Z - 3 F120           增量编程 Z 向每刀背吃刀量为 3mm
N020 CFTCP G64                    关闭圆弧进给速度修调连续路径运行
N030 G90 C41 G01 X - 15 Y50       绝对编程到达引入圆弧起点
N040 G03 X0 Y35 CR = 15           加工引入圆弧
N050 G02 J - 35                   轮廓（整圆）加工
N060 G03 X15 Y50 CR = 15          加工引出圆弧
N070 G40 X0 Y60 F300              撤销刀具半径补偿回到起始点
N080 RET                          子程序结束

CNC__04JJG. MPF                   程序名称（精加工程序）
N010 G00 G17 G90 G54              工艺参数设定
N020 T1 D2                        调用 2 号刀补偿←其值根据测量结果修改
N030 Z50 M3 S1000                 主轴正转刀具快速到达工件上表面 50mm 处
N040 X0 Y60                       到达程序起始点
N050 Z2                           快速进刀接近工件上表面
N060 G01 Z-3 F100                 慢速进刀至工件下面 3mm 处
N070 L10                          调用子程序 L10 一次，总深度为 -6mm
N080 G00 Z150                     主轴快速退刀至工件上表面 150mm 处
N090 M05                          主轴停止
N100 M02                          程序结束
```

12. 简化编程的几个特殊指令

（1）极坐标编程

1）功能：通常情况下使用直角坐标系编程，仅对于一些圆周分布的孔类零件如法兰类零件以及图样尺寸用半径和角度标注的零件如正多边形（外形铣），如果用极坐标编程可以省去大量的基点计算工作，起到简化编程的目的。

2）格式：

① 极坐标半径 RP = __

极坐标半径用于定义某点到极点的距离。该值一直保存，只有当极点发生变化或平面更改后才需重新编程。

② 极坐标角度 AP = __

极坐标角度是指与所在平面中的横坐标之间的夹角（如 G11 中的 X 轴）。极角可以是正角度也可以是负角度。该值也一直保存，只有当极点发生变化或平面更改后才需重新编程。极坐标半径 RP 和极角 AP 见图 2-3-58。

③ 极点定义。有两种方式定义极点，分别是 G110（相对于上次编程的设定位置定义极点）；G111（相对于当前工件坐标系的零点定义极点）；G112（相对于最后有效的极点来定义极点）。当一个极点已经存在时，极点也可以用极坐标定义。如果没有定义极点，则当前工件坐标系的零点就作为极点使用。可以把用极坐标编程的位置作为用直角坐标编程的位置采用坐标轴运动指令如 G00，G01 等来运行。

3）编程实例：见图 2-3-59 所示，正六边形已知外圆半径 50mm，采用极坐标编制程序如下：

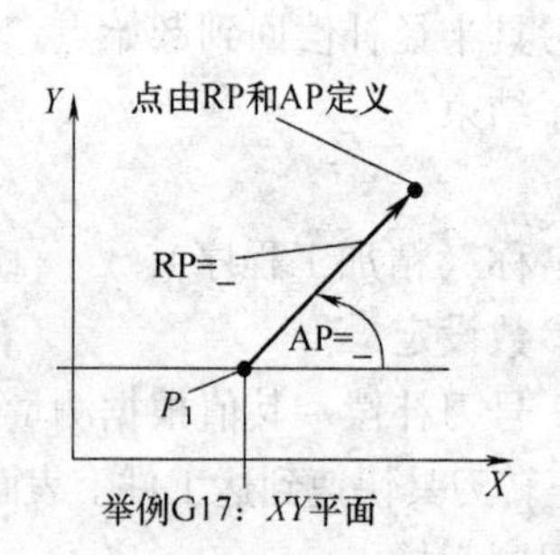

图 2-3-58　极坐标半径 RP 和极角 AP

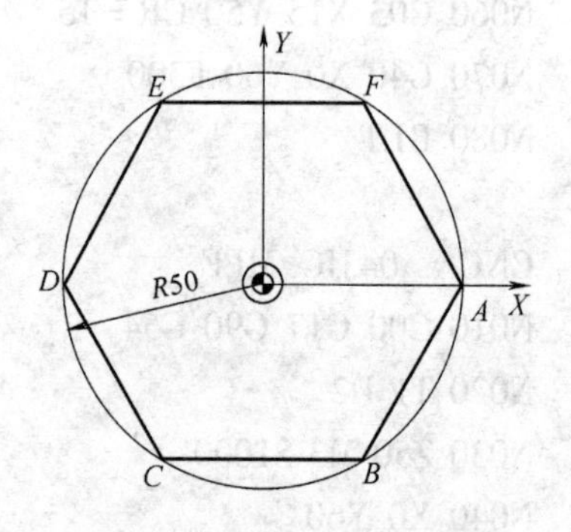

图 2-3-59　极坐标编程

CNC 05. MPF	
N10 G0 G90 G17 G40 G54	技术参数值定义
N20 T1	调用 1 号刀
N30 M03 S800	主轴正转，转速 800r/min
N40 G54 Z30	到达工件上方 30mm 处

N50 X80 Y -60	到达工件平面起始点
N60 Z2	快速接近工件上表面
N70 G01 Z -4 F200	慢速下到工件下 4mm 处
N80 G111 X0 Y0	相对于工件坐标系原点定义极坐标
N90 G41 G01 RP =50 AP =300	刀具半径补偿，到达图中 *B* 点
N100 AP =240	到达图中 *C* 点
N110 AP = A80	到达图中 *D* 点
N120 AP =120	到达图中 *E* 点
N130 AP =60	到达图中 *F* 点
N140 AP =0	到达图中 *A* 点
N150 AP = -60	到达图中 *B* 点
N160 G40 G01 X80 Y-60 F5000	撤销刀具半径补偿
N170 G00 Z150	*Z* 轴退刀
N180 M05	主轴停止
N190 M02	程序结束

（2）可编程的零点偏置 TRANS ATRANS

1）功能：当工件上在不同的位置有重复出现的形状或结构，或者选用了一个新的参考点时，在这种情况下使用可编程的零点偏置可以简化编程。此时产生了一个当前工件坐标系，新输入的尺寸均是在新的坐标系中的数据尺寸。

2）格式：

① TRANS X __ Y __ Z __可编程的偏移，清除所有以前的偏移、旋转等指令。

② ATRANS X __ Y __ Z __可编程的偏移，附加于当前的指令。

③ TRANS 不带数值，取消所有有关偏移、旋转等指令。

TRANS/ATRANS 指令要求占用一个独立的程序段。

3）编程实例：如图 2-3-60 所示，通过可编程的偏移设定一个新的工件原点，该点离原来的工件原点 *X* 方向为 20，*Y* 方向为 15。以此点为新的原点调用子程序 L10。

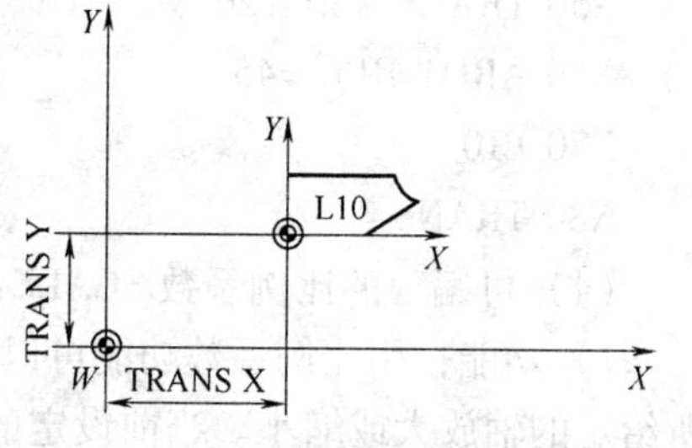

图 2-3-60　可编程的零点偏置

N10 G1 X20 Y15 F200	移动到新的原点
N20 TRANS X20 Y15	可编程零点偏置
N30 L10	调用子程序 L10
N40 …	
N50 TRANS	取消可编程零点偏置

N60 …

(3) 可编程旋转 ROT AROT

1) 功能：利用可编程旋转功能可以使当前坐标系旋转一个角度，以适应不同零件编程的需要。

2) 格式：

① ROT RPL = 可编程旋转，清除以前的偏移、旋转等指令。

② AROT RPL = 可编程旋转，附加于当前指令。

③ ROT 不带数值，取消所有有关偏移、旋转等指令 ROT/AROT 指令要求占用一个独立的程序段。

3) 编程实例：如图 2-3-61 所示，首先通过可编程零点偏置 X20、Y10 产生一新的原点并调用子程序 L10，再次执行可编程零点偏置 X30、Y26，同时相对此新的坐标系旋转 45°，产生一新的坐标系，调用子程序 L10。

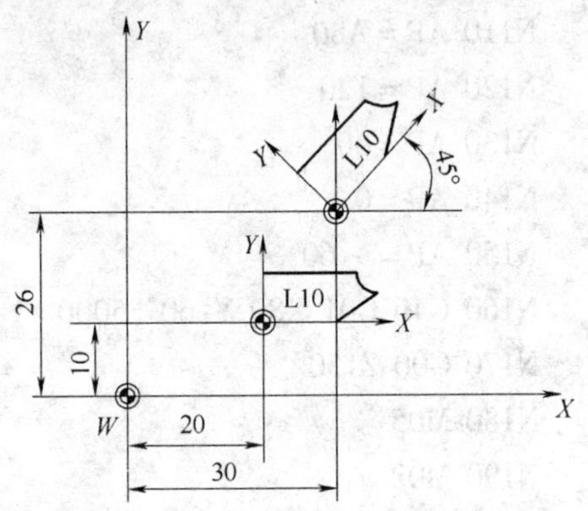

图 2-3-61 可编程零点偏置和旋转

N10 G17 G1 X20 Y10 F200	移动到新的原点
N20 TRANS X20 Y10	可编程零点偏置
N30 L10	调用子程序 L10
N40 G1 X30 Y26 F200	再次移动到新的原点
N50 TRANS X30 Y26	可编程零点偏置
N60 AROT RPL = 45	附加旋转 45°
N70 L10	调用子程序 L10
N80 TRANS	取消所有的偏移和旋转等指令

(4) 可编程的比例系数 SCALE ASCALE

1) 功能：用比例系数功能可以为所有坐标轴编制一个比例系数，按此比例使所给定的轴放大或缩小。当前设定的坐标系用作比例缩放的标准。

2) 格式：

① SCALE X __ Y __ Z __可编程的比例系数，清除所有以前的偏移、旋转等指令。

② ASCALE X __ Y __ Z __可编程的比例系数，附加于当前指令。

③ SCALE 不带数值，清除所有有关偏移、旋转、比例系数等指令。

SCALE/ASCALE 指令要求占用一个独立的程序段。当图形为圆时，两个轴的比例系数必须一致。如果在 SCALE/ASCALE 有效时编程 ATRANS，则偏移量也同样被比例缩放。

3）编程实例：如图2-3-62所示，首先调用子程序L10（原尺寸），接着比例缩放2倍，再次调用子程序L10，最后在比例缩放有效的情况下进行可编程零点偏置并调用子程序L10。

N010 G17	选择 *XY* 平面
N020 L10	调用子程序 L10（原尺寸）
N030 SCALE X2 Y2	可编程的比例系数，*XY* 方向放大2倍
N040 L10	调用子程序 L10（L10 轮廓尺寸放大2倍）
N050 G1 X2.5 Y18	移动到新的原点（实际移动值放大2倍）
N060 ATRANS X2.5 Y18	可编程的零点偏置
N070 L10	调用子程序 L10
N080 TRANS	取消所有的偏移、旋转、比例、镜像指令

（5）可编程的镜像 MIRROR AMIRROR

1）功能：可编程的镜像可以以坐标轴镜像工件的几何尺寸。编程了镜像功能的坐标轴，其所有运动都反向运行。

2）格式：

① MIRROR X0 Y0 Z0 可编程的镜像功能，清除所有以前的偏移、旋转、比例系数、镜像指令。

② AMIRROR X0 Y0 Z0 可编程的镜像功能，附加于当前指令。

③ MIRROR 不带数值，清除所有有关偏移、旋转、比例系数、镜像指令。

④ MIRROR/AMIRROR 指令要求占用一个独立的程序段。坐标轴的数值没有影响，但必须定义一个数值。镜像功能有效时，已经使能的刀具半径补偿（G41/G42）自动反向。圆弧方向（G2/G3）也自动反向。

3）编程实例：如图2-3-63所示，分别对原工件做三个象限的镜像编程。

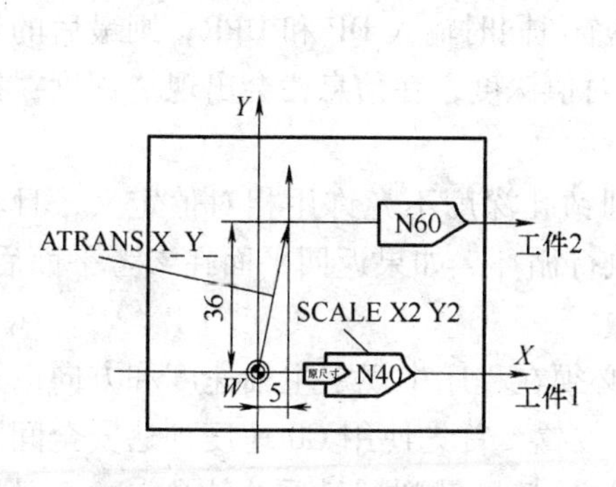

图2-3-62　可编程的比例系数

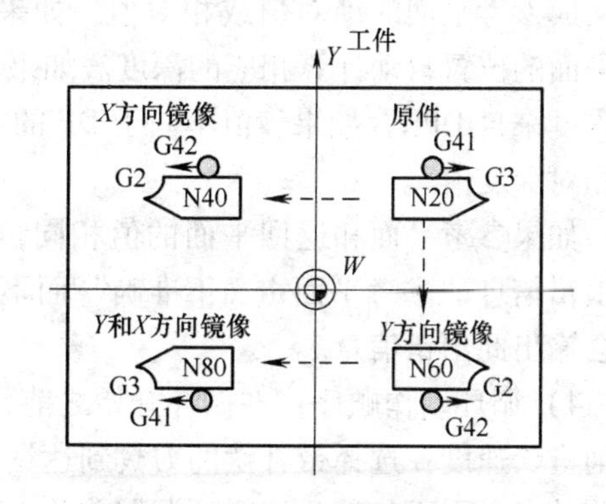

图2-3-63　可编程的镜像功能

N010 G17	选择 *XY* 平面
N020 L10	调用子程序 L10

N030 MIRROR X0	以 Y 轴为镜像轴进行镜像
N040 L10	用子程序 L10
N050 MIRROR Y0	以 X 轴为镜像轴进行镜像
N060 L10	调用子程序 L10
N070 AMIRROR X0	附加于当前指令再次以 Y 轴为镜像轴进行镜像
N080 L10	调用子程序 L10
N090 MIRROR	取消所有的偏移、旋转、比例、镜像指令

13. 标准循环

标准循环指用于特定加工过程的工艺子程序，例如钻孔、攻螺纹等操作。在具体运用时只需改变相关参数就可以实现不同的加工过程。SINUMERIK 802D 系统的固定循环功能十分强大，主要有孔加工循环和铣削循环两种。限于篇幅，本节主要介绍孔加工循环。

（1）钻孔、中心孔加工 CYCLE81

1）功能：刀具按照编程的主轴转速和进给速度钻孔直至到达输入的最后钻孔深度。

2）格式：CYCLE81（RTP，RFP，SDIS，DP，DPR）。

3）参数含义说明：

① RTP 退回平面（绝对），钻孔完毕刀具的返回位 HH。

② RFP 参考平面（绝对），定义钻孔深度参考平面。返回平面到钻孔深度的距离大于参考平面到钻孔深度的距离。

③ SDIS 安全间隙（无符号输入），安全间隙作用于参考平面，在参考平面之前。

④ DP 最后钻孔的深度（绝对）。

⑤ DPR 相当于参考平面的最后钻孔深度（无符号输入）。最后钻孔深度可以定义成参考平面的绝对值或相对值。如果用相对值定义，循环使用参考平面和返回平面的位置自动计算相应的深度。如果一个值同时输入 DP 和 DPR，则最后的钻孔深度来自 DPR，如果该值不同于 DP 的绝对值深度，在信息栏会出现“深度：符合相对深度值”。

如果参考平面和返回平面的值相同，则钻孔深度不允许用相对值定义，且输出出错信息“参考平面定义不准确”而不执行循环。如果返回平面在参考平面后，也会输出此出错信息。

4）循环动作顺序：在循环开始之前，必须在程序中规定主轴速度和方向以及钻削进给速度；选择带补偿的刀具到达钻孔位置。首先使用 G0 速度到达安全间隙之前的参考平面，然后按循环调用前的 G1 进给速度钻削到最后的钻孔深度。最后使用 G1 速度返回到退回平面，见图 2-3-64。

5）编程实例：如图 2-3-65 所示，使用 CYCLE81 循环在 XY 平面加工深度为 20mm 的孔，钻孔坐标轴安全距离为 2mm，程序如下：

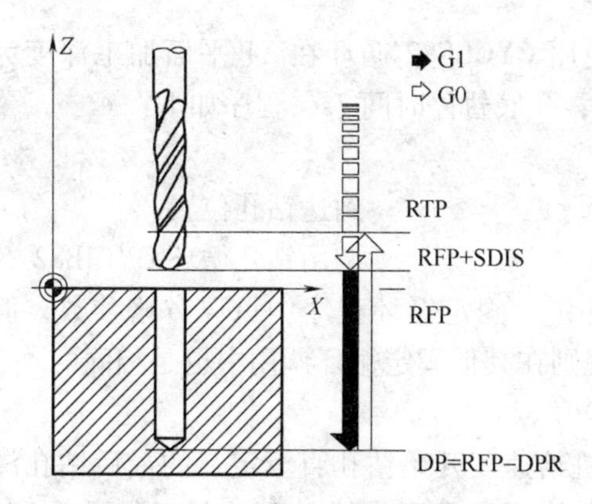

图 2-3-64　CYCLE81 循环动作顺序

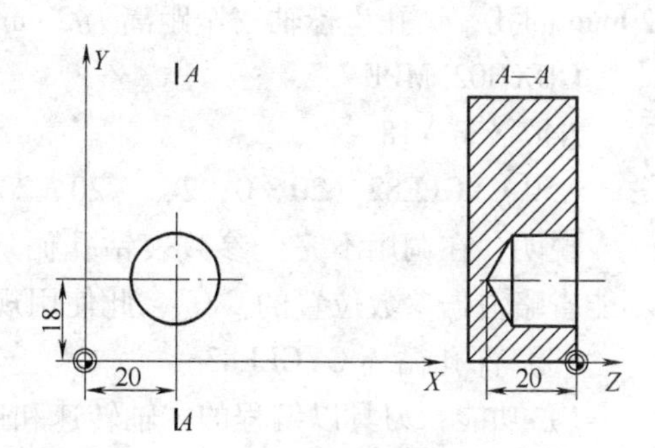

图 2-3-65　CYCLE81 钻孔循环

CDXH01. MPF	程序名
N10 T1D1	调用刀具
N20 G54 G90 G17	
N30 G0 Z100 S500 M3 F80	*Z* 向进刀，主轴正转，钻孔进给速度 F80
N40 X20 Y18	到达钻孔位置
N50 CYCLE81（20，0，2，－20）	调用钻孔循环 CYCLE81
N60 G0 Z100	*Z* 轴退刀
N70 M5	主轴停止
N80 M2	结束

（2）中心钻孔 CYCLE82

1）功能：刀具按照编程的主轴转速和进给速度钻孔直至到达输入的最后钻孔深度。到达最后钻孔深度时允许停顿时间。

2）格式：CYCLE82（RTP，RFP，SDIS，DP，DPR，DTB）。

3）参数及含义说明：RTP、RFP、SDIS、DP、DPR 的含义见 CYCLE81。

DTB 最后钻孔深度时的停顿时间，单位为 s，主要用于断屑。

4）循环动作顺序：在循环开始之前，必须在程序中规定主轴速度和方向以及钻削进给速度，选择带补偿的刀具到达钻孔位置。首先使用 G0 速度到达安全间隙之前的参考平面，然后按循环调用前的 G1 进给速度钻削到最后的钻孔深度，在最后钻孔深度停顿一段时间。最后使用 G0 速度返回到退回平面。循环动作顺序见图 2-3-66。

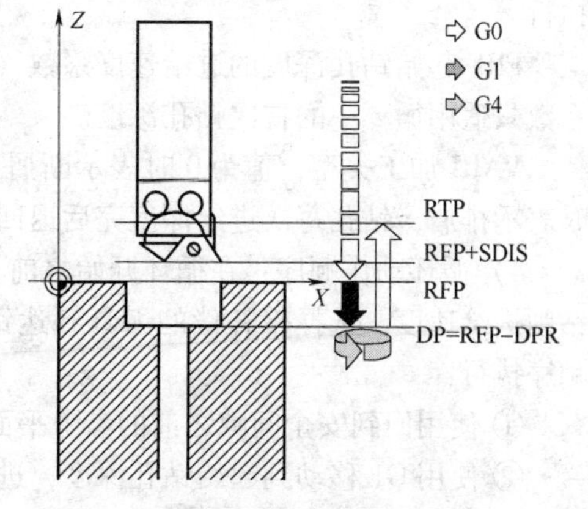

图 2-3-66　CYCLE82 循环动作顺序

5）编程实例：如图 2-3-66 所示，使用 CYCLE82 循环在 *XY* 平面加工深度为 20mm 的孔，钻孔坐标轴安全距离为 2mm，孔底暂停时间 2s，程序如下：

```
GDXH02. MPF
N40 X20 Y18                          到达钻孔位置
N50 CYCLE82（20，0，2，-20，2）        调用钻孔循环 CYCIB82
```

说明：在调用不完全参数表钻孔循环中，固定循环程序中可以省略参数，但不能省略占据参数位置的“,”，此使用规则在其他固定循环调用中也是相同的。

（3）深孔循环 CYCLE83

1）功能：刀具以编程的主轴转速和进给速度开始钻孔直至定义的最后钻孔深度。深孔钻削是通过多次执行最大可定义的深度并逐步增加到达最后钻孔深度。钻头可以在每次进给深度完以后退回到参考平面 + 安全间隙用于排屑，也可以在每次进给深度完以后退回 1mm 用于断屑。

2）格式：CYCLE83（RTP，RFP，SDIS，DP，DPR，FDEP，FDPR，DAM，DTB，DTS，FRF，VAIR）

3）参数含义说明：RTP、RFP、SDIS、DP、DPR 的含义见 CYCLE81。

FDEP 起始钻孔深度（绝对值）。首次钻孔深度不允许超过总的钻孔深度。如果第一次的钻孔深度值和总钻深不符，则会出现错误信息 61107 “首次钻深定义错误” 并不执行循环。

FDPR 相对于参考平面的起始钻孔深度（无符号输入）。

DAM 后面钻孔递减量（无符号输入）。首次钻入深度后，从第二次钻深开始，钻削行程由上一次钻深减去递减量获得，但要求钻深大于所编程的递减量。当钻孔剩余量大于两倍的递减量时，以后的钻削量等于递减量。最终的两次钻削行程被平分，即始终大于一半的递减量。

DTB 最后钻孔深度的停顿时间（断屑）。

DTS 起始点处以及用于排屑的停顿时间。DTS 只在钻孔加工类型为排屑时执行。

FRF 起始钻孔深度的进给速度系数（无符号输入），取值范围为 0.001 ~1。此系数只适用循环中的首次钻孔深度。

VARI 加工类型，值为 0 时表示断屑，钻孔每次进给深度完后退 1mm。值为 1 时表示排屑，钻孔每次进给深度完后退回到参考平面 + 安全间隙进行排屑。

4）循环动作顺序：在循环开始之前，必须在程序中规定主轴速度和方向以及钻削进给速度，选择带补偿的刀具到达钻孔位置。当加工类型为排屑时，按如下顺序执行：

① 使用回到安全间隙之前的参考平面。

② 使用 G1 移动到起始钻孔深度，进给速度来自程序中所调用的进给速度，它取决于进给速度系数。

③ 在钻孔深度处停顿一段时间。

④ 使用回到安全间隙之前的参考平面用于排屑。

⑤ 起始点停顿时间，使用回到上次到达的钻孔深度，并保持预留量距离。

⑥ 使用 G1 钻削到下一个钻孔深度，持续动作顺序直到最后钻孔深度。

⑦ 使用 G0 返回到退回平面。

当加工类型为断屑时，基本动作顺序与排屑一样，只是在钻孔一次深度后使用 G1（进给速度为程序中编程的进给速度）后退 1mm 用于断屑。此过程一直进行下去，直到最终钻孔深度，见图 2-3-67。

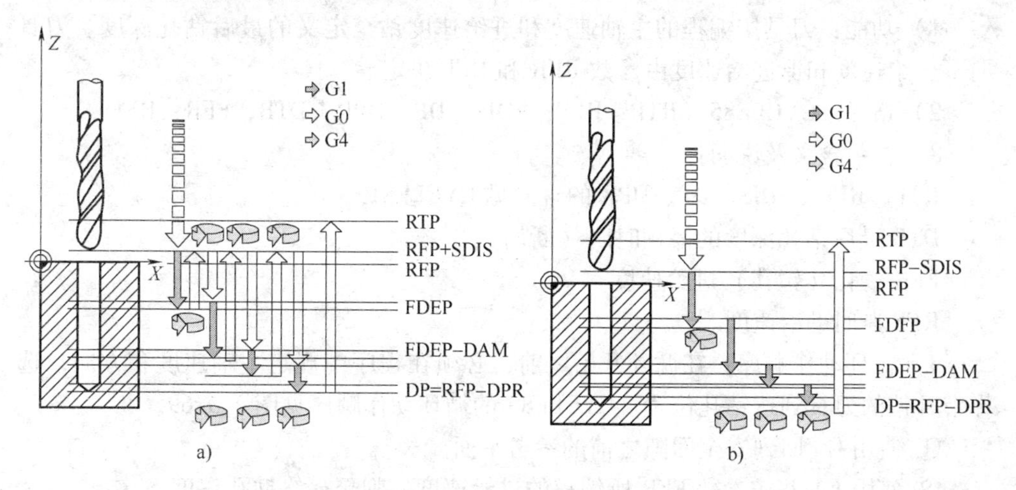

图 2-3-67 CYCLE83 循环动作顺序

a）深孔钻削（VARI = 1） b）深孔钻削（VARI = 0）

5）编程实例：如图 2-3-68 所示，使用 CYCLE83 循环在 *XY* 平面加工两个深度为 18mm 的孔，钻孔坐标轴安全距离为 2mm，其中 X18、Y13 处的孔钻孔时停顿时间为零，加工类型为断屑，最后钻孔深度和首次钻孔深度为绝对值。X18、Y45 处的孔跟后钻孔深度时停顿时间为 1s，起始点处停顿的时间和用于排屑的时间为 1s。起始钻孔深度的进给速度系数为 0.6，加工类型为排屑，最后钻孔深度及首次钻孔深度相对于参考平面。

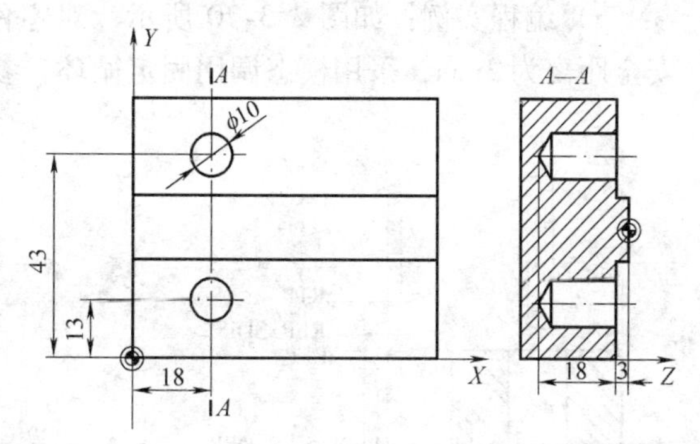

图 2-3-68 CYCLE83 钻孔循环实例

参考程序如下：

CDXH03，MPF

N30 C0 Z100 S500 M03 F80　　　　*Z* 向进刀，主轴正转，钻孔进给速度 F80

N40 X18 Y13　　　　　　　　　　返回首次钻孔位置

N50 CYCLE83（20，0，2，-21，，-8，，6，0，0，1，0）

　　　　　　　　　　　　　　　调用钻孔循环 CYCLE83

N60 X18 Y45　　　　　　　　　　到达第二孔位置

N70 CYCLE83（20，-3，2，，18，，5，6，1，1，6，1）

　　　　　　　　　　　　　　　调用钻孔循环 CYCLE83

N80 M02

（4）铰孔（镗孔）CYCLF85

1）功能：刀具按编程的主轴速度和进给速度钻至定义的最后钻孔深度。刀具向下进给速度和退进给速度由参数 RFR 和 RFF 决定。

2）格式：CYCLE85（RTP，RFP，SDIS，DP，DPR，DTB，FFR，RFF）

3）参数含义及说明：

RTP、RFP、SDIS、DP、DPR 的含义见 CYCLE81。

DTB 最后钻孔深度的停顿时间（断屑）。

FFR 铰孔（镗孔）进给速度。

RFF 退回进给速度。

4）循环动作顺序：在循环开始之前，必须在程序中规定主轴速度和方向，选择带补偿的刀具到达钻孔位置。CYCLE85 的循环动作顺序见图 2-3-69。

① 使用 G0 回到安全间隙之前的参考平面。

② 使用 G1 并按参数 FFR 所编程的进给速度钻削至最终钻孔深度。

③ 最后钻孔深度的停顿时间用于断屑。

④ 使用 G1 返回到安全间隙前的参考平面进给速度由参数 RFF 决定。

⑤ 使用 G0 返回到退回平面。

5）编程实例：如图 2-3-70 所示，对零件上两个通孔逆行铰孔，钻孔坐标轴安全距离为 2mm，采用模态调用固定循环。参考程序如下：

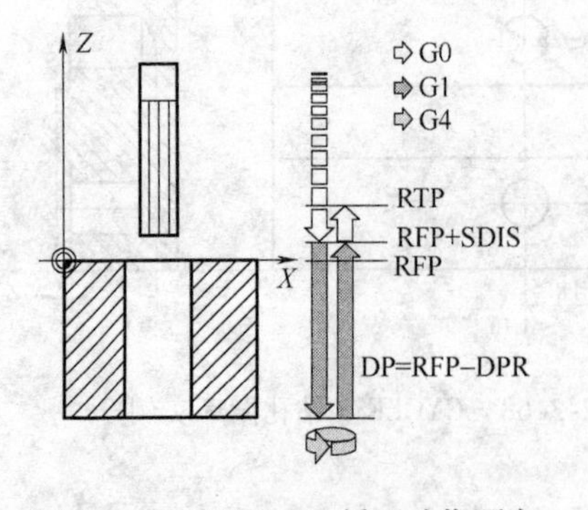

图 2-3-69　CYCLE85 循环动作顺序

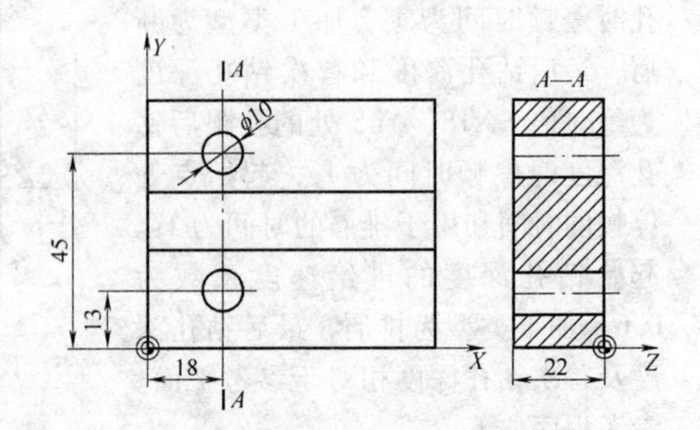

图 2-3-70　固定循环实例

CDXH04. MPF

MCALL CYCLE85（20，0，2，－22，，2，80，100）模态调用间定循环 CYCLE85

X18 Y13　　　　　　　　　　　　　　　　　　　　指定第一孔的位置

（5）镗孔 CYCLE86

1）功能：此循环可使用镗杆进行镗孔加工。刀具按照编程的主轴速度和进给速度镗孔直至到达最后镗孔深度。镗孔时一旦到达最后孔深，便激活了定位主轴停止功能，然后主轴快速回到退回平面。

2）格式：CYCLE86（RTP，RFP，SDIS，DP，DPR，DTB，SDIR，RPA，RPO，RPAP，POSS）

3）参数含义及说明：

RTP、RFP、SDIR、DP、DPR 的含义见 CYCLE81。

DTB 最后钻孔深度的停顿时间（断屑）。

SDIR 旋转方向，定义循环中进行镗孔时的旋转方向。取值 3 相当于 M3，取值 4 相当于 M4。如果参数不是 3 或 4，则产生报警Ⅲ未编程主轴方向，且不执行循环。

RPA 第一轴上的返回路径，此参数定义第一轴上（横坐标）的返回路径，当到达最后钻孔深度并执行了定位主轴停止功能后执行此返回路径。

RPO 第一轴上的返回路径。此参数定义第二轴上（纵坐标）的返回路径，当到达最后钻孔深度并执行了定位主轴停止功能后执行此返回路径。

RPAP 镗孔轴上的返回路径。此参数定义镗孔轴上的返回路径，当到达最后钻孔深度并执行了定位主轴停止功能后执行此返回路径。

POSS 主轴位置。使用 POSS 编程定位主轴停止的位置，单位为（°）。该功能到达最后镗孔深度后开始执行。要求主轴具有位置可控制的功能。

4）循环动作顺序：在循环开始之前，必须在程序中规定主轴速度和方向及钻削进给速度，选择带补偿的刀具到达镗孔位置。CYCLE86 的循环动作顺序见图 2-3-71。

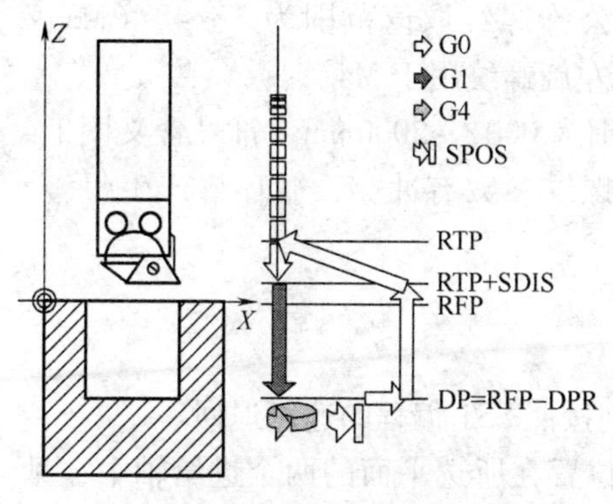

图 2-3-71　CYCLE86 循环动作顺序

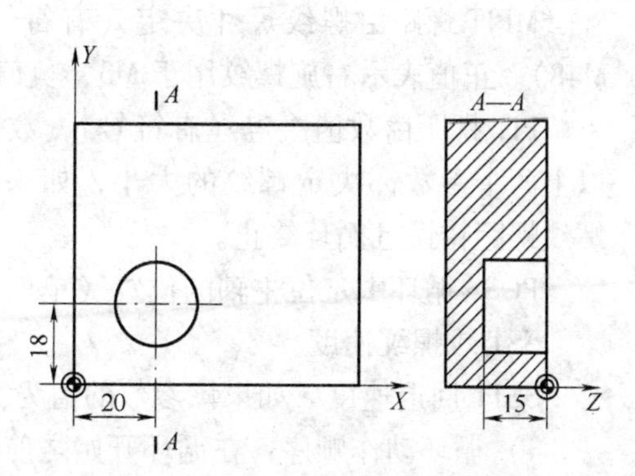

图 2-3-72　CYCLE86 固定循环实例

① 使用 G0 回到安全间隙之前的参考平面。

② 循环调用以前 G1 所编程的进给速度移动到最终钻孔深度。

③ 最后钻孔深度的停顿时间用于断屑。

④ 定位主轴停止在 POSS 下编程的角度位置。

⑤ 使用 G0 在三个轴方向上返回。

⑥ 使用 G0 在镗孔轴方向返回到安全间隙前的参考平面。

⑦ 用 G0 返回到退回平面（平面的两个轴方向上的初始钻孔位置）。

5）编程实例：如图 2-3-72 所示，使用 CYCLE86 循环在 *XY* 平面镗一孔，钻孔坐标轴安全距离为 2mm，孔底停留时间 2s，在平面第一轴返回路径 2mm，第二轴返回路径 0mm，镗孔轴返回路径 1mm。参考程序如下：

```
GDXH05. MPF
…
N30 X20 Y18                                         到达镗孔位置
N40 CYCLE86 (20, 0, 2, -15,, 2, 3, 2,, 1, 90)       调用固定循环 CYCLE86
N50 G0 Z100 M05                                     主轴退刀并停止
N60 M02                                             程序结束
```

（6）刚性攻螺纹 CYCLE84

1）功能：刀具以编程的主轴速度和进给速度进行攻螺纹加工直至定义的最终螺纹深度。刚性攻螺纹可采用不带补偿的攻螺纹夹头。

2）格式：CYCLE84（RTP，RFP，SDIS，DP，DPR，DTB，SDAC，MPIT，PIT，POSS，SST，SST1）

3）参数含义及说明：

RTP、RFP、SDIR、DP、DPR 的含义见 CYCLE81。

DTB 螺纹深度时的暂停时间。攻螺纹时建议忽略停顿时间。

SDAC 循环结束后主轴的旋转方向。取值 3、4 或 5 分别对应于 M3、M4 或 M5。攻螺纹循环中攻螺纹时的旋转方向与回退时的旋转方向始终自动颠倒。

MPIT 螺距由螺纹尺寸决定（有符号），公称螺纹取值范围为 3 ~ 48（M3 ~ M48）。正值表示右旋螺纹用于 M3，负值表示左旋螺纹用于 M4。

PIT 螺距由数值决定（有符号），数值范围为 0001 ~ 2000mm。符号含义同上。以上两个参数都决定螺纹的大小，如果两个螺纹参数有冲突，循环将产生报警，螺纹螺距错误且循环终止。

POSS 循环中定位主轴的位置（单位为（°））。

SST 攻螺纹速度。

SST1 回退速度。如果该参数的值为零，则按照 SST 编程的速度退回。

4）循环动作顺序：在循环开始之前钻孔位置在所选平面的两个进给轴中，见图 2-3-73。

① 使用 G0 回到安全间隙之前的参考平面。

② 定位主轴停止（参数 POSS）以及将主轴转换为进给轴模式。

③ 攻螺纹至最终钻孔深度，速度由参数 SST 确定。

④ 在最终深度处暂停时间（参数 DTB）。

⑤ 退回到安全间隙前的参考平面，速度为 SST1 且方向相反。

⑥ 使用 G0 退回到退回平面，通过在循环调用前重新编制有效的主轴速度及 SDAC 下编程的旋转方向，而改变主轴模式。

5）编程实例：如图 2-3-74 所示，使用循环 CYCLE84 在 *W* 平面中的位置 X20、Y18 处进行不带补偿夹具的刚性攻螺纹。攻螺纹轴为 *Z* 轴，未编程暂停时间，忽略 PIT 参数而通过 MPIT 参数定义螺距。被加工螺纹公称直径为 M10。

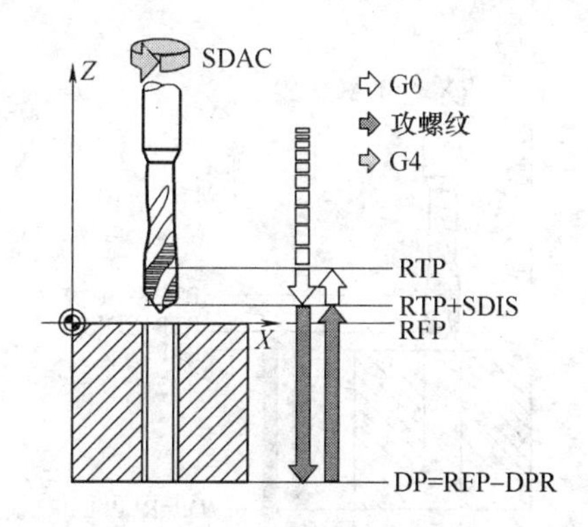

图 2-3-73　CYCLE84 循环动作顺序

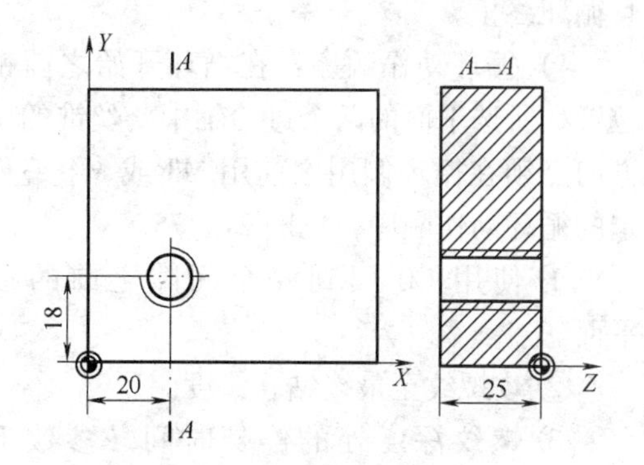

图 2-3-74　CYCLE84 固定循环

CDXPI06. MPF

…

N30 X20 Y18　　到达攻螺纹位置

N40 CYCLE84（20，0，2，-25，，0，3，10，，90，150，200）

调用固定循环 CYCLE84

N50 G0 Z100 M05　　主轴退刀并停止

（7）带补偿夹具攻螺纹 CYCLE840

1）功能：刀具以编程的主轴速度和进给速度进行攻螺纹加工直至定义的最终螺纹深度。可以进行带补偿夹具的攻螺纹。CYCLE840 攻螺纹循环可以分为有编码器和无编码器两种情况。此处仅介绍有编程器的带补偿夹具攻螺纹。

2）格式：CYCLE840（RTP，RFP，SDIS，DP，DPR，DTB，SDR，SDAC，ENC，MPIT，PIT）

3）参数含义及说明：

RTP、RFP、SDIR、DP、DPR 的含义见 CYCLE81。

DTB 螺纹深度时的暂停时间（只在无编码器攻螺纹时有效）。

SDR 退回时的旋转方向。设置为零时主轴方向自动颠倒。

SDAC 循环结束后的旋转方向。取值 3、4 或 5 分别对应于 M3、M4 或 M5。如果参数 SDR＝0，SDAC 的值在循环中没有意义，可以在参数化时忽略。

ENC 带/不带编码器攻螺纹。取值 0 时表示带编程器，取值 1 时表示不带编码器。

MPIT 螺距由螺纹尺寸决定（有符号）。公称螺纹取值范围为 3～48（M3～M48）。带编码器攻螺纹时，丝杠螺距参数是相对的。循环通过主轴速度和丝杠螺距计算出进给速度。

PAT 螺距由数值决定（有符号），数值范同为 0.001～2000mm。以上两个参数都决定螺纹的大小，如果两个螺距参数有冲突，循环将产生报警“螺纹螺距错误”且循环终止。

4）循环动作顺序：在循环开始之前钻孔位置在所选平面的两个进给轴中。丝锥的旋转方向必须在循环调用之前用 M3 或 M4 编程指定的循环动作顺序，见图 2-3-75。

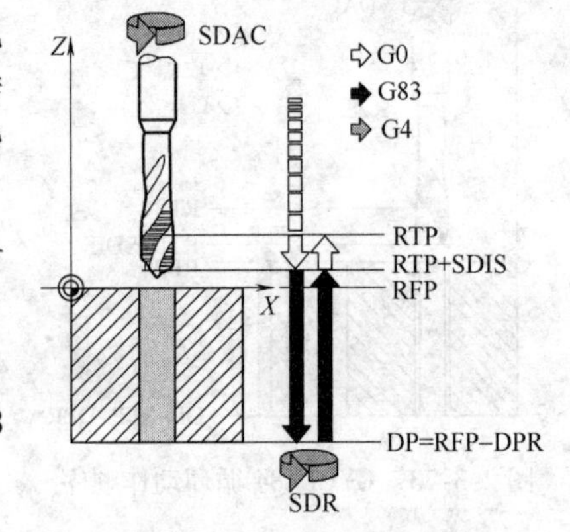

图 2-3-75　CYCLE840 循环动作顺序

① 使用 G0 回到安全间隙之前的参考平面。

② 攻螺纹至最终钻孔深度。

③ 螺纹深度处的停顿时间（参数 DTB 确定）。

④ 退回到安全间隙前的参考平面。

⑤ 使用 G0 退回到退回平面。

5）编程实例：如图 2-3-74 所示，使用循环 CYCLE840 在 *XY* 平面中的位置 X20、Y18 处进行带编码器攻螺纹。攻螺纹轴为 *Z* 轴。必须定义螺距参数，旋转方向自动颠倒已编程。加工时使用补偿夹具。参考程序如下：

```
GDXH07.MPF
N10 G00 G90 G17 T1 D1 S400 M03
N20 Z20
N30 X20 Y18                                      到达攻螺纹位置
N40 CYCLE840（20，0，2，-25，，0，4，3，0，0，1）
                                                 调用固定循环 CYCLE840
N50 M02                                          程序结束
```

（8）钻孔样式循环排孔 HOLES1

1）功能：钻孔样式循环定义了所钻孔在平面中的几何分布。通过模态调用钻孔固定循环来实现一个钻孔过程。HOLES1 可用来加工沿直线分布的一些孔或网格分布的孔。钻孔类型由已被调用的钻孔固定循环决定。

2）格式：HOLES1(SPCA，SPC0，STA1，FDIS，DBH，NUM)。

3）参数含义及说明：HOLES1 参数示意图见图 2-3-76。

SPCA 直线（绝对值）上一参考点的横坐标。

SPC0 参考点（绝对值）的纵坐标。参考点是排孔形成的直线上的某一个点，用于计算孔之间的距离。定义了从该点到第一个孔的距离。

STA1 与平面第一轴之间的角度。范围为 $-180° < STA1 \leq 180°$。

FDIS 第一孔到参考点的距离（无符号输入）。

DBH 孔间距（无符号输入）。

NUM 孔的数量。

4）编程实例：如图 2-3-77 所示，利用 HOLES1 固定循环加工 *XY* 平面内的 3 个孔，孔加工类型为铰孔 CYCLE85。参考点位于距 X0，Y10 处，第一孔距参考点 10mm，孔间距 15mm。参考程序如下：

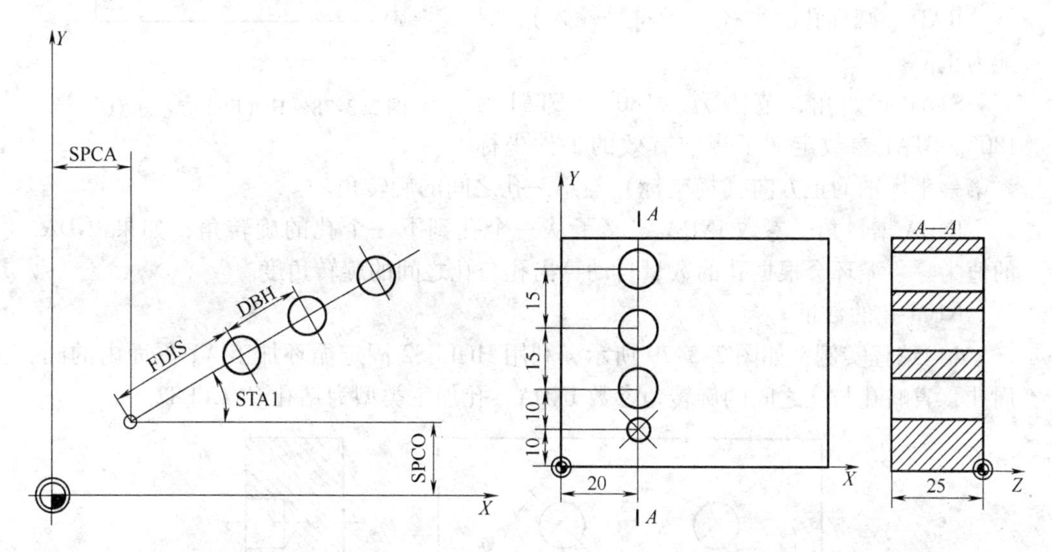

图 2-3-76　HOLES1 参数示意图　　图 2-3-77　HOLES1 固定循环

GDXH08. MPF	
N10 G00 G90 G17 T1 D1 S500 M03	程序初始化
N20 Z50	快速进刀
N30 X20 Y10	回到起始位置
N40 Z10	到达返回平面高度
N50 MCALL CYCLE85（10，0，2，-25，2，80，100）	模态调用固定循环 CYCLE85
N60 HOLES1（20，10，90，10，15，3）	调用排孔循环 HOLES1
N70 MCALL	取消模态调用

N80 G0 Z100 M05　　　　　　　　　　　Z 轴快速退刀，主轴停止

N90 M02　　　　　　　　　　　　　　　程序结束

（9）钻孔样式循环圆周孔 HOLES2

1）功能：钻孔样式循环定义了所钻孔在平面中的几何分布。通过模态调用钻孔固定循环来实现一个钻孔过程。HOLES2 可用来加工圆周分布的孔。加工平面必须在循环调用前定义。钻孔类型由已被调用的钻孔固定循环决定。

2）格式：HOLES2（CPA，CPO，RAD，STA1，INDA，NUM）。

3）参数含义及说明：HOLES2 参数示意见图 2-3-78。

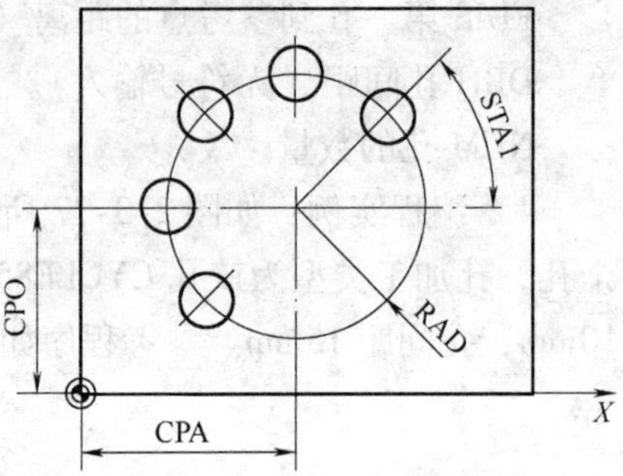

CPA 圆周孔中心点的横坐标（绝对值）。

CPO E 圆周孔中心点的纵坐标（绝对值）。

RAD E 圆周孔的半径（无符号输入），只能为正值。

STA1 起始角，范围为 $-180° < STA1 \leq 180°$。STA1 参数定义了当前有效的工件坐标系第一坐标轴的正方向（横坐标）与第一孔之间的旋转角。

图 2-3-78　HOLES2 参数示意

INDA 增量角。参数 INDA 定义了从一个孔到下一个孔的旋转角，如果 INDA 的值为零，循环会根据孔的数量自动算出孔与孔之间的旋转角度。

NUM 孔的数量。

4）编程实例：如图 2-3-79 所示，利用 HOLES2 固定循环加工 XY 平面内的圆周孔，省略孔与孔之间的旋转角参数 INDA。孔加工类型为钻孔 CYCLE82。

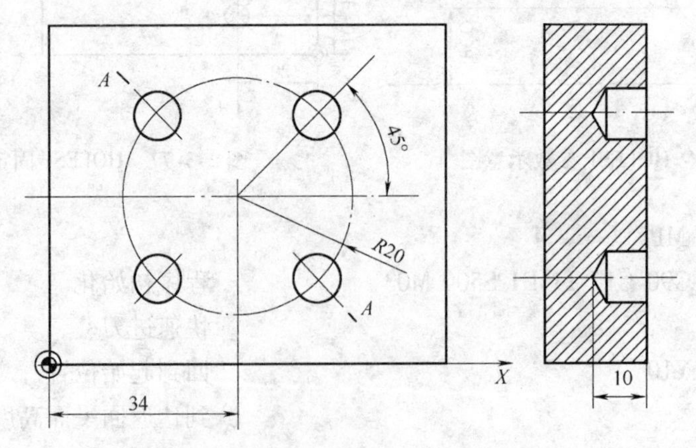

图 2-3-79　HOLES2 固定循环

GDXH09. MPF

N10 G00 G90 G54 G17 T1 D1 S500 M03　　　　　　程序初始化

```
N20 X20 Y20 Z50 F100                    到达起始位置
N30 Z10                                 快速进刀
N40 MCALL CYCLE82（10，0，2，-10，，2，）模态调用固定循环 CYCLE82
N50 HOLES2（34，28，20，45，0，4）        调用排孔循环 HOLES2
N60 MCALL                               取消模态调用
N70 G0 Z100 M05                         Z 轴快速退刀，主轴停止
N80 M02                                 程序结束
```

第四节　软件应用介绍

随着微电子技术和 CAD 技术的发展，自动编程系统已逐渐过渡到以图形交互为基础，与 CAD 相集成的 CAD/CAM 一体化的编程方法。采用 CAD/CAM 数控编程系统进行自动编程已经成为数控编程的主要方式。

目前，商品化的 CAD/CAM 软件比较多，应用情况也各有不同，表 2-3-25 所示为国内应用比较广泛的 CAM 软件的基本情况。

表 2-3-25　国内应用比较广泛的 CAM 软件的基本情况

软件名称	基本情况
unigraphics（UG）	美国 EDS 公司出品的 CAD/CAM/CAE 一体化的大型软件，功能强大，在大型软件中，加工能力最强，支持三轴到五轴的加工，由于相关模块比较多，需要较多的时间来学习掌握
Pro/Engineer	美国 PTC 公司出品的 CAD/CAM/CAE 一体化的大型软件，功能强大，支持三轴到五轴的加工，同样由于相关模块比较多，需要较多的时间来学习掌握
CATIA	IBM 下属的 Dassault 公司出品的 CAD/CAM/CAE 一体化的大型软件，功能强大，支持三轴到五轴的加工，支持高速加工，由于相关模块比较多，学习掌握的时间也较长
Ideas	美国 EDS 公司出品的 CAD/CAM/CAE 一体化的大型软件，由于目前与 UG 软件在功能方面有较多重复，EDS 公司准备将 Ideas 的优点融合到 UG 中，让两个软件合并成为一个功能更强的软件
Cimatron	以色列的 CIMATRON 公司出品的 CAD/CAM 集成软件，相对于前面的大型软件来说，是一个中端的专业加工软件，支持三轴到五轴的加工，支持高速加工，在模具行业应用广泛
PowerMILL	英国的 Delcam Plc 出品的专业 CAM 软件，是目前唯一一个与 CAD 系统相分离的 CAM 软件。其功能强大，加工策略非常丰富。目前，支持 3 轴到 5 轴的铣削加工，支持高速加工

（续）

软件名称	基本情况
Mastercam	美国 CNCSoftware，INC 开发的 CAD/CAM 系统，是最早在微机上开发应用的 CAD/CAM 软件，用户数量最多，许多学校都广泛使用此软件来作为机械制造及 NC 程序编制的范例软件
EdgeCAM	英国 Pathtrace 公司开发的一个中端的 CAD/CAM 系统，更多情况请访问其网站
CAXA	国内北航海尔软件有限公司出品的数控加工软件，其功能与前面介绍的软件相比较，在功能上稍差一些，但价格便宜

当然，还有一些 CAM 软件，因为目前国内用户数量比较少，所以，没有出现在上面的表格内，例如 Cam-tool、WorkNC 等。

上述的 CAM 软件在功能、价格、服务等方面各有侧重，功能越强大，价格也越贵，对于使用者来说，应根据自己的实际情况，在充分调研的基础上，来选择购买合适的 CAD/CAM 软件。

掌握并充分利用 CAD/CAM 软件，有助于将微型计算机与 CNC 机床组成面向加工的系统，大大提高设计效率和质量，减少编程时间，充分发挥数控机床的优越性，提高整体生产制造水平。

由于目前 CAM 系统在 CAD/CAM 中仍处于相对独立状态，因此无论上表中的哪一个 CAM 软件，都需要在引入零件 CAD 模型中几何信息的基础上，由人工交互方式，添加被加工的具体对象、约束条件、刀具与切削用量、工艺参数等信息，因而这些 CAM 软件的编程过程基本相同。

其操作步骤可归纳如下：

第一步，理解零件图样或其他的模型数据，确定加工内容。

第二步，确定加工工艺（装夹、刀具、毛坯情况等），根据工艺确定刀具原点位置（即用户坐标系）。

第三步，利用 CAD 功能建立加工模型或通过数据接口读入已有的 CAD 模型数据文件，并根据编程需要，进行适当的删减与增补。

第四步，选择合适的加工策略，CAM 软件会根据前面提到的信息自动生成刀具轨迹。

第五步，进行加工仿真或刀具路径模拟，以确认加工结果和刀具路径与设想一致。

第六步，通过与加工机床相对应的后置处理文件，CAM 软件将刀具路径转换成加工代码。

第七步，将加工代码（G 代码）传输到加工机床上，完成零件加工。

由于零件的难易程度各不相同，上述的操作步骤将会依据零件实际情况而有所删减和增补。

下面就用 Mastercam 软件为例进行说明。

Mastercam 软件是美国 CNC Software，INC. 所研制开发的集计算机辅助设计和制造于一体的软件。它的 CAD 模块不仅可以绘制二维和三维零件图形，也能在 CAM 模块中直接编制刀具路径和数控加工程序。它是目前在模具设计和数控加工中使用非常普遍，而且应用相当成功的软件。它主要应用于数控铣床、数控铣床、数控车床、线切割、雕刻机等数控加工设备。由于该软件的性能价格比较好，而且学习使用比较方便，因此被许多加工企业所接受。许多学校也广泛使用此软件作为机械制造及 NC 程序编制的范例软件。目前该软件是微机平台上装机量最多、应用最广泛的软件。

Mastercam 把计算机辅助设计（CAD）功能和计算机辅助制造（CAM）功能有机地结合在一起。从设计绘制图形到编制刀具路径，通过仿真加工来验证刀具轨迹和优化程序；通过后处理器将刀具轨迹转换为机床数控系统能够识别的数控加工文件（*.NC），然后通过计算机通信（RS—232 接口）将 NC 程序发送到数控铣床等数控机床，即可完成对工件的加工。其编程速度和编程效率比以前在数控机床上使用手工编程更为先进。

由于 Mastercam 软件具有强大的生命力，因而发展迅速，由于其版本升级很快，令人目不暇接。Mastercam 9.1 SP2 版本，在辅助设计方面，增加了标注尺寸、实体模型，并且在更改实体模型尺寸和图素属性（图层、颜色、线型、线宽）等方面作了较大的改进，尤其是增加了实体管理器（Solids Manager）之后，使设计顺序和参数可以重构（Reorder and Regenerate），从而使设计更具灵活和柔性；在辅助加工 CAM 方面，增加了实体刀具路径仿真加工（Tool-path Verification）和刀具路径-操作管理器（Toolpaths Operations Manager），可以通过刀具路径仿真来验证和修改刀具和加工参数，如果参数有误，可进行局部修改，然后将刀具路径重新生成，再仿真优化，直到满意为止。Mastercam 软件具有良好的人机界面，在整个设计与加工过程中显示出交互性、集成性的特点。Mastercam 软件与其他大型 CAD/CAM 软件一样，具有一定的工程分析和判断功能（零件几何图素的检测、刀具路径及干涉检验、实体管理器和操作管理器所带的参数修改、几何重构和程序重生等），计算机通信功能（DNC 加工），为进一步向集成化、智能化、网络化方向发展奠定了基础。

根据目前使用的效果来看，Mastercam 是一个易学易用的软件，其 CAD 部分和 CAM 部分结合比较合理、紧密，能够加工一般所能碰到的一千多种零件中的 50% ~60% 的零件，如果操作者有较高的加工工艺水平，则能加工 70% ~80% 的零件。是一个非常不错的加工软件。

下面就该软件的工作界面先进行介绍，然后通过加工示例来了解和掌握零件的设计与数控自动编程的方法。

从 5 版到 9.2 版，Mastercam 的菜单界面和操作方法，一直都没有什么改变，只是功能上有所增加，考虑到大多数使用者，仍在使用 Mastercam 8 版本，在后面的实例中也将以 Mastercam 8 为基础讲解。

下面介绍 Mastercam 软件的工作界面。

首先启动 Mastercam 8 软件，进入其工作界面。通过 Windows 桌面，双击“Mill8”图标启动；也可按如下步骤启动：

开始→程序→Mastercam 8→Mill 8

进入 Mastercam 8 后就能看到如图 2-3-80 所示的工作界面。

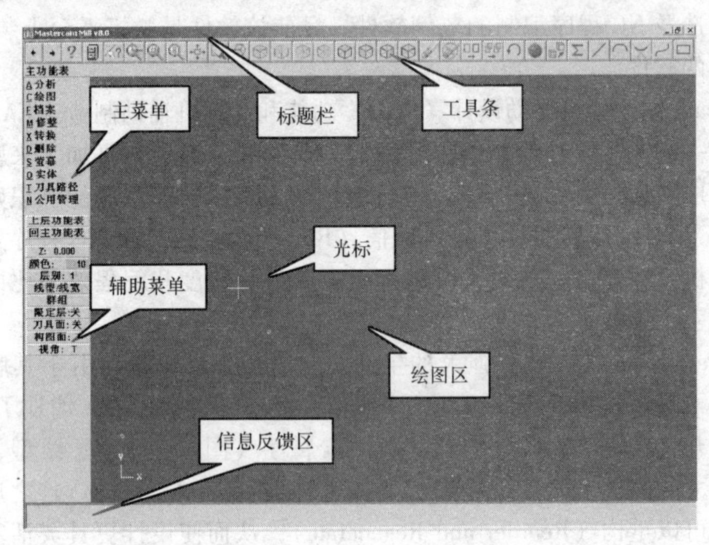

图 2-3-80　Mastercam 8 的工作界面

Mastercam 8 的工作界面组成如下：

1）标题栏。没有绘图时，显示 Mastercam 程序名称，打开文件编辑时，显示文件的路径和名称。

2）工具条。此区域将 Mastercam 常用的命令以图标的方式显示在绘图区的上方，每一个图标代表一条命令，可以直接点击图标，以激活该命令。

3）主菜单。此区域提供了 Mastercam 所有的命令。Mastercam 的命令结构为树枝状结构，例如：当选择【绘图】命令后，将会出现【绘图】命令的子菜单，再选择【矩形】命令，又会出现绘制矩形方式的下一级子菜单。如果选择【上层功能表】，则返回上一级的【矩形】子菜单；如果选择【回主功能表】，则直接返回到主菜单。

说明：后面凡是 Mastercam 的菜单命令，都与【XXXXXX】方式来表示，需要输入的数值都用“XX”来表示。

4）辅助菜单。此区域提供了绘图时系统的一些默认信息。

5）绘图区。此区域为最常使用的区域，是设计图形所显示的区域。从外部导入的图形或用 Mastercam 绘制的图形都会显示在此区域内。

6）信息反馈区。在屏幕的最下方，提供了一些 Mastercam 的命令响应信息，操作时应随时注意该区域的提示，有时需要利用键盘输入一些相关的数据。

相对于车削和线切割加工来说，进行数控铣削加工的零件通常都比较复杂。因此，Mastercam 的铣削模块（Mill）与其他模块（车削 Lathe）相比，使用更为广泛，是学习和掌握的重点内容。

下面用一个典型实例来掌握零件的设计与数控自动编程的基本方法。

如图 2-3-81 所示，毛坯为已加工过的 70mm×70mm 的方料，厚度为 30.2mm，零件材料为铝材。加工采用的刀具参数如表 2-3-26 所示。要求采用 Mastercam 编制加工程序。

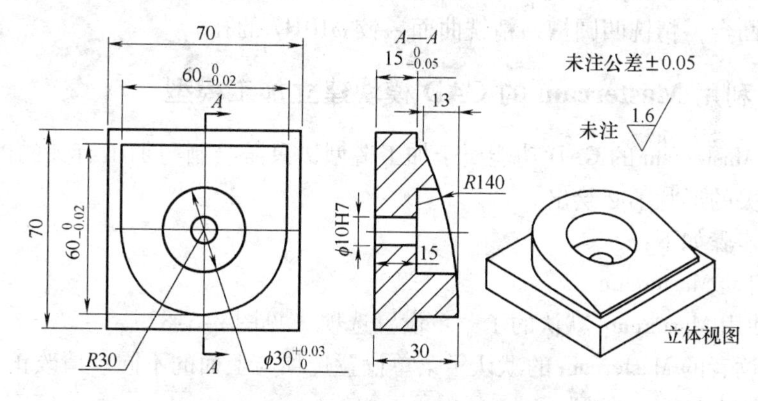

图 2-3-81 铣削实例（电极模型）

表 2-3-26 数控铣床铣削实例的刀具参数表

刀具号码	刀具名称	刀具材料	刀具规格	零件材料为铝材			备 注
				转速	径向进给速度	轴向进给速度	
T1	面铣刀	高速钢	ϕ16	S500	F80	F50	粗铣凸台、凹槽
T2	面铣刀	高速钢	ϕ10	S1000	F120	F50	精铣凸台和凹槽
T3	中心钻	高速钢	ϕ3	S1500		F80	钻中心孔
T4	钻头	高速钢	ϕ9.8	S600		F70	钻孔
T5	铰刀	高速钢	ϕ10	S200		F40	精铰 ϕ10mm 的孔
T6	圆鼻刀	高速钢	ϕ16（R4）	S600	F250		粗铣、半精铣曲面
T7	球头铣刀	高速钢	ϕ10（R5）	S4000	F600		精铣曲面

下面就编程步骤进行说明。

一、理解零件图样，确定加工内容

根据毛坯情况，需要加工的部分是，60mm×60mm 带 R30mm 圆弧的凸台，

ϕ30mm 的圆槽，ϕ10H7 的孔，R140mm 的曲面。

二、确定加工工艺（装夹、刀具、毛坯情况等），确定刀具原点位置（即用户坐标系）

夹具选择为通用精密虎钳。考虑到零件左右对称，选择零件中心为 XY 方向的编程原点，考虑到零件上表面为曲面，选择不需要加工的底面为 Z0。

零件的工艺安排如下：

1）虎钳加窄垫块装夹零件，注意垫块需要让开 ϕ10H7 孔的位置，将零件中心和零件下表面设为 G54 的原点。

2）加工路线是钻中心孔→钻 ϕ9.8mm 孔→粗铣凸台→粗铣凹圆槽→粗铣曲面→精铣凸台→精铣凹圆槽→精铣曲面→铰 ϕ10H7 的孔。

三、利用 Mastercam 的 CAD 模块建立加工模型

由于 Mastercam 的 CAD 功能属于加工造型，只需绘制与加工有关的图形即可，与加工无关的形状不必绘出。

绘制步骤如下：

1）启动 Mastercam。

2）使用 Mastercam 默认的子菜单设置选项（见图 2-3-82）。

如果读者的 Mastercam 的默认子菜单设置选项与上面的不同，请改正。

3）绘制 ϕ10mm 的圆。

在主菜单中，选择【绘图】→【圆弧】→【点直径圆】命令（见图 2-3-83，P1）。出现输入直径对话框，输入直径“10”后，按下回车键或鼠标左键（见图 2-3-83，P2），然后，出现抓点方式，在抓点方式中选择原点（见图2-3-83，P3）。

绘图区出现一个圆，如果图形显示比例不适当，可选择快捷图标【适度化】命令（见图 2-3-83，P4）。

Z: 0.000	设置工作深度
颜色: 10	设置图形绘制的颜色
层别: 1	设置工作图层
线型/线宽	设置当前使用的线型及线宽
群组	
限定层:关	设置屏蔽图层
刀具面:关	设置刀具使用面
构图面: T	设置构图平面
视角: T	设置构图观看的角度

图 2-3-82　Mastercam 默认的子菜单设置选项

注意：在抓点方式时，如果不用鼠标选择圆心位置，可直接输入圆心坐标“0，0”。尽管此时屏幕上没有提示输入数据的对话框，但只要用键盘输入数据，就会立即弹出输入对话框。

在 Mastercam 的所有输入对话框中，下列几种输入方式是有效的，以输入 X 轴坐标为零，Y 轴坐标为零，即（0，0）为例：

① 0，0 注释：Mastercam 默认第一个输入的数字为 X 轴的数据，第二个数字

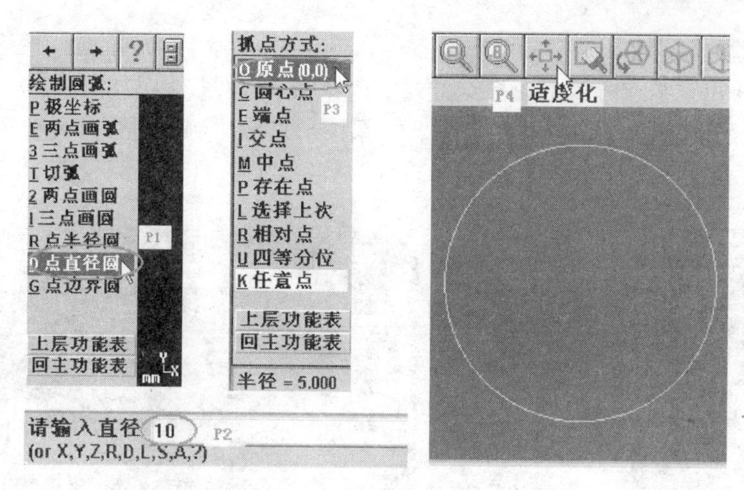

图 2-3-83　绘制 ϕ10mm 的圆

为 Y 轴的数据。

② X0，Y0 注释：直接制定 X 轴和 Y 轴的数据。

③ 20-5 * 4，Y30-(20 +10) 注释：键盘输入支持四则混合运算，可以以计算式的形式来录入。

4）绘制 ϕ30mm 的凹槽。

首先，指定凹槽 Z 向尺寸，选择子菜单中的【Z：0.000】命令（见图 2-3-84，P1）。出现抓点方式，尽管此时屏幕上没有提示输入数据的对话框，但只要用键盘输入数据，就会立即弹出输入对话框。

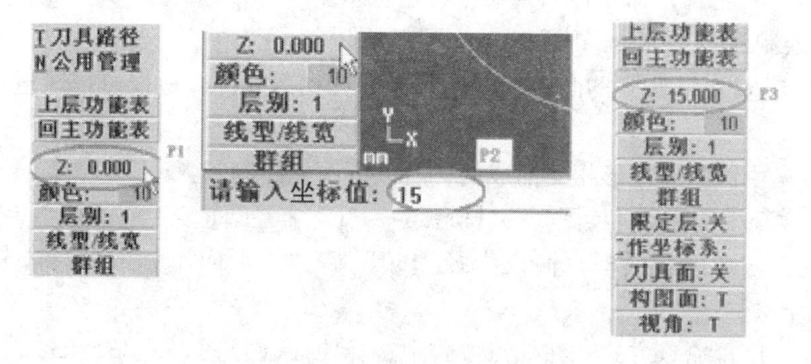

图 2-3-84　ϕ30mm 凹槽的 Z 向尺寸

出现请输入坐标值对话框，输入坐标值“15”后，按下回车键或鼠标左键（见图 2-3-84，P2）。

完成后的结果见图 2-3-84，P3。

开始绘制 ϕ30mm 的凹槽：

在主菜单中，选择【绘图】→【圆弧】→【点直径圆】命令（见图 2-3-85，P1）。

出现输入直径对话框，输入直径“30”后，按下回车键或鼠标左键（见图

2-3-85，P2）。

然后，出现抓点方式，在抓点方式中选择原点（见图2-3-85，P3）。

绘图区见图（见图2-3-85，P5），如果图形显示比例不适当，可选择快捷图标【适度化】命令（见图2-3-85，P4）。完成后的结果见图2-3-85，P5。

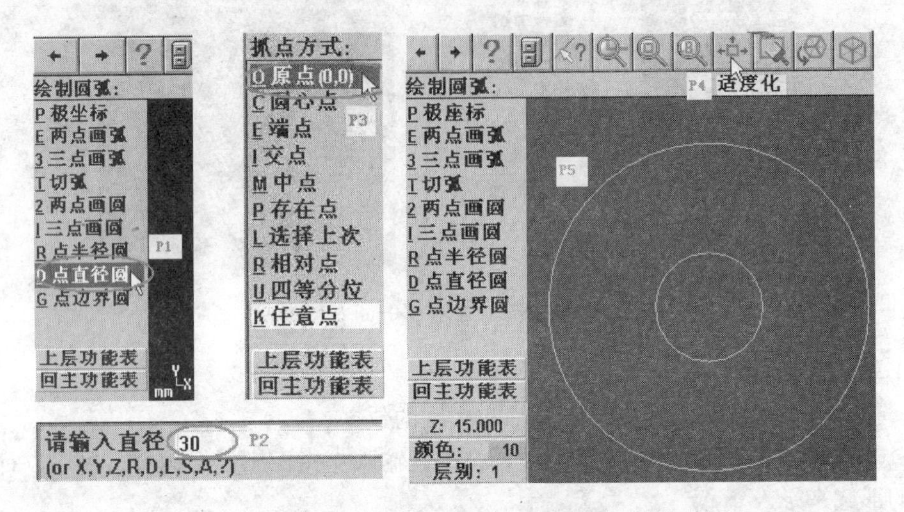

图2-3-85　绘制 ϕ30mm 的凹槽

由于 Mastercam 默认是连续操作，如果此时用鼠标点击绘图区，将会以鼠标点击点为圆心，又绘制一个 ϕ30mm 的圆。为了避免这种情况，可以在完成命令后，点击【回主功能表】命令，回到命令初始状态。

5）绘制 60mm×60mm 带 R30mm 圆弧的凸台。

由于带 R30mm 圆弧的凸台的 Z 向尺寸与凹槽的相同，所以可以跳过设置 Z 向尺寸的步骤。

凸台是由圆弧和矩形相交而成的，所以下面先绘制圆弧。

在主菜单中，选择【绘图】→【圆弧】→【点半径圆】命令（见图2-3-86，P1）。

出现输入半径对话框，输入半径“30”后，按下回车键或鼠标左键（见图2-3-86，P2）。

然后，出现抓点方式，在抓点方式中选择原点（见图2-3-86，P3）。

绘制的图形出现在绘图区，命令完成后，可点击【回主功能表】命令，回到命令初始状态（见图2-3-86，P4）。

如果图形显示比例不适当，可选择快捷图标【适度化】命令和显示图形【缩小0.8倍】的快捷图标命令（见图2-3-86，P5）。完成后的结果见图2-3-86，P5。

6）绘制矩形。

在主菜单中，选择【绘图】→【矩形】→【一点】命令（见图2-3-87，P1）。

出现一点定义矩形对话框，在弹出的对话框中，输入矩形的宽度“60”（见

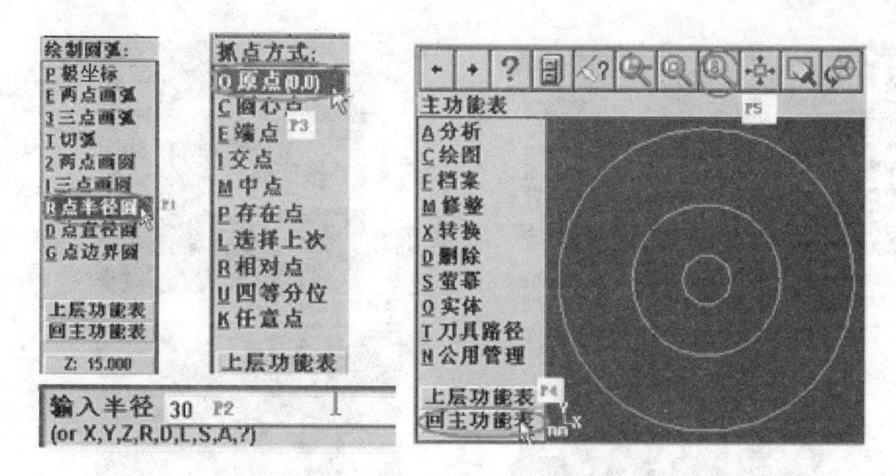

图 2-3-86 绘制凸台的圆弧部分

图 2-3-87，P3)，高度“60”（见图 2-3-87，P4)，关键的一点在矩形中的位置（见图 2-3-87，P2)，完成后，按下确定按钮（见图 2-3-87，P5)。

然后，出现抓点方式，在抓点方式中选择原点（见图 2-3-87，P6)。

绘制的图形出现在绘图区，命令完成后，可点击【回主功能表】命令，回到命令初始状态。

如果图形显示比例不适当，可选择快捷图标【缩小 0.8 倍】的命令（见图 2-3-87，P7)。

完成后的结果见图 2-3-87，P7。

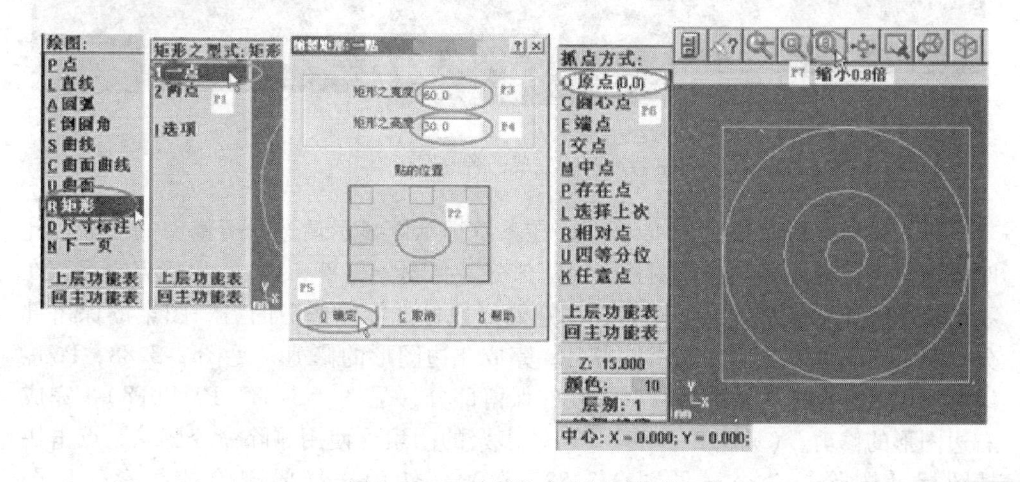

图 2-3-87 绘制凸台的矩形部分

下面进行图形的编辑。

在主菜单中，选择【修整】→【修剪延伸】→【两个物体】命令（见图 2-3-88，P1，P2，P3)。

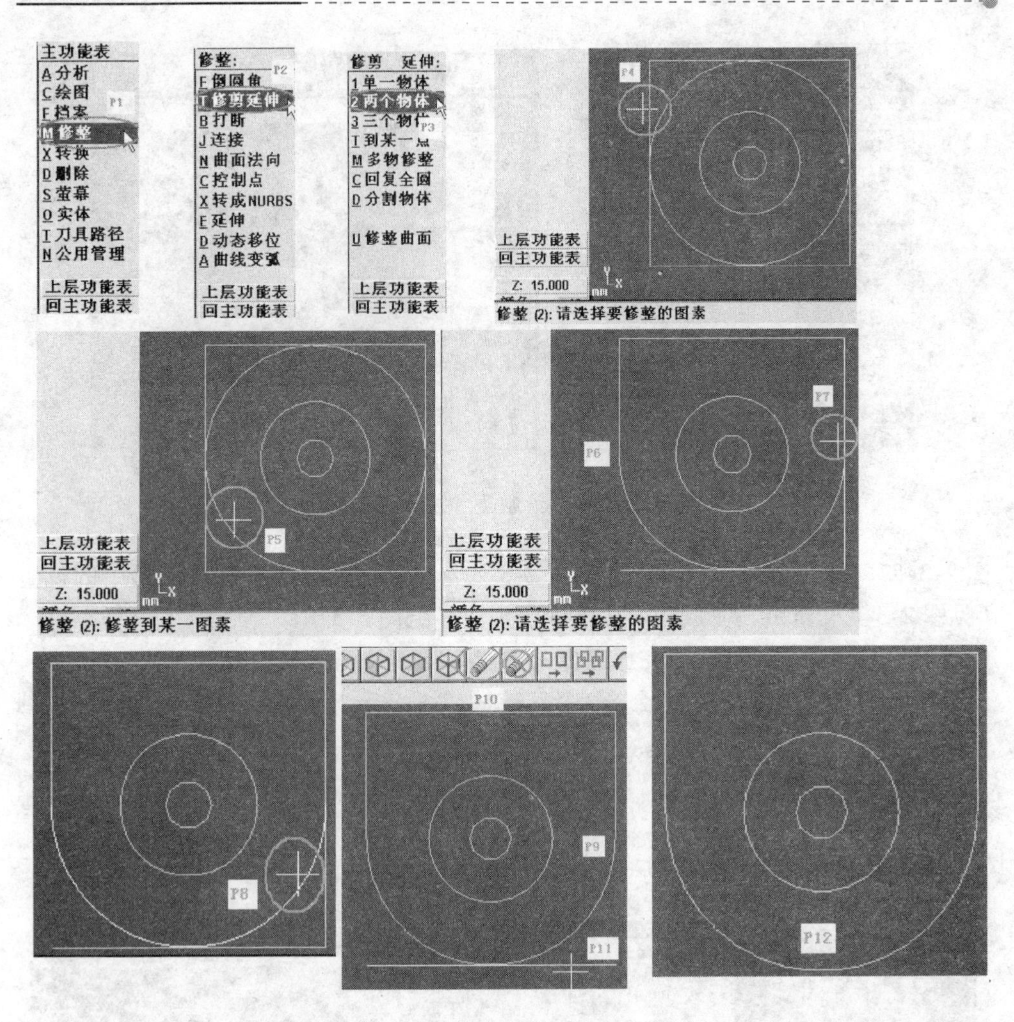

图 2-3-88　完成凸台的图形编辑

进入修剪图形命令后，Mastercam 在系统提示区显示请选择要修剪的图素，此时要注意用鼠标选择欲修剪图素的保留部分（见图 2-3-88，P4），鼠标点击后，在系统提示区显示修整到某一图素，注意要用鼠标选择欲修剪的另一图素的保留部分（见图 2-3-88，P5），鼠标点击后，完成左边图形的修剪（见图 2-3-88，P6）。继续使用鼠标点击右边的欲修剪图素的保留部分（见图 2-3-88，P7 和 P8），完成右边图形的修剪。（见图 2-3-88，P9），多余的图素可使用删除命令删除，点击快捷图标【删除】命令（见图 2-3-88，P10），然后选择要删除的图素（见图 2-3-88，P11）。删除完成后，可点击【回主功能表】命令，回到命令初始状态。

完成凸台后，绘图区的图形见图 2-3-88，P12。

7）绘制 R140mm 的曲面。

绘制曲面，首先要绘制曲面的线架构，而线架构又是根据线架构上的关键点而绘制出来的。本实例的关键点由左视图可知有两个，其坐标分别为（0，－30，30）和（0，30，17）。

下面进行关键点的绘制。

在主菜单中，选择【绘图】→【点】→【指定位置】命令（见图 2-3-89，P1～P3），尽管此时屏幕上没有提示输入数据的对话框，但只要用键盘输入数据，就会立即弹出请输入坐标值的对话框。输入第一点（0，－30，30）（见图 2-3-89，P4 和等角视图 P6），然后继续输入第二点（0，30，17）（见图 2-3-89，P5 和等角视图 P7），关键点的绘制就完成了。

由于这两个关键点为空间点，为了便于观察，可改变视角为等角视图。点击快捷图标【视角..等角视图】命令（见图 2-3-89，P8）

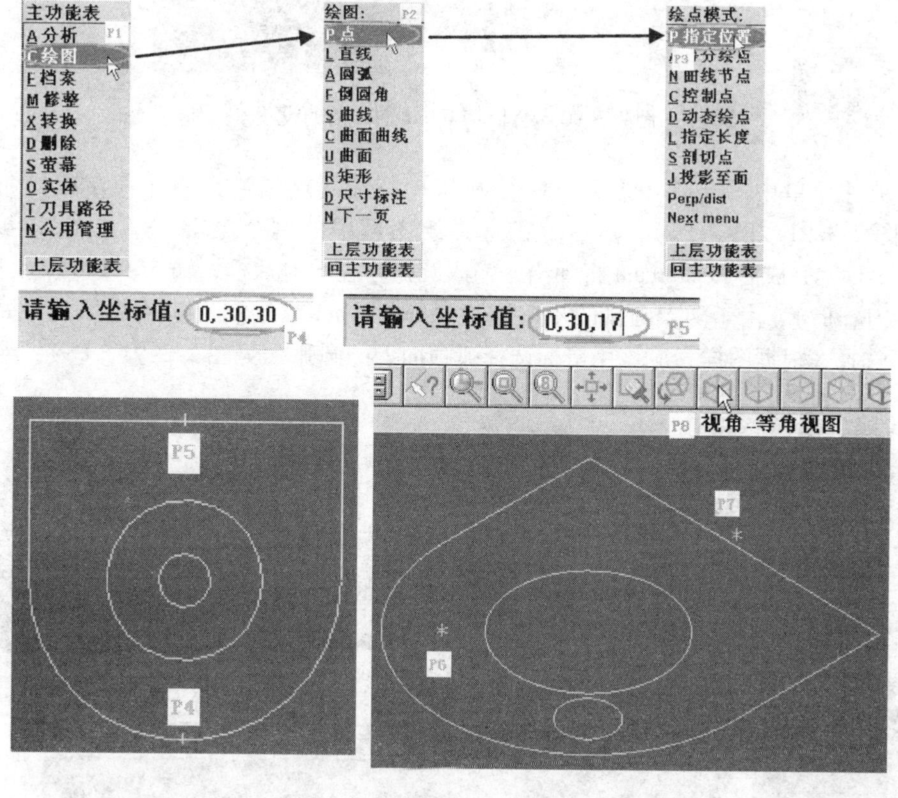

图 2-3-89　曲线关键点的绘制

利用曲线关键点，下面来绘制 $R140$mm 的曲线。

首先，指定曲线的 Z 向尺寸，选择子菜单中的【Z：15.000】命令（见图 2-3-90，P1）。出现抓点方式，输入坐标值“0”后，按下回车键或鼠标左键（见图 2-3-90，P2）。将构图面更改为侧视图，点击快捷图标【构图面..侧视图】命令（见图 2-3-90，P3）。完成后，Z 向尺寸见图 2-3-90，P4，构图面见图 2-3-90，P5。

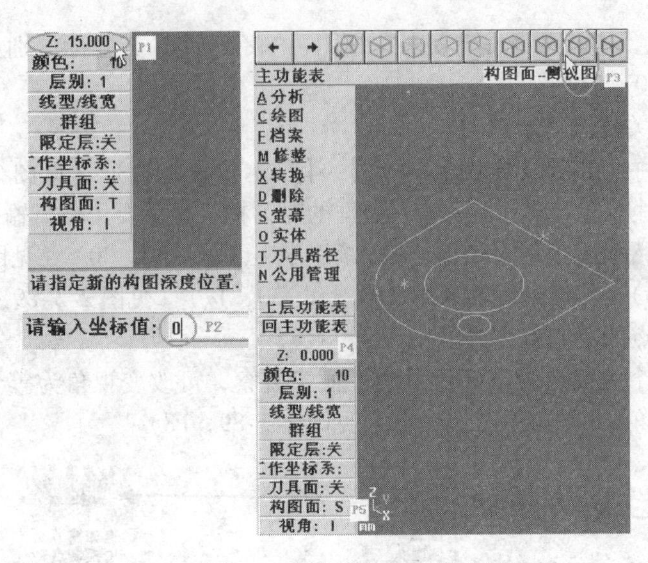

图 2-3-90 绘制 *R*140mm 曲线前的设置

在主菜单中，选择【绘图】→【圆弧】→【两点画弧】→【存在点】命令（见图 2-3-91，P1 ~ P4），然后分别选择绘图区中的两个关键点（见图2-3-91，P5，P6），完成后 Mastercam 将弹出，输入圆弧半径的对话框，输入“140”（见图 2-3-91，P7），由于两点画弧的不确定性，Mastercam 将绘制出两条圆弧，并提示进行选择。根据图样，应该用鼠标选择弧顶向上的圆弧（见图 2-3-91，P8），绘制

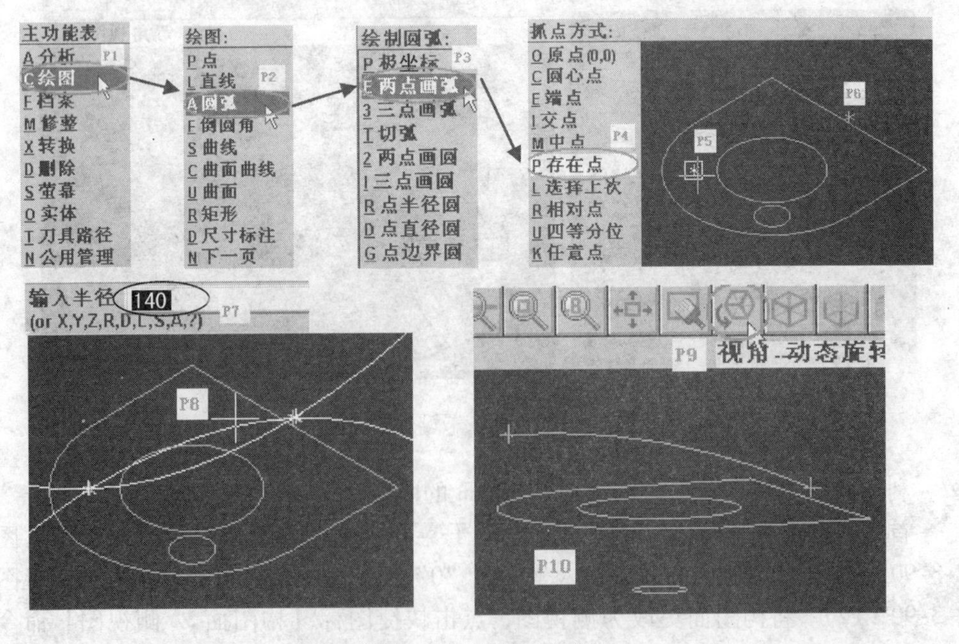

图 2-3-91 曲线的绘制

圆弧就完成了。

为了便于观察绘图结果，可改变视角为动态旋转视图。点击快捷图标【视角..动态旋转】命令（见图 2-3-91，P9），然后用鼠标左键在图中点选一个观测点，然后移动鼠标，绘制的图形将以观测点为中心，进行旋转，观察绘图结果。见图（见图 2-3-91，P10）。

线架构完成后，就可以绘制加工所需要的曲面了。

在主菜单中，选择【绘图】→【曲面】→【牵引曲面】→【单体】（见图 2-3-92，P1 ~ P4），选择要牵引的线段，用鼠标选择绘图区中的圆弧曲线（见图 2-3-92，P5），完成后，选择【执行】（见图 2-3-92，P6），Mastercam 进入牵引曲面菜单，观察一下信息反馈区，按照图样要求，牵引长度应该大于 30，如果不够，可以用鼠标点击【牵引长度】（见图 2-3-92，P7），在输入牵引长度的对话框中，输入“35”（见图 2-3-92，P8），观察一下，绘图区中，曲面牵引方向是否与图样相符，如果不符，说明构图面不正确，请返回图 2-3-90 进行修改，如果没有问题，选择【执行】（见图 2-3-92，P9），Mastercam 自动生成曲面（见图 2-3-92，P10）。

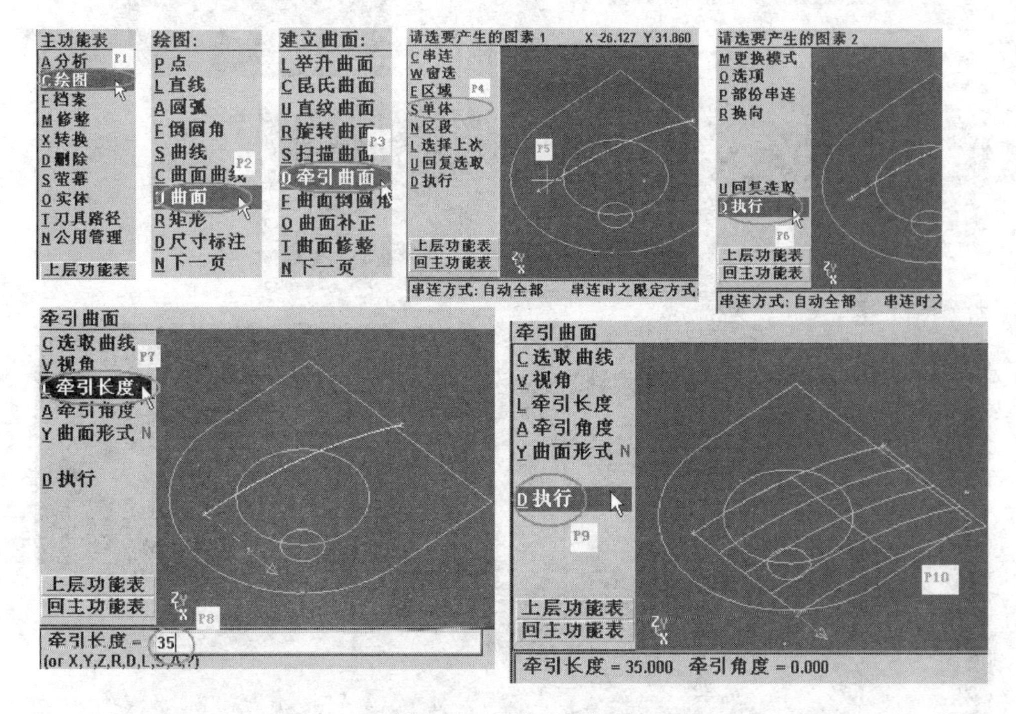

图 2-3-92　曲面的绘制

在绘图过程中，为了便于观察绘图结果，可改变视角为动态旋转视图。

注意：在绘图过程中，可以灵活使用键盘上的方向键进行视图的平移，用 PageUp键进行图形放大，用 PageDown 键进行图形的缩小。

下面要进行曲面的编辑。

在主菜单中，选择【绘图】→【曲面】→【曲面修整】→【修整至曲线】命令（见图2-3-93，P1，P2，P3，P4），Mastercam提示选取要修整的曲面，用鼠标选择绘图区中的曲面（见图2-3-93，P5），选择完成后，选择菜单中的【执行】命令，然后Mastercam提示选取曲线，用鼠标选择绘图区中的圆弧线（见图2-3-93，P7），Mastercam自动串联整个圆弧线，选择【执行】命令（见图2-3-93，P8）。将曲面修整至曲面，涉及曲线在曲面上的投影方向的问题，在这里，需要将曲线按俯视构图面进行正交投影，选择快捷图标【构图面—俯视图】（见图2-3-93，P9），选择【执行】命令（见图2-3-93，P11），按照Mastercam的提示用

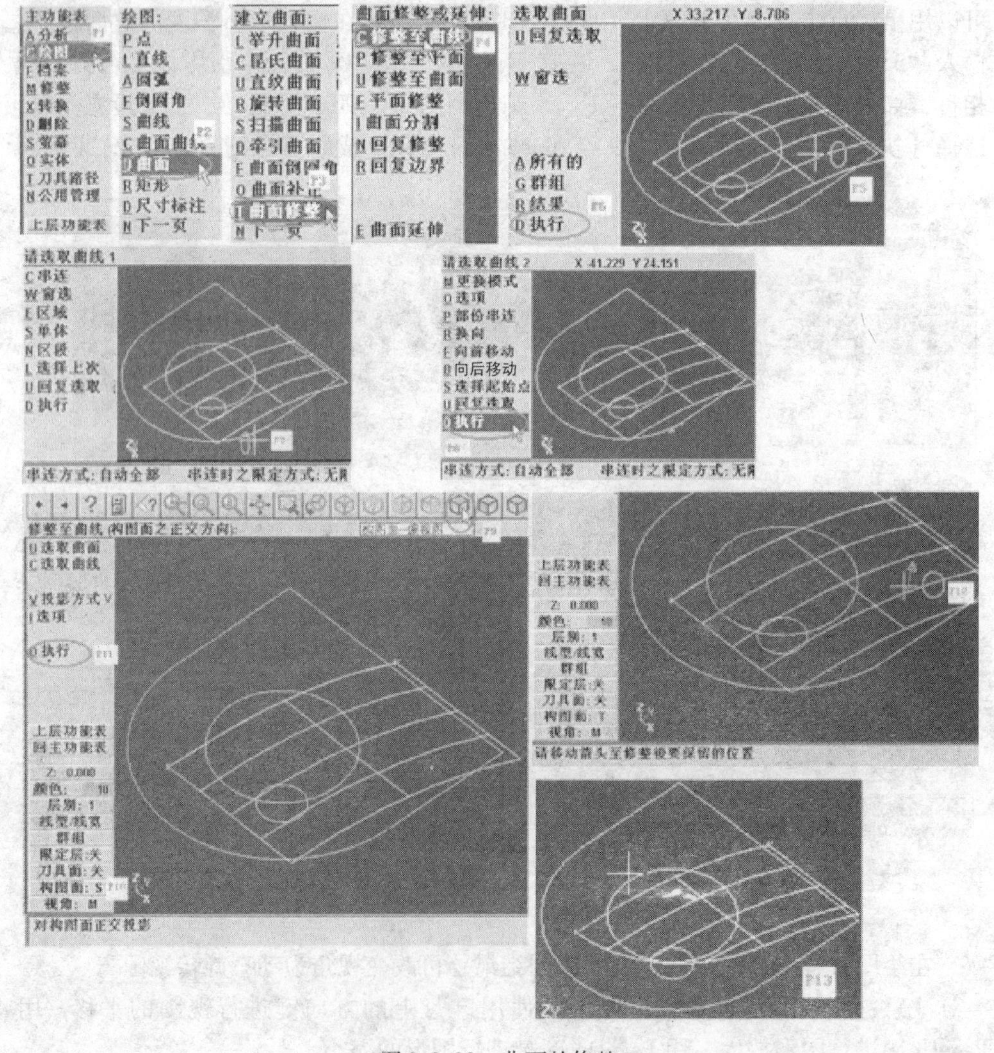

图2-3-93 曲面的修整

鼠标选择曲面要保留的部分（见图 2-3-93，P12），曲面的外部多余的曲面被修剪掉。

从实际加工来看，多余的曲面部分并不影响零件加工后的尺寸，就是不进行曲面修剪也可以进行曲面加工，但修剪掉外部多余的曲面后，可以在曲面加工时缩小加工面积，从而提高生产效率，但如果曲面被修剪得很碎小，反而会增加曲面加工时间，原因是加工刀具需要通过频繁提刀来寻找下一个加工面。

对于上面这个零件实例来说，实际情况是曲面的内部多余部分（指 ϕ30mm 的凹槽）如果被修剪掉，可以在曲面粗加工时节省加工时间，但在精加工时，由于曲面中间的空洞，加工刀具将会频繁提刀寻找下一个加工面，从而浪费加工时间。如果不修剪，则情况正好相反，粗加工的时间与修剪掉相比增加（原因是加工面积增加），精加工的时间与修剪掉相比减少（原因是提刀减少）。理想的解决办法是，做两个曲面，粗加工的曲面中间被修剪，而精加工的曲面中间没有被修剪，这样加工时间最短。或者是不修剪内部多余曲面，而修剪粗加工曲面的刀具路径，效果也一样。在这里由于篇幅有限，就不做两个曲面了，读者可以自行验证。

下面讲解如何修整曲面内部的多余部分，选择【选取曲面】命令，按照 Mastercam 的提示用鼠标选择选取要修整的曲面（见图 2-3-94，P1），选择完成后，选择菜单中的【执行】命令，然后按照 Mastercam 的提示用鼠标选取曲线（见图 2-3-94，P2），选择【执行】命令，按照 Mastercam 的提示用鼠标选择曲面要保留的部分（见图 2-3-94，P3），曲面的内部多余的曲面被修剪掉（见图 2-3-94，P4）。

为了观察修剪后的曲面，可以将曲面渲染，可使用快捷键“ALT-S”，绘图区的曲面被渲染（见图 2-3-94，P8）。

如果要更改渲染曲面的颜色，可选择快捷图标【彩现】（见图 2-3-94，P5），在弹出的曲面着色设置对话框中，将【使用着色】的选项勾上（见图 2-3-94，P6），在颜色的设定中选取希望的颜色值，其他选项可使用默认值，按下确定（见图 2-3-94，P7），曲面即被渲染上设定的颜色（见图 2-3-94，P8）。

下面完成曲面的另一半。在主功能表中，选择【转换】→【镜射】命令（见图 2-3-95，P1，P2），按照 Mastercam 的提示选择选取要镜像的曲面（见图 2-3-95，P3），选择完成后，选择菜单中的【执行】命令（见图 2-3-95，P4），然后按照 Mastercam 的提示选取镜像的参考轴，这里选取 Y 轴（见图 2-3-95，P5），在弹出的镜像处理对话框中，选择【复制】选项（见图 2-3-95，P6，P7），按下【确定】按钮，曲面的另一半就完成了（见图2-3-95，P8）。

到这一步，加工模型就建立完成了，需要说明的是，同一零件的加工模型的建立方法有很多种，各种方法虽然在步骤上有所不同，但结果是一样的，这些方法没有对错之分，只在绘图的速度上有区别，初学者也许需要较长时间才能完成，而熟练者可以在几分钟内完成。

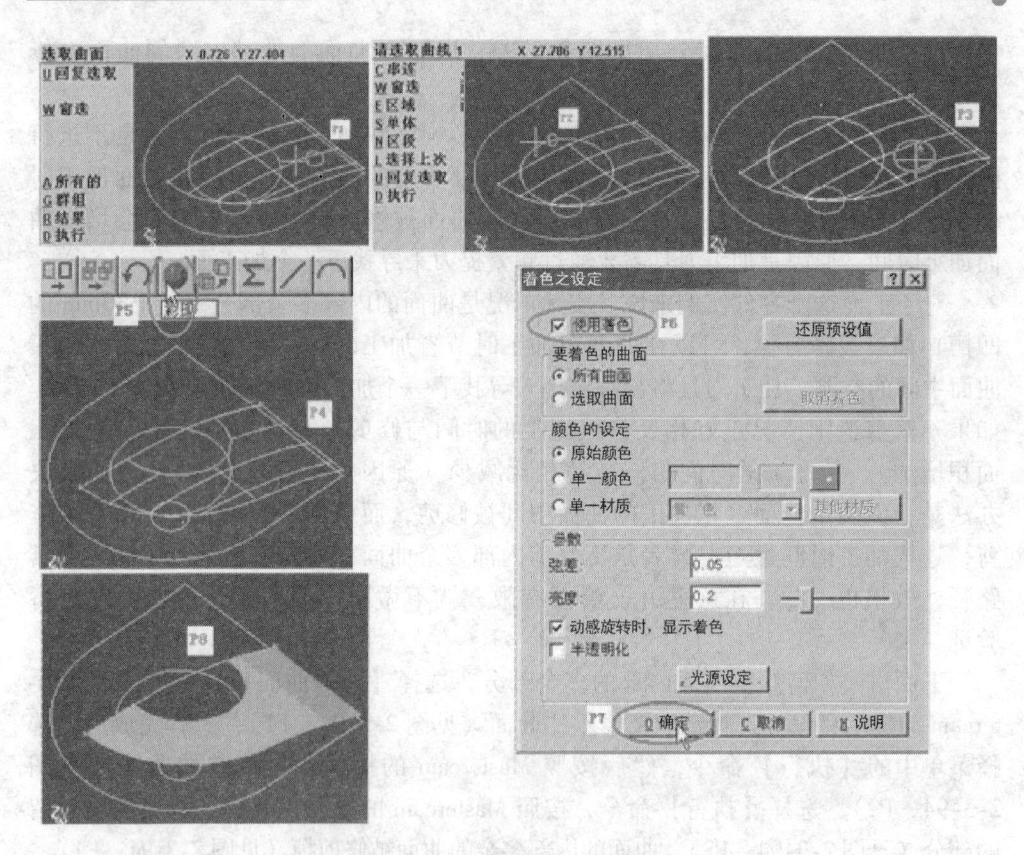

图 2-3-94　曲面另一边的修整

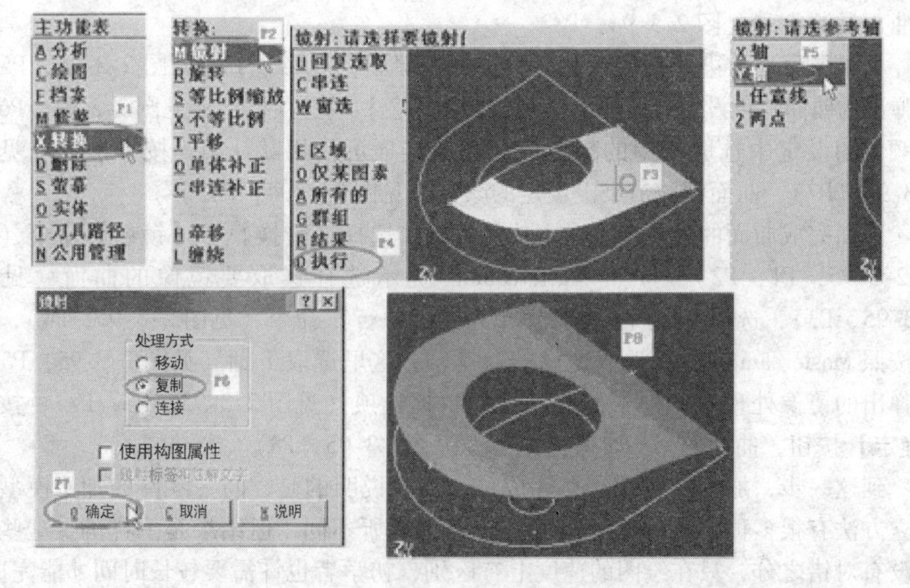

图 2-3-95　曲面的镜像

四、利用 Mastercam 的 CAM 模块，选择合适的加工策略，自动生成刀具轨迹

根据前面安排的加工工艺，加工路线是钻中心孔→钻 ϕ9.8mm 孔→粗铣凸台→粗铣凹圆槽→粗铣曲面→精铣凸台→精铣凹圆槽→精铣曲面→铰 ϕ10H7 的孔。

下面是钻中心孔的加工步骤：

1. 选择加工方式和加工对象

选择【回主功能表】，在主菜单中选择【刀具路径】→【钻孔】→【手动输入】→【圆心点】（见图2-3-96，P1，P2，P3，P5），用鼠标选择图中的圆（见图2-3-96，P4），完成后，因为没有其他钻孔点，则按下键盘上的 ESC 键，完成钻孔点的选择。

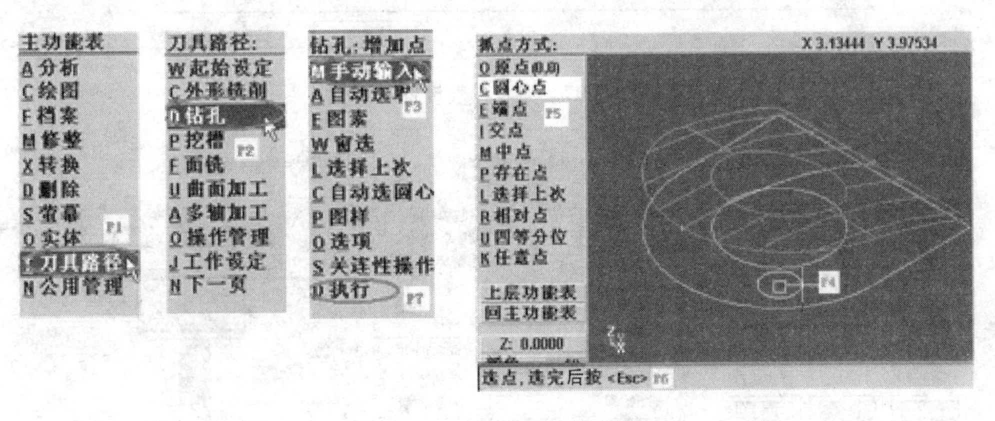

图 2-3-96　钻孔对象的选择

加工孔系类的零件时，只需要知道孔的中心点位就可以加工，孔的几何形状由加工孔的刀具的几何形状来决定（例如钻孔）。也就是说，如果光是钻孔加工，在 CAD 造型时，只需要画出孔中心的点就可以了，有多少个点，就代表有多少个孔。

选择【执行】（见图 2-3-96，P7），下面将弹出刀具参数设置对话框（见图2-3-97）。

在所有的加工方式中，都将出现刀具参数设置对话框，下面详细介绍这个对话框的设置。

2. 定义刀具的加工参数

首先要定义刀具，在刀具参数框中（见图 2-3-97，P1）按鼠标右键，在弹出的对话框中选择【建立新的刀具】（见图 2-3-97，P2），出现的对话框见图2-3-98所示。

由于加工方式选择的是钻孔，Mastercam 自动认为下面是要定义钻头的参数，

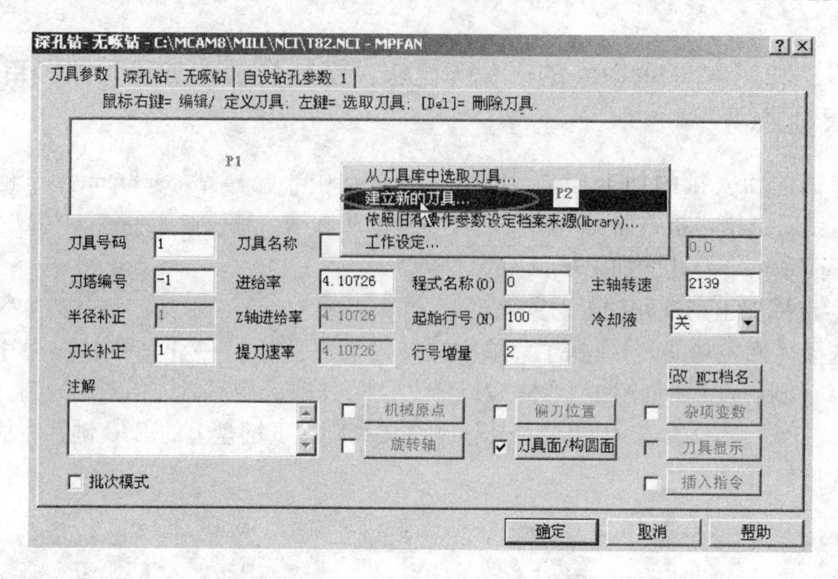

图 2-3-97　刀具参数设置对话框

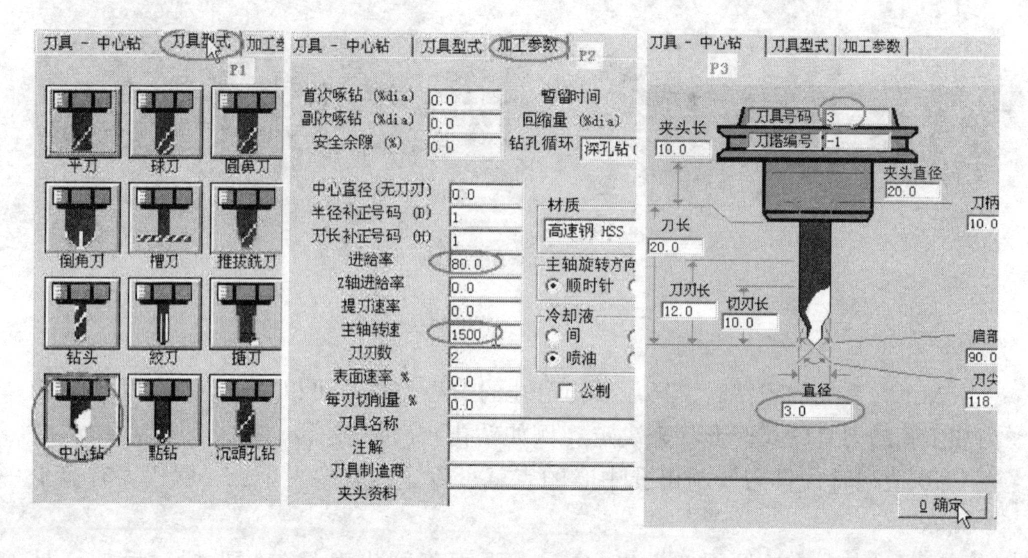

图 2-3-98　中心钻刀具参数的设置

而要做的是定义中心钻的参数，在这个对话框中，有三个活页（见图2-3-98），根据前面的加工刀具参数表中的参数，首先选择【刀具型式】（见图 2-3-98，P1），选择刀具类型为中心钻，然后设置【加工参数】（见图2-3-98，P2），输入刀具转速“1500”，进给速度“80”，其他参数默认即可。在【刀具—中心钻】活页夹中（见图 2-3-98，P3），输入刀具号码为 3，刀具直径为 3.0，最后按下确定按钮，返回到刀具参数对话框（见图 2-3-99）。

在这个对话框中，可以看到前面定义的中心钻的参数（请注意图中画圈部分

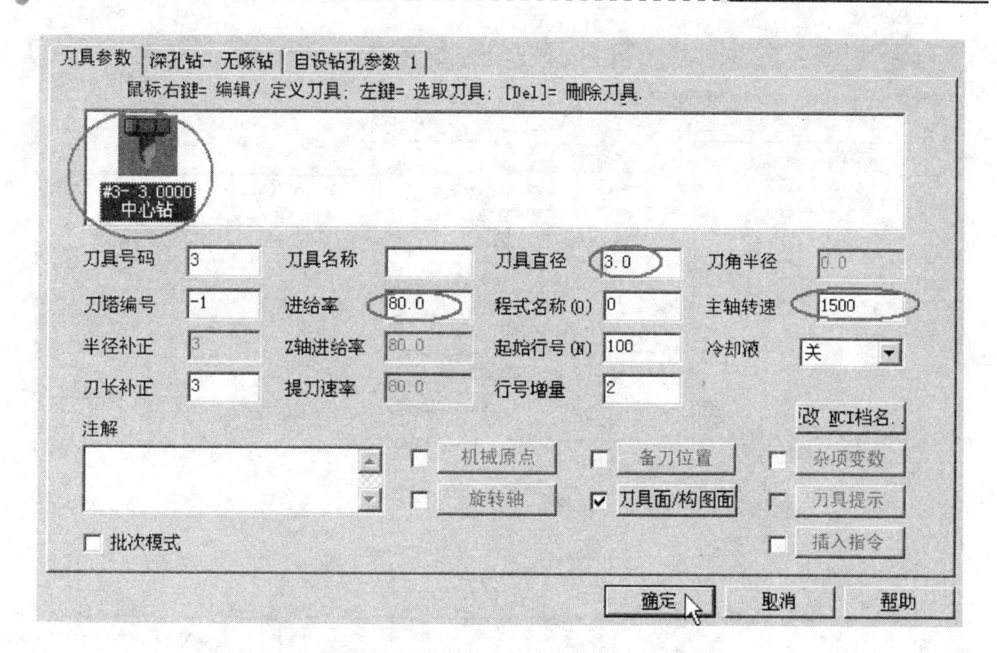

图 2-3-99　ϕ3mm 中心钻刀具参数的设置

的内容）已经自动出现在参数对话框中，当然也可以直接在这里定义中心钻的直径、转速、进给速度等参数，但这样输入的参数不能被保存，适合于一次性使用该刀具，如果在后面的工序中，需要多次使用这把刀具，就应该采用（图 2-3-99，P2）的定义方法，相当于建立了一个临时刀具参数库，以后再使用这把刀具，Mastercam 会自动从临时刀具参数库中调出该刀具的刀具参数，而不用重新输入。如果长期使用某些刀具，可以建立一个永久的刀具参数库，这样可以直接从刀具参数库中，选择所需要的刀具和相应的加工参数。

对于中心钻这种钻头类的刀具来说，进给速度的对话框的值实际上是就是指 Z 轴的进给速度。

3. 定义本工序的加工参数

选择【深孔钻-无啄钻】的活页夹，对话框见图 2-3-100（注意图中设置的参数）。

由于选取的零件下表面为 Z0 位置，所以，在这个对话框中，需要输入的是，【安全高度】为“100.0”，【参考高度】为“40.0”，【要加工的表面】为“30.0”，【深度】为“25.0”，即中心钻的钻孔深度为 5mm，加工方式采用 G81 指令的加工方式。

输入完成后，选择【确定】，Mastercam 自动依据前面设置的参数生成刀具路径，并显示在绘图区中，然后自动返回选择加工方式的菜单，钻中心孔的加工就完成了。

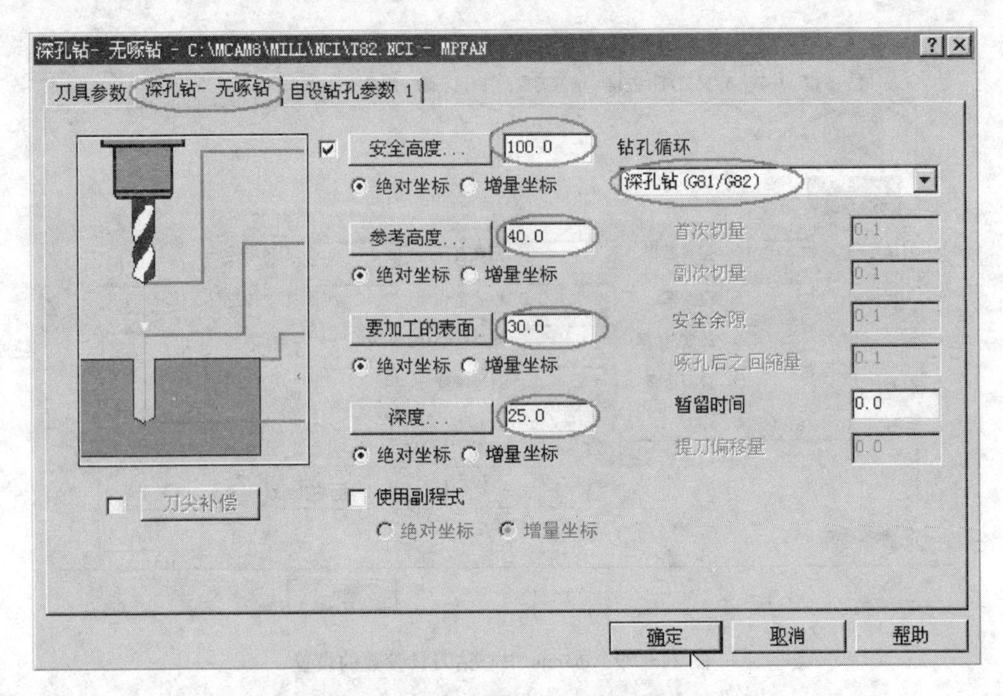

图 2-3-100 设置钻孔深度的对话框

4. 根据前面安排的加工工艺确定钻 ϕ9.8mm 的孔的加工步骤

（1）选择加工方式和加工对象 选择【回主功能表】，在主菜单中，选择【加工路径】→【钻孔】→【选择上次】，见图 2-3-101。

图 2-3-101 钻孔的点位选择，建立新刀具

钻 ϕ9.8mm 的孔为钻中心孔的后续工序，所以在钻孔的中心点位的选择上，可以直接选择【选择上次】的菜单选项（图 2-3-101，P1）。这种选择方式，在加工多个孔中的多次工序中经常会用到。然后，选择【执行】，Mastercam 自动弹出刀具设置对话框。

（2）定义钻头的参数 参考前面中心钻的定义过程，在刀具参数框中（见图 2-3-101，P3）按鼠标右键，在弹出的对话框中选择【建立新的刀具】（见图

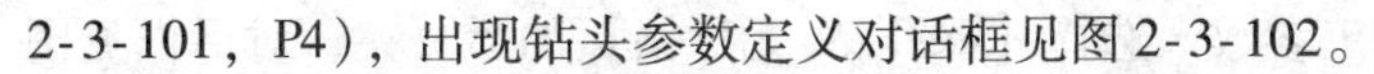

2-3-101，P4），出现钻头参数定义对话框见图 2-3-102。

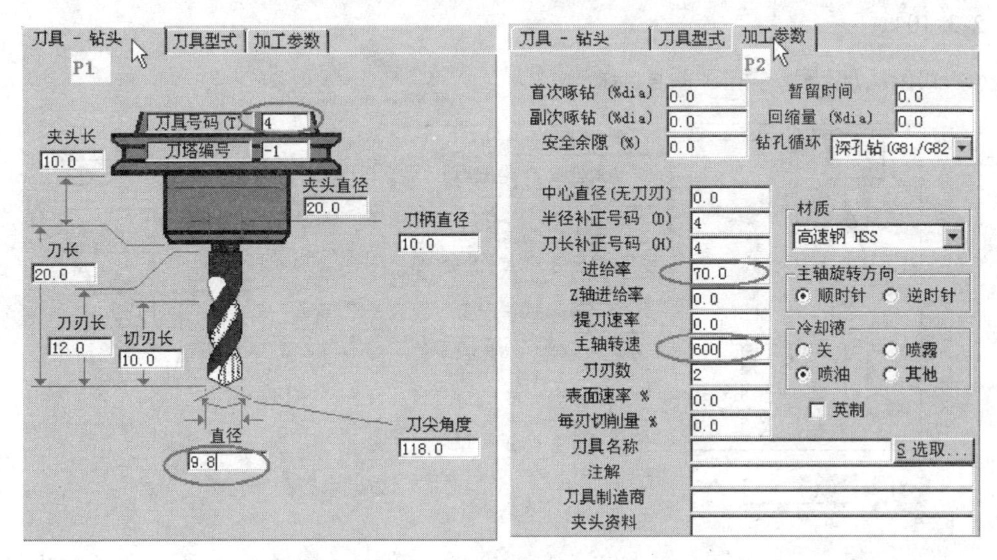

图 2-3-102　定义钻头参数

在【刀具—钻头】活页中（见图 2-3-102，P1），定义刀具号码为“4”，直径为“9.8”，其他的值可取系统默认值。在【加工参数】活页中（见图 2-3-102，P2），定义主轴转速为“600”，进给率为“70”，其他的值可取系统默认值。输入完成后，按下【确定】，返回刀具参数设置对话框，见图 2-3-103。

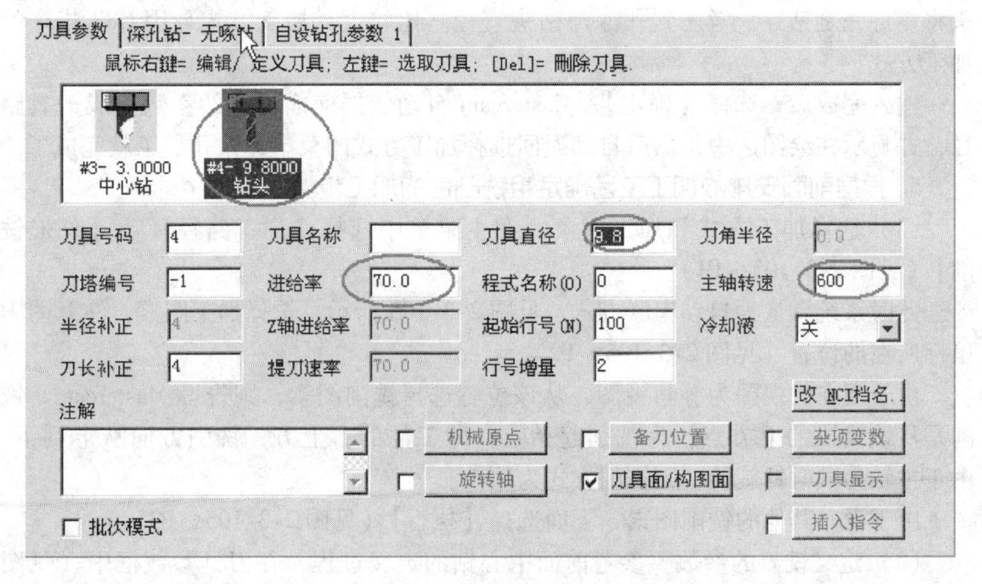

图 2-3-103　刀具参数设置对话框

（3）定义本工序的加工参数　选择【深孔钻-无啄钻】的活页夹，对话框见图2-3-104。

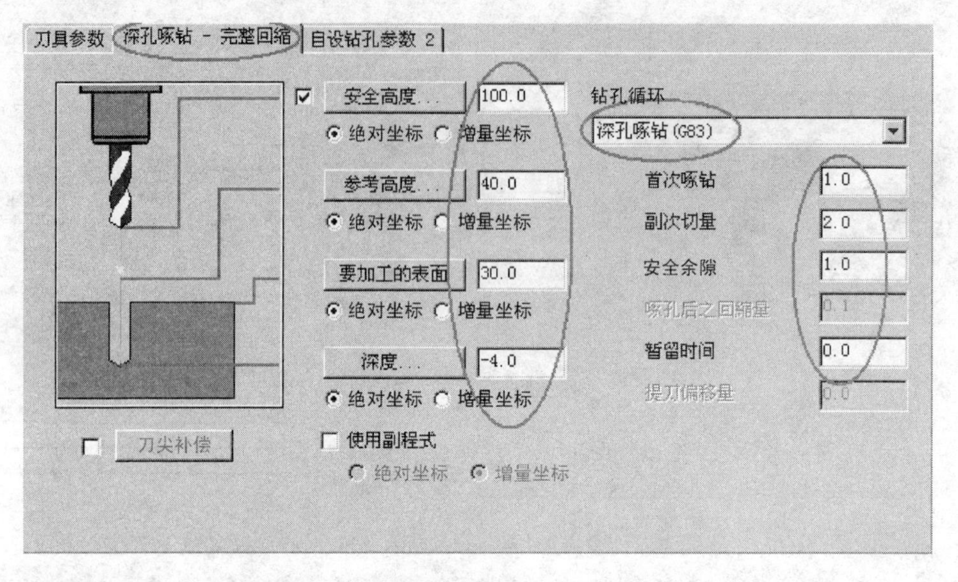

图2-3-104　设置钻孔深度和钻孔指令的对话框

由于选取的零件下表面为Z0位置，所以，在这个对话框中，需要输入的是，【安全高度】为“100.0”，【参考高度】为“40.0”，【要加工的表面】为“30.0”，【深度】为“-4.0”，这是考虑到钻头尖部对钻孔深度的影响，这里钻头将零件完全钻穿。考虑到孔深与钻头直径之比较大，加工方式采用G83指令的加工方式。

输入完成后，选择【确定】，Mastercam自动依据前面设置的参数生成刀具路径，并显示在绘图区中，然后自动返回选择加工方式的菜单，钻孔加工就完成了。

5. 根据前面安排的加工工艺确定粗铣凸台的加工步骤

（1）选择加工方式和加工对象　在主菜单中选择【加工路径】→【外形铣削】（见图2-3-105，P1）。

此时系统默认为自动串联方式。见图2-3-105所示，选择加工图素，注意图中鼠标所在的位置（见图2-3-105，P2）。

由于现在的视图为等角视图，从该位置选择铣削图素，则告诉Mastercam，铣削是从该线段的上方点，为铣削起始点，即工件的右上方，铣削方向从上到下。由于主轴为顺时针旋转，则铣削方式为顺铣。

由于没有其他的铣削图素，下面选择【执行】（见图2-3-105，P3）。

（2）定义铣刀的参数　参考前面中心钻的定义过程，在刀具参数框中（见图2-3-106，P1）按鼠标右键，在弹出的对话框中选择【建立新的刀具】（见图2-3-106，P2）。

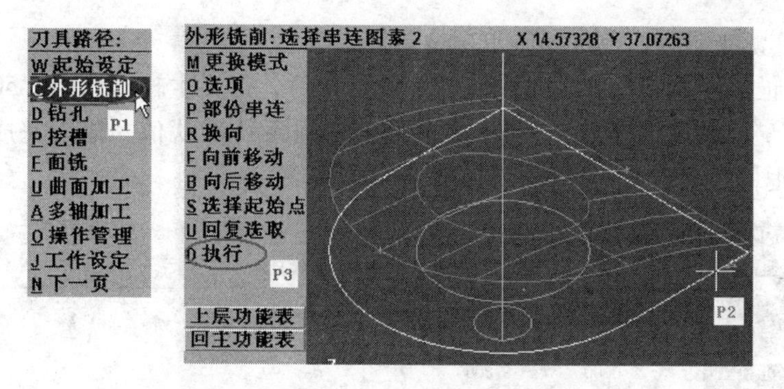

图 2-3-105　外形铣削图素的选择

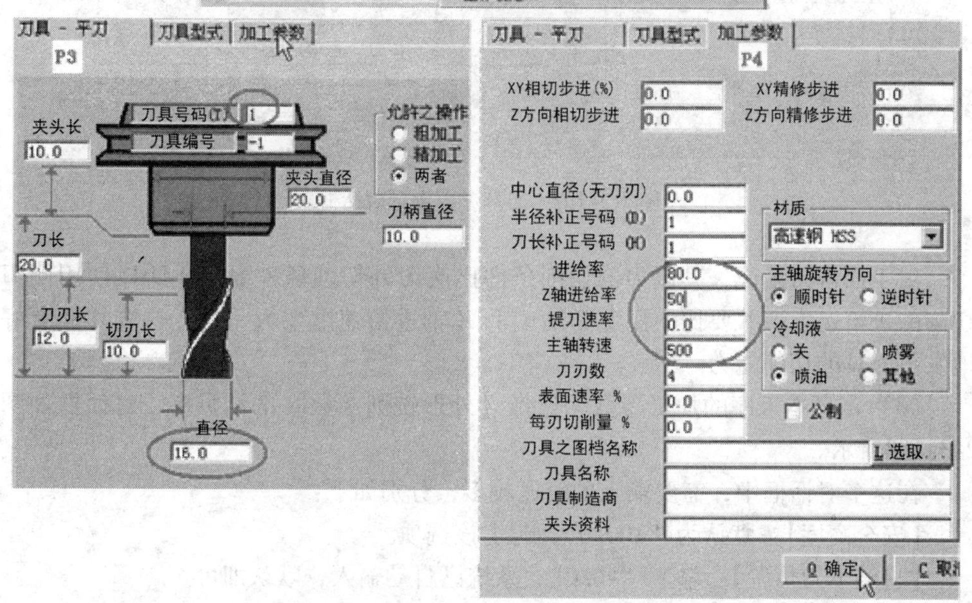

图 2-3-106　定义面铣刀参数

由于加工方式选择的是外形铣削，Mastercam 自动认为下面是要定义铣刀的参数，出现面铣刀参数定义对话框（见图 2-3-106，P3）和面铣刀加工参数定义对话框（见图 2-3-106，P4）。

在【刀具-平刀】活页中（见图 2-3-106，P3），定义刀具号码为“1”，直径为“16”，其他的值可取系统默认值。在这个对话框中，需要注意的输入参数是铣刀的直径，由于铣刀的直径将决定 NC 程序的运行轨迹，所以这个参数最好是加工刀具的真实测量直径，例如 ϕ15.92mm 等。

在【加工参数】活页中（见图2-3-106，P4），定义主轴转速为“500”，进给率为“80”，*Z* 轴进给率为“50”，其他的值可取系统默认值。输入完成后，按下【确定】，返回刀具设置对话框，见图2-3-107。

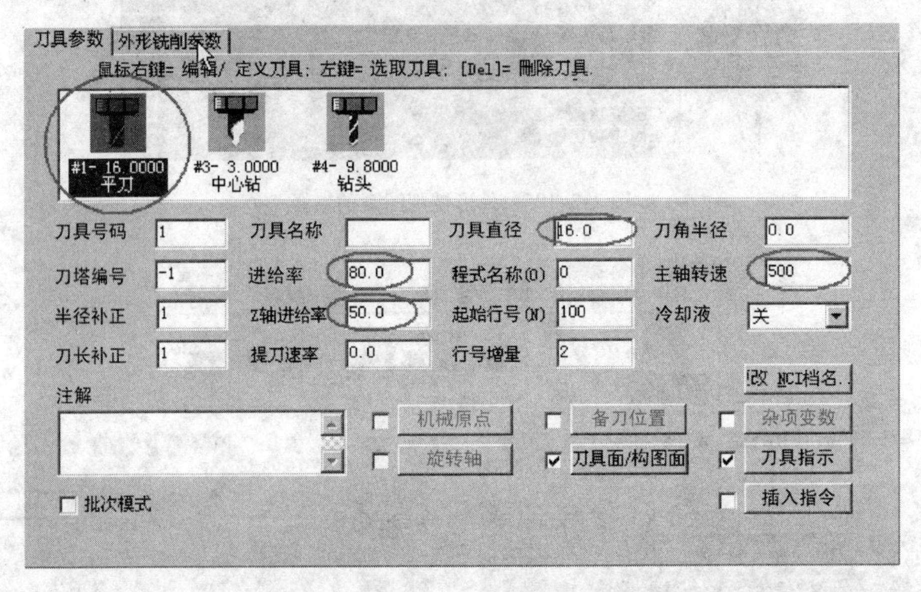

图2-3-107　刀具参数设置对话框

对于面铣刀来说，其侧刃的切削条件比底刃的切削条件要好，所以使用侧刃切削的进给速度通常要比使用底刃切削的 *Z* 轴进给速度要大一些，这样才能更好地发挥刀具的切削能力。

（3）定义本工序的加工参数　选择【外形铣削参数】的活页夹，对话框如图2-3-108所示。

在这个对话框中，需要输入的值比较多，分别如下：

【安全高度】：默认为“100.0”，勾上该选项。

【进给下刀位置】：输入“40.0”，系统已自动输入，默认即可。

【要加工的表面】：输入“30.0”，系统已自动输入，默认即可，即Z0的位置。

【深度…】对话框：输入“15.0”，系统已自动输入，默认即可，即切削深度为15mm。

【电脑补正位置】：设置为“左补正”，为系统默认值。在这种方式下，计算机自动计算刀具位置，在NC程序中，将不会出现G41指令。

【XY方向预留量】：输入“0.2”，表示在 *XY* 方向单边预留0.2mm的余量给下一步工序。如果此处为零，则表示直接铣削到零件尺寸，如果为负值，对于外形来说零件尺寸将被铣小。

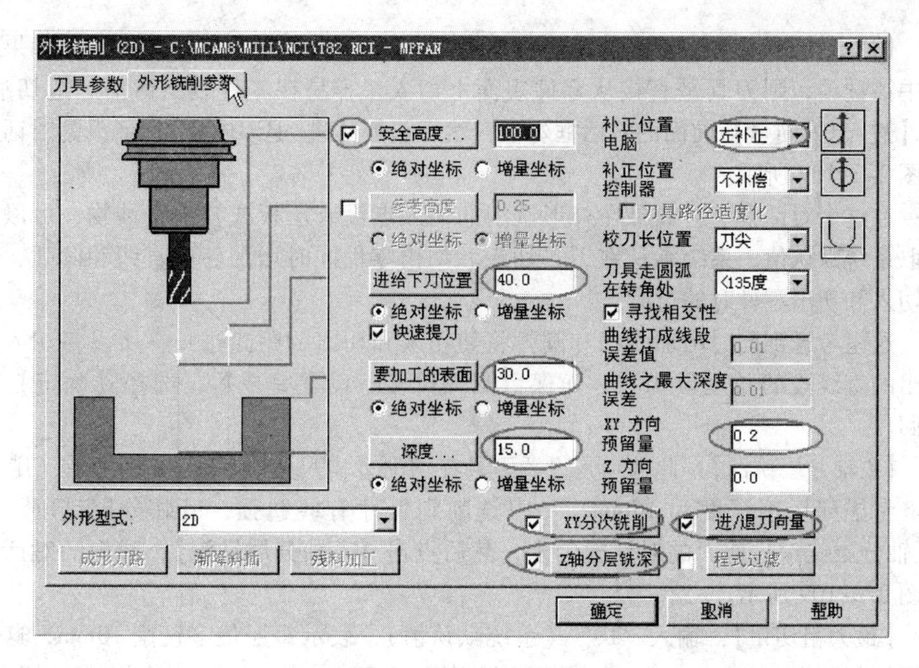

图 2-3-108　外形铣削参数对话框

【XY 分次铣削】：由于在 *XY* 方向余量较大的缘故，需要两次铣削才能完成。将【XY 分次铣削】前面的对话框勾上，然后点击【XY 分次铣削】，在弹出的对话框中，将粗铣次数由默认的 1 次更改为 2 次，其他参数默认即可，见图2-3-109。

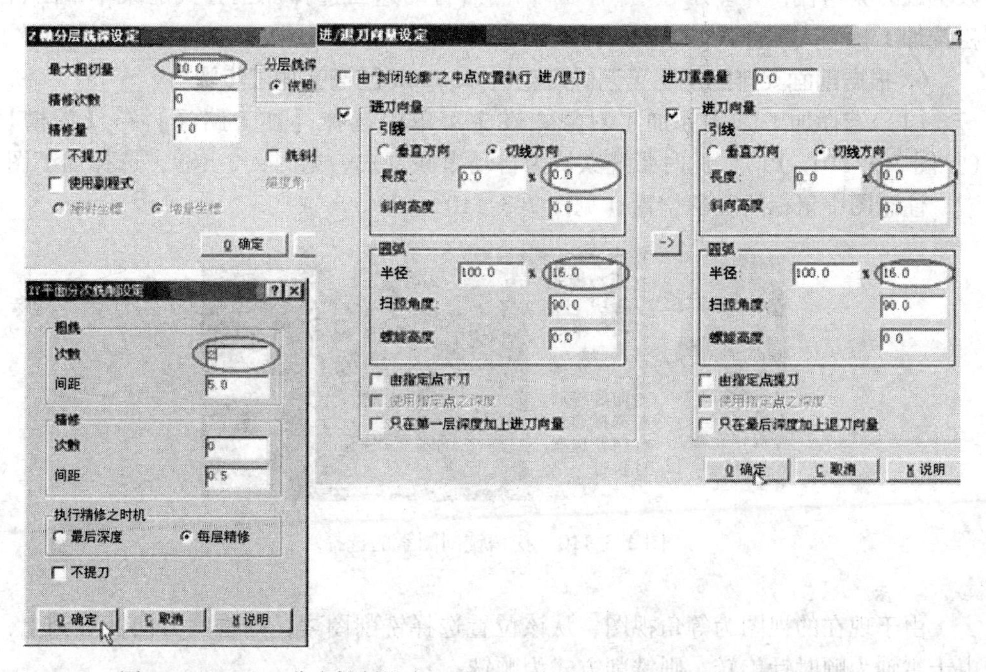

图 2-3-109　XY 分次铣削设定，进/退刀向量的设置和 *Z* 轴分层铣削设定

【进/退刀向量】：此选项是设置刀具切入零件时，所采取的过渡方式。如果不选中该选项，则刀具是直接从零件表面上切入，容易在零件表面留下一道切痕。将【进/退刀向量】前面的对话框勾上，然后点击【进/退刀向量】，弹出的对话框见图 2-3-109 所示。

在这个对话框中，如果在外形铣削的切入点没有压板或其他干涉物，可以直接取系统默认值，系统默认在刀具切入和切出零件同时增加一段直线和圆弧，作为切入和切出零件时的过渡。

这里考虑到同时增加直线和圆弧将使切入和切出的距离过长，所以将切入和切出的直线段的长度设为零，而保留圆弧过渡。设置完成后，选择【确定】后返回。

【Z 轴分层铣深】：此选项是设置刀具在切削 Z 向尺寸时，是否需要分层切削。

考虑到切削深度为 15mm，一刀铣削到尺寸有些勉强，最好分层铣削，将【Z 轴分层铣深】前面的对话框勾上，然后点击【Z 轴分层铣深】，弹出的对话框如图 2-3-109 所示。

【最大粗切量】：输入“10”（系统默认值），表示每层最多铣削 10mm，这样根据切削深度 15mm，Mastercam 将自动计算出需要 $15/10 = 1.5 \approx 2$ 次切削，才能完成 Z 向铣削，则每次的切削深度为 $15/2\text{mm} = 7.5\text{mm}$，即在 NC 代码中，每次下背吃刀量度为 7.5mm。输入完成后，选择【确定】，返回图 2-3-108。

如果所有的输入都完成了，选择【确定】，Mastercam 自动依据前面设置的参数生成刀具路径，并显示在绘图区中，然后自动返回选择加工方式的菜单，凸台粗铣加工就完成了。

6. 根据前面安排的加工工艺确定粗铣 ϕ30mm 凹槽的加工步骤

(1) 选择加工方式和加工对象　在主菜单中选择【加工路径】→【挖槽】（见图 2-3-110，P1）。此时系统默认为自动串联方式。见图 2-3-109，选择加工图素，注意图中鼠标所在的位置（见图 2-3-110，P2）。

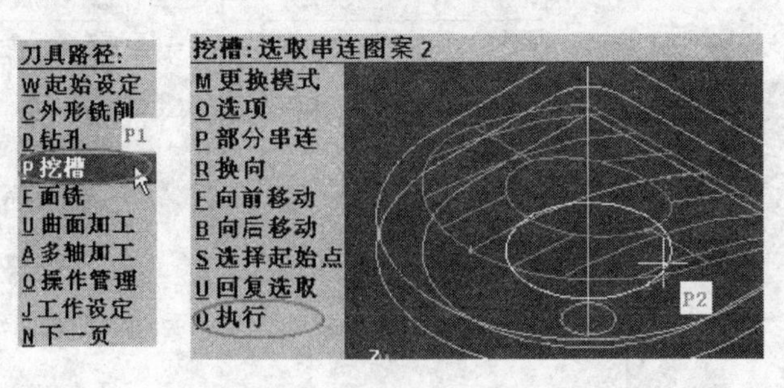

图 2-3-110　挖槽铣削图素的选择

由于现在的视图为等角视图，从该位置选择铣削图素，则铣削方向从下到上，由于主轴为顺时针旋转，则铣削方式为顺铣。

由于没有其他的铣削图素，下面选择【执行】。

(2) 定义铣刀的参数　在弹出的挖槽刀具参数对话框中，直接选择已定义完成的 T1ϕ16mm 的面铣刀，Mastercam 会自动从前面定义好的临时刀具参数库中调入相关的转速、进给率等参数（见图 2-3-111）。

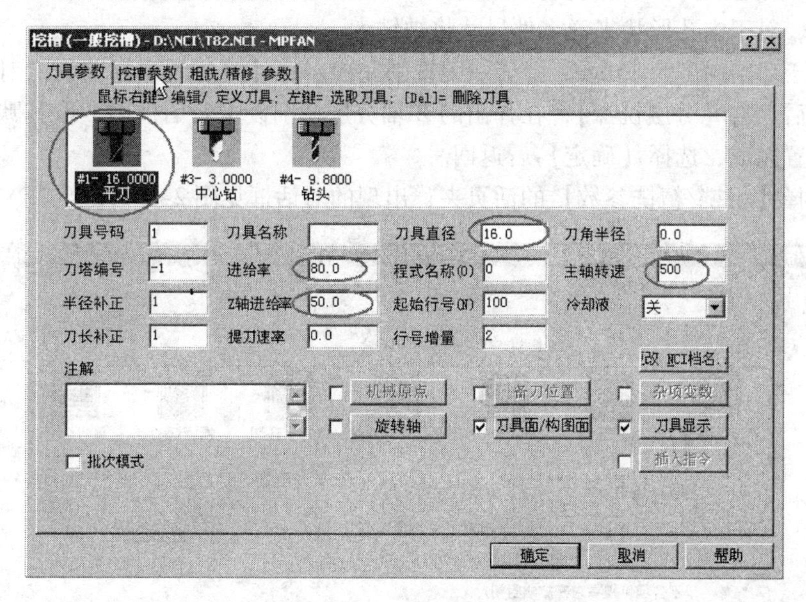

图 2-3-111　刀具参数设置对话框

(3) 定义本工序的加工参数　选择【挖槽参数】的活页夹，对话框见图 2-3-112。

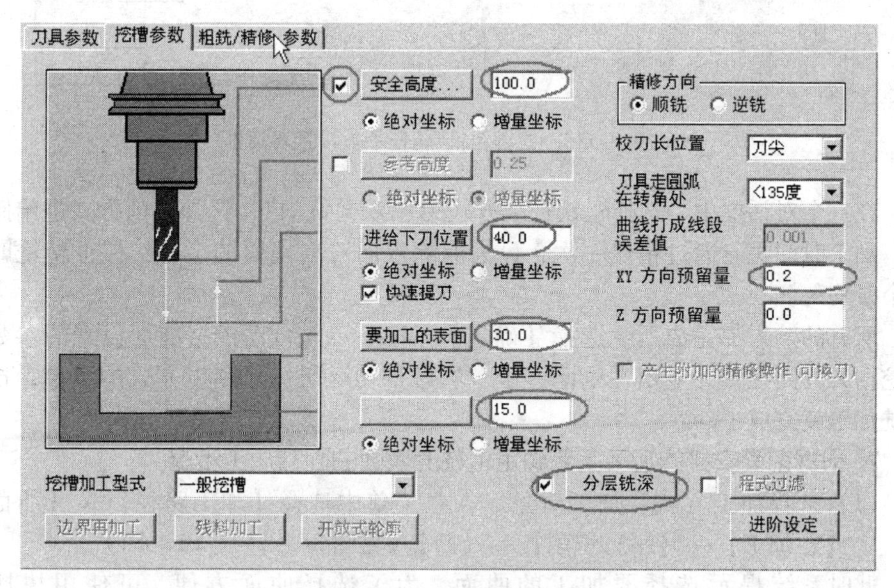

图 2-3-112　挖槽参数对话框

由于在绘制 ϕ30mm 圆槽图素时已经考虑了 Z 向尺寸，在这个对话框中，大多数参数，Mastercam 已经会自动从图素中得到并填写完成，需要输入的并不多。

由于是粗铣，在【XY 方向预留量】输入“0.2”，表示在 XY 方向单边预留 0.2mm 的余量给下一步工序。如果此处为零，则表示直接铣削到零件尺寸，如果为负值，对于内孔形状来说零件尺寸将被铣大。

由于切削深度为 15mm，不能一刀铣削完成，将【分层铣深】前面的对话框勾上，然后点击【分层铣深】，在弹出的 Z 轴分层铣削设定对话框中，取其默认值即可。设置完成，选择【确定】后返回。

选择【粗铣/精铣参数】的活页夹，出现的对话框见图 2-3-113。

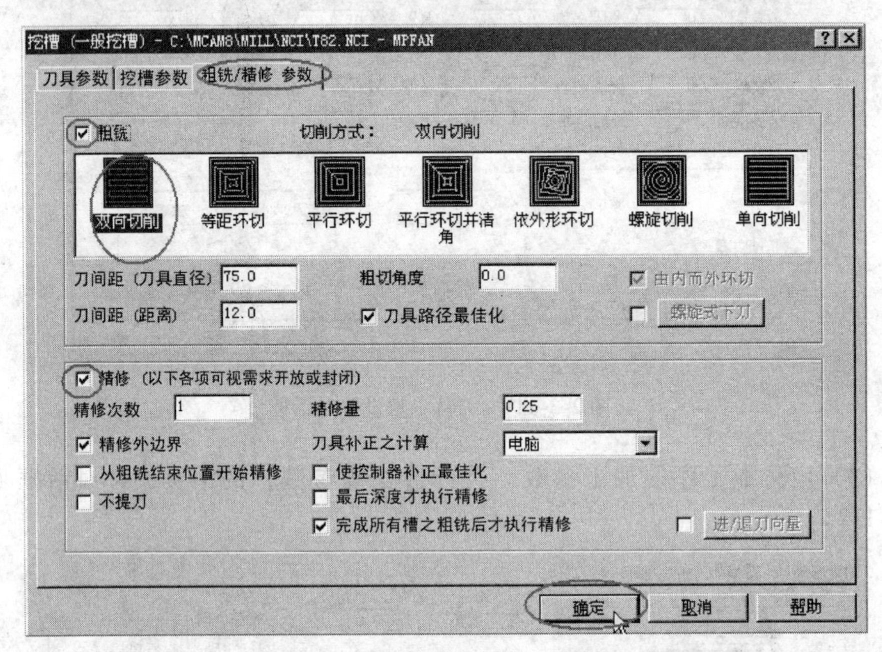

图 2-3-113　挖槽粗铣/精铣参数设置对话框

在这个对话框中，选择粗铣进给方式为“双向铣削”，这种铣削方式进给路径短，加工时间短。通过精修一次，可去取除双向铣削残留的余量，保证精铣时加工余量均匀。

所有的输入都完成后，选择【确定】，Mastercam 自动依据前面设置的参数生成挖槽刀具路径，并显示在绘图区中，然后自动返回选择加工方式的菜单，挖槽粗铣加工就完成了。

7. 根据前面安排的加工工艺确定粗铣上表面曲面的加工步骤

(1) 选择加工方式和加工对象　在主菜单中选择【加工路径】→【曲面加工】→【粗加工】→【平行铣削】→【凸】(见图 2-3-114，P1 ~ P4)。

此时系统提示选择要加工的曲面。为了选择曲面方便，可使用快捷键

"ALT-S"，将曲面渲染着色，然后选取要加工的曲面（见图2-3-114，P5，P6）。

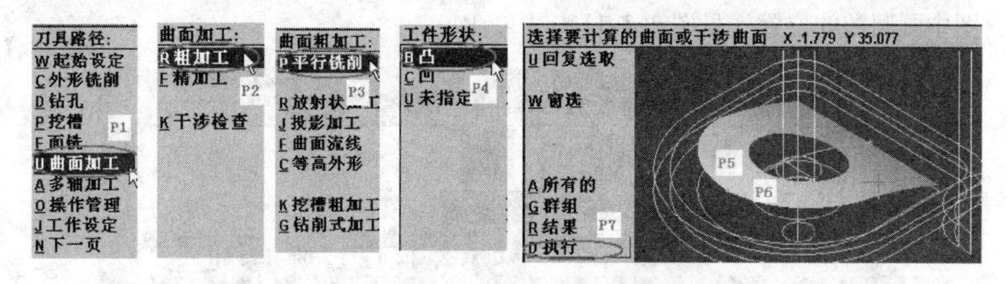

图2-3-114　粗铣曲面图素的选择

选取曲面完成后，选择【执行】。Mastercam自动弹出曲面粗加工的刀具定义对话框。

（2）定义铣刀的参数　参考前面刀具的定义过程，在刀具参数框中（见图2-3-115，P1）按鼠标右键，在弹出的对话框中选择【建立新的刀具】。

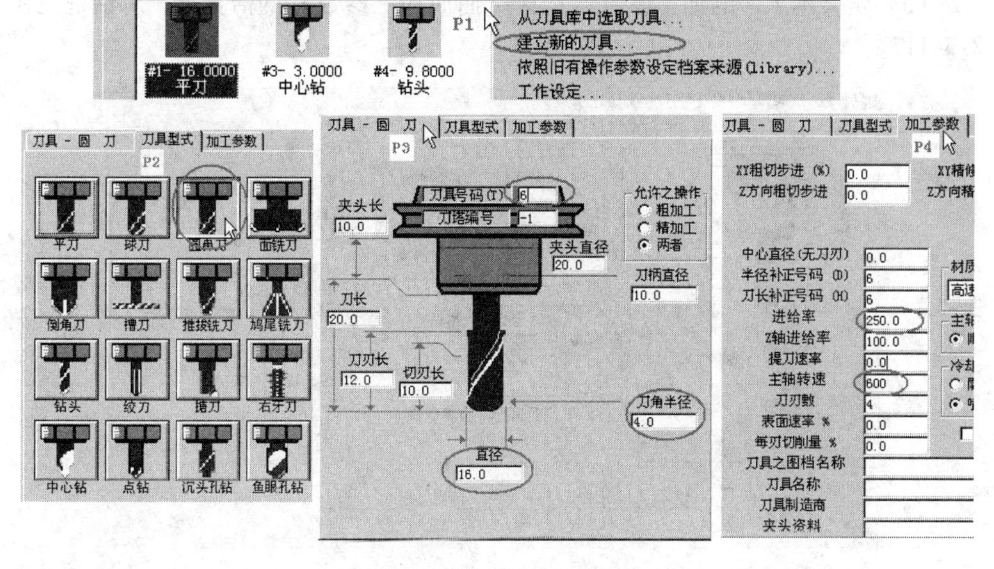

图2-3-115　定义铣刀的参数

对曲面的粗铣，定义一种国内使用比较少而国外常用的圆鼻刀，这种刀具与面铣刀相比，铣削曲面时刚性好，耐磨损，不易产生过切现象。圆鼻刀在价格方面要比球刀贵一些，但与球刀粗加工曲面相比，圆鼻刀可承受较高的转速和进给，由于直径大，在去除曲面余量的效率方面要比球刀高很多，从而大大节省加工时间。实际情况说明，减少加工成本需要从全局的角度来看待这个问题。

下面定义圆鼻刀的加工参数。圆鼻刀的参数定义对话框见图2-3-116，请注意该图中画圆圈的位置（见图2-3-115，P3，P4）。

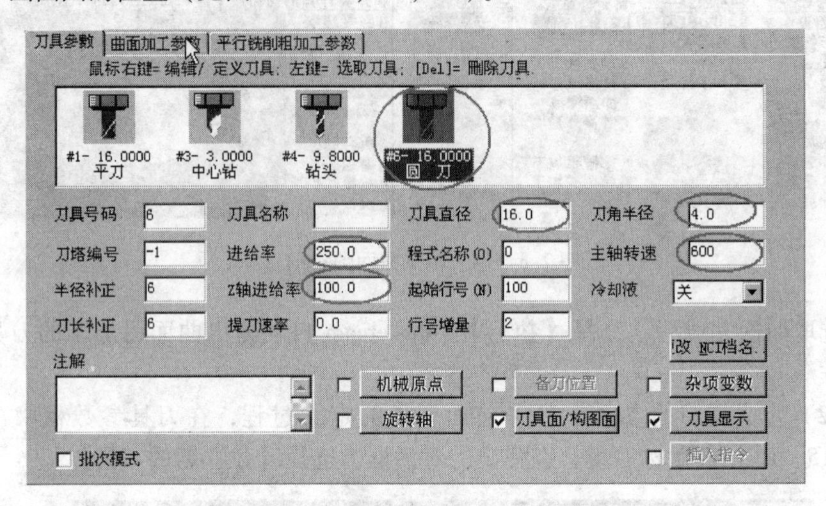

图2-3-116　圆鼻刀的参数定义对话框

（3）定义本工序的加工参数　选择【曲面加工参数】的活页夹，对话框见图2-3-117。

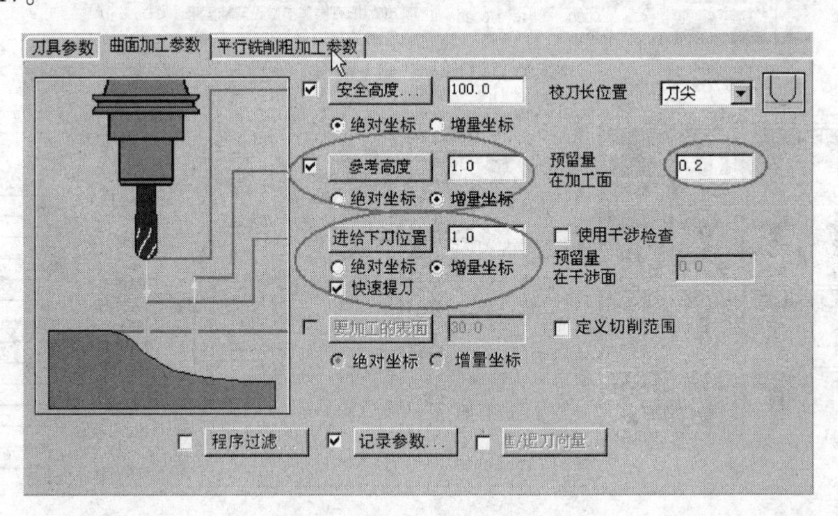

图2-3-117　曲面加工参数对话框

【参考高度】：输入“1.0”，并选中下方的【增量坐标】的选项。该值为刀具提刀的高度。

【进给下刀位置】：输入“1.0”，并选中下方的【增量坐标】的选项。该值为刀具进刀时的高度。

由于Mastercam已经自动从曲面图素中得到曲面的表面尺寸，无须输入，该项变灰。

【预留量】：输入“0.2”，即给曲面精加工留0.2mm的余量。

其他选项取默认值即可。

选择【平行铣削/粗加工参数】的活页夹，出现的对话框见图2-3-118。

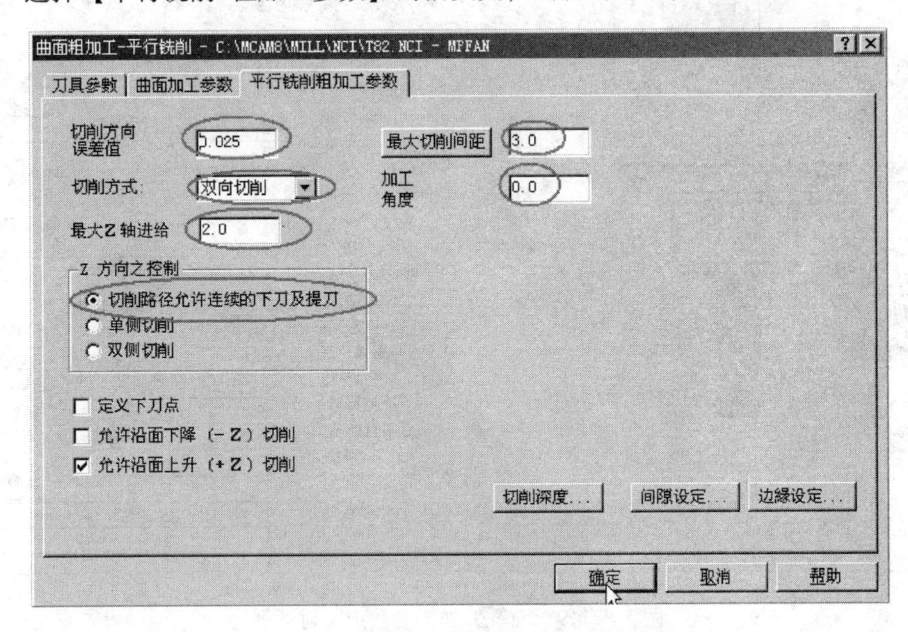

图2-3-118　平行铣削/粗加工参数设置对话框

【切削方向误差值】：输入“0.025”，该值太大影响曲面精度。

【切削方式】：选择“双向切削”，可提高切削效率。

【最大Z轴进给】：输入“2.0”，该值太大会增加残留余量，太小切削效率低。

【最大切削间距】：输入“3.0”，该值太大会增加残留余量，太小切削效率低。

其他选项取默认值即可。

所有的输入都完成后，选择【确定】，Mastercam自动依据前面设置的参数生成曲面粗加工的刀具路径，并显示在绘图区中，然后自动返回选择加工方式的菜单，曲面粗加工就完成了。

8. 根据前面安排的加工工艺确定精铣凸台的加工步骤

（1）选择加工方式和加工对象　具体步骤与粗铣凸台相同，请参考前面内容。

（2）定义铣刀的参数　精铣凸台的面铣刀加工参数定义对话框见图2-3-119。

在【刀具-平刀】活页中，定义刀具号码为“2”，直径为“10.0”，其他的值可取系统默认值。

由于本工序为精铣，为保证零件精度，直径对话框中的参数应该是加工刀具的真实测量直径，例如ϕ9.98mm，如果实际加工的刀具直径与这里设置的直径有误差，那这个误差将直接影响零件的精度，必须要注意。

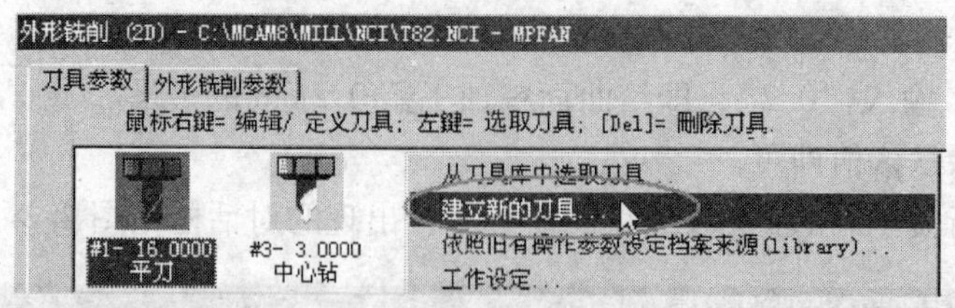

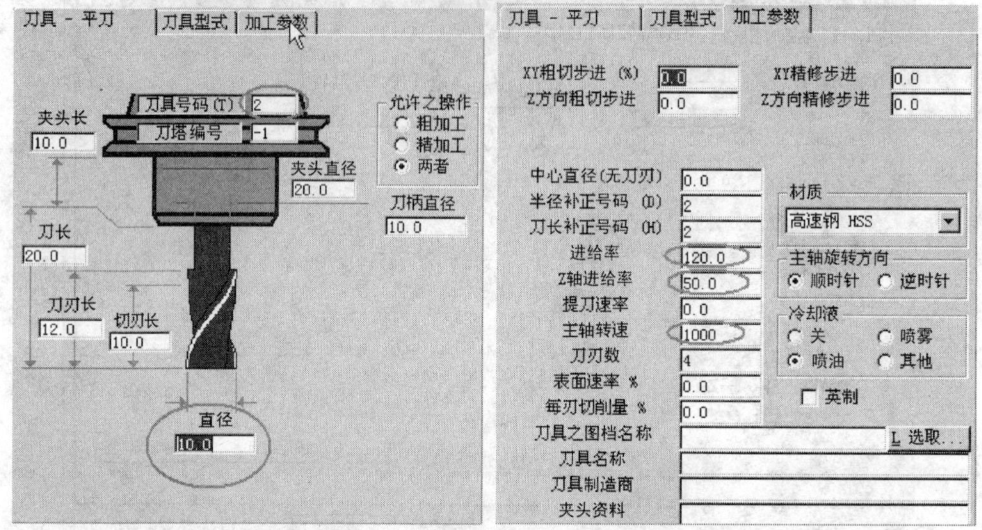

图 2-3-119 面铣刀加工参数定义对话框

有些国产刀具存在刀具弯曲的现象，结果出现实际测量直径为 ϕ9.98mm 的刀具，铣削效果相当于 ϕ10.02mm 的刀具，如果出现这种情况，可认为刀具的实际直径为 ϕ10.02mm。

在【加工参数】活页中，定义主轴转速为“1000”，进给率为“120”，*Z* 轴进给率为“50”，其他的值可取系统默认值，输入完成后，按下【确定】，返回刀具设置对话框，见图 2-3-120。

(3) 定义本工序的加工参数　选择【外形铣削参数】的活页夹，对话框见图2-3-121。

本工序为精加工凸台，由于 Mastercam 自动记忆上一次粗加工凸台输入的值，所以在这个对话框中有许多选项无须输入，需要改动的地方如下：

【XY 方向预留量】：输入“0.0”，表示在 *XY* 方向精铣削到零件理论尺寸，如果根据测量，发现 *XY* 方向的尺寸因为对刀误差、切削力或刀具弯曲等其他原因出现尺寸误差，则该处的值不一定为零，可能为一个很小的正值或负值，如 0.01 或 -0.02。由于外形尺寸通常为负偏差，型腔尺寸通常为正偏差，所以该处的值很多时候是一个负值。

【XY 分次铣削】：由于是精加工，可去掉该选项。

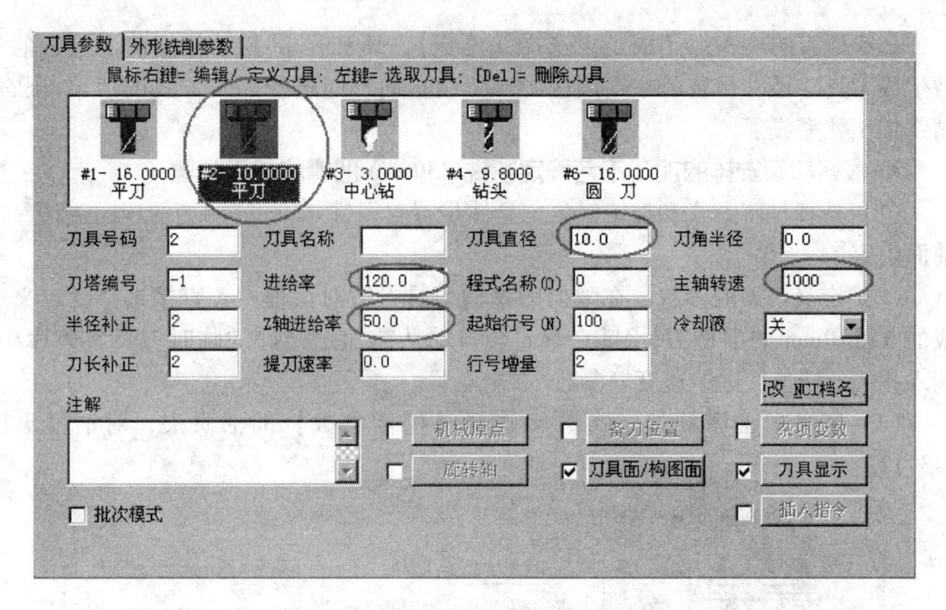

图 2-3-120　刀具参数设置对话框

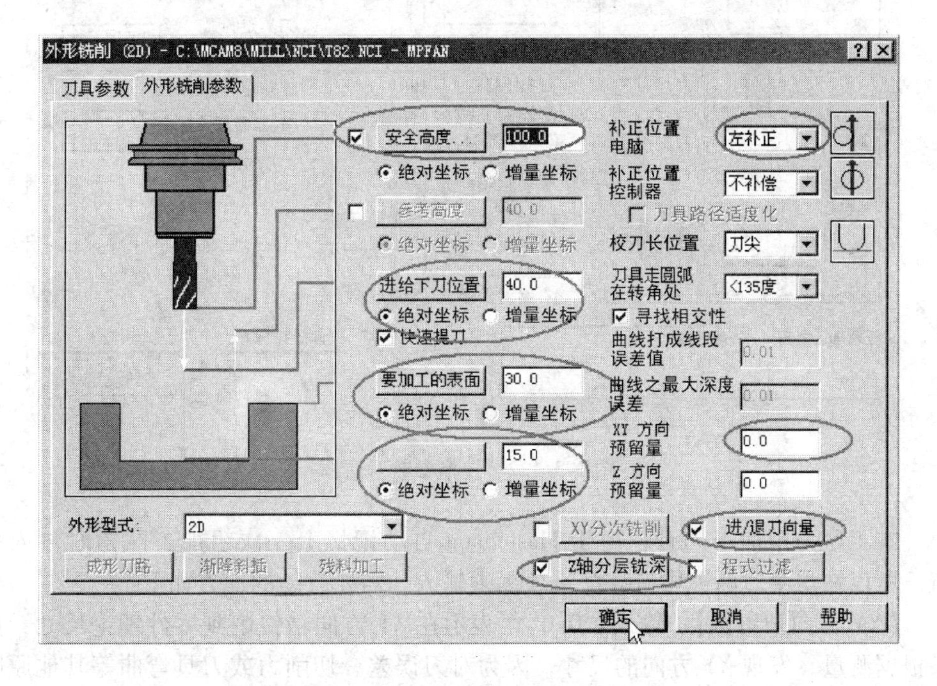

图 2-3-121　外形铣削参数对话框

【进/退刀向量】：将直线加工向量设为零，只保留圆弧进刀向量。

【Z 轴分层铣深】：将最大粗铣量：输入“10”（系统默认值），即 Z 向分两次铣削完成。

如果所有的输入都完成了，选择【确定】，Mastercam 自动依据前面设置的参数生成刀具路径，并显示在绘图区中，然后自动返回选择加工方式的菜单，凸台精铣加工就完成了。

9. 根据前面安排的加工工艺确定精铣 ϕ30mm 凹槽的加工步骤

（1）选择加工方式和加工对象　具体步骤与粗铣 ϕ30mm 凹槽的相同，请参考前面内容。

（2）定义铣刀的参数　在弹出的挖槽刀具参数对话框中，直接选择已定义完成的 T2ϕ10mm 的面铣刀，Mastercam 会自动从前面定义好的临时刀具参数库中，调入相关的转速、进给速度等参数。

（3）定义本工序的加工参数　选择【挖槽参数】的活页夹，对话框见图 2-3-122。

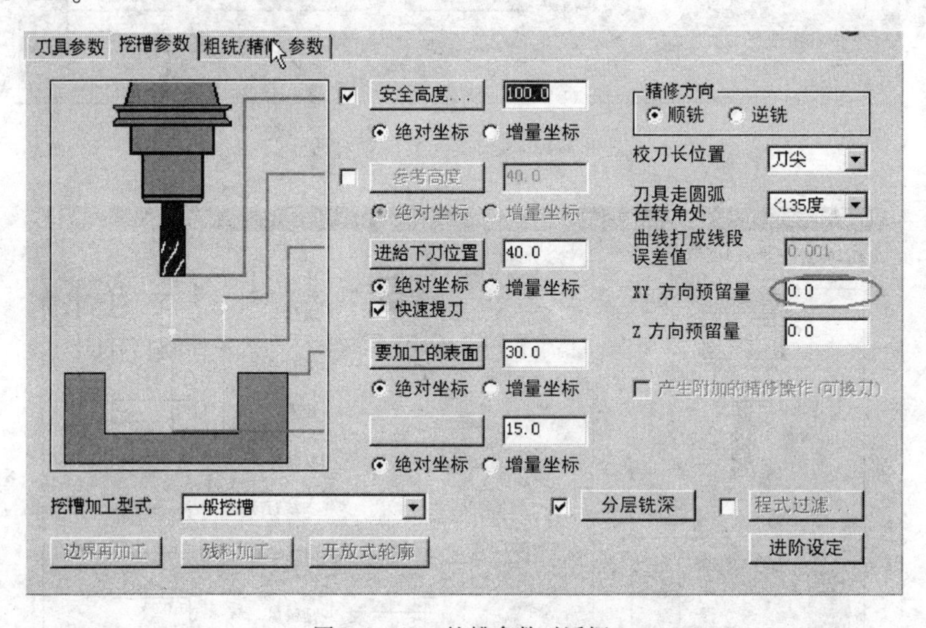

图 2-3-122　挖槽参数对话框

本工序为精加工凸台，由于 Mastercam 自动记忆上一次粗加工凹槽时输入的值，所以在这个对话框中有许多选项无须输入，需要改动的地方如下：

【XY 方向预留量】：输入“0.0”，表示在 XY 方向精铣削到零件理论尺寸，如果根据测量，发现 XY 方向的尺寸，因为对刀误差、切削力或刀具弯曲等其他原因出现尺寸误差，则该处的值不一定为零，可能为一个很小的正值或负值，如 0.01 或 -0.02。由于外形尺寸通常为负偏差，型腔尺寸通常为正偏差。所以该处的值，很多时候是一个负值。

【Z 轴分层铣深】：将最大粗铣量输入“10”（系统默认值），即 Z 向余量分两次铣削完成。

其他选项可使用系统默认值。

选择【粗铣/精铣 参数】的活页夹，出现的对话框见图2-3-123。

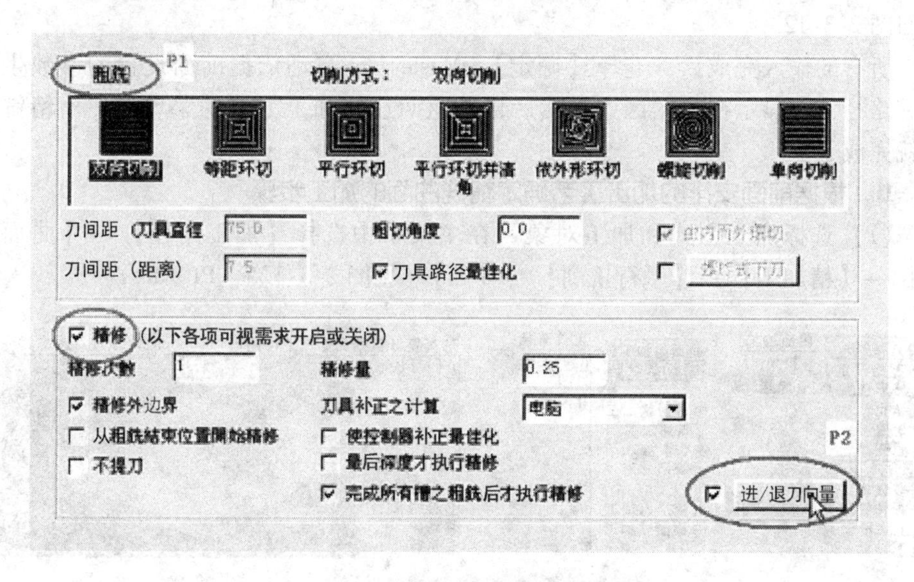

图2-3-123　挖槽粗铣/精铣参数设置对话框

在这个对话框中，去掉【粗铣】选项（见图2-3-123，P1），然后勾上【进/退刀向量】选项，并点击该按钮，进入其参数设置对话框，见图2-3-124。

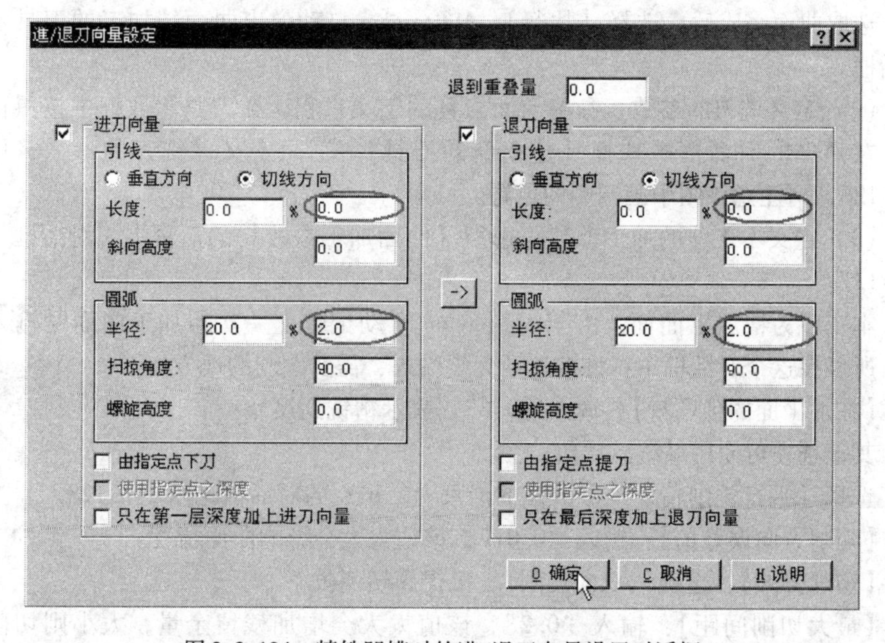

图2-3-124　精铣凹槽时的进/退刀向量设置对话框

由于在凹槽内的空间小，将直线的进/退刀向量均设置为零，将圆弧的进/退刀向量均设置为“2.0”，其他参数使用系统默认值。完成后，点击【确定】按钮，返回图2-3-123。

所有的输入完成后，选择【确定】，Mastercam自动依据前面设置的参数生成刀具路径，并显示在绘图区中，然后自动返回选择加工方式的菜单，凹槽精铣加工就完成了。

10. 根据前面安排的加工工艺确定精铣曲面的加工步骤

（1）选择加工方式和加工对象　在主菜单中选择【加工路径】→【曲面加工】→【精加工】→【平行铣削】→【凸】（见图2-3-125，P1～P4）。

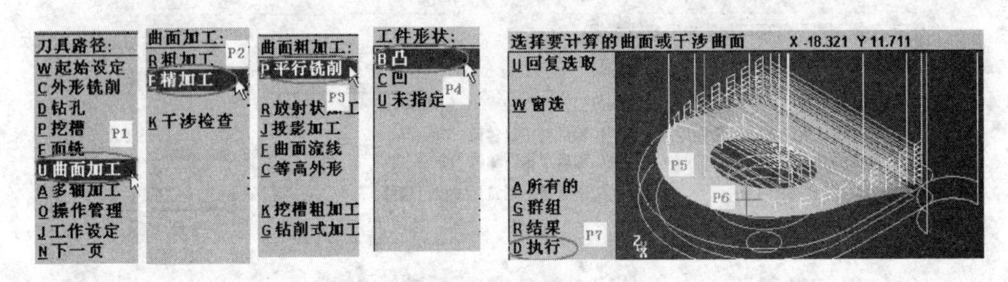

图2-3-125　精铣曲面图素的选择

此时系统提示选择要加工的曲面。为了选择曲面方便，可使用快捷键“ALT-S”，将曲面渲染着色，然后，选取要加工的曲面（见图2-3-125，P5，P6）。

选取曲面完成后，选择【执行】。Mastercam自动弹出曲面精加工的刀具定义对话框。

（2）定义铣刀的参数　参考前面刀具的定义过程，在刀具参数框中按鼠标右键，在弹出的对话框中选择【建立新的刀具】。下面定义球铣刀的参数，见图2-3-126，请注意该图中画圆圈的位置。

（3）定义本工序的加工参数　选择【曲面加工参数】的活页夹，对话框见图2-3-127。

本工序为精加工曲面，由于Mastercam自动记忆上一次粗加工曲面时输入的值，所以在这个对话框中有许多选项无须输入，需要改动的地方如下：

【在加工面的预留量】：输入“0.0”，表示精铣到尺寸。

其他选项可使用系统默认值。

选择【平行铣削精加工参数】的活页夹，出现的对话框见图2-3-128。

【切削方向误差值】：输入“0.01”，该值太大会影响曲面精度。

【切削方式】：选择“双向切削”，可提高切削效率。

【最大切削间距】：输入“0.2”，该值太大会增加残留余量，太小则切削效率低。

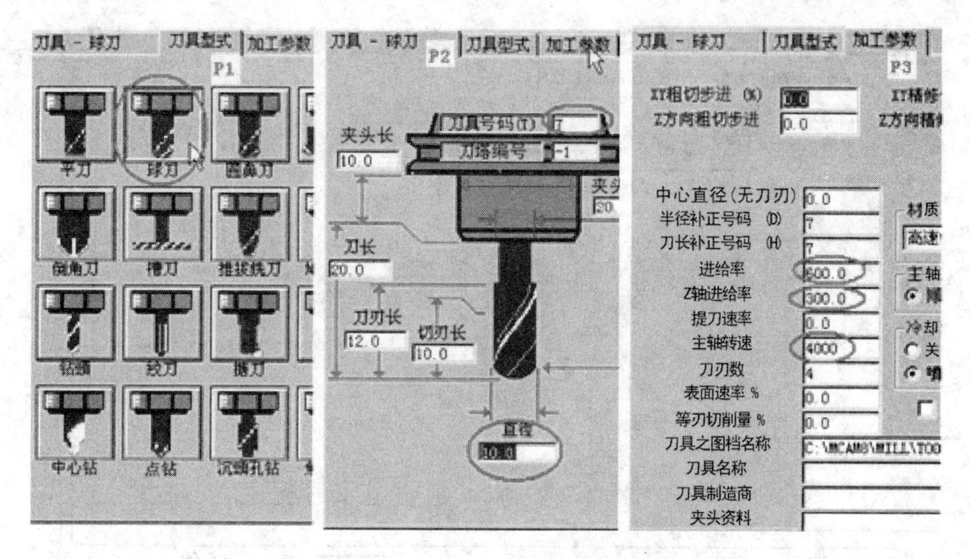

图 2-3-126　定义球铣刀的参数

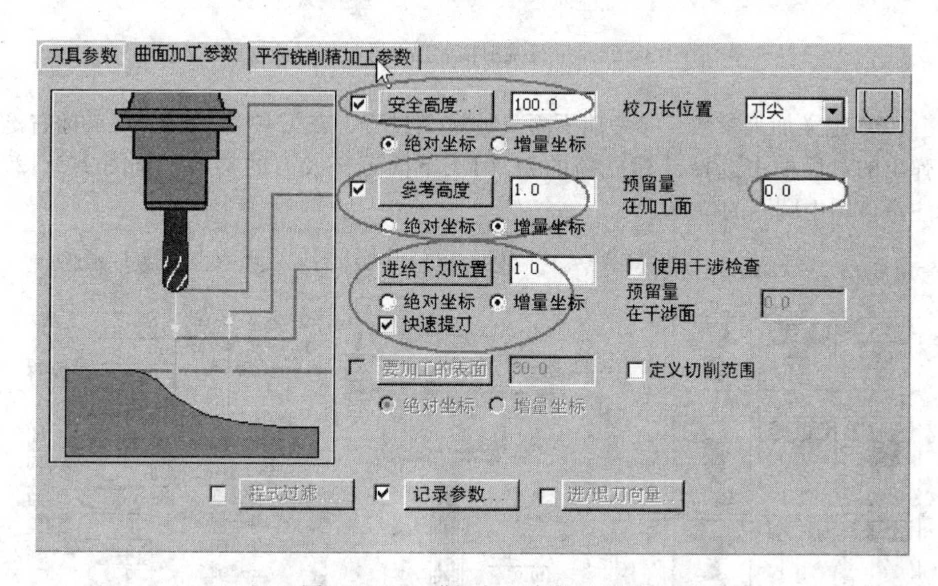

图 2-3-127　曲面加工参数对话框

其他选项取默认值即可。

所有的输入都完成后，选择【确定】，Mastercam 自动依据前面设置的参数生成曲面精加工的刀具路径，并显示在绘图区中，然后自动返回选择加工方式的菜单，曲面精加工就完成了。

11. 根据前面安排的加工工艺确定精铰 ϕ10mm 孔的加工步骤

（1）选择加工方式和加工对象　具体步骤与钻中心孔的步骤相同，请参考前面内容。

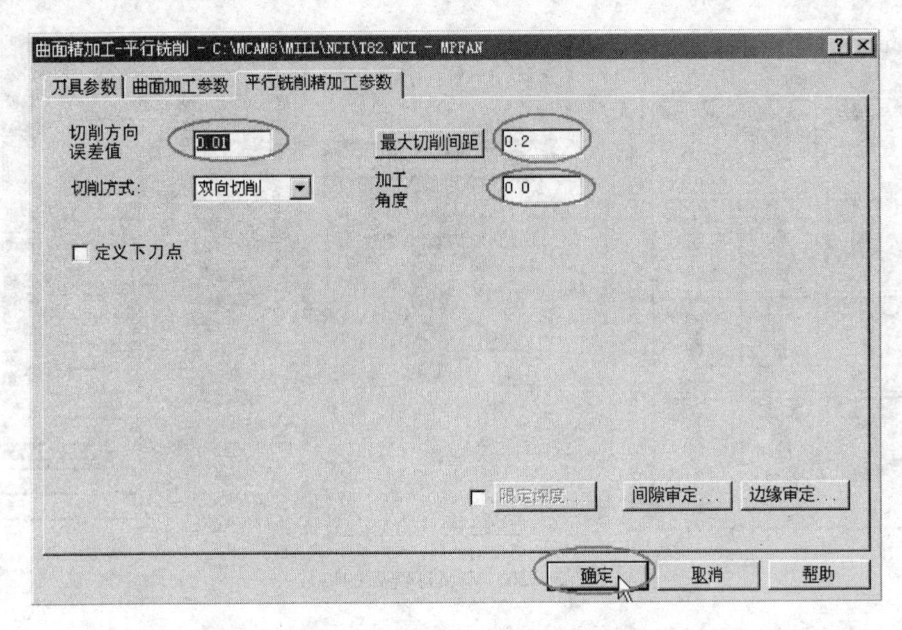

图 2-3-128　平行铣削精加工参数设置对话框

（2）定义加工参数　参考前面刀具的定义过程，在刀具参数框中按鼠标右键，在弹出的对话框中选择【建立新的刀具】。下面定义铰刀的参数，见图 2-3-129，请注意该图中圆圈的位置。

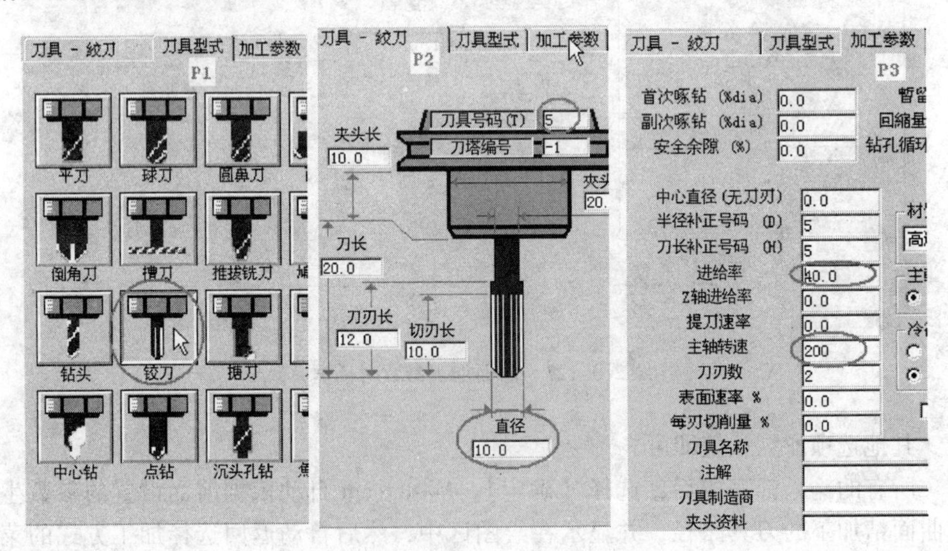

图 2-3-129　定义铰刀的参数

（3）定义本工序的加工参数　选择【深孔钻-无啄钻】的活页夹，对话框见图 2-3-130。

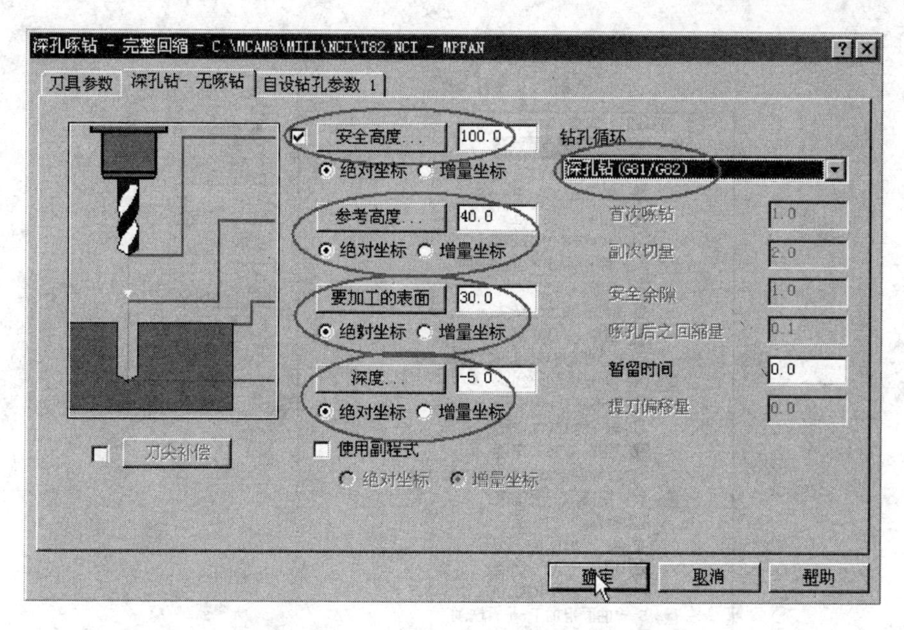

图 2-3-130 铰孔加工参数设置对话框

在这个对话框中需要改动的地方如下：

【深度】：输入“-5.0”，将孔铰穿，并让开铰刀的前端导向部分。

加工方式采用 G81 指令的加工方式。

其他选项取默认值即可。

所有的输入都完成后，选择【确定】，Mastercam 自动依据前面设置的参数生成曲面精加工的刀具路径，并显示在绘图区中，然后自动返回选择加工方式的菜单，铰孔就完成了。

现在所有的工序都完成了。选择【刀具路径】→【操作管理】。在弹出的对话框中，将看到集合前面所有操作工序的刀具路径参数，见 2-3-131。

在这个操作管理对话框中，每一个刀具路径就是一个工步。其刀具路径的顺序应该符合工艺安排。如果认为工序顺序按照不恰当，可以用鼠标拖动该工序，移到合适的位置，Mastercam 会自动按照要求重新排列工艺顺序。

如果图 2-3-127 中多一个或少一个刀具路径，都说明前面的刀具路径设置出现了错误，需要改正。

如果出现见图 2-3-132 的红叉现象，说明设置的加工方式、加工对象或刀具参数与 Mastercam 计算的刀具轨迹不符合，可能是修改了加工参数或刀具参数，也可能是铣削对象发生了变化。这时可以选择【重新计算】的按钮，让 Mastercam 根据新设置的加工方式、加工对象和刀具参数重新计算刀具轨迹。

由于加工条件的变化，常常需要反复修改各工序的加工参数，如果同时修改了多个工序的加工参数，红叉将会出现多个，这时可以选择【全部】→【重新计

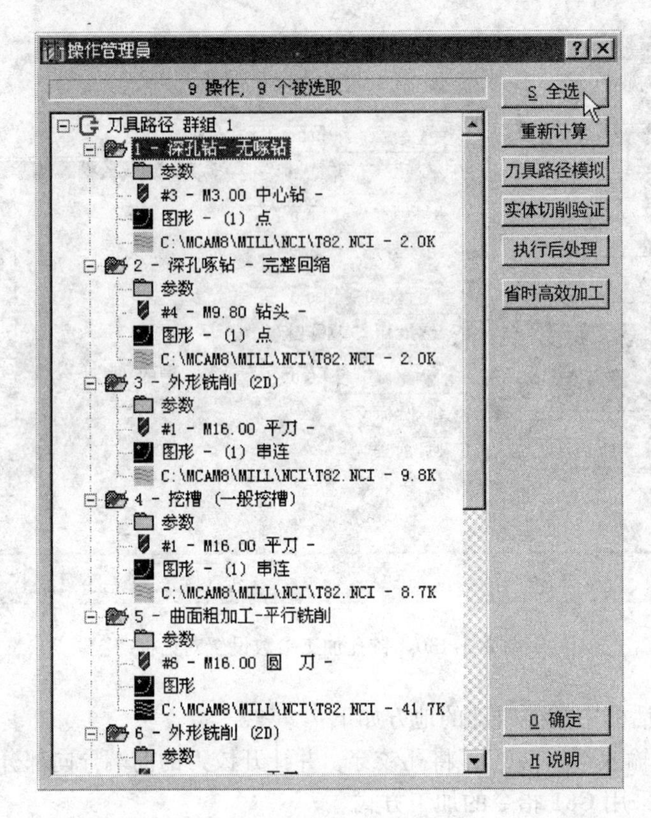

图 2-3-131 操作管理对话框

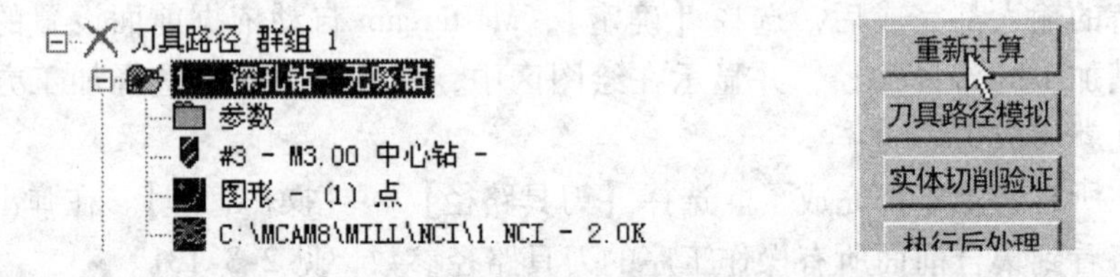

图 2-3-132 刀具轨迹出现问题

算】的按钮，让 Mastercam 根据新设置的加工方式、加工对象和刀具参数全部重新计算刀具轨迹，直到符合图 2-3-131 为止。

五、进行加工仿真或刀具路径模拟，以确认加工结果和刀具路径与设想一致

编程完成后，可以了解整个加工所需要的时间。选择图 2-3-131 中右边的【全部】→【重新计算】→【刀具路径模拟】的按钮，弹出的对话框见图 2-3-133。

选择【自动执行】命令（见图 2-3-133，P1），Mastercam 将显示所选工序的

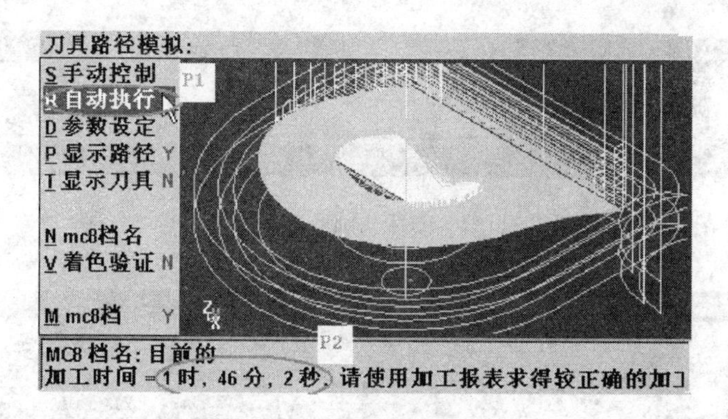

图 2-3-133　预知整个加工时间

刀具轨迹，完成后，在系统提示区中显示根据设置的刀具参数和工件余量所估算出的加工时间，这样就可以依据这个加工时间来合理安排实际生产了。

注意事项：

1）对于曲面加工来说，如果给定的进给速度（F）比较大，例如 F600 以上，那么这里的估算时间肯定偏少，根据曲面加工面积的大小，相差的时间可从 10min 到几小时不等。其原因是实际加工中的进给速度常常达不到所给定的 F 值。这是因为，一般的数控机床进给加速度并不大，在曲面加工中，经常需要频繁更改进给方向，进给加速度不够大，就使实际加工的进给速度达不到给定的 F 值。当然，某些高端的曲面加工软件，利用其独特算法所生成的加工轨迹，可以减少曲面加工轨迹中频繁换向，从而改善这种情况。

2）作为数控加工编程人员，出现 NC 编程错误是难免的。为了减少错误，特别是一些比较明显的错误，Mastercam 从 V7 版本以后，就提供了实体切削验证的功能（以前的刀具路径模拟是以线条的方式来显示刀具路径的，很不直观）。通过这个功能，第一，可以很直观地看到加工的真实过程；第二，可以发现刀具轨迹中出现的错误（例如过切）；第三，可以告诉机床的操作者，要加工零件的什么部位，刀具是怎样进行加工的，很直观。如果发现错误，可以通过修改加工参数来改正，最后得到正确的刀具轨迹。

① 进入实体切削验证模块的操作步骤如下：

a. 选择【全部】→【重新计算】的按钮，确保刀具路径没有出现错误的红叉。

b. 选择操作管理对话框右边的【实体切削验证】按钮。

进入实体切削验证模块后，首先需要设置零件的毛坯形状，才能正确地进行实体模拟切削，点击【参数设定】按钮，弹出的对话框见图 2-3-134。

② 图 2-3-135 是实体切削验证的参数设置对话框，注意图中画圈的地方。

在这个对话框中，需要设置的参数如下：

a. 设置毛坯的形状：根据毛坯，选择【立方体】。

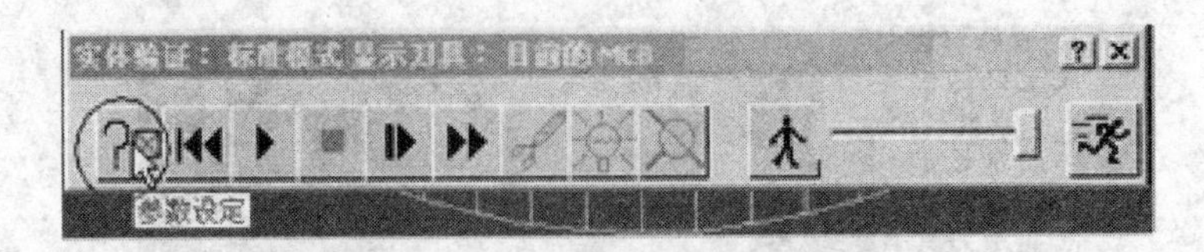

图 2-3-134　实体切削验证的参数设置

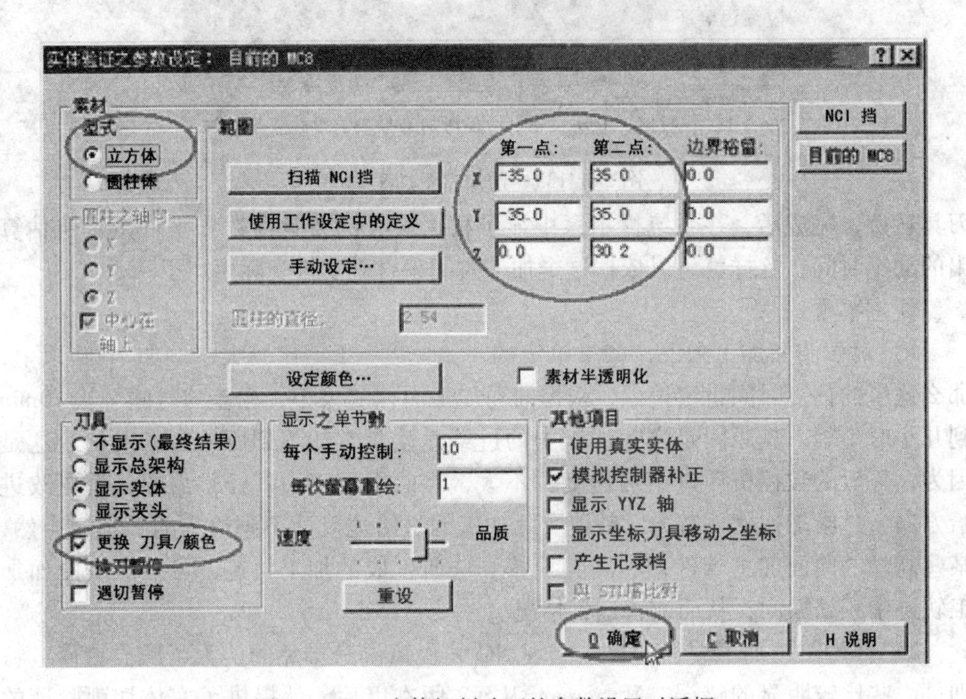

图 2-3-135　实体切削验证的参数设置对话框

b. 输入立方体的大小和位置，在【第一点】（左下角坐标），输入“X：-35.0”、“Y：-35.0”、“Z：0.0”，在【第二点】（右上角坐标），输入“X：35.0”、“Y：35.0”、“Z：30.2”。

c. 为了清楚地显示换刀情况，勾上【更换 刀具/颜色】的选项，这样不同刀具的加工部位就会使用不同的颜色来表示。

完成输入后，点击【确定】按钮。

③ 下面就可以进行实体切削验证了。用鼠标点击图 2-3-136 中所示按钮。

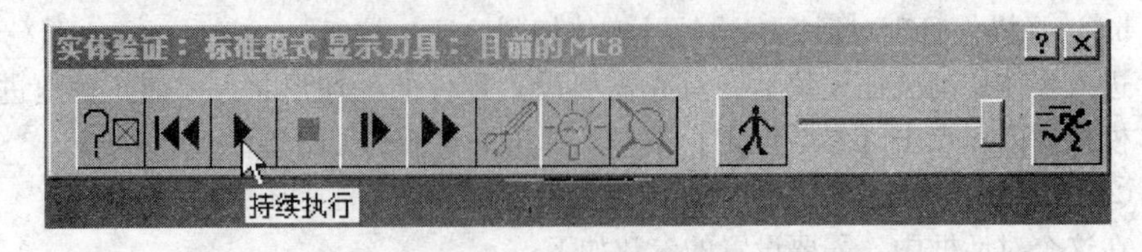

图 2-3-136　开始进行实体切削验证

验证的结果见图2-3-137。

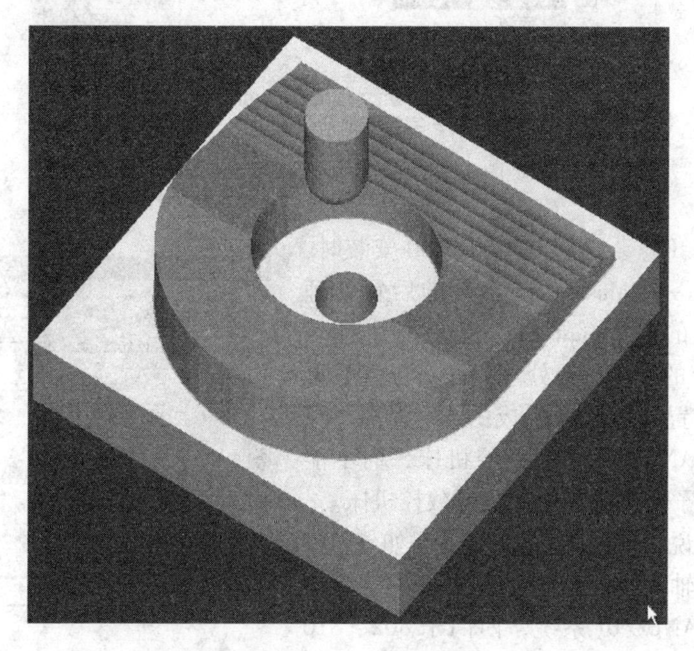

图2-3-137 实体验证结果

如果验证的结果与设想的结果不一样，或是在加工结果中，出现大红颜色的部位，说明加工参数的设置有问题，出现了过切现象，需要返回到操作管理对话框，对工艺步骤和工艺参数设置进行局部调整，然后再进行实体验证，直至满意为止。

如果验证的结果与设想的结果一样，说明加工参数的设置，基本上没有大的问题，就可以通过后置处理程序得到所需要的NC程序了。

六、通过与加工机床相对应的后置处理文件，CAM软件将刀具路径转换成加工代码

NC程序是Mastercam软件的最终结果，通过后置处理程序，所有的设置参数都将以机床代码的形式进入到NC程序中。

后置处理操作步骤如下：

退出实体验证后，Mastercam自动返回图2-3-127所示的操作管理对话框，选择【全选】→【执行后处理】，见图2-3-138。

由于Mastercam默认是生成所有工序的程序，如果只需要得到某一步工序的程序，可用鼠标单独选取需要的工序，再执行后处理。

选择【执行后处理】，出现的对话框见图2-3-139。

在这个对话框中，需要注意的是【目前使用的后处理程序】下面的内容（见

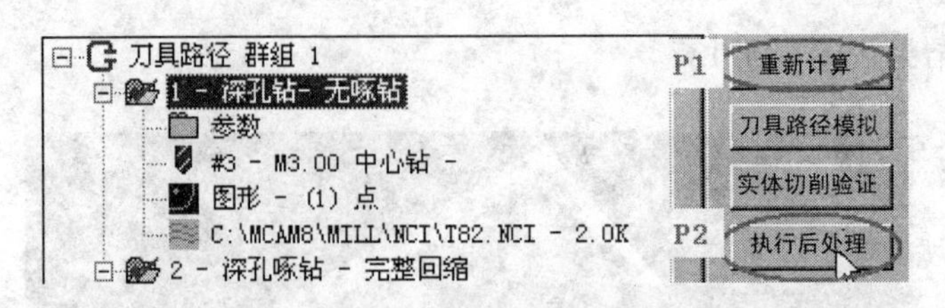

图 2-3-138　执行后置处理程序

图 2-3-139，P1)，通常 Mastercam 在安装时，会自动安装一些 Mastercam 自带的后置处理程序，默认的是 Mpfan. pst，这是一个针对 FANUC 系统的通用后置处理程序。也就是说通过这个后置处理程序生成的 NC 程序，只能适用于 FANUC 系统的数控机床，而不能适用于西门子系统或其他系统的数控机床。

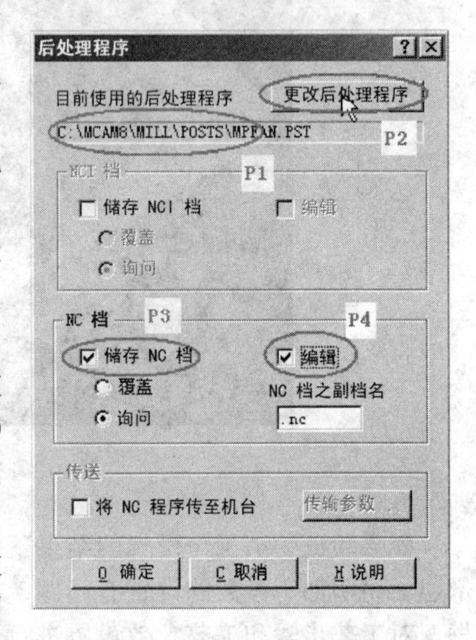

图 2-3-139　后置处理对话框

一般来说，不同的加工模块（如铣削 3 轴，铣削 4 轴，数控车削等）和不同的数控系统（如 FANUC 0i 系统，西门子 802、810 系统等)，分别对应着不同的后处理文件。许多数控加工的编程人员由于不了解情况，不知道将当前的后处理文件进行必要的修改和设定，以使其符合加工系统的要求和使用者的编程习惯，导致生成的 NC 程序中某些固定的地方经常出现一些多余的内容，或者总是漏掉某些词句，这样，在将程序传入数控机床之前，就必须对程序进行手工修改，如果没有全部更正，则会造成事故。

例如，某机床的控制系统通常采用 G90 绝对坐标编程，G54 工件坐标系定位，要求生成的 NC 程序前面必须有 G90 G54 设置，如果后处理文件的设置为 G91 G55，则每次生成的程序中都含有 G91 G55，却不一定有 G90 G54，如果在加工时没有进行手工改正，则势必造成加工错误。

在执行过程中，操作者针对自己的数控铣床分别设置了与机床相对应的后置处理程序。使用哪台数控铣床加工，就应在自动编程时改好与之相对应的后置处理程序，这样生成的 NC 代码就可以直接用于加工生产。

如果要更改目前所使用的后置处理程序，可点击【更改后处理程序】按钮（见图 2-3-139，P2)，出现的对话框见图 2-3-140。

选取与机床相对应的后处理程序后，点击【打开】按钮，Mastercam 自动返回图 2-3-139，将对话框中的存储 NC 程序前面的对话框打勾（见图 2-3-139，P3)

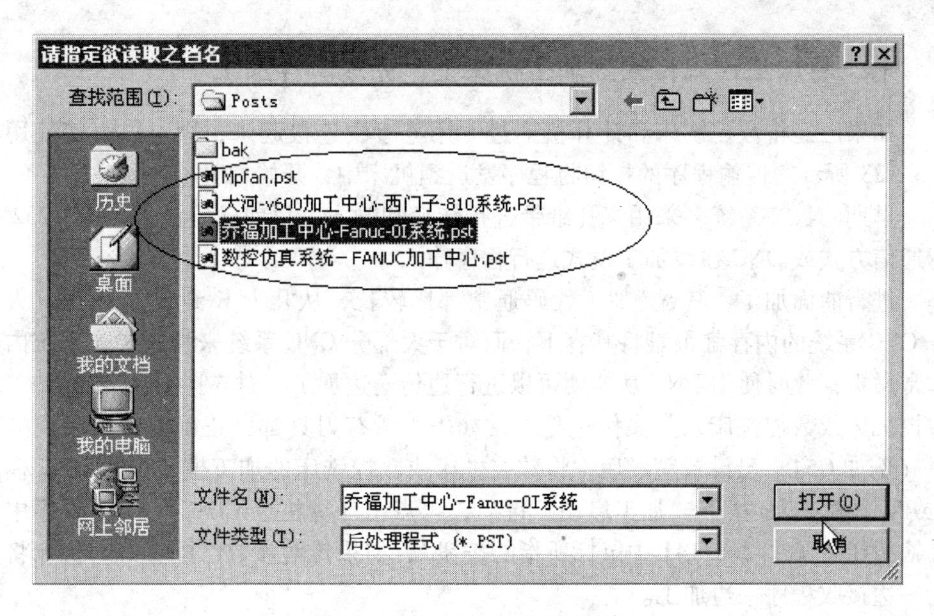

图 2-3-140　更改后置处理程序

和编辑前面的对话框打勾后（见图 2-3-139，P4），点击【确定】按钮，Mastercam 将弹出 NC 文件存储路径的对话框，选择【保存】按钮后，Mastercam 将根据后置处理程序中的语句，自动地将刀具轨迹转换成 NC 代码。完成后，将调用 Masercam 自带的 NC 程序编辑器（CIMCO EDIT），将处理完成的 NC 程序打开，见图 2-3-141。

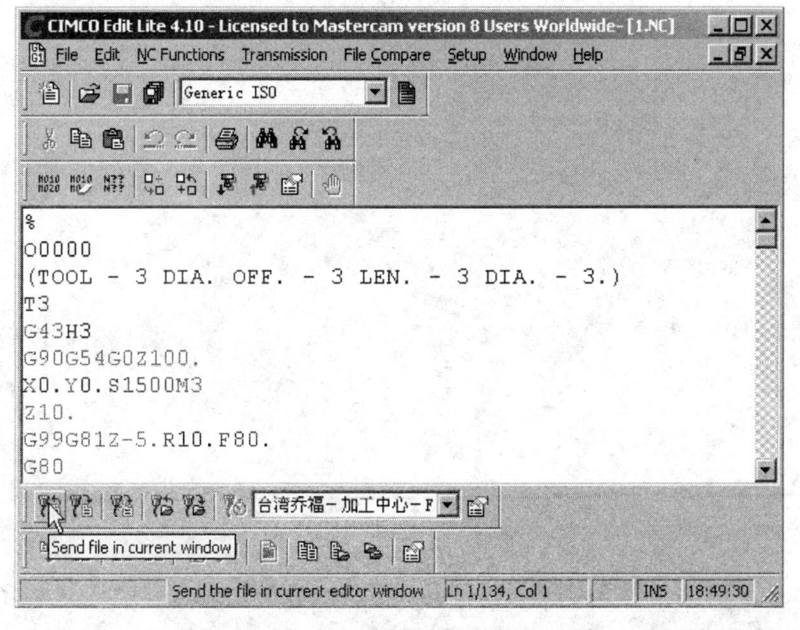

图 2-3-141　后置处理完成后的 NC 程序

七、将加工代码传输到加工机床上，完成零件加工

如果已经将数控铣床和计算机通过专用连接线连接起来，则可以直接使用图2-3-123所示的传输程序的按钮将程序发送到机床中，开始加工零件。

早期的数控系统多采用穿孔纸带进行转换和输入，目前已广泛采用RS-232串行通信方式或DNC在线加工模式进行程序输入。

进行曲面加工，其NC加工代码通常都比较长，从几十K到几M不等，大部分CNC系统的内存都很难将其容下，而对于大部分CNC系统来说，扩充系统内存非常昂贵，此时使用DNC功能便可以进行边传送边加工。对支持DNC传输加工的数控机床或数控铣床，其操作过程通常如下：所有刀具都已正确安装，用户坐标系（例如G54）已设置完成后，将数控机床或数控铣床的加工模式设为DNC模式（或TAP模式），按下“加工启动”键后，再点击计算机上CIMCO EDIT程序中的传输按钮（见图2-3-141中鼠标所指的按钮），如果传输参数已配置好，机床将开始一边接收程序一边加工。

第四章

数控铣削中工件的定位与装夹

第一节　数控机床夹具介绍

一、机床夹具

在机床上使工件占有正确的加工位置并使其在加工过程中始终保持不变的工艺装备称为机床夹具。

对夹具新的要求：①标准化、系列化、通用化。②精密化。③柔性化。④高效、自动化。

机床夹具的作用：①保证稳定的加工精度。②提高劳动生产率。③扩大机床工艺范围。④改善劳动强度，降低对工人技术水平的要求。

1. 机床夹具的分类

机床夹具的种类很多，按使用机床类型分类，可分为车床夹具、铣床夹具、钻床夹具、镗床夹具和其他机床夹具等。按驱动夹具工作的动力源分类，可分为手动夹具、气动夹具、液压夹具、电动夹具、磁力夹具、真空夹具和自夹紧夹具等。按其通用化程度，一般可分为通用夹具、专用夹具、成组夹具以及组合夹具等。6 种夹具如图 2-4-1 所示。

（1）通用夹具　通用夹具的结构、尺寸已规格化，且具有很大的通用性，它无需调整或稍加调整就可用于装夹不同的工件。如自定心卡盘、单动卡盘、机用虎钳、液压虎钳、数控分度头等，见图 2-4-2，一般已作为通用机床的附件，由专业厂生产。采用这类夹具可缩短生产准备周期，减少夹具品种，从而降低生产成本。其缺点是定位与夹紧费时，生产率较低，故主要适用于单件、小批量的生产。

（2）专用夹具　专用夹具是针对某一工件的某一工序而专门设计和制造的，见图 2-4-3。因为不需考虑通用性，所以夹具可设计得结构紧凑、操作方便。由于这类夹具设计与制造周期较长，产品变更后无法利用，因此适用于大批大量生产。

a) b)

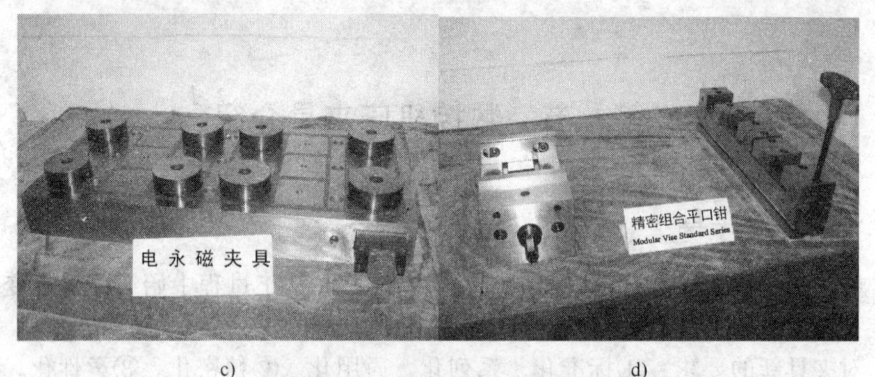

c) d)

e) f)

图 2-4-1 夹具组图

a）带回转装置夹具 b）光面夹具 c）电永磁夹具 d）精密组合平口钳 e）模具台虎钳 f）液压夹具

（3）组合夹具 组合夹具是一种由一套标准元件组装而成的夹具，见图 2-4-4。这种夹具用后可拆卸存放，当重新组装时又可循环重复使用。由于组合夹具的标准元件可以预先制造备存，还具有多次反复使用和组装迅速等特点，所以在单件，中、小批量生产，数控加工和新产品试制中特别适用。

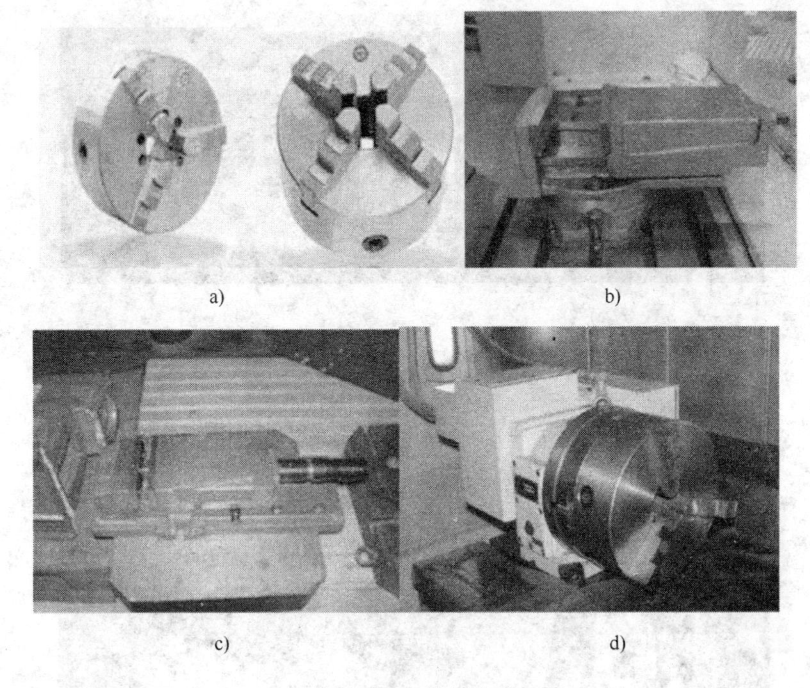

a)　　　　b)

c)　　　　d)

图2-4-2　通用夹具

a）自定心卡盘\单动卡盘　b）机用虎钳　c）液压虎钳　d）数控分度头

a)　　　　b)

图2-4-3　专用夹具

a）数控柔性平口钳　b）多工位组合平口钳

（4）成组可调夹具　成组可调夹具是针对通用夹具和专用夹具的缺陷而发展起来的，它是在加工某种工件后，经过调整或更换个别定位元件和夹紧元件，即可加工另外一种工件的夹具，成组可调夹具实例如图2-4-5所示。它按成组原理设计，用于加工形状相似和尺寸相近的一组工件，故在多品种，中、小批量生产中使用有较好的经济效果。

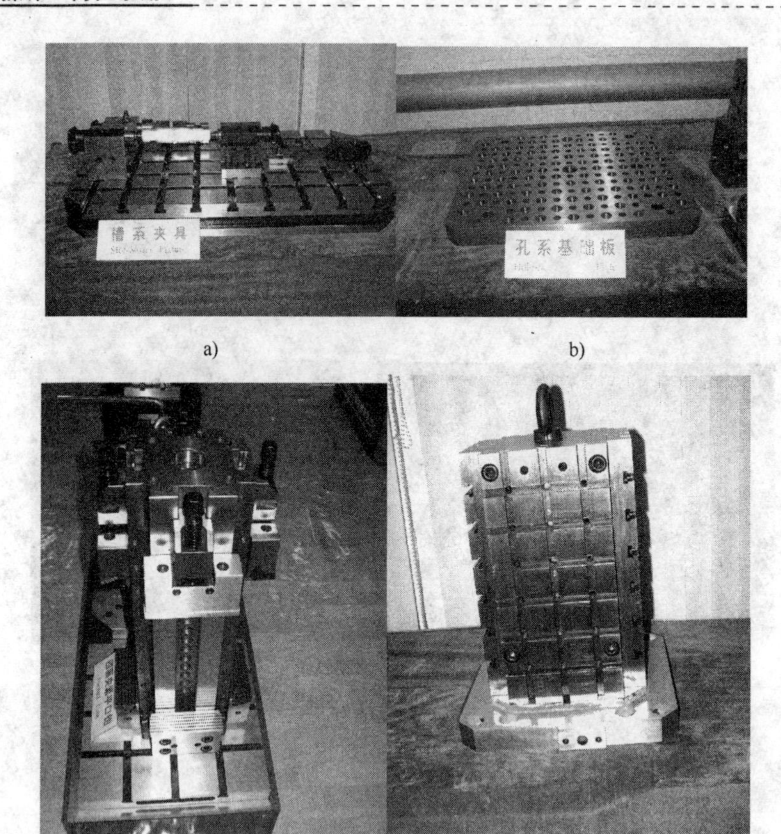

a)　　b)

c)　　d)

图 2-4-4　组合夹具

图 2-4-5　成组可调夹具实例

2. 机床夹具的组成

机床夹具按其作用和功能通常可由定位元件、夹紧装置、安装联接元件、导向元件、对刀元件和夹具体等几个部分组成。

（1）定位元件　定位元件用于确定工件在夹具中的位置，使工件在加工时相对刀具及运动轨迹有一个正确的位置。定位元件是夹具的主要功能元件之一，其定位精度将直接影响工件的加工精度。常用的定位元件有V形块、定位销、定位块等，如钻模夹具，如图2-4-6所示。图中定位销2即是定位元件。

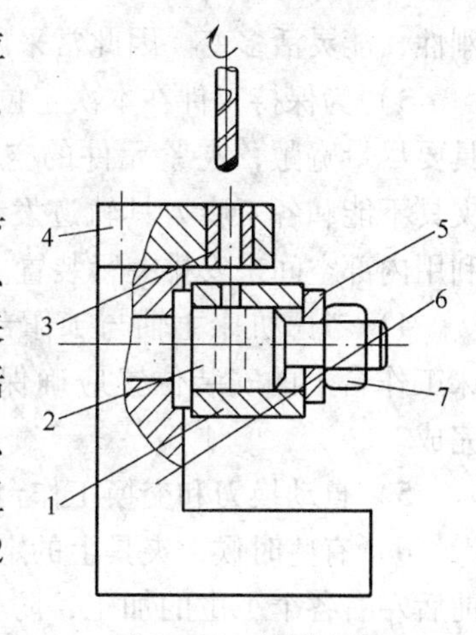

图2-4-6　钻模夹具

1—工件　2—定位销　3—钻套　4—钻模板　5—快卸垫片　6—夹具体　7—螺母

（2）夹紧装置　夹紧装置用于保持工件在夹具中的既定位置，使工件不致因加工时所受的切削力、重力、离心力、振动等外力而改变原定的位置。夹紧装置也是夹具的主要功能元件之一，它通常包括夹紧元件（如压板、压块）、增力装置（如杠杆、螺旋、偏心轮）和动力源（如气缸、液压缸）等组成部分。图2-4-6中快卸垫片5、螺母7及定位销2上的螺栓构成了夹紧装置。

（3）安装联接元件　安装联接元件用于确定夹具在机床上的位置，从而保证工件与机床之间的正确加工位置。

（4）导向元件和对刀元件

1）用于确定刀具位置并引导刀具进行加工的元件，称为导向元件，见图2-4-6中的钻套3就是引导钻头用的导向元件。

2）用于确定刀具在加工前正确位置的元件，称为对刀元件，如对刀块。这类元件共同确定夹具与刀具之间所应具有的相互位置，从而保证工件与刀具之间的正确加工位置。

（5）夹具体　夹具体是夹具的基础件，它用来联接夹具上各个元件或装置，使之成为一个整体。夹具体也用来与机床的有关部位相联接，见图2-4-6中夹具体6。

（6）其他元件或装置　根据加工需要，有些夹具上还可有分度装置、靠模装置、上下料装置、顶出器和平衡块等其他元件或装置。

二、夹具的选择原则

数控铣床夹具的选择和使用主要有以下方面：

1）根据数控铣床的特点和加工需要，目前常用的夹具类型有专用夹具、组合夹具、可调夹具、成组夹具以及工件统一基准定位装夹系统。在选择时要综合考虑各种因素，选择较经济、较合理的夹具形式。一般夹具的选择顺序是，在单件生产中尽可能采用通用夹具；批量生产时优先考虑组合夹具，其次考虑可调夹具，最后考虑成组夹具和专用夹具；当装夹精度要求很高时，可配置工件统一基准定位装夹系统。

2）数控铣床的高柔性要求其夹具比普通机床结构更紧凑、简单，夹紧动作更迅速、准确，尽量减少辅助时间，操作更方便、省力、安全，而且要保证足够的刚性，能灵活多变。因此常采用气动、液压夹紧装置。

3）为保持工件在本次定位装夹中所有需要完成的待加工面充分暴露在外，夹具要尽量宽敞，夹紧元件的空间位置能低则低，必须给刀具运动轨迹留有空间。夹具不能和各工步刀具轨迹发生干涉。当箱体外部没有合适的夹紧位置时，可以利用内部空间来安排夹紧装置。

4）考虑机床主轴与工作台面之间的最小距离和刀具的装夹长度，夹具在机床工作台上的安装位置应确保在主轴的行程范围内，能使工件的加工内容全部完成。

5）自动换刀和交换工作台时不能与夹具或工件发生干涉。

6）有些时候，夹具上的定位块是安装工件时使用的，在加工过程中，为满足前后左右各个工位的加工，防止干涉，工件夹紧后即可拆去。对此，要考虑拆除定位元件后，工件定位精度的保持问题。

7）尽量不要在加工中途更换夹紧点。当非要更换夹紧点时，要特别注意不能因更换夹紧点而破坏定位精度，必要时应在工艺文件中注明。

第二节　零件的定位与装夹

在机床上加工工件时，为了在工件的某一部位加工出符合工艺规程要求的表面，加工前需要使工件在机床上占有正确的位置，称为定位。由于在加工过程中工件受到切削力、重力、振动、离心力、惯性力等作用，所以还应采用一定的机构，使工件在加工过程中始终保持在原先确定的位置上，称为夹紧。

工件定位的基本原理如下：

（1）六点定位原理　工件在空间具有六个自由度见图 2-4-7，即沿 X、Y、Z 三个直角坐标轴方向的移动自由度 $\vec{X}$、$\vec{Y}$、$\vec{Z}$ 和绕这三个坐标轴的转动自由度 $\widehat{X}$、$\widehat{Y}$、$\widehat{Z}$。因此，要完全确定工件的位置，就必须消除这六个自由度，通常用六个支承点（即定位元件）来限制工件的六个自由度，其中每一个支承点限制相应的一个自由度，即工件的六点定位，如图 2-4-8 所示，在 XOY 平面上，不在同一直线上的三个支承点限制了工件的 $\vec{Z}$、$\widehat{X}$、$\widehat{Y}$ 三个自由度，这个平面称为主基准面；在 YOZ 平面上，沿长度方向布置的两个支承点限制了工件的 $\vec{X}$、$\widehat{Z}$ 两个自由度，这个平面称为导向平面；工件在 XOZ 平面上被一个支承点限制了 $\vec{Y}$ 一个自由度，这个平面称为止动平面。

综上所述，若要使工件在夹具中获得唯一确定的位置，就需要在夹具上合理设置相当于定位元件的六个支承点，使工件的定位基准与定位元件紧贴接触，即可消除工件的所有六个自由度，这就是工件的六点定位原理。

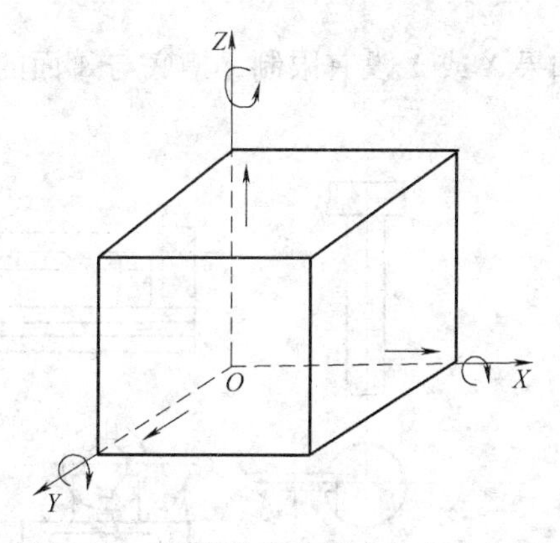

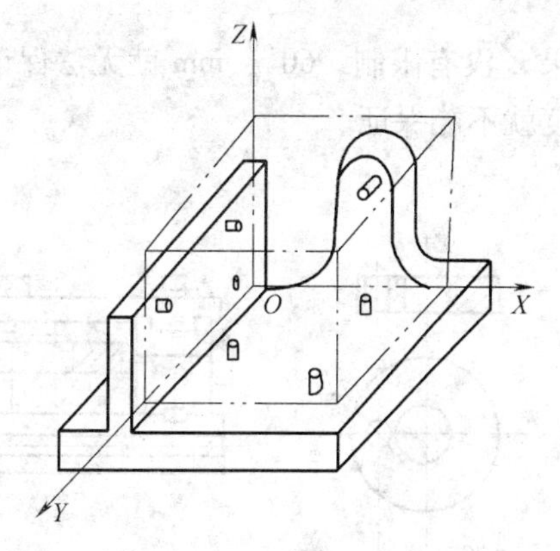

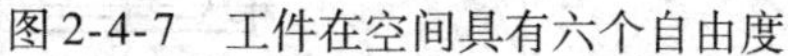

图2-4-7　工件在空间具有六个自由度

图2-4-8　工件的六点定位

（2）六点定位原理的应用　六点定位原理对于任何形状工件的定位都是适用的，如果违背这个原理，工件在夹具中的位置就不能完全确定。然而，用工件六点定位原理进行定位时，必须根据具体加工要求灵活运用，工件形状不同，定位表面不同，定位点的布置情况会各不相同，宗旨是使用最简单的定位方法，使工件在夹具中迅速获得正确的位置。

1）完全定位。工件的六个自由度全部被夹具中的定位元件所限制，而在夹具中占有完全确定的唯一位置，称为完全定位。

2）不完全定位。根据工件加工表面的不同加工要求，定位支承点的数目可以少于六个。有些自由度对加工要求有影响，有些自由度对加工要求无影响，只要布置与加工要求有关的支承点，就可以用较少的定位元件达到定位的要求，这种定位情况称为不完全定位。不完全定位是允许的，下面举例说明：

五点定位见图2-4-9，钻削加工小孔直径为 D，工件以内孔和一个端面在夹具的心轴和平面上定位，限制工件 $\vec{X}$、$\vec{Y}$、$\vec{Z}$、$\widehat{X}$、$\widehat{Y}$五个自由度，相当于五个支承点定位。工件绕心轴的转动$\widehat{Z}$不影响对小孔的加工要求。

四点定位见图2-4-10，铣削加工通槽B，工件以长外圆在夹具的双V形块上定位，限制工件的 $\vec{X}$、$\vec{Y}$、$\widehat{X}$、$\widehat{Y}$四个自由度，相当于四个支承点定位。工件的 $\vec{Z}$、$\widehat{Z}$两个自由度不影响对通槽B的加工要求。

3）欠定位。按照加工要求应该限制的自由度没有被限制的定位称为欠定位。欠定位是不允许的。因为欠定位保证不了加工要求。如铣削零件上的通槽见图2-4-11，应该限制 $\widehat{X}$、$\widehat{Y}$、$\vec{Z}$ 三个自由度以保证槽底面与 A 面的平行度及尺寸 $60_{-0.2}^{\ 0}$mm 两相加工要求；应该限制 $\vec{X}$、$\widehat{Z}$两个自由度以保证槽侧面与 B 面的平行度及尺寸 30mm ±0.1mm 两相加工要求；$\vec{Y}$ 自由度不影响通槽加工，可以不限制。如

果 $\vec{Z}$ 没有限制，$60_{-0.2}^{\ 0}$mm 就无法保证；如果 $\widehat{X}$ 或 $\widehat{Y}$ 没有限制，槽底与 A 面的平行度就不能保证。

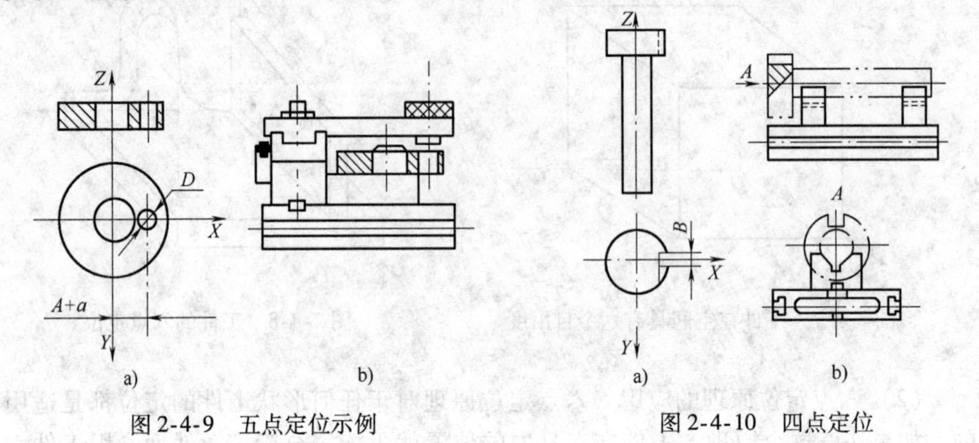

图 2-4-9　五点定位示例

图 2-4-10　四点定位

图 2-4-11　限制自由度与加工要求的关系

4）过定位。工件的一个或几个自由度被不同的定位元件重复限制的定位称为过定位。当过定位导致工件或定位元件变形，影响加工精度时，应该严禁采用。但当过定位并不影响加工精度，反而对提高加工精度有利时，也可以采用，要具体情况具体分析。

（3）定位与夹紧的关系　定位与夹紧的任务是不同的，两者不能互相取代。若认为工件被夹紧后，其位置不能动了，所以自由度都已限制了，这种理解是错误的。定位与夹紧的关系如图 2-4-12所示，工件在平面支承 1 和两个长圆柱销 2 上定位，工件放在实线和虚线位置都可以夹紧，但是工件在 X 方向的位置不能确定，钻出的

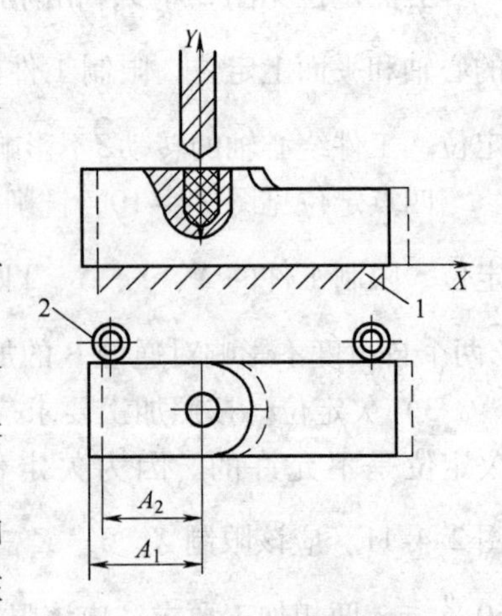

图 2-4-12　定位与夹紧的关系

1—平面支承　2—长圆柱销

孔其位置也不确定（出现尺寸 A_1 和 A_2）。只有在 X 方向设置一个挡销时，才能保证钻出的孔在 X 方向获得确定的位置。另一方面，若认为工件在挡销的反方向仍然有移动的可能性，因此位置不确定，这种理解也是错误的。定位时，必须使工件的定位基准紧贴在夹具的定位元件上，否则不称其为定位，而夹紧则使工件不离开定位元件。

第三节　定位基准的选择原则

一、基准概念

基准是指用以确定某些点、线、面位置的点、线、面。基准的分类见表2-4-1。

表 2-4-1　基准的分类

<table>
<tr><td>设计基准</td><td colspan="2">在设计零件图上，用来确定各表面间尺寸或位置的点、线、面</td></tr>
<tr><td rowspan="5">工艺基准：零件在加工、测量、装配过程中，所采用的基准</td><td>工序基准</td><td>在工序图上，用来确定本工序所加工表面加工后的尺寸、形式、位置的基准</td></tr>
<tr><td>定位基准</td><td>在加工中，用以确定加工表面对刀具相互位置关系的工件上的点、线、面</td></tr>
<tr><td>测量基准</td><td>用以测量工件各表面的相互位置、形状和尺寸所采用的基准，往往是设计基准</td></tr>
<tr><td>装配基准</td><td>装配时，用来确定零件或部件在产品中的相对位置所采用的基准</td></tr>
<tr><td>辅助基准</td><td>零件上不需要加工或加工精度要求较低的表面，为了用做加工时的定位基准，而预先将它加工或提高到一定的精度，这种表面称为辅助基准，如轴类零件顶尖孔、铸铁的某个圆台、大型板上的工艺孔等，也是定位基准</td></tr>
</table>

二、定位基准的选择

按表面情况分粗基准和精基准两类。

1. 选择基准的三个基本要求

1）所选基准应能保证工件定位准确，装卸方便可靠。

2）所选基准与各加工部位的尺寸计算简单。

3）保证加工精度。

2. 选择定位基准的原则

1）尽量选择设计基准作为定位基准。

2）定位基准与设计基准不能统一时，应严格控制定位误差，保证加工精度。

3）工件需两次以上装夹加工时，所选基准在一次装夹定位能完成全部关键精度部位的加工。

4）所选基准要保证完成尽可能多的加工内容。

5）批量加工时，零件定位基准应尽可能与建立工件坐标系的对刀基准重合。

6）需要多次装夹时，基准应该前后统一。

3. 粗基准的选择原则

选择粗基准时，必须要达到以下两个基本要求：其一，应保证所有加工表面都有足够的加工余量。其二，应保证工件加工表面和不加工表面之间具有一定的位置精度。粗基准的选择原则如下：

（1）相互位置要求原则　选取与加工表面相互位置精度要求较高的不加工表面作为粗基准，以保证不加工表面与加工表面的位置要求。例如手轮见图 2-4-13，因为铸造时有一定的形位误差，在第一次装夹车削时，应选择手轮内缘的不加工表面作为粗基准，加工后就能保证轮缘厚度 a 基本相等，见图 2-4-13a。如果选择手轮外圆（加工表面）作为粗基准，加工后因铸造误差不能消除，使轮缘厚薄明显不一致，见图 2-4-13b。也就是说，在车削前，应该找正手轮内缘，或用自定心卡盘反撑在手轮的内缘上进行车削。

（2）加工余量合理分配原则　对所有表面都需要加工的工件，应该根据加工余量最小的表面找正，这样不会因位置的偏移而造成余量太少的部位加工不出来。图 2-4-14 所示的台阶轴是锻件毛坯，A 段余量较小，B 段余量较大，粗车时应找正 A 段，再适当考虑 B 段的加工余量。

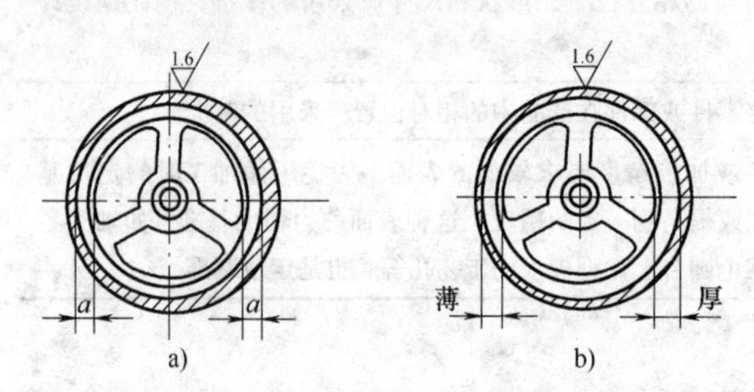

图 2-4-13　粗基准选择示例

a）正确　b）不正确

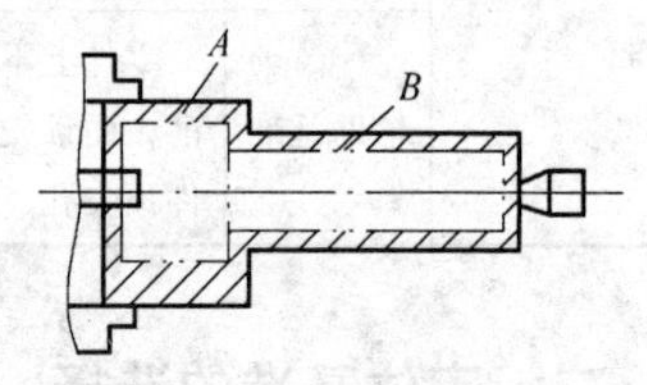

图 2-4-14　根据余量小的表面找正

（3）重要表面原则　为保证重要表面的加工余量均匀，应选择重要加工面为粗基准。例如床身导轨加工见图 2-4-15，为了保证导轨面的金相组织均匀一致并且有较高的耐磨性，应使其加工余量小而均匀。因此，应先选择导轨面为粗基准，加工与床腿的连接面，见图 2-4-15a。然后再以连接面为精基准，加工导轨面，见图 2-4-15b。这样才能保证在加工导轨面时被切去的金属层尽可能薄而且均匀。

（4）不重复使用原则　粗基准未经加工，表面比较粗糙且精度低，二次安装时，其在机床上（或夹具中）的实际位置可能与第一次安装时不一样，从而产生定位误差，导致相应加工表面出现较大的位置误差。因此，粗基准一般不应重复使用。如图 2-4-16 所示的零件，若在加工端面 A、内孔 C 和钻孔 D 时，均使用未

经加工的 B 表面定位，则钻孔的位置精度就会相对于内孔和端面产生偏差。当然，若毛坯制造精度较高，而工件加工精度要求不高，则粗基准也可重复使用。

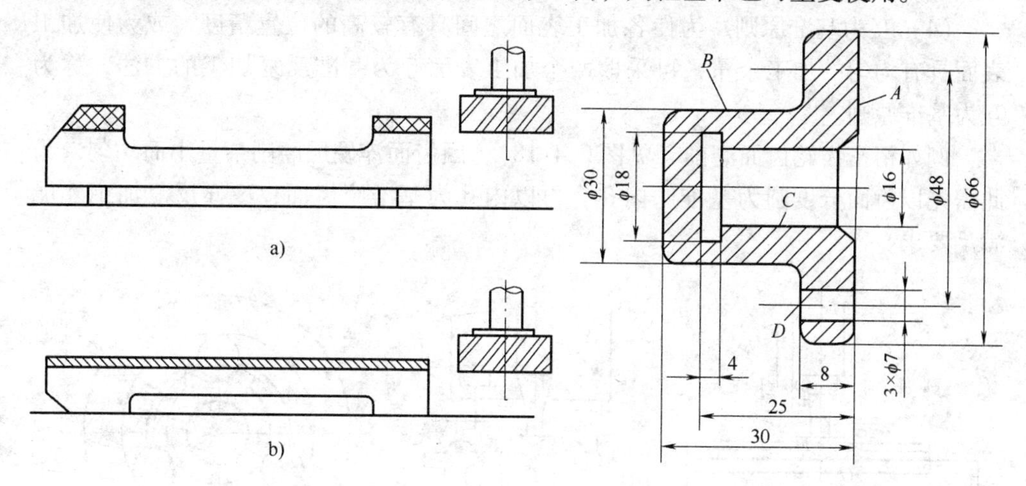

图 2-4-15　床身导轨加工粗基准的选择

图 2-4-16　粗基准使用原则的误差

（5）便于工件装夹原则　作为粗基准的表面，应尽量平整光滑，没有飞边、冒口、浇口或其他缺陷，以便使工件定位准确、夹紧可靠。

4. 精基准的选择原则

（1）基准重合原则　直接选择加工表面的设计基准为定位基准，称为基准重合原则。采用基准重合原则可以避免由定位基准与设计基准不重合而引起的定位误差（基准不重合误差）。

应用基准重合原则时，要具体情况具体分析。定位过程中产生的基准不重合误差，是在用夹具装夹、调整法加工一批工件时产生的。若用试切法加工，设计要求的尺寸一般可直接测量，不存在基准不重合误差问题。

（2）基准统一原则　同一零件的多道工序尽可能选择同一个定位基准，称为基准统一原则。这样既可保证各加工表面间的相互位置精度，避免或减少因基准转换而引起的误差，又简化了夹具的设计与制造工作，降低了成本，缩短了生产准备周期。例如轴类零件加工，采用两端中心孔作统一定位基准，加工各阶梯外圆表面，可保证各阶梯外圆表面的同轴度误差。

基准重合和基准统一原则是选择精基准的两个重要原则，但生产实际中有时会遇到两者相互矛盾的情况。此时，若采用统一定位基准能够保证加工表面的尺寸精度，则应遵循基准统一原则；若不能保证尺寸精度，则应遵循基准重合原则，以免使工序尺寸的实际公差值减小，增加加工难度。

（3）自为基准原则　精加工或光整加工工序要求余量小而均匀，选择加工表面本身作为定位基准，称为自为基准原则。

例如床身导轨面磨削，见图 2-4-17，在磨床上用指示表找正导轨面相对于机床运动方向的正确位置，然后磨去薄而均匀的一层磨削余量，以满足对床身导轨面的质量要求。

（4）互为基准原则　为使各加工表面之间具有较高的位置精度，或为使加工表面具有均匀的加工余量，可采取两个加工表面互为基准反复加工的方法，称为互为基准原则。

例如精密齿轮齿面磨削（见图2-4-18），因齿面淬硬层磨削余量小而均匀，为此需先以齿面分度圆为基准磨内孔，再以内孔为基准磨齿面，这样反复加工才能满足要求。

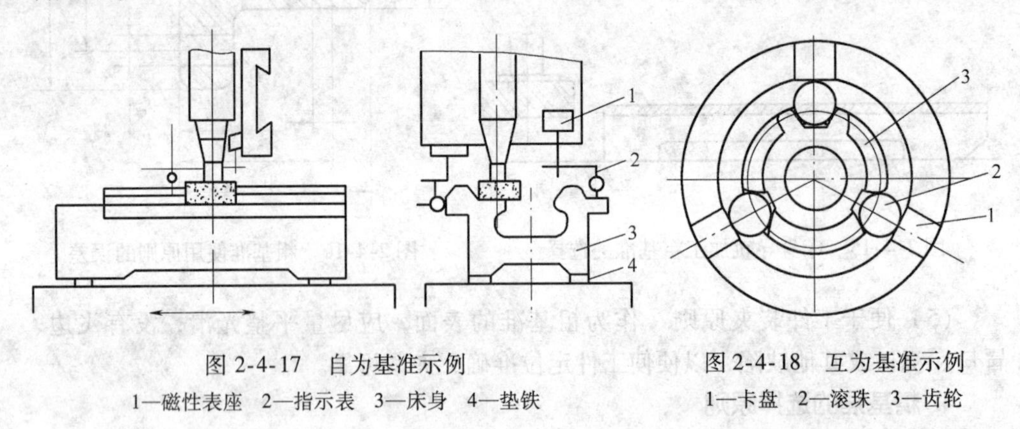

图2-4-17　自为基准示例

1—磁性表座　2—指示表　3—床身　4—垫铁

图2-4-18　互为基准示例

1—卡盘　2—滚珠　3—齿轮

（5）便于装夹原则　所选精基准应能保证工件定位准确稳定，装夹方便可靠，夹具结构简单适用，操作方便灵活。同时，定位基准应有足够大的接触面积，以承受较大的切削力。

三、辅助基准的选择

辅助基准是为了便于装夹或易于实现基准统一而人为制成的一种定位基准，如轴类零件加工所用的两个中心孔，它不是零件的工作表面，只是出于工艺上的需要才作出的。

第四节　常见定位方式及定位元件

工件的定位是通过工件上的定位基准面和夹具上定位元件工作表面之间的配合或接触实现的，一般应根据工件上定位基准面的形状，选择相应的定位元件。

一、工件以平面定位

工件以平面定位时，常用的定位方式有固定支承、可调支承、浮动支承、辅助支承四类。

1. 固定支承

固定支承有支承钉和支承板两种形式（见图2-4-19），平头支承钉和支承板用于已加工平面的定位；球头支承钉主要用于毛坯面定位；齿纹头支承钉用于侧面定位，以增大摩擦系数。

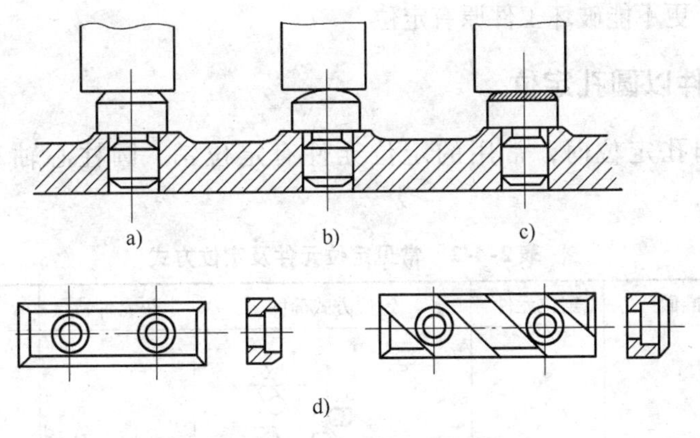

图2-4-19　支承钉和支承板

a）平头支承钉　b）球头支承钉　c）齿纹头支承钉　d）支承板

2. 可调支承

可调支承用于工件定位过程中支承钉高度需调整的场合（见图2-4-20），高度尺寸调整好后，用锁紧螺母2固定，就相当于固定支承。可调支承大多用于毛坯尺寸、形状变化较大的情况，以及粗加工定位。

3. 浮动支承

工件定位过程中，能随着工件定位基准位置的变化而自动调节的支承，称为浮动支承。浮动支承常用的有三点式（见图2-4-21a）和二点式（见图2-4-21b），无论哪种形式的浮动支承，其作用相当于一个固定支承，只限制一个自由度，主要目的是提高工件的刚性和稳定性。用于毛坯面定位或刚性不足的场合。

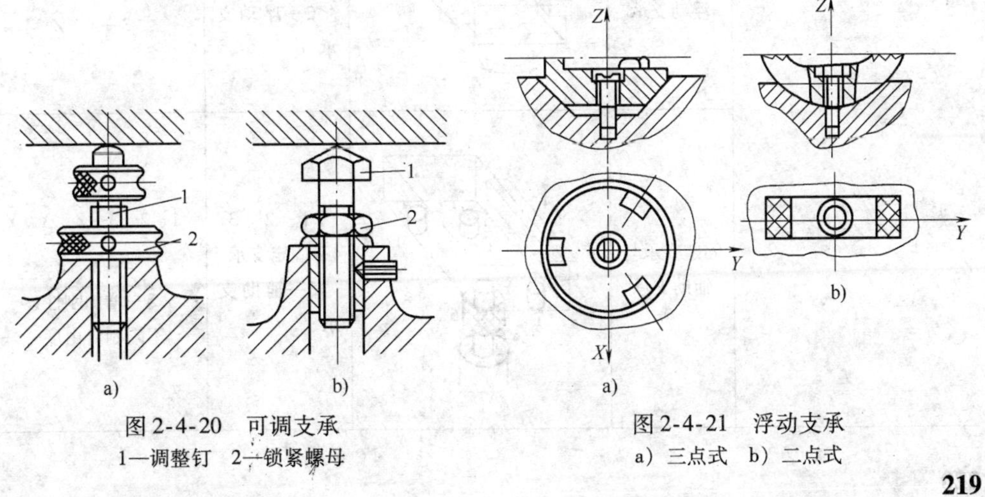

图2-4-20　可调支承

1—调整钉　2—锁紧螺母

图2-4-21　浮动支承

a）三点式　b）二点式

4. 辅助支承

辅助支承是指由于工件形状、夹紧力、切削力和工件重力等原因，可能使工件在定位后还产生变形或定位不稳，为了提高工件的装夹刚性和稳定性而增设的支承。因此，辅助支承只能起提高工件支承刚性的辅助定位作用，而不起限制自由度的作用，更不能破坏工件原有定位。

二、工件以圆孔定位

工件以圆孔定位时，常用的定位元件有定位销、圆柱心轴和圆锥销，见表2-4-2。

表2-4-2　常见定位元件及定位方式

工件定位基准面	定位元件	定位方式简图	定位元件特点	限制的自由度
平面 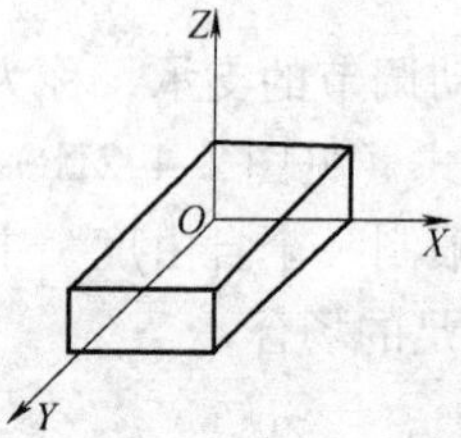	支承钉	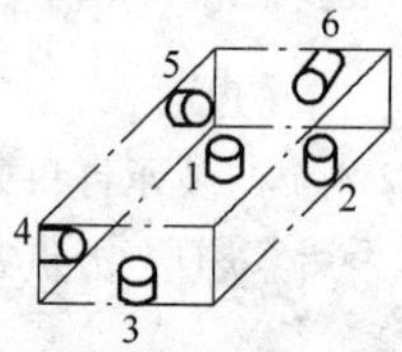		1、2、3—$\vec{Z}$、$\hat{X}$、$\hat{Y}$ 4、5—$\vec{X}$、$\hat{Z}$ 6—$\vec{Y}$
	支承板	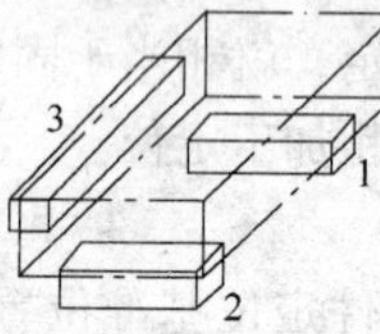	每个支承板也可设计为两个或两个以上小支承板	1、2—$\vec{Z}$、$\hat{X}$、$\hat{Y}$ 3—$\vec{X}$、$\hat{Z}$
	固定支承与浮动支承	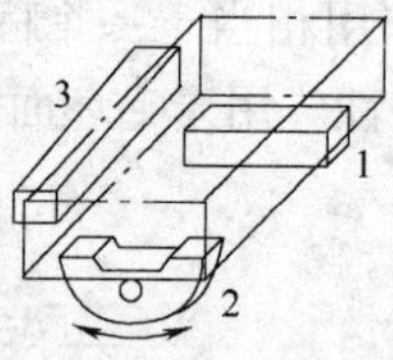	1、3—固定支承 2—浮动支承	1、2—$\vec{Z}$、$\hat{X}$、$\hat{Y}$ 3—$\vec{X}$、$\hat{Z}$
	固定支承与辅助支承	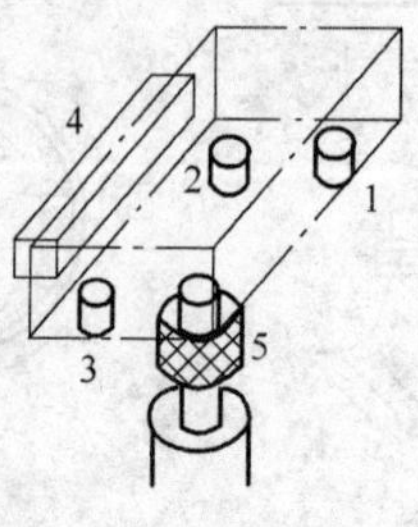	1、2、3、4—固定支承 5—辅助支承	1、2、3—$\vec{Z}$、$\hat{X}$、$\hat{Y}$ 4—$\vec{X}$、$\hat{Z}$ 5—增加刚性，不限制自由度

（续）

工件定位基准面	定位元件	定位方式简图	定位元件特点	限制的自由度
圆孔 Z O X Y	定位销（心轴）		短销（短心轴）	$\vec{X}$、$\vec{Y}$
			长销（长心轴）	$\vec{X}$、$\vec{Y}$ $\hat{X}$、$\hat{Y}$
	锥销		单锥销	$\vec{X}$、$\vec{Y}$、$\vec{Z}$
		2 1	1—固定销 2—活动销	$\vec{X}$、$\vec{Y}$、$\vec{Z}$ $\hat{X}$、$\hat{Y}$
外圆柱面 Z O X Y	支承板或支承钉		短支承板或支承钉	$\vec{Z}$（或$\hat{X}$）
			长支承板或两个支承钉	$\vec{Z}$、$\hat{X}$
	V形块		窄V形块	$\vec{X}$、$\vec{Z}$
			宽V形块或两个窄V形块	$\vec{X}$、$\vec{Z}$ $\hat{X}$、$\hat{Z}$

（续）

工件定位基准面	定位元件	定位方式简图	定位元件特点	限制的自由度
外圆柱面 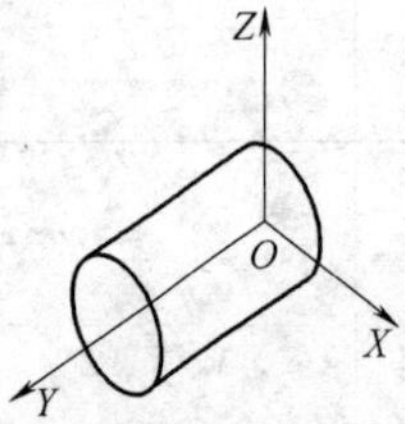	V形块	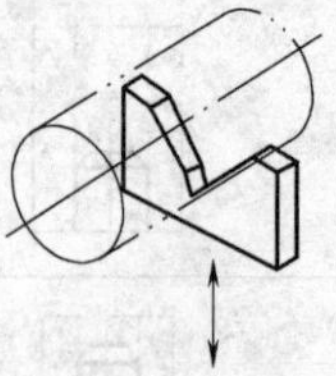	垂直运动的窄活动V形块	$\vec{X}$（或$\widehat{X}$）
	定位套	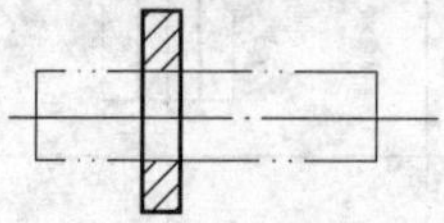	短套	$\vec{X}$、$\vec{Z}$
		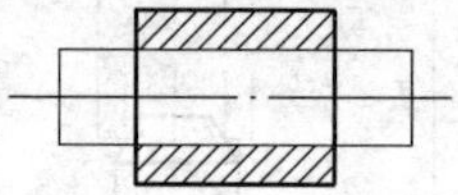	长套	$\vec{X}$、$\vec{Z}$ $\widehat{X}$、$\widehat{Z}$
	半圆孔衬套	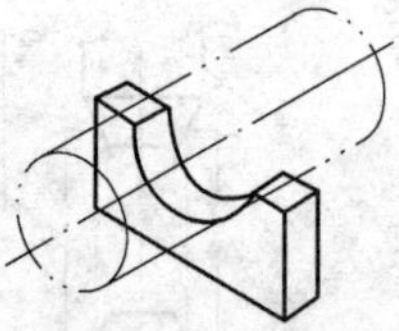	短半圆孔	$\vec{X}$、$\vec{Z}$
			长半圆孔	$\vec{X}$、$\vec{Z}$ $\widehat{X}$、$\widehat{Z}$
	锥套	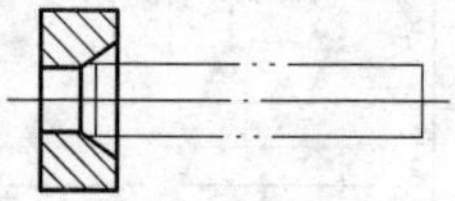	单锥套	$\vec{X}$、$\vec{Y}$、$\vec{Z}$
		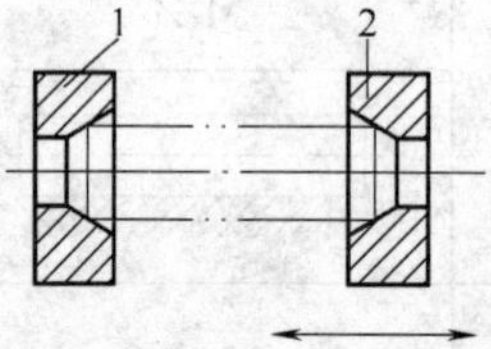	1—固定锥套 2—活动锥套	$\vec{X}$、$\vec{Y}$、$\vec{Z}$ $\widehat{X}$、$\widehat{Z}$

1. 定位销

定位削分为短销和长销。短销只能限制两个移动自由度，而长销除限制两个移动自由度外，还可限制两个转动自由度。

2. 圆柱心轴

圆柱心轴定位有间隙配合和过盈配合两种。间隙配合拆卸方便，但定心精度不高；过盈配合定心精度高，不用另设夹紧装置，但装拆工件不方便。

3. 圆锥销

采用圆锥销定位时，圆锥销与工件圆孔的接触线为一个圆，限制工件的三个移动自由度。

三、工件以外圆柱面定位

工件以外圆柱面定位时的定位元件有支承板、V 形块、定位套、半圆孔衬套、锥套和自动定心卡盘等形式，数控铣床上最常用的是 V 形块。

V 形块的优点是对中性好，可以使工件的定位基准轴线保持在 V 形块两斜面的对称平面上，而且不受工件直径误差的影响，安装方便。V 形块有窄 V 形块、宽 V 形块和两个窄 V 形块组合三种结构形式。窄 V 形块定位限制工件的两个自由度；宽 V 形块或两个窄 V 形块组合定位限制工件的四个自由度。

四、工件以一面两孔定位

一面两孔定位是箱体类零件加工过程中最常用的定位方式之一，见图 2-4-22，即以工件上的一个较大平面和平面上相距较远的两个孔组合定位。平面支承限制 $\widehat{X}$、$\widehat{Y}$ 和 $\vec{Z}$ 三个自由度，一个圆柱销限制 $\vec{X}$ 和 $\vec{Y}$ 两个自由度，另一个圆柱销限制 $\widehat{Z}$ 自由度。为保证工件能够顺利安装，第二个销通常采用削边结构（见表 2-4-3）。削边销与孔的最小配合间隙 X_{min} 可由下式计算：

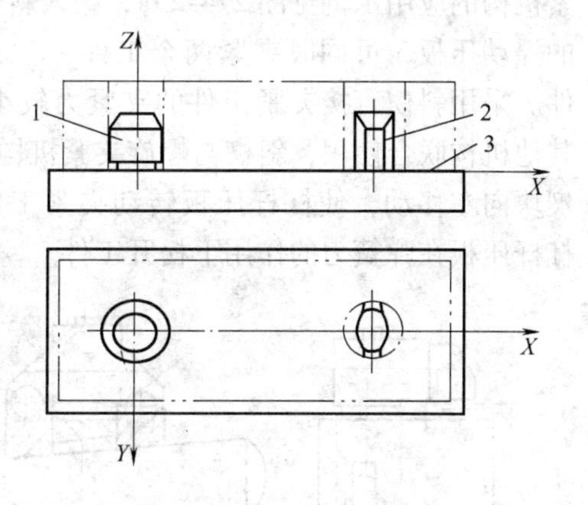

图 2-4-22　一面两孔定位

1—圆柱销　2—削边销　3—定位平面

$$X_{min}=\frac{b(T_D+T_d)}{D}$$

式中　b——削边销的宽度；

T_D——两定位孔中心距公差；

T_d——两定位销中心距公差；

D——与削边销配合的孔的直径。

表 2-4-3　削边销结构尺寸

D	3~6	>6~8	>8~20	>20~25	>25~32	>32~40	>40~50
b	2	3	4	5	6	7	8
B	D-0.5	D-1	D-2	D-3	D-4	D-5	

第五节　典型夹紧机构

数控铣床的高柔性要求其夹具比普通机床结构更紧凑、简单，夹紧动作更迅速、准确，尽量减少辅助时间，操作更方便、省力、安全，而且要保证足够的刚性，能灵活多变。因此常采用气动、液压夹紧装置。下面介绍几种典型机械夹紧机构，包括斜楔夹紧机构、螺旋压板夹紧机构、偏心夹紧机构等。

一、斜楔夹紧机构

采用斜楔作为传力元件或夹紧元件的夹紧机构，称为斜楔夹紧机构。斜楔夹紧机构的应用示例见图2-4-23a，敲入斜楔1的大头，使滑柱2下降，装在滑柱上的浮动压板3可同时夹紧两个工件4。加工完后，敲斜楔1的小头，即可松开工件。采用斜楔直接夹紧工件的夹紧力较小、操作不方便，因此实际生产中一般与其他机构联合使用，斜楔与螺旋夹紧机构的组合形式见图2-4-23b，当拧紧螺旋时楔块向左移动，使杠杆压板转动夹紧工件。当反向转动螺旋时，楔块向右移动，杠杆压板在弹簧力的作用下松开工件。

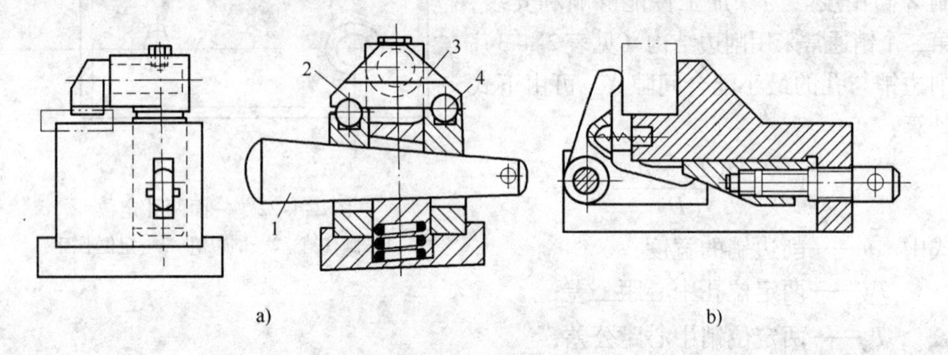

图2-4-23　斜楔夹紧机构

a）斜楔夹紧机构　b）斜楔与螺旋夹紧机构的组合形式

1—斜楔　2—滑柱　3—浮动压板　4—工件

斜楔夹紧机构的自锁条件是

$$\alpha \leqslant \phi_1 + \phi_2$$

式中　α——斜楔楔角（°）；

ϕ_1——斜楔与工件之间的摩擦角（°）；

ϕ_2——斜楔与夹具体工件之间的摩擦角（°）。

斜楔夹紧机构的结构简单，增力比大，自锁性能好，在生产中得到广泛应用。

二、螺旋压板夹紧机构

采用螺旋与压板组合实现夹紧的机构，称为螺旋压板夹紧机构。其优点是结构简单、夹紧力大、自锁性能好和制造方便等，很适合于手动夹紧，因而在机床夹具中得到广泛的应用。缺点是夹紧动作较慢，因此在机动夹紧机构中应用较少。

螺旋压板夹紧机构见图2-4-24，利用杠杆原理实现对工件的夹紧，杠杆比不同，夹紧力也不同。其结构形式变化很多，图2-4-24a、b为移动压板，图2-4-24c、d为转动压板。其中图2-4-24d的增力倍数最大。

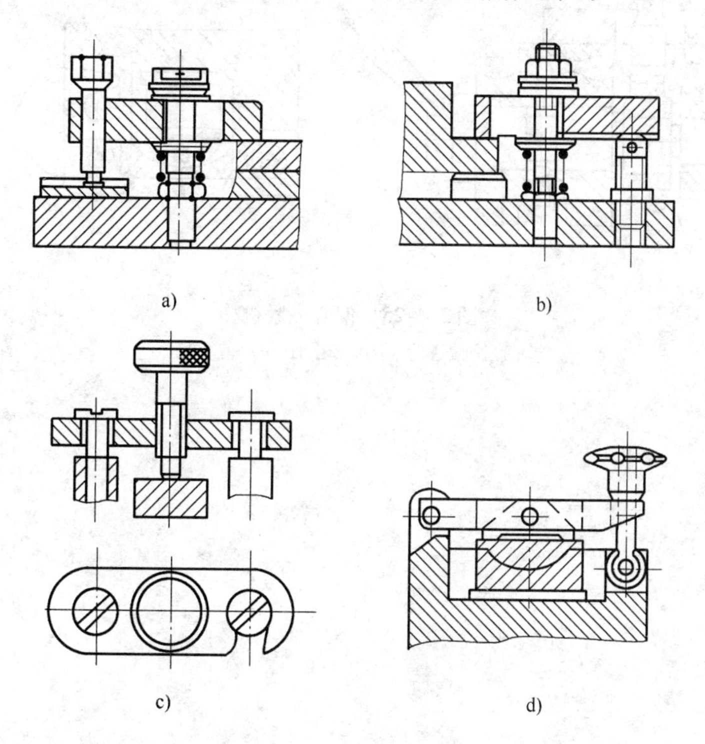

图2-4-24　螺旋压板夹紧机构
a）移动压板1　b）移动压板2　c）转动压板1　d）转动压板2

三、偏心夹紧机构

用偏心件直接或间接夹紧工件的机构，称为偏心夹紧机构。常用的偏心件有圆偏心轮（见图2-4-25a）、偏心轴（见图2-4-25b）和偏心叉（见图2-4-25c）。

偏心夹紧机构操作简单、夹紧动作快，但夹紧行程和夹紧力较小，一般用于没有振动或振动较小、夹紧力要求不大的场合。

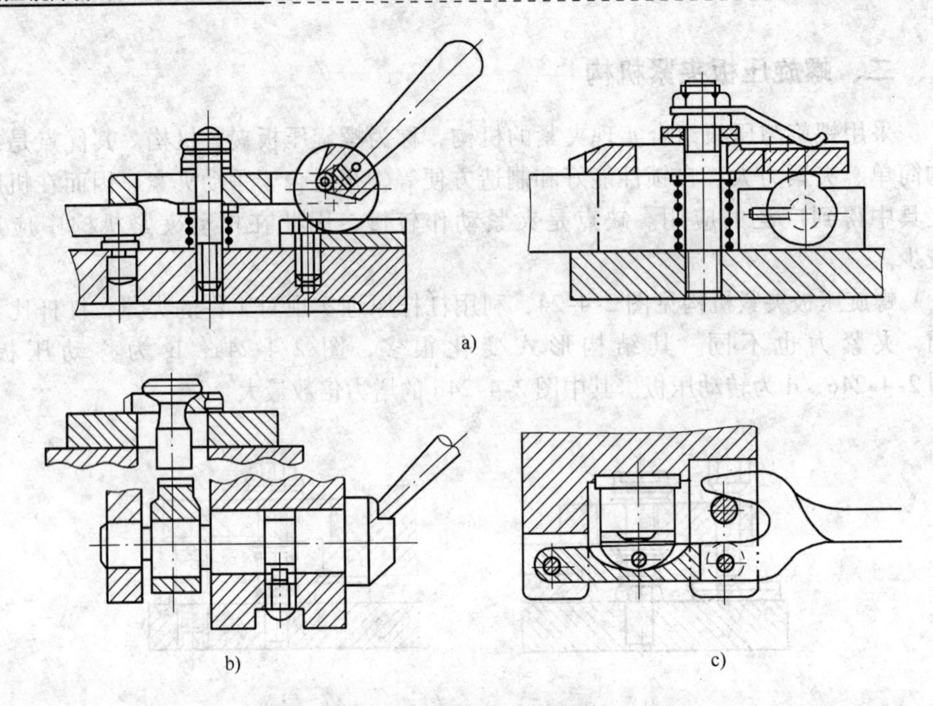

图 2-4-25　偏心夹紧机构

a）圆偏心轮　b）偏心轴　c）偏心叉

第五章

数控铣床加工操作

第一节　数控铣削工艺设计

一、数控铣削加工工艺分析

数控铣削加工工艺是以普通铣床的加工工艺为基础，结合数控铣床的特点，综合运用多方面的知识解决数控铣削加工过程中面临的工艺问题，其内容包括金属切削原理与刀具、加工工艺、典型零件加工及工艺性分析等方面的基础知识和基本理论。本章将从实际应用的角度，介绍数控铣削加工工艺的基础知识和基本原则，以便在实训操作过程中科学、合理地设计加工工艺，充分发挥数控铣床的特点，实现数控加工中的优质、高产、低耗。

1. 数控铣削加工的主要对象

数控铣削是机械加工中最常用和最主要的数控加工方法之一，它除了能铣削普通铣床所能铣削的各种零件表面外，还能铣削普通铣床不能铣削的需要 2 ~ 5 坐标联动的各种平面轮廓和立体轮廓。根据数控铣床的特点，从铣削加工角度考虑，适合数控铣削的主要加工对象包括以下几类：

(1) 平面轮廓零件　这类零件的加工面平行或垂直于定位面，或加工面与定位面的夹角为固定角度，如各种盖板、凸轮以及飞机整体结构件中的框、肋等。目前，在数控铣床上加工的大多数零件属于平面类零件，其特点是各个加工面是平面，或可以展开成平面。

平面类零件是数控铣削加工中最简单的一类零件，一般只需用三坐标数控铣床的两坐标联动（即两轴半坐标联动）就可以把它们加工出来。

(2) 变斜角类零件　加工面与水平面的夹角呈连续变化的零件称为变斜角零件。例如飞机变斜角梁椽条，见图 2-5-1。变斜角类零件的变斜角加工面不能展开为平面，但在加工中，加工面与铣刀圆周的瞬时接触为一条线。最好采用四坐标、五坐标数控铣床摆角加工。若没有上述机床，也可采用三坐标数控铣床进行两轴半近似加工。

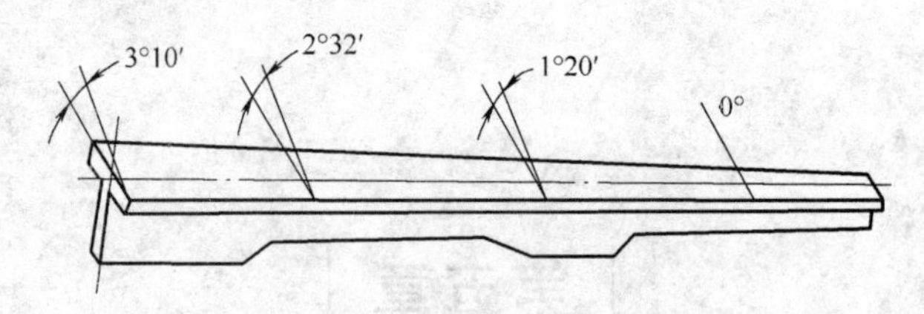

图 2-5-1　飞机变斜角梁椽条

（3）空间曲面轮廓零件　这类零件的加工面为空间曲面，如模具、叶片、螺旋桨等。空间曲面轮廓零件不能展开为平面。加工时，铣刀与加工面始终为点接触，一般采用球头刀在三轴数控铣床上加工。当曲面较复杂、通道较狭窄、会伤及相邻表面及需要刀具摆动时，要采用四坐标或五坐标铣床加工。

（4）孔　孔及孔系的加工可以在数控铣床上进行，如钻、扩、铰和镗等加工。由于孔加工多采用定尺寸刀具，需要频繁换刀。当加工孔的数量较多时，就不如用加工中心加工方便、快捷。

（5）螺纹　内、外螺纹，圆柱螺纹，圆锥螺纹等都可以在数控铣床上加工。

2. 数控铣削加工工艺的特点

工艺规程是工人在加工时的指导性文件。由于普通铣床受控于操作工人，因此，在普通铣床上用的工艺规程实际上只是一个工艺过程卡，铣床的切削用量、进给路线、工序的工步等往往都是由操作工人自行选定的。数控铣床加工的程序是数控铣床的指令性文件。数控铣床受控于程序指令，加工的全过程都是按程序指令自动进行的。因此，数控铣床加工程序与普通铣床工艺规程有较大差别，涉及的内容也较广。数控铣床加工程序不仅要包括零件的工艺过程，而且还要包括切削用量、进给路线、刀具尺寸以及铣床的运动过程。因此，要求编程人员对数控铣床的性能、特点、运动方式、刀具系统、切削规范以及工件的装夹方法都要非常熟悉。工艺方案的好坏不仅会影响铣床效率的发挥，而且将直接影响到零件的加工质量。

3. 数控铣削加工工艺的主要内容

数控铣床加工工艺主要包括如下内容：

1）选择适合在数控铣床上加工的零件，确定工序内容。

2）分析被加工零件的图样，明确加工内容及技术要求。

3）确定零件的加工方案，制定数控铣削加工工艺路线，处理与非数控加工工序的衔接等。

4）数控铣削加工工序的设计，如选取零件的定位基准、划分工序、安排加工顺序、夹具方案的确定、工步划分、刀具选择和确定切削用量等。

5）数控铣削加工程序的调整，如选取对刀点和换刀点、确定刀具补偿及确定加工路线等。

二、数控加工工艺文件

编写数控加工工艺文件是数控加工工艺设计的内容之一。这些工艺文件既是数控加工和产品验收的依据，又是操作者必须遵守和执行的规程。对不同的数控机床和加工要求，工艺文件的内容和格式有所不同，因目前尚无统一的国家标准，各企业可根据自身特点制定出相应的工艺文件。下面介绍企业中常用的几种主要工艺文件。

1. 数控加工工序卡

数控加工工序卡与普通机械加工工序卡有较大区别。数控加工一般工序集中，每一加工工序可划分为多个工步，工序卡不仅应包含每一工步的加工内容，还应包含其所用刀具号、刀具规格、主轴转速、进给速度及切削用量等内容。它不仅是编程人员编制程序时必须遵循的基本工艺文件，同时也是指导操作人员进行数控机床操作和加工的主要资料。不同数控机床的，数控加工工序卡可采用不同的格式和内容。

2. 数控加工刀具卡

数控加工刀具卡主要反映使用刀具的规格名称、编号、刀长和半径补偿值以及所加工表面等内容，它是调刀人员准备和调整刀具、机床操作人员输入刀补参数的主要依据。

3. 数控加工进给路线图

一般用数控加工进给路线图来反映刀具进给路线，该图应准确描述刀具从起刀点开始，直到加工结束返回终点的轨迹。它不仅是程序编制的基本依据，同时也便于机床操作者了解刀具运动路线（如从哪里进刀、哪里退刀等），计划好夹紧位置及控制夹紧元件的高度，以避免发生碰撞事故。进给路线图一般可用统一约定的符号来表示，不同的机床可以采用不同的图例与格式。

4. 数控加工程序单

数控加工程序单是编程人员根据工艺分析情况，经过数值计算，按照数控机床的程序格式和指令代码编制的。它是记录数控加工工艺过程、工艺参数、位移数据的清单，同时可帮助操作员正确理解加工程序内容。数控铣削加工程序单的格式见表2-5-1。

三、零件的工艺分析

数控铣削加工的工艺设计是在普通铣削加工工艺设计的基础上，充分考虑和利用数控铣床的特点而建立的。工艺设计的关键在于合理安排工艺路线，协调数控铣削工序与其他工序之间的关系，确定数控铣削工序的内容和步骤，并为程序编制准备必要的条件。

表 2-5-1 数控铣削加工程序单

零件号		零件名称		编制		审核	
程序名称				日期		日期	
序号	程序内容			程序说明			
编制		审核		批准	年 月 日	共 页	第 页

1. 数控铣削加工部位及内容的选择与确定

一般情况下，一个零件并不是所有的表面都需要采用数控加工，应根据零件的加工要求和企业的生产条件进行具体分析，确定具体的加工部位和内容及要求。具体来说，以下情况适宜采用数控铣削加工：

1）由直线、圆弧、非圆曲线及列表曲线构成的内外轮廓。

2）空间曲线或曲面。

3）形状虽然简单，但尺寸繁多、检测困难的部位。

4）用普通机床加工时难以观察、控制及检测的内腔、箱体内部等。

5）有严格位置尺寸要求的孔或平面。

6）能够在一次装夹中顺便加工出来的简单表面或形状。

7）采用数控铣削加工能有效提高生产率、减轻劳动强度的一般加工内容。

对简单的粗加工面、需要用专用工装协调的加工内容等则不宜采用数控铣削加工。在具体确定数控铣削的加工内容时，最好是结合企业设备条件、产品特点及现场生产组织管理方式等具体情况进行综合分析，以优质、高效且低成本地完成零件的加工为原则。

2. 数控铣削加工零件的工艺性分析

零件的工艺性分析是制订数控铣削加工工艺的前提，其主要内容如下：

（1）零件图及其结构工艺性分析

1）分析零件的形状、结构及尺寸的特点，确定零件上是否有妨碍刀具运动的部位，是否有会产生加工干涉或加工不到的区域，零件的最大形状尺寸是否超过机床的最大行程，零件的刚性随着加工的进行是否有太大的变化等。

2）检查零件的加工要求，如尺寸加工精度、几何公差及表面粗糙度值以现有的加工条件是否可以得到保证，是否还有更经济的加工方法或方案。

3）在零件上是否存在对刀具形状及尺寸有限制的部位和尺寸要求，如过渡圆角、倒角、槽宽等，这些尺寸是否过于凌乱，是否可以统一。尽量使用最少的刀具进行加工，减少刀具规格、换刀及对刀次数和时间，以缩短总的加工时间。

4）对零件加工中使用的工艺基准应当着重考虑，它不仅决定了各个加工工序的前后顺序，还将对各个工序加工后各个加工表面之间的位置精度产生直接的影响。应分析零件上是否有可以利用的工艺基准，对一般加工精度要求，可以利用零件上现有的一些基准面或基准孔，或者专门在零件上加工出工艺基准。当零件的加工精度要求很高时，必须采用先进的统一基准定位装夹系统才能保证加工要求。

5）分析零件材料的种类、牌号及热处理要求，了解零件材料的切削加工性能，才能合理选择刀具材料和切削参数，同时要考虑热处理对零件的影响（如热处理变形），并在工艺路线中安排相应的工序消除这种影响。而零件的最终热处理状态也将影响工序的前后顺序。

6）当零件上的一部分内容已经加工完成后，应充分了解零件的已加工状态，数控铣削加工的内容与已加工内容之间的关系，尤其是位置尺寸关系，这些内容之间在加工时如何协调，采用什么方式或基准保证加工要求，如对其他企业的外协零件的加工。

7）构成零件轮廓的几何元素（点、线、面）的条件（如相切、相交、垂直和平行等）是数控编程的重要依据。因此，在分析零件图样时，务必要分析几何元素的给定条件是否充分，发现问题及时与设计人员协商解决。

有关铣削零件的结构工艺性实例见表 2-5-2。

表 2-5-2　铣削零件的结构工艺性实例

序号	A 工艺性差的结构	B 工艺性好的结构	说　明
1	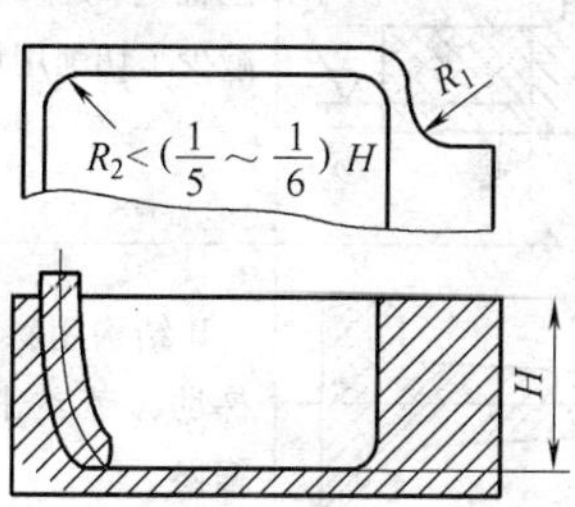 R_1 $R_2<(\frac{1}{5}\sim\frac{1}{6})H$ H	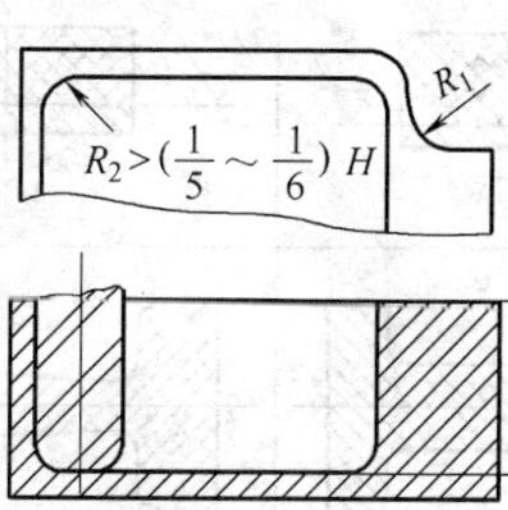 R_1 $R_2>(\frac{1}{5}\sim\frac{1}{6})H$ H	B 结构可选用较高刚性刀具
2	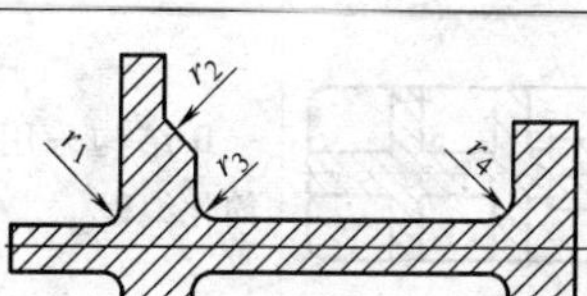 r_1 r_2 r_3 r_4	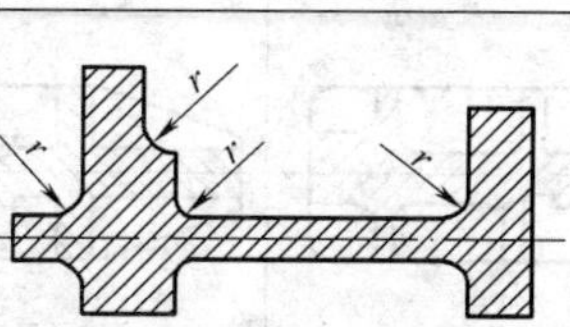 r r r r	B 结构需用刀具比 A 结构少，少了换刀的辅助时间

（续）

序号	A 工艺性差的结构	B 工艺性好的结构	说　明
3	r　R	r　φd　R	B 结构 R 大，r 小，铣刀端刃切削面积大，生产效率高
4	R　a<2R　a<2R	R　a>2R　a>2R　a>2R　R	B 结构 a > 2R，便于半径为 R 的铣刀进入，所需刀具少，加工效率高
5	b　$\frac{H}{b}>10$　H	b　$\frac{H}{b}<10$　H	B 结构刚性好，可用大直径铣刀加工，加工效率高
6		0.5~1.5　0.5~1.5	B 结构在加工面和不加工面之间加入过渡表面，减少了切削用量
7			B 结构用斜面肋代替阶梯肋，节约材料，简化编程
8			B 结构采用对称结构，简化编程

（2）零件毛坯的工艺性分析　零件在进行数控铣削加工时，由于加工过程的自动化，使得余量的大小、如何装夹等问题在设计毛坯时就要仔细考虑好。否则，如果毛坯不适合数控铣削，加工将很难进行下去。

根据实践经验，下列几方面应作为毛坯工艺性分析的重点：

1）毛坯应有充分、稳定的加工余量。毛坯主要指锻件、铸件。因模锻时的欠压量与允许的错模量会造成加工余量的不足；铸造时也会因砂型误差、收缩量及金属液体的流动性差不能充满型腔等造成加工余量的不足。此外，锻造、铸造后，毛坯的挠曲与扭曲变形量的不同也会造成加工余量不充分、不稳定。因此，除板料外，不论是锻件、铸件还是型材，只要准备采用数控铣削加工，其加工面均应有较充分的加工余量。经验表明，数控铣削中最难保证的是加工面与非加工面之间的尺寸，这一点应该特别引起重视。如果已确定或准备采用数控铣削加工，就应事先对毛坯的设计进行必要的更改或在设计时就加以充分考虑，即在零件图样注明的非加工面处也增加适当的余量。

2）分析毛坯的装夹适应性　这主要是考虑毛坯在加工时定位和夹紧的可靠性与方便性，以便在一次安装中加工出较多表面。对不便于装夹的毛坯，可考虑在毛坯上另外增加装夹余量或工艺凸台、工艺凸耳等辅助基准。图2-5-2所示工件缺少合适的定位基准，在毛坯上铸出两个工艺凸耳，在凸耳上制出定位基准孔。

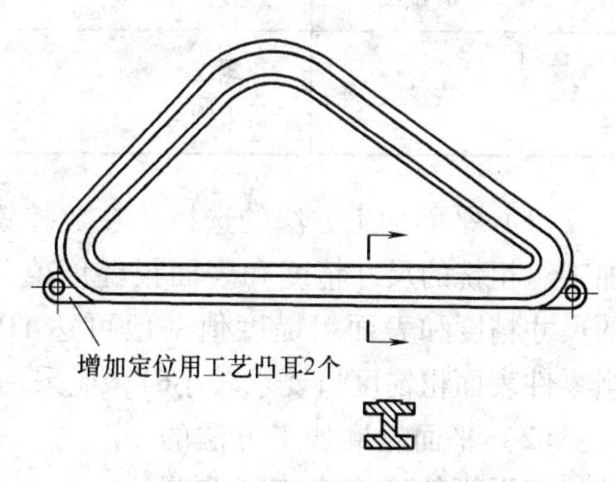

图2-5-2　增加辅助基准示例

3）分析毛坯的加工余量大小及均匀性。主要是考虑加工时要不要分层切削，分几层切削；也要分析加工中与加工后的变形程度，考虑是否应采取预防性措施与补救措施。如对于热轧中、厚铝板，经淬火时效后很容易在加工中与加工后变形，最好采用经预拉伸处理淬火板坯。

四、数控铣削加工工艺路线的拟定

随着数控加工技术的发展，在不同设备和技术条件下，同一个零件的加工工艺路线会有较大的差别。但关键的都是从现有加工条件出发，根据工件形状结构特点合理选择加工方法、划分加工工序、确定加工路线和工件各个加工表面的加工顺序，协调数控铣削工序和其他工序之间的关系以及考虑整个工艺方案的经济性等。

1. 加工方法的选择

对数控铣削加工对象的主要加工表面，一般可采用的加工方案见表2-5-3。

表 2-5-3 加工表面的加工方案

序号	加工表面	加工方案	所使用的刀具
1	平面内外轮廓	X、Y、Z 方向粗铣→内外轮廓方向分层半精铣→轮廓高度方向分层半精铣→内外轮廓精铣	整体高速钢或硬质合金立铣刀；机夹可转位硬质合金立铣刀
2	空间曲面	X、Y、Z 方向粗铣→曲面 Z 方向分层粗铣→曲面半精铣→曲面精铣	整体高速钢或硬质合金立铣刀、球头铣刀；机夹可转位硬质合金立铣刀、球头铣刀
3	孔	定尺寸刀具加工铣削	麻花钻、扩孔钻，铰刀、镗刀；整体高速钢或硬质合金立铣刀；机夹可转位硬质合金立铣刀
4	外螺纹	螺纹铣刀铣削	螺纹铣刀
5	内螺纹	攻螺纹 铣刀铣削	丝锥 螺纹铣刀

（1）平面加工方法的选择　在数控铣床上加工平面主要采用面铣刀和立铣刀加工。粗铣的尺寸精度和表面粗糙度值一般可达 IT11～13，*Ra*6.3～25μm；精铣的尺寸精度和表面粗糙度值一般可达 IT8～10，*Ra*1.6～6.3μm。需要注意的是：当零件表面粗糙度值要求较小时，应采用顺铣方式。

（2）平面轮廓加工方法的选择　平面轮廓多由直线和圆弧或各种曲线构成，通常采用三坐标数控铣床进行两轴半坐标加工。由直线和圆弧构成的零件平面轮廓见图 2-5-3 中的 *ABCDEA*，采用半径为 *R* 的立铣刀沿周向加工，单点画线 *A′B′C′D′E′A′* 为刀具中心的运动轨迹。为保证加工面光滑，刀具沿 *PA′* 切入，沿 *A′K* 切出。

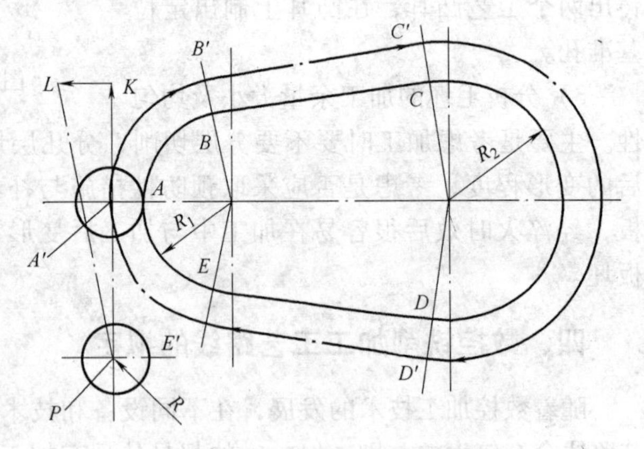

图 2-5-3 平面轮廓铣削

（3）固定斜角平面加工方法的选择　固定斜角平面是与水平面成一固定夹角的斜面。当零件尺寸不大时，可用斜垫板垫平后加工；如果机床主轴可以摆角，则可以摆成适当的定角，用不同的刀具加工，见图 2-5-4。当零件尺寸很大，斜面斜度又较小时，常用行切法加工（所谓行切法，是指刀具与零件轮廓的切点轨迹是一行一行的，而行间的距离是按零件加工精度的要求确定的），但加工后，会在加工面上留下残留面积，需要用钳修方法加以清除，用三坐标数控立铣加工飞机整体壁板零件时常用此法。当然，加工斜面的最佳方法是采用五坐标数控铣床，主轴摆角后加工，可以不留残留面积。

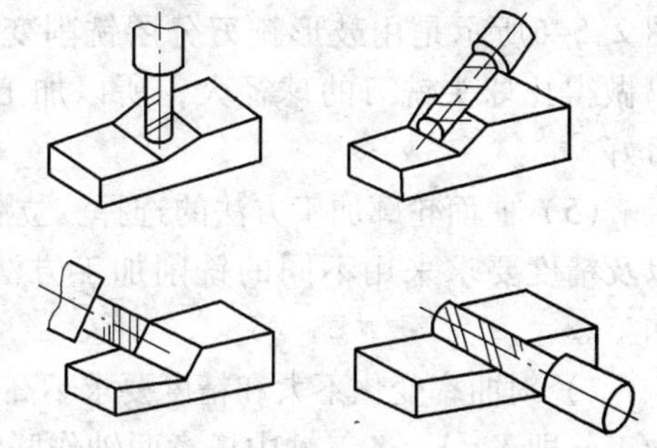

图 2-5-4　主轴摆角加工固定斜角平面

(4) 变斜角面加工方法的选择

1）对曲率变化较小的变斜角面，选用 X、Y、Z 和 A 四坐标联动的数控铣床，采用立铣刀（但当零件斜角过大，超过机床主轴摆角范围时，可用角度成形铣刀加以弥补）以插补方式摆角加工，见图 2-5-5a。加工时，为保证刀具与零件形面在全长上始终贴合，刀具绕 A 轴摆动角度 α。

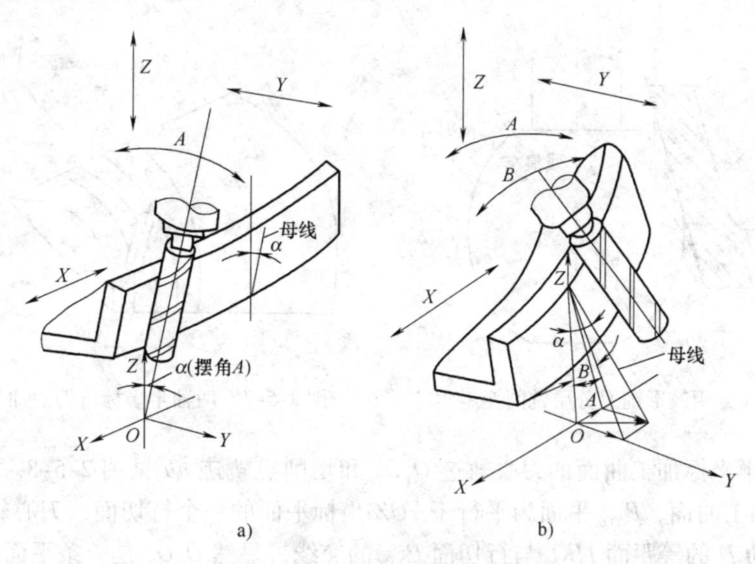

图 2-5-5　数控铣床加工变斜角面

a）四坐标联动　b）五坐标联动

2）对曲率变化较大的变斜角面，用四坐标联动加工难以满足加工要求，最好用 X、Y、Z、A 和 B（或 C 转轴）的五坐标联动数控铣床，以圆弧插补方式摆角加工，见图 2-5-5b。

图 2-5-5b 中夹角 A 和 B 分别是零件斜面母线与 Z 坐标轴夹角 α 在 ZOY 平面上和 XOY 平面上的分夹角。

3）采用三坐标数控铣床两坐标联动，利用球头铣刀和鼓形铣刀，以直线或圆弧插补方式进行分层铣削加工，加工后的残留面积用钳修方法清除。图 2-5-6所示是用鼓形铣刀分层铣削变斜角面的情形。由于鼓形铣刀的鼓径可以做得比球头铣刀的球径大，所以加工后的残留面积非常小，加工效果比球头刀好。

（5）曲面轮廓加工方法的选择　立体曲面的加工应根据曲面形状、刀具形状以及精度要求采用不同的铣削加工方法，如两轴半、三轴、四轴及五轴等联动加工。

1）对曲率变化不大和精度要求不高的曲面的粗加工，常用两轴半坐标行切法加工，即 X、Y、Z 三轴中任意两轴作联动插补，第三轴作单独的周期进给。见图 2-5-7，将 X 向分成若干段，球头铣刀沿 YOZ 面所截的曲线进行铣削，每一段加工完后进给 ΔX，再加工另一相邻曲线，如此依次切削即可加工出整个曲面。在行切法中，要根据轮廓表面粗糙度的要求及刀头不干涉相邻表面的原则选取 ΔX。球头铣刀的刀头半径应选得大一些，有利于散热，但刀头半径应小于内凹曲面的最小曲率半径。

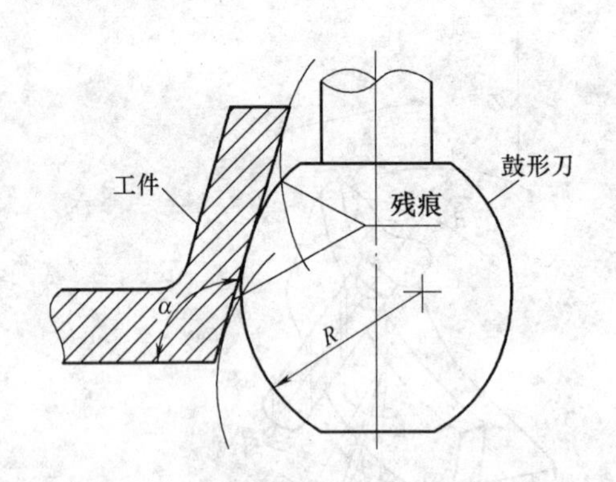

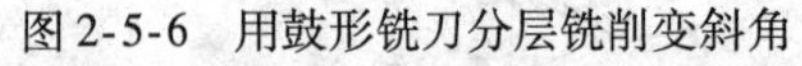
图 2-5-6　用鼓形铣刀分层铣削变斜角

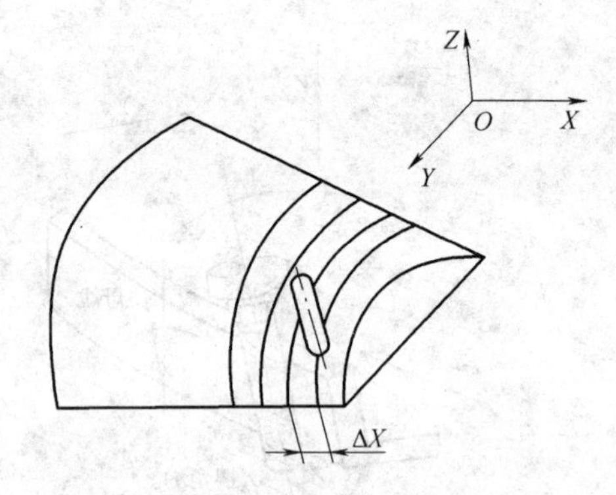

图 2-5-7　两轴半坐标行切法加工曲面

两轴半坐标加工曲面的刀心轨迹 O_1O_2 和切削点轨迹 ab 见图 2-5-8。图中 $ABCD$ 为被加工曲面，P_{YOZ}平面为平行于 YOZ 坐标平面的一个行切面，刀心轨迹 O_1O_2 为曲面 $ABCD$ 的等距面 $IJKL$ 与行切面 P_{YOZ}的交线，显然 O_1O_2 是一条平面曲线。由于曲面的曲率变化，改变了球头刀与曲面切削点的位置，使切削点的连线成为一条空间曲线，从而在曲面上形成扭曲的残留沟纹。

2）对曲率变化较大和精度要求较高的曲面的精加工，常用 X、Y、Z 三轴联动插补的行切法加工。如图 2-5-9 所示，P_{YOZ}平面为平行于坐标平面的一个行切面，它与曲面的交线为 ab。由于是三坐标联动，球头刀与曲面的切削点始终处在平面曲线 ab 上，可获得较规则的残留沟纹。但这时的刀心轨迹 O_1O_2 不在 P_{YOZ}平面上，而是一条空间曲线。

3）对于叶轮、螺旋桨这样的零件来说，因其叶片形状复杂，刀具容易与相邻

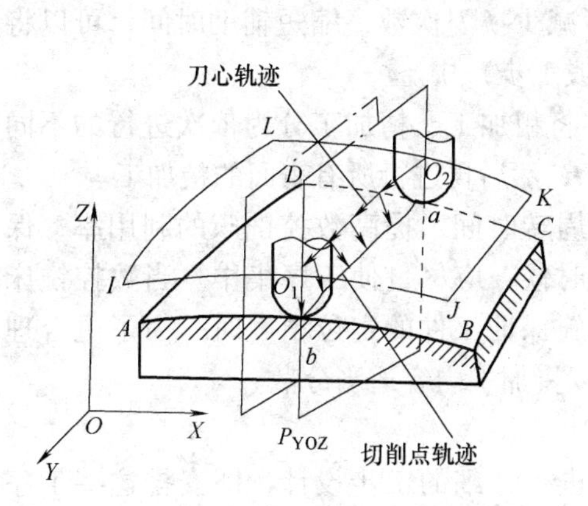

图 2-5-8　两轴半坐标行切法加工曲面

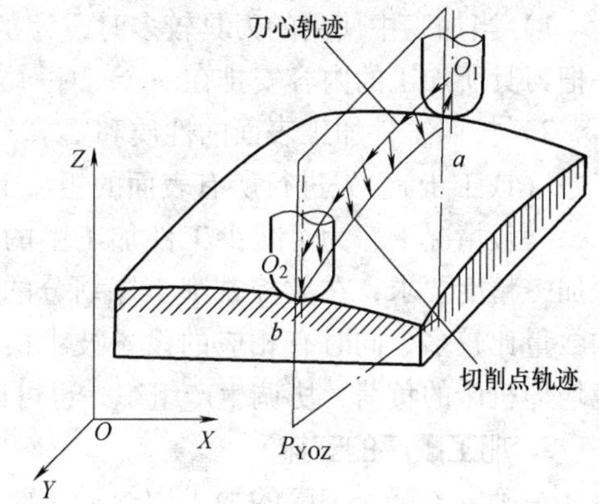

图 2-5-9　三轴联动行切法加工曲面

表面发生干涉，常用五坐标联动加工，其加工原理见图 2-5-10。半径为 R_1 的圆柱面与叶面的交线 AB 为螺旋线的一部分，螺旋角为 ψ_1，叶片的径向叶型线（轴向割线）EF 的倾角 α 为后倾角，螺旋线 AB 用极坐标加工方法，并且以折线段逼近。逼近段 mn 是由 C 坐标旋转 $\Delta\theta$ 与 Z 坐标位移 ΔZ 的合成。当 AB 加工完后，刀具径向位移 ΔX（改变 R_1），再加工相邻的另一条叶型线，依次加工即可形成整个叶面。由于叶面的曲率半径较大，所以常采用立铣刀加工，以提高生产率并简化程序。为保证铣刀端面始终与曲面贴合，铣刀还应作由坐标 A 和坐标 B 形成的 θ_1 和 α_1 的摆角运动。在摆角的同时，还应作直角坐标的附加运动，以保证铣刀端面中心始终位于编程值所规定的位置上，所以需要五坐标加工。这种加工的编程计算相当复杂，一般采用自动编程。

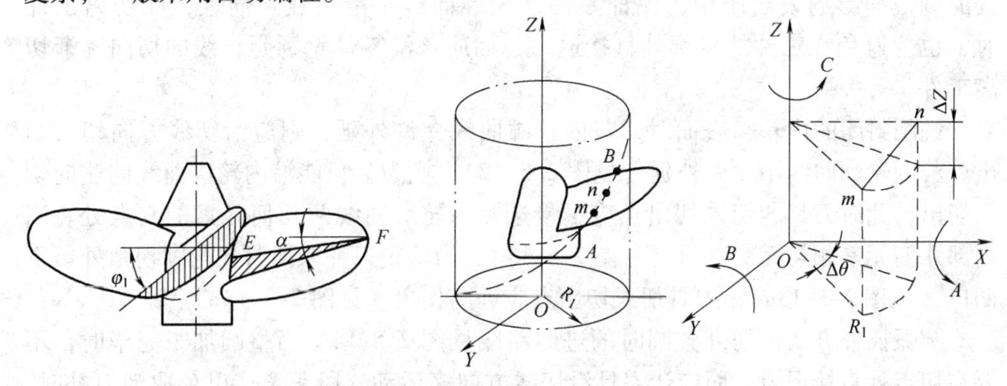

图 2-5-10　曲面的五坐标联动加工

2. 工序的划分

在确定加工内容和加工方法的基础上，根据加工部位的性质、刀具使用情况以及现有的加工条件，将这些加工内容安排在一个或几个数控铣削加工工序中。

1）当加工中使用的刀具较多时，为了减少换刀次数，缩短辅助时间，可以将一把刀具所加工的内容安排在一个工序（或工步）中。

2）按照工件加工表面的性质和要求，将粗加工、精加工分为依次进行的不同工序（或工步）。先进行所有表面的粗加工，然后再进行所有表面的精加工。

一般情况下，为了减少工件加工中的周转时间，提高数控铣床的利用率，保证加工精度要求，在数控铣削工序划分的时候，应尽量使工序集中。当数控铣床的数量比较多，同时有相应的设备技术措施保证工件的定位精度时，为了更合理地均匀机床的负荷，协调生产组织，也可以将加工内容适当分散。

3. 加工顺序的安排

在确定了某个工序的加工内容后，要进行详细的工步设计，即安排这些工序内容的加工顺序，同时考虑程序编制时刀具运动轨迹的设计。一般将一个工步编制为一个加工程序，因此，工步顺序实际上也就是加工程序的执行顺序。

一般数控铣削采用工序集中的方式，这时工步的顺序就是工序分散时的工序顺序，通常按照从简单到复杂的原则，先加工平面、沟槽、孔，再加工外形、内腔，最后加工曲面；先加工精度要求低的表面，再加工精度要求高的部位等。

4. 加工路线的确定

在确定进给路线时，对数控铣削应考虑以下几个方面：

1）应能保证零件的加工精度和表面粗糙度要求。当铣削平面零件外轮廓时，一般采用立铣刀侧刃切削，见图2-5-11。刀具切入工件时，应避免沿零件外廓的法向切入，而应沿外轮廓曲线延长线的切向切入，以避免在切入处产生刀具的刻痕而影响表面质量，保证零件外轮廓曲线平滑过渡。同理，在切离工件时，也应避免在工件的轮廓处直接退刀，而应该沿零件轮廓延长线的切向逐渐切离工件。

铣削封闭的内轮廓表面时，若内轮廓曲线允许外延，则应沿切线方向切入切出。若内轮廓曲线不允许外延（见图2-5-12），则刀具只能沿内轮廓曲线的法向切入切出，此时刀具的切入切出点应尽量选在内轮廓曲线两几何元素的交点处。当内部几何元素相切无交点时（见图2-5-13），为防止刀补取消时在轮廓拐角处留下凹口（见图2-5-13a），刀具切入切出点应远离拐角（见图2-5-13b）。

圆弧插补方式铣削外整圆时的进给路线见图2-5-14。当整圆加工完毕时，不要在切点处直接退刀，而应让刀具沿切线方向多运动一段距离，以免取消刀补时，刀具与工件表面相碰，造成工件报废。铣削内圆弧时也要遵循从切向切入的原则，最好安排从圆弧过渡到圆弧的加工路线（见图2-5-15），这样可以提高内孔表面的加工精度和加工质量。

对于孔位置精度要求较高的零件，在精镗孔系时，镗孔路线一定要注意各孔的定位方向一致，即采用单向趋近定位点的方法，以避免传动系统反向间隙误差

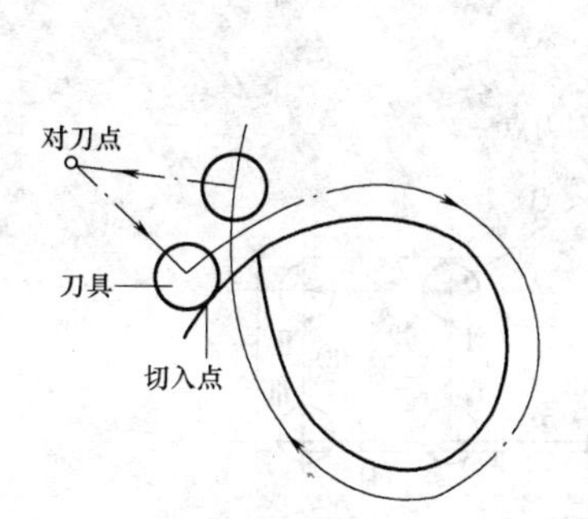

图2-5-11　外轮廓加工刀具的切入和切出

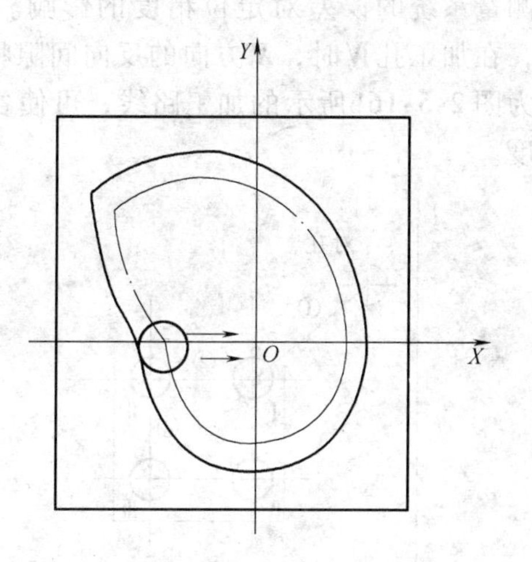

图 2-5-12　内轮廓加工刀具的切入和切出

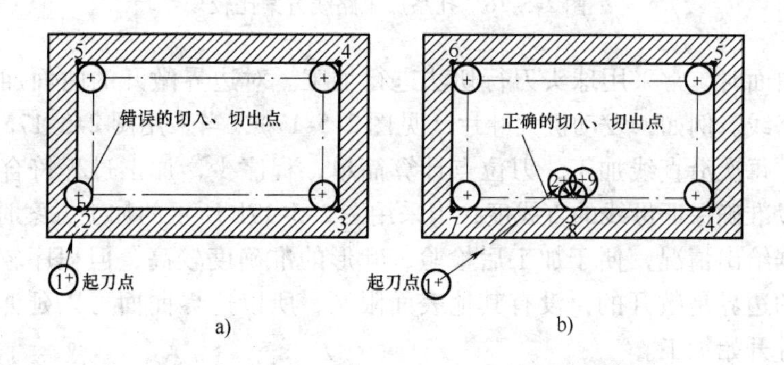

图 2-5-13　无交点内轮廓加工刀具的切入和切出

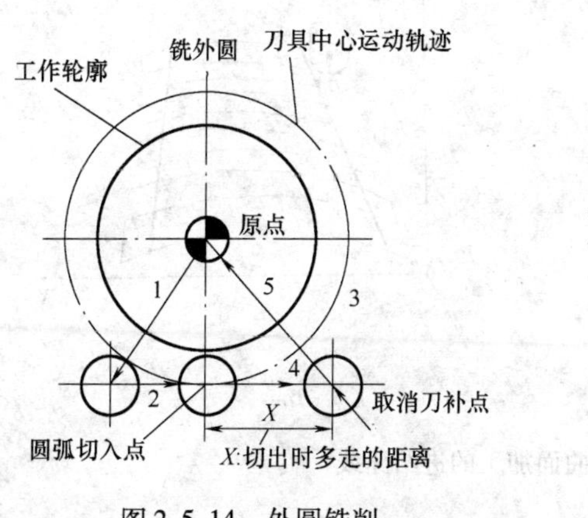

图 2-5-14　外圆铣削

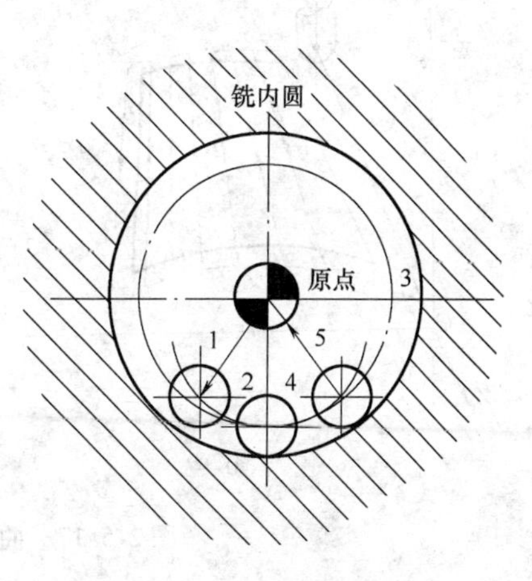

图 2-5-15　内圆铣削

或测量系统的误差对定位精度的影响。例如，图2-5-16a所示的孔系加工路线，在加工孔Ⅳ时，X方向的反向间隙将会影响Ⅲ、Ⅳ两孔的孔距精度；如果改为图2-5-16b所示的加工路线，可使各孔的定位方向一致，从而提高了孔距精度。

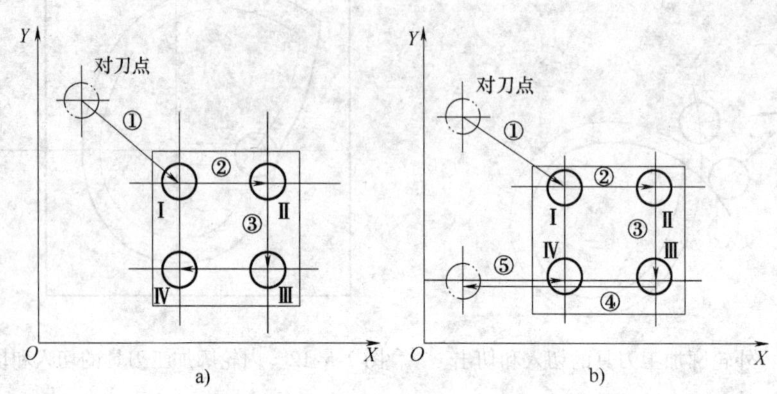

图2-5-16　孔系加工路线方案比较

铣削曲面时，常采用球头刀行切法进行加工。对边界敞开的曲面加工可采用两种进给路线。例如，发动机大叶片（见图2-5-17），当采用图2-5-17a所示的加工方案时，每次沿直线加工，刀位点计算简单，程序少，加工过程符合直纹面的形成，可以准确保证母线的直线度；当采用图2-5-17b所示的加工方案时，符合这类零件数据给出情况，便于加工后检验，叶形的准确度较高，但程序较多。由于曲面零件的边界是敞开的，没有其他表面限制，所以边界曲面可以延伸，球头刀应由边界外开始加工。

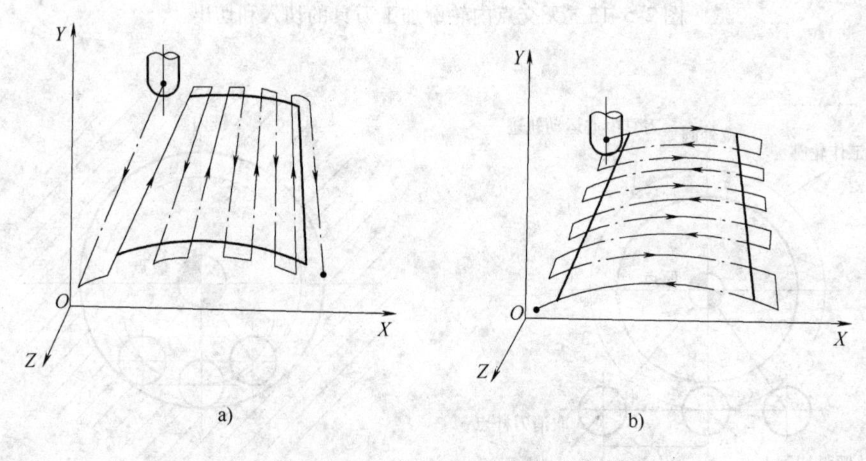

图2-5-17　曲面加工的进给路线

此外，轮廓加工中应避免进给停顿。因为加工过程中的切削力会使工艺系统产生弹性变形并处于相对平衡状态，进给停顿时，切削力突然减小，会改变系统的平衡状态，刀具会在进给停顿处的零件轮廓上留下刻痕。

为提高工件表面的精度和减小表面粗糙度值，可以采用多次进给的方法，精加工余量一般以0.2～0.5mm为宜。而且精铣时宜采用顺铣，以减小零件被加工表面粗糙度的值。

2）应使进给路线最短，减少刀具空行程时间，提高加工效率。图2-5-18所示为正确选择钻孔加工路线的例子。按照一般习惯，总是先加工均布于同一圆周上的八个孔，再加工另一圆周上的孔（见图2-5-18a）。但是对于点位控制的数控机床来说，要求定位精度高，定位过程尽可能快，因此这类机床应按空程最短来安排进给路线（见图2-5-18b），以节省加工时间。

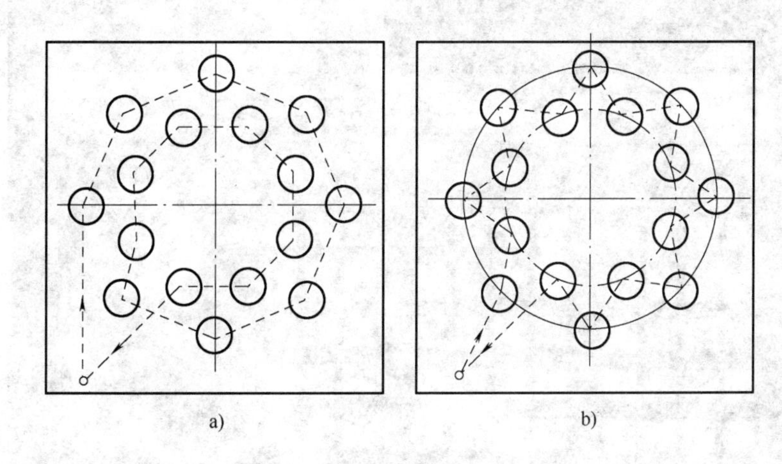

图2-5-18　最短加工路线选择

3）应使数值计算简单，程序段数量少，以减少编程工作量。

第二节　FANUC 0i-MC数控系统操作面板

数控铣床的种类规格较多，下面以北京第一机床厂生产的XKA714B/B立式数控铣床的操作面板为例说明各按键功能（见图2-5-19）。

一、数控铣床的LCD/MDI单元

数控铣床的LCD/MDI单元详细情况见图2-5-20。MDI面板上键的详细说明见表2-5-4。

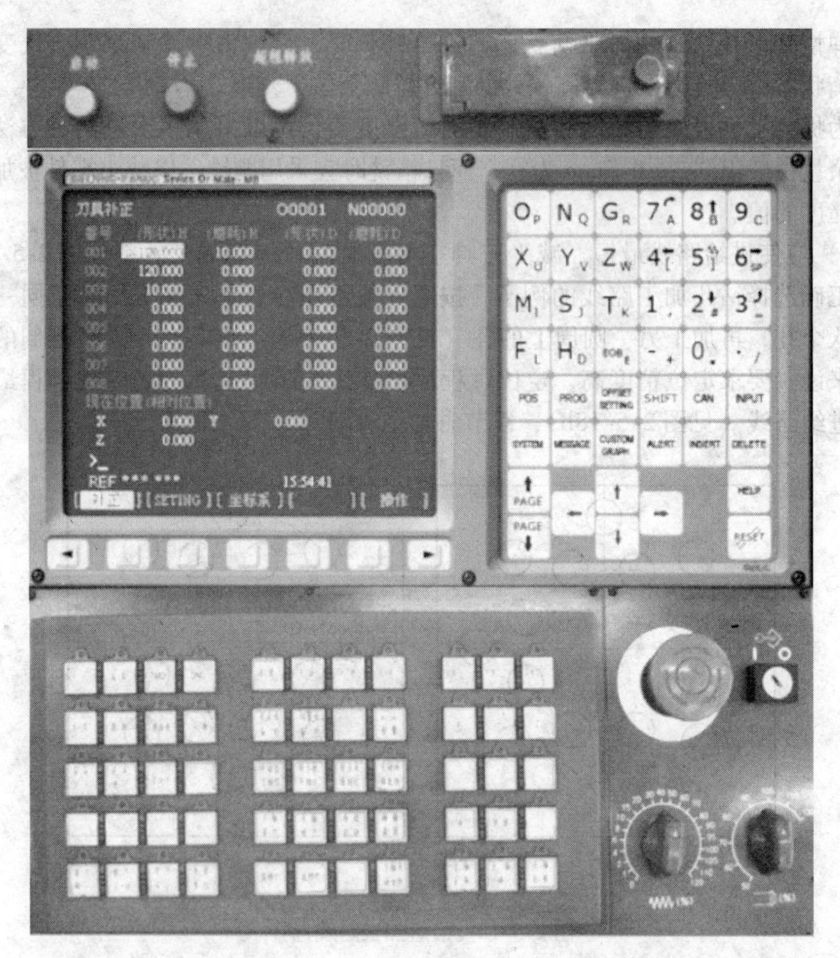

图 2-5-19 数控铣床的 LCD/MDI 单元及控制面板总览

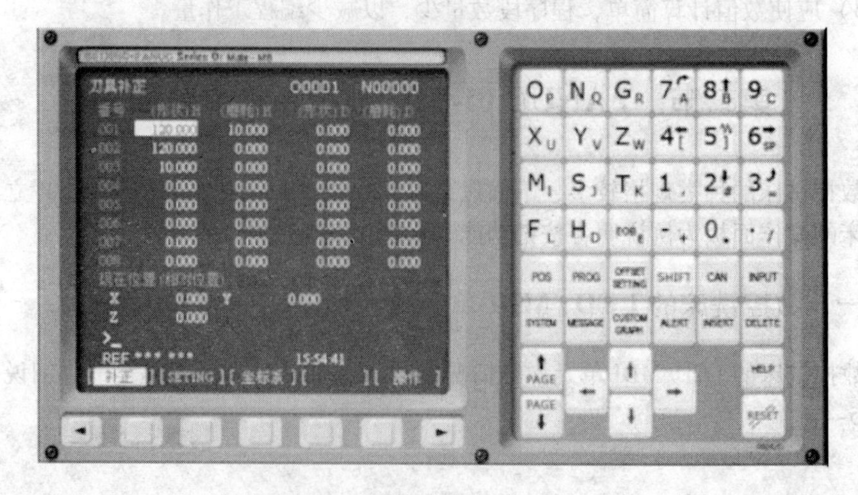

图 2-5-20 数控铣床的 LCD/MDI 单元

表 2-5-4　MDI 面板上键说明

序号	功　能	键	详 细 说 明
1	地址、数字和字符键	 O P　6 SP 等 24 个键	地址和数字键，按下这些键可以输入字母数字或其他字符
2	复位键	 RESET	复位键，按下该键可以使 CNC 复位或取消报警等
3	软键		软键，根据不同的画面，软键有不同的功能，软键功能显示在屏幕的底端
4	帮助键	HELP	当对 MDI 键的操作不明白时，按下该键可以获得帮助（帮助功能）
5	切换键	 SHIFT	在该键盘上有些键具有两个功能，按下切换键可以在这两个功能之间进行切换。当一个键右下脚的字母可被输入时，就会在屏幕上显示一个特殊的字符
6	输入键	 INPUT	当按下一个字母键或数字键时，再按该键，数据被输入到缓存区，并且显示在屏幕上。要将输入缓存区的数据复制到偏置寄存器中，请按下该键。这个键与软键上的“INPUT”键是等效的
7	取消键	 CAN	按下该键，删除最后一个进入输入缓存区的字符或符号。如显示为 > N005 X300 Z _的情形，按下该键后，Z 被取消并且显示为 > N005 X300 _
8	程序编辑键	 ALERT	替换
		 INSERT	插入
		 DELETE	删除
9	功能键	 POS	按下该键以显示位置屏幕
		 PROG	按下该键以显示程序屏幕
		 OFFSET SETTING	按下该键以显示偏置/设置（SETTING）屏幕

（续）

序号	功　能	键	详细说明
9	功能键	SYSTEM	按下该键以显示系统屏幕
		MESSAGE	按下该键以显示信息屏幕
		CUSTOM GRAPH	按下该键以显示用户宏屏幕（宏程序屏幕）和图形显示屏幕
10	光标移动键	↑	该键用于将光标向上或者往回移动光标，以行为单位往回移动
		↓	该键用于将光标向下或者向前移动光标，以行为单位向前移动
		←	该键用于将光标向左或者往回移动光标，以字符为单位往回移动
		→	该键用于将光标向右或者向前移动光标，以字符为单位向前移动
11	翻页键	↑ PAGE	该键用于将屏幕显示的页面往回翻页
		PAGE ↓	该键用于将屏幕显示的页面向下翻页

二、数控铣床的控制面板

数控铣床的控制面板详细情况见图2-5-21。控制面板上键和按钮的功能的详细说明见表2-5-5。

图2-5-21　数控铣床的控制面板

表 2-5-5　控制面板上键和按钮的功能

序号	键和按钮	功能说明
1	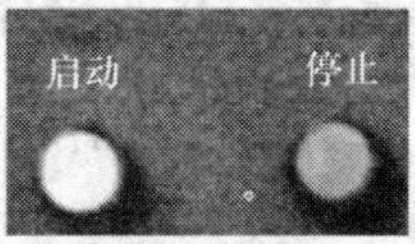 启动　停止	［电源］开关按键：左边绿色按键用于启动 NC 单元（即 NC 单元通电）。右边红色按键用于关闭 NC 系统电源
2	 超程释放	［超程释放］按钮：超程解除开关。按下此按键，同时旋转手轮，移动相应的坐标轴使机床反向退出超程位置，再松开此键
3		［急停］按钮：紧急情况下按下此按钮，机床停止一切运动
4		［进给倍率］旋钮：加工或回零时选择进给倍率，可使执行指令以不同的速度进给
5		［主轴倍率］旋钮：主轴旋转时选择主轴倍率，可使执行指令以不同的速度旋转
6		［自动］加工（CNC）模式：用于连续执行程序来加工工件
7		［编辑］模式：用于通过微机接口输入输出程序，编辑程序
8	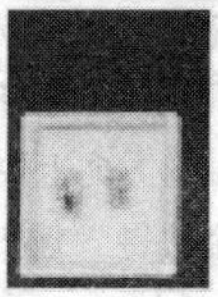	［MDI］录入模式：在 CRT 面板上，直接用键盘将程序输入到 MDI 存储器内，再在 MDI 运行操作，其操作方法与自动循环操作相同。另外，也用于输入系统参数

（续）

序号	键和按钮	功能说明
9	 DNC	［DNC］计算机直接加工模式：用于在自动运行时，通过与微机的接口（RS－232 接口）读入程序，并执行程序进行加工
10		［返回参考点］模式：使各坐标轴返回参考点位置并建立机床坐标系
11		［手动］模式：用按相应的坐标轴来移动坐标轴（*X*、*Y*、*Z*、*A* 等），其移动速度取决于“进给倍率修调”值的大小
12		［手轮］模式：用手轮来移动坐标轴（*X*、*Y*、*Z*、*A* 等）
13	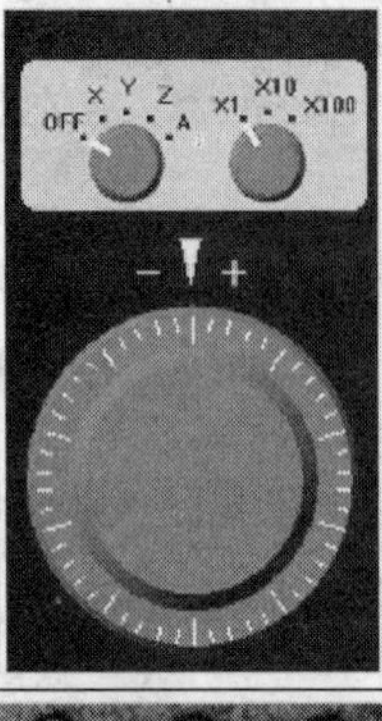 OFF X Y Z A X1 X10 X100 – +	［手轮］（手动脉冲发生器）：方式选择处在手轮模式时，选择 X1、X10、X100 任一方式后，再按坐标轴键，旋转手轮可将坐标轴移动到指定的位置 手轮倍率：手轮每摇一格坐标轴移动量分别如下：X1：1μm；X10：10μm；X100：100μm
14		参考点灯：当各个坐标轴回到机床零点时指示灯亮
15	 X Y Z	［轴选择］按键：选择要移动的轴。指示灯亮表明已选择了相应的坐标轴；在手轮、JOG 方式和回参考点方式下，当前被选择的坐标轴有效
16	 + 快速 –	［轴移动］按键：选择相应的坐标轴以后，以下操作在慢进给方式下有效 ① 在慢进给方式下，按下任一个按钮，坐标轴就会以进给速度修调开关指定的进给速度，在相应轴的方向上移动 ② 按快速移动键，并按下任一个按钮，坐标轴就会以快速修调指定的速度，在相应轴的方向上快速移动 注意：每次只能按下一个按键，且按下时，坐标轴就会移动，松手即停止移动

（续）

序号	键和按钮	功能说明
17		［快速倍率］按键：在低速 F0、25%、50%、100%范围内调整快速移动速度。低速设定为 400mm/min
18		［主轴手动允许］按键：按下按键，相应的指示灯亮，此时，按 ① 主轴［正转］按键：主轴正向旋转 ② 主轴［反转］按键：主轴反向旋转 ③ 主轴［停止］按键：立即停止主轴转动
19	 高挡灯 低挡灯	［高挡灯/低挡灯］按键：控制主轴高速与低速转换
20		［单段］执行按键：用于在自动方式下使程序段单段执行。按下此按键，指示灯亮，指示现在处于单段状态，执行单段加工程序，按循环启动按键继续执行下一个单段程序。再按此键，指示灯灭，程序可连续执行
21		［跳步］按键：用于执行程序时，不执行带有“/”的程序段。按下此键，指示灯亮，指示程序段跳步功能有效。再按此键，指示灯灭，程序段跳步功能无效
22	 空运行	［空运行］按键：按下此按键，指示灯亮，表明程序校验有效。在空运行有效期间，如果程序段是快速进给程序段，则机床以快速移动；如果程序段是以 F 指令的程序段，机床的进给速度就变成了 JOG 进给速度
23		［机床锁住］按键：按下此按键，指示灯亮，表明机床锁住功能有效。在机床锁住功能有效期间，自动运行时，仅进行脉冲分配，但不输出脉冲到伺服电动机上，即位置显示与程序同步，但机床不移动，M、S、T 代码执行
24		［循环停止］按键：有选择地暂停正在执行的程序。按下此按键，指示灯亮，指示选择停止功能有效。在自动执行程序过程中，遇到 M01 时，程序暂停，切削液关断。按“循环启动”后，继续执行下段程序

（续）

序号	键和按钮	功能说明
25		［循环启动］按键：用于自动方式下自动操作的启动，选择好程序后，按此按键执行加工程序。指示灯用于指定自动运行状态
26		［手动冷却允许］按键：按下按键，相应的指示灯亮，此时，按 ①［冷却启动］按键：按下按键，切削液接通 ②［冷却关闭］按键：按下按键，切削液断开
27		［手动拉刀到位］按键：按下按键，相应的指示灯亮，此时，按 ①［手动紧刀］按键：按下按键，夹紧刀具 ②［手动松刀］按键：按下按键，松开刀具
28		［程序保护］按键 状态（1）：可执行如下操作：①W 检查；②选择 ISO/EIA 和 INCH/MM；③存储、编辑加工程序 状态（0）：不能执行上述操作

第三节　数控铣床操作

数控铣床的种类规格较多，下面以北京第一机床厂生产的 XKA5032A 立式数控铣床为例进行介绍（见图 2-5-22）。

一、机床电源的接通与关断

1. 接通电源

1）检查数控机床的外观是否正常，比如：检查前门和后门是否关好。

2）机床总电源打开，将主电源开关扳到“ON”位置。

3）机床电源开通，按下按钮“POWER ON”，向机床润滑、冷却等机械部件供电。

4）旋转“急停”，使“急停”按钮旋起。

5）通电后检查位置屏幕是否

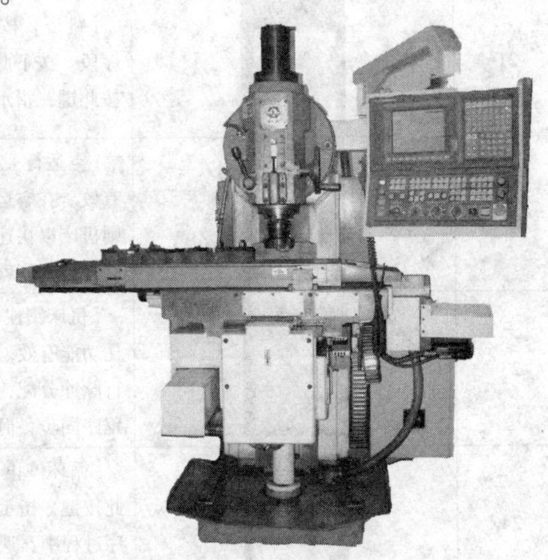

图 2-5-22　立式数控铣床

显示，如果通电后出现报警，就会显示报警信息；如果显示乱屏可能是出现了系统错误。

6）检查风扇电动机是否旋转。

注意：在显示位置屏幕或者报警屏幕之前，请不要操作系统，有些键是用于维修保养或特殊用途的，如果他们被按下后会发生意料不到的操作。

2. 关断电源

1）检查操作面板上表示循环启动的LED是否关闭，CNC机床的移动部件是否都已经停止。如果有外部的输入/输出设备连接到机床上，请先关掉外部输入/输出设备的电源。

2）按下“急停”按钮。电源关。

3）电源关，按下按钮“POWER OFF”，向机床润滑、冷却等机械部件断电。机床总电源断开，将主电源开关扳到“OFF”位置。

二、返回参考点

1）按下“返回参考点”按钮，使其处于“返回参考点”模式。

2）选择要返回参考点的轴。

3）选择要返回参考点的方向。

当刀具已经回到参考点后，参考点返回完毕指示灯亮。为了确保回零过程中刀具及机床的安全，加工中心及数控铣的回零一般先进行 Z 轴的回零，再进行 X 轴及 Y 轴的回零。

三、手动连续进给

1）按下“手动连续进给”按钮，使其处于“手动连续进给”方式。

2）选择要移动的轴。

3）选择轴的移动方向，按下该按钮时，刀具以指定的速度移动，释放开关移动停止。

4）手动进给速度可以通过手动进给速度的倍率旋钮进行调整。

5）按下要移动轴的方向按钮的同时，按下快速移动开关，刀具会以快移速度移动，在快速移动过程中快速移动倍率开关有效。

四、手轮进给

1）按下“手轮进给”按钮，使其处于“手轮进给”方式。

2）选择要移动的轴。

3）通过手轮进给放大倍数开关，选择刀具移动距离的放大倍数。旋转手摇脉冲发生器一个刻度时刀具移动的最小距离等于最小输入增量数乘以放大倍数。

4）旋转手轮可将坐标轴移动到指定的位置。

五、编辑程序

1）选择“编辑”方式。

2）按下“PROG ”键。

3）通过 MDI 面板上的相应按键，可以进行程序的录入和修改。

① 插入一个字的步骤如下：

a. 检索或扫描插入位置前的字。

b. 键入将要插入的地址字。

c. 键入数据。

d. 按下“INSERT”键。

② 字的替换步骤如下：

a. 检索或扫描将要替换的字。

b. 输入将要插入的地址字。

c. 输入数据。

d. 按下“ALTER”键。

③ 删除一个字的步骤如下：

a. 检索或扫描将要删除的字。

b. 按下“DELETE”键。

六、对刀操作及参数设置

在进行对刀前，需完成必要的准备工作，即工件和刀具的装夹。

1. 工件的安装与找正

加工中常用的夹具有平口钳、分度头、自定心卡盘和平台夹具等。下面以在平口钳上装夹工件为例说明工件的装夹步骤：

1）把平口钳安装在数控铣床工作台面上，两固定钳口与 X 轴基本平行并张开到最大。

2）把装有杠杆百分数的磁性表座吸在主轴端面的某个位置上。

3）使杠杆百分数的触头与固定钳口接触。

4）在 X 方向找正，直到使指示表的指针在一个格子内晃动为止，最后拧紧平口钳固定螺母。

5）根据工件的高度情况，在平口钳钳口内放入形状合适和表面质量较好的垫铁后，再放入工件，一般是工件的基准面朝下，与垫铁表面靠紧，然后拧紧平口钳。在放入工件前，应对工件、钳口和垫铁的表面进行清理，以免影响加工质量。

6）在 X、Y 两个方向找正，直到使指示表的指针在一个格子内晃动为止。

7）取下磁性表座，夹紧工件，工件装夹完成。

2. 数控铣削刀具的安装

数控铣床用的刀具是由刀柄、刀体、刀片和相关附件构成的。刀柄是刀具在主轴上的定位和装夹机构；刀体用于支撑刀片，并与刀片一起固定于刀柄上；刀片是刀具的切削刃，是刀具中的耗材；相关附件包括接杆、弹簧夹头、刀座、平衡块（精镗刀用）以及紧固用特殊螺钉等。数控铣床用的刀柄、刀体和相关附件是成系列的。由于铣床的工艺能力强大，因此其刀具种类也较多，一般分为铣削类、镗削类、钻削类等。

（1）装刀步骤

1）选择［手轮］或［JOG］方式。

2）将装好刀具的刀柄放入主轴下端的锥孔内，对齐刀柄。

3）按主轴上的“刀具拉紧”键。

4）抓住不放，再用力向下拉，确认刀具已经被夹紧。

（2）卸刀步骤

1）用手抓紧刀柄。

2）按主轴上的“刀具松开”键。

3）用力向下拉，用力要适可而止，注意不要碰伤自己和工件以及刀具。

4）如果拉不下来，就用棒轻轻地敲击刀柄，使刀柄可从主轴锥孔松脱，再用手抓紧刀具，完成卸刀。

3. 工件坐标系的设置

使编程原点与加工原点重合，需要进行坐标系设定。

G54 坐标系设定操作：当程序坐标用 G54 设定时，需要在机床内保证 G54 的机械坐标原点与编程原点重合。

程序原点在工件左上角上表面时的坐标设定步骤：

1）按下“手轮”按钮，使其处于“手轮”方式。

2）调整“快进/手轮倍率”。

3）选择“主轴进给保持打开”。旋转手轮分别移动工作台和主轴。

① 对 *Z* 轴。

a. “轴向选择”：选 *Z* 轴。

b. 使刀具与工件上表面接触。

c. 记下 *Z* 轴机械坐标值（例如 Z138. 687）。

② 对 *Y* 轴。

a. “轴向选择”：选 *Y* 轴。

b. 旋转手轮，使刀具与工件 *Y* 原点所在侧面接触。

c. 记下主轴机械坐标值（例如 Y253. 386）。

③ 对 *X* 轴。

a. “轴向选择”：选 *X* 轴。

b. 旋转手轮，使刀具与工件 X 原点所在侧面接触。

c. 记下主轴机械坐标值（例如 X－511.688）。

4）按下“OFFSET”键，再按“坐标系”对应软键，把光标移到“（01）G54”，输入 X 坐标加半径值、Y 坐标减去刀具半径后的数值。

举例：刀具半径值为 5mm，则 G54 后面的 $X=-511.688+5=-506.688$，$Y=253.386-5=248.386$，见图 2-5-23。

工件坐标系设定 (G54)			O0020	N0020	
番号		数据	番号		数据
00	X	0.000	02	X	0.000
(EXT)	Y	0.000	(G55)	Y	0.000
	Z	0.000		Z	0.000
01	X	−506.688	04	X	0.000
(G54)	Y	248.386	(G56)	Y	0.000
	Z	138.687		Z	0.000
) _			S 0L		0%
MDI STOP	*** ***		10 : 22 : 29		
[捕正]	[SETING]	[坐标系]	[ ]	[操作]	

图 2-5-23　在 G54 里工件坐标系的设定

此时在 G54 坐标系下，当刀具回零时并执行刀具补偿时，G54 原点、刀具中心与编程原点重合。

注意：加工时，根据刀具路径需要设定刀具半径补偿。

回零后按“POS”键，“机械坐标”显示如图 2-5-24 所示。

现在位置		O0020	N0020
（相对坐标）		（绝对坐标）	
X	278.312	X	10.000
Y	−220.610	Y	20.000
Z	−290.911	Z	60.000
（机械坐标）		（余移动量）	
X	−506.688	X	0.000
Y	248.386	Y	0.000
Z	138.687	Z	0.000
JOG F	600	加工部件数	16
运转时间	80H21M	切削时间	0H18M35S
ACT: F	0MM/分	S 0L	0%
MDI ****	*** ***	10: 25: 29	
[绝对] [相对]	[组合]	[HWDL]	[操作]

图 2-5-24　回零后按“POS”键的“机械坐标”显示

或者按下“OFFSET”键，再按“坐标系”，把光标移到“番号 00（EXT）”对应的坐标，X 轴坐标输入刀具半径正值、Y 轴坐标输入刀具半径负值，见图 2-5-25。

工件坐标系设定　　O0020　N0020
(G54)

番号		数据	番号		数据
00	X	0.000	02	X	0.000
(EXT)	Y	−5.000	(G55)	Y	·0.000
	Z	0.000		Z	0.000
01	X	−511.688	0.4	X	0.000
(G54)	Y	253.386	(G56)	Y	0.000
	Z	138.687		Z	0.000

) _　　S　0L　0%

MDI STOP　***　***　　10 : 28 : 29

[捕正] [SETING] [坐标系] [　] [操作]

图 2-5-25　“番号 00（EXT）”下刀具半径的处理

此时在 G54 坐标系下，当刀具回零时，刀具中心与编程原点重合，而 G54 原点不与编程原点重合。采用如下方法判断加或减掉半径值：

对好刀后，根据右手定则来判断，为了保证刀具中心与编程原点重合，当刀具需正向移动时，则相应地输入半径正值；刀具需负向移动时，则相应地输入半径负值。

回零后按 POS 键，“机械坐标”显示如图 2-5-26 所示。

现在位置比　　O0020　N0020

(相对坐标)		(绝对坐标)	
X	278.312	X	10.000
Y	−220.610	Y	20.000
Z	−290.911	Z	60.000
(机械坐标)		(余移动量)	
X	−506.688	X	0.000
Y	253.386	Y	0.000
Z	138.687	Z	0.000

JOG　F　600　　加工部件数　16

运转时间　80H21M　　切削时间　0H15M35S

ACT: F　0MM/分　　S　0L　0%

ADI　****　***　***　　10:　28:　29

[绝对] [相对] [组合] [HWDL] [操作]

图 2-5-26　“回零后“机械坐标”显示

4. 刀具直接补偿的设定

1）按“OFFSET SETTING”键若干次，出现见图 2-5-27 所示画面。

2）按“光标移动”键，将光标移至需要设定刀补的相应位置。

3）输入补偿量。

4）按“INPUT”键。

```
刀具补正                                    O0020     N0020
番号   形状 (H)   磨损 (H)   形状 (D)   磨损 (D)
001     0.000      0.000      0.000      0.000
002     0.000      0.000      0.000      0.000
003     0.000      0.000      0.000      0.000
004     0.000      0.000      0.000      0.000
005     0.000      0.000      0.000      0.000
006     0.000      0.000      0.000      0.000
007     0.000      0.000      0.000      0.000
008     0.000      0.000      0.000      0.000
现在位置（相对坐标）
   X      -402.944              Y     -5.909
   Z        61.113
)_                                 S  0L    0%
MDI  STOP  ***  ***           10: 22: 29
[ 捕正 ] [ SETING ] [ 坐标系 ] [        ] [ 操作 ]
```

图 2-5-27　刀具补偿画面

如果要修改补偿值，输入一个将要加到当前补偿值的值（负值将减小当前的值）并按下软键［+输入］；或者输入一个新值，并按下软键［INPUT］。

5. 刀具测量补偿的设定

1）按下“手轮”或“JOG”按键，使其处于“手轮”或“JOG”方式。

2）安装基准刀具。

3）*Z* 向对刀。用手动操作移动基准刀具，使其与工件上的一个指定点接触。

4）按“POS”键若干次，直到显示具有相对坐标的现在位置画面，见图 2-5-28。

```
现在位置比（相对坐标）                 O0020     N0020
X          278.312

Y         -220.610

Z         -290.911
JOG    F      600              加工部件数     16
 运转时间    80H21M            切削时间     0H15M35S
 ACT: F      0MM/分                  S  0L     0%
             ***  ***              10: 25: 29
[ 预定 ] [ 起源 ] [ 坐标系 ] [ 元件: 0 ] [ 运转: 0 ]
```

图 2-5-28　“POS”画面

5）按地址键“*Z*”，按软键［起源］，将相对坐标系中闪亮的 *Z* 轴的相对坐标值复位为“0”。

6）按功能键“OFFSET SETTING”键若干次，出现刀具补偿画面（见图 2-5-27）。

7）按屏幕下方右侧“扩展”软键，出现如图2-5-29所示画面。

```
刀具补正                                      O0020    N0020
 番号      形状 (H)   磨损 (H)    形状 (D)   磨损 (D)
 001        0.000      0.000       0.000      0.000
 002        0.000      0.000       0.000      0.000
 003        0.000      0.000       0.000      0.000
 004        0.000      0.000       0.000      0.000
 005        0.000      0.000       0.000      0.000
 006        0.000      0.000       0.000      0.000
 007        0.000      0.000       0.000      0.000
 008        0.000      0.000       0.000      0.000
 现在位置（相对坐标）
     X          -402.944            Y       -5.909
     Z            61.113
 )_                                       S   0L    0%
 MDI  STOP   ***  ***            10: 22: 29
[NO检索] [SETING] [C. 输入] [ +输入 ] [-输入]
```

图2-5-29　刀具补偿

8）安装要测量的刀具，手动操作移动对刀，使其与基准刀在同一对刀点位置接触。两把刀的长度差将显示在屏幕画面的相对坐标系中。

9）按“光标移动”键，将光标移至需要设定刀补的相应位置。

10）按地址键“Z”。

11）按软键“［C. 输入］”，*Z*轴的相对坐标被输入，并被显示为刀具长度偏置补偿。

6. 刀具长度补偿对刀举例

工件如图2-5-30所示，工件原点在工件中心上表面，加工用的3把刀具（立铣刀）直径分别为10mm、16mm、20mm，长度分别为L_1、L_2、L_3，现选择ϕ10mm刀具为基准刀，则ΔL_1（$\Delta L_1 = L_2 - L_1$）、ΔL_2（$\Delta L_2 = L_3 - L_1$）分别为ϕ16mm和ϕ20mm立铣刀的长度补偿值，对刀并设定刀补。

步骤如下：

1）安装ϕ12mm立铣刀（基准刀）。

2）刀具接触工件一侧。

3）按“POS”键若干次，直至画面显示“现在位置（相对坐标）”。

4）输入“X”，按“起源”键，*X*坐标显示为“0”。

5）*Z*向移动刀具至安全高度。

6）刀具接触工件另一侧。

7）*Z*向移动刀至安全高度，记下*X*坐标值，移动工作台至*X*/2坐标值处。

8）输入该点机械坐标值为G54原点*X*值。

9）同样方式在*Y*轴方向对刀，输入*Y*轴G54原点值。

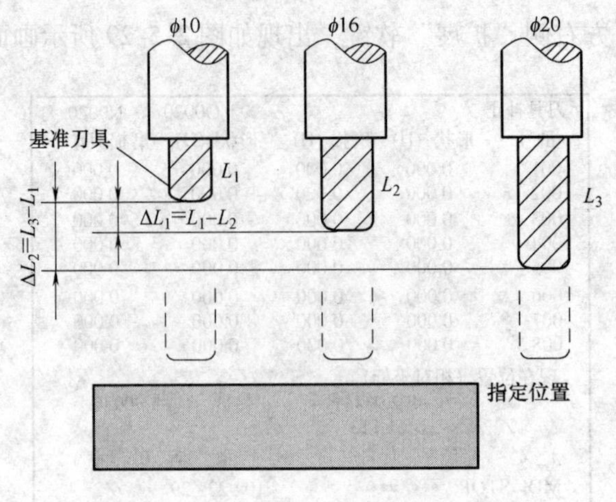

图 2-5-30　刀具长度补偿对刀示意图

10）Z 向移动刀具至安全高度。

11）使刀具接触工件上表面。

12）按“POS”键，直至画面显示“现在位置（相对坐标）”。

13）输入“Z”，按“起源”键，Z 坐标显示为“0”。

14）输入该点机械坐标值为 G54 原点 Z 值。

15）Z 向移动刀具至安全高度。

16）安装 $\phi16$mm 立铣刀。

17）使刀具接触工件上表面。

18）按“POS”键若干次，直至画面显示“现在位置（相对坐标）”。

19）按屏幕下方右侧画面转换软键，出现“工具补正”画面。

20）按“光标移动”键，将光标移至需要设定刀补的相应位置。

21）按地址键“Z”。

22）按“［C. 输入］”对应的软键，Z 轴的相对坐标被输入，并被显示为 $\phi16$mm 立铣刀长度偏置补偿。

23）Z 向移动刀具至安全高度。

24）安装 $\phi20$mm 立铣刀。

25）重复 16）~22）步骤。

注意：Z 向对刀时，3 把刀在工件上表面的接触点应一致。

七、自动加工

用编程程序运行 CNC 机床称为自动运行，下面介绍“存储器运行”和“DNC 运行”等自动运行方式。

1. 存储器运行

执行存储在 CNC 存储器中的程序的运行称为存储器运行。程序事先存储到存储器中。当选择了这些程序中的一个并按下机床操作面板上的［循环启动］按键后，启动自动运行，并且［循环启动］LED 点亮。在自动运行中，机床操作面板上的［进给保持］按键被按下后，自动运行被临时中止。当再次按下［循环启动］按键后，自动运行又重新进行。当 MDI 面板上的“RESET”键被按下后，自动运行被终止并且进入复位状态。

（1）存储器运行步骤

1）按下“自动”按钮，使其处于“自动”方式。

2）从存储的程序中选择一个程序。其步骤如下：

① 按下“PROG”键以显示程序屏幕。

② 按下地址“O”键。

③ 使用数字键输入程序名称。

④ 按下［O SRH］软键。

3）按下操作面板上的［循环启动］键。启动自动运行，并且［循环启动］LED 闪亮。当自动运行结束时，指示灯熄灭。

4）要在中途停止或者取消存储器运行，按以下步骤进行：

① 停止存储器运行。按下机床操作面板上的［进给保持］按键。［进给保持］指示灯 LED 亮，并且［循环启动］指示灯熄灭。机床响应如下：

a. 当机床移动时，进给减速直到停止。

b. 当程序在停刀状态时，停刀状态中止。

c. 当执行 M、S 或 T 时，执行完毕后运行停止。

当［进给保持］指示灯亮时，按下机床操作面板上的［循环启动］按键会重新启动机床的自动运行。

② 终止存储器运行。按下 MDI 面板上的“RESET”键。自动运行被终止，并进入复位状态。当在机床移动过程中，执行复位操作时，机床会减速直到停止。

（2）存储器运行注意事项

1）存储器运行。在存储器运行启动后，系统的运行如下：

① 从指定程序中读取一段指令。

② 这一段指令被译码。

③ 启动执行该段指令。

④ 读取下一段指令。

⑤ 执行缓冲，即指令被译码以便能够被立即执行。

⑥ 前段程序执行后，立即启动下一段程序的执行。这是因为有执行缓冲的缘故。

⑦ 此后存储器运行按照④～⑥重复进行。

2）停止和结束存储器运行。存储器运行可以用下列两种方法停止：

① 指定一个停止命令。停止命令包括 M00（程序停止）、M01（选择停止）、

M02 与 M30（程序结束）。

② 按下机床操作面板上的一个键。有两个键可以停止存储器的操作：[进给保持] 按键和“RESET”键。

3）程序停止 M00。存储器运行在执行包含有 M00 指令的程序段后停止。当程序停止后，所有存在的模态信息保持不变，与单段运行一样。按下 [循环启动] 按键后自动运行重新启动。

4）选择停止 M01。与 M00 一样，存储器运行时在执行了含有 M01 指令的程序段后也会停止。这个代码仅在操作面板上的 [选择停止] 开关处于通的状态时有效。

5）程序结束 M02、M30。当读到 M02 或者 M30（在主程序结束）时，存储器运行结束并且进入复位状态。

6）进给暂停。在存储器运行时，一旦操作面板上的进给暂停按键被按下，刀具会在减速后立即停止。

7）复位。自动运行可以通过 MDI 面板上的 RESET 键或者外部的复位信号结束，并且立即进入复位状态。当刀具移动时执行了复位操作后，运动会在减速后停止。

2. DNC 运行

从输入/输出设备读入程序使系统运行称为 DNC 运行。

无法手工编制复杂工件的加工程序，需要用专门的 CAM 软件来编制，这类程序的程序段往往很多，会占用很大的存储空间。机床存储空间有限，当加工程序比较大时，需要自动传输加工，程序由计算机输出，经机床 RS232 接口传入，控制机床加工动作（DNC 加工）。对有些程序，尽管机床存储空间可以容纳，但录入很不方便，也可以先使用传输软件将程序传入机床，然后执行自动加工（CNC 加工）。

计算机必须安装好传输软件，并设置好各种参数，同时机床方面也应该进行必要的设置。

传输软件的设置与使用如下：

1）在计算机上启动软件。

2）进行通信设置。

3）双击要传输的 NC 文件。

4）点击数据传送按键。

5）工件对好刀后，选择“DNC”方式。

6）按“循环启动”按键，机床执行 DNC 加工。

第六章

数控铣床的检验、维护与保养

第一节　数控铣床的精度检验

一、数控铣床几何精度检验

数控铣床的几何精度检查项目大部分与普通铣床相同，只是增加了一些自动化装置自身以及与机床连接的精度项目等。

机床几何精度的有些项目是相同的，有些项目则依机床品种而异，下面以卧式数控铣床为例检验机床几何精度。

1. 几何精度检验（见表2-6-1）

表2-6-1　几何精度检验

序号	检测内容		检查方法	允许误差/mm	实测误差
1	主轴箱沿 *Z* 轴方向移动的直线度	a *X* 轴方向	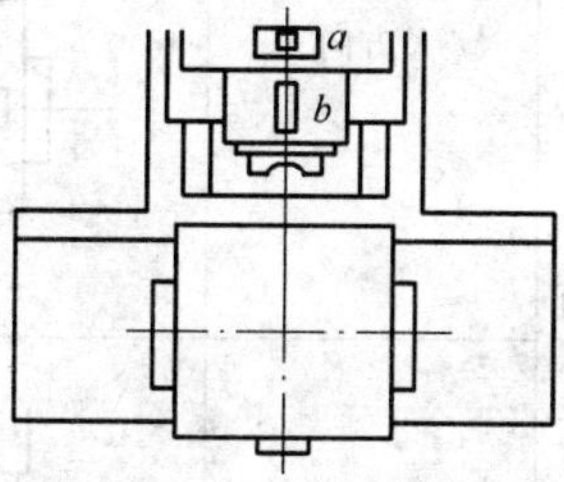	0.04/1000	
		b *Z* 轴方向			
		c *ZX* 平面内 *Z* 轴方向	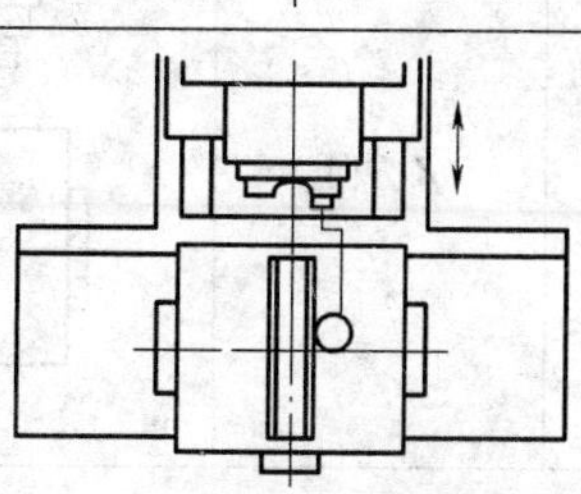	0.01/500	

（续）

序号	检测内容		检查方法	允许误差/mm	实测误差
2	主轴箱沿 *X* 轴方向移动的直线度	a *X* 轴方向		0.04/1000	
		b *Z* 轴方向			
		c *ZX* 平面内 *Z* 轴方向	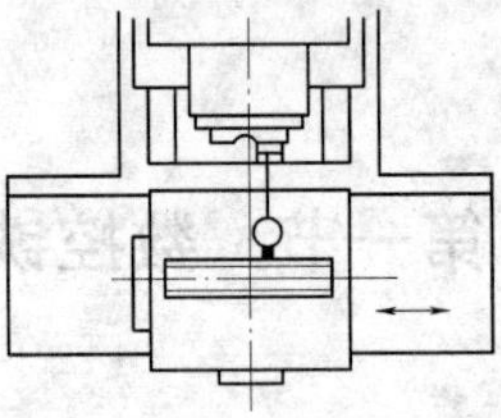	0.01/500	
3	主轴箱沿 *Y* 轴方向移动的直线度	a *XOY* 平面		0.01/500	
		b *YOZ* 平面			
4	工作面表面的直线度	*X* 方向	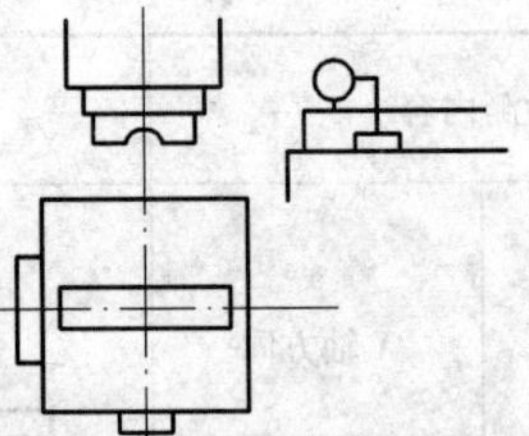	0.015/500	
		Z 方向	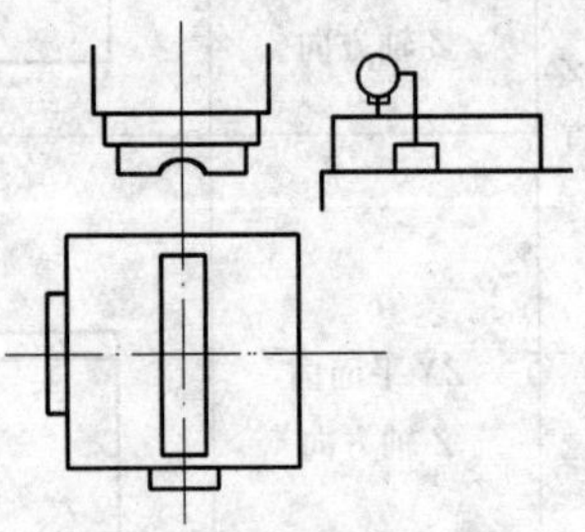	0.015/500	

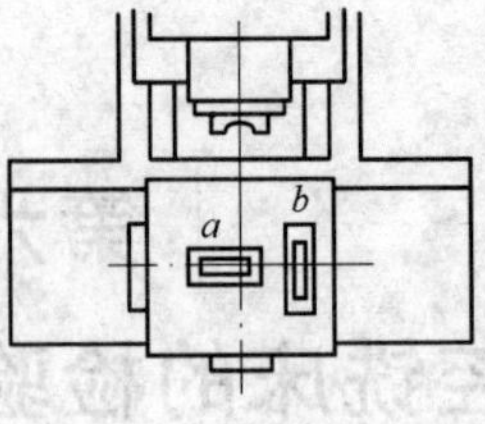

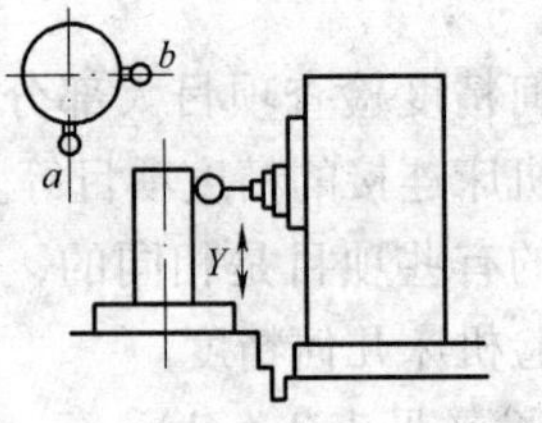

（续）

序号	检测内容	检查方法	允许误差/mm	实测误差
5	X 轴移动工作台面的平行度	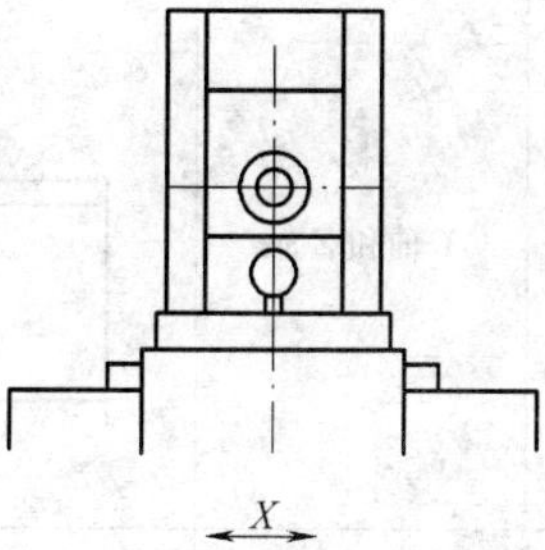	0.02/500	
6	Z 轴移动工作台面的平行度	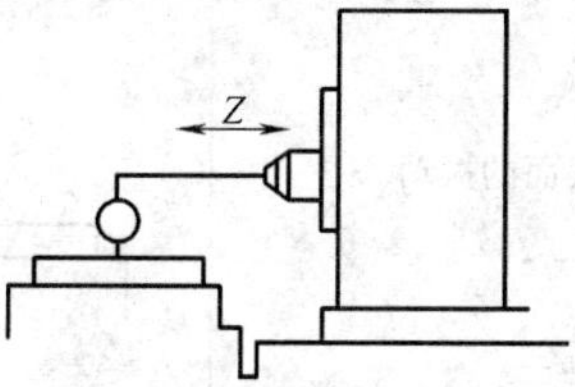	0.02/500	
7	X 轴移动时工作台边界与定位器基准面的平行度	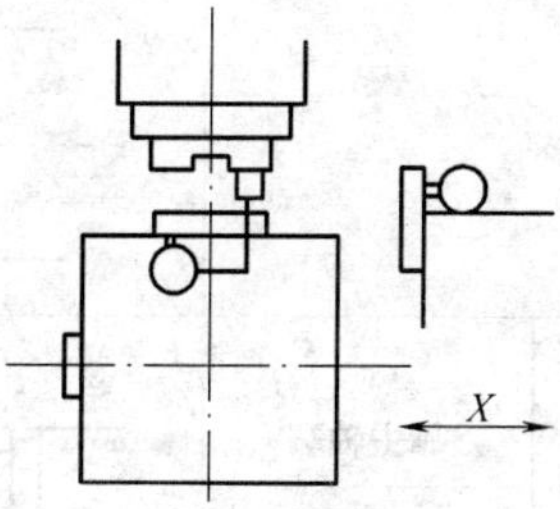	0.015/300	
8	各坐标轴之间的垂直度 X 轴和 Y 轴	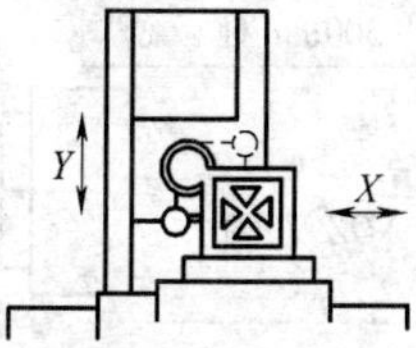	0.015/300	
	Y 轴和 Z 轴	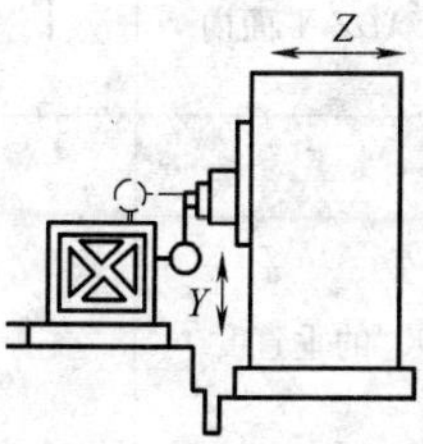	0.015/300	

（续）

<table>
<tr><th>序号</th><th colspan="2">检测内容</th><th>检查方法</th><th>允许误差/mm</th><th>实测误差</th></tr>
<tr><td>8</td><td>各坐标轴之间的垂直度</td><td>X 轴和 Z 轴</td><td>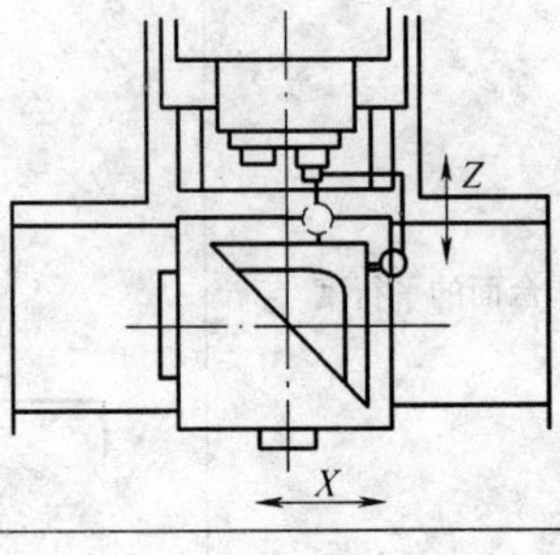
</td><td>0.015/300</td><td></td></tr>
<tr><td>9</td><td colspan="2">回转工作台表面的振动</td><td>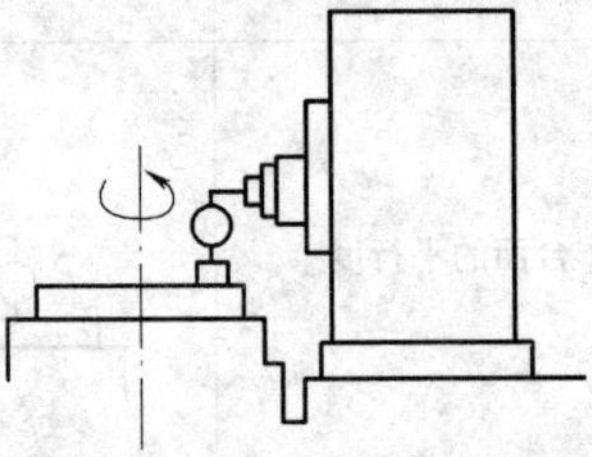</td><td>0.02/500</td><td></td></tr>
<tr><td>10</td><td colspan="2">主轴轴向圆跳动</td><td>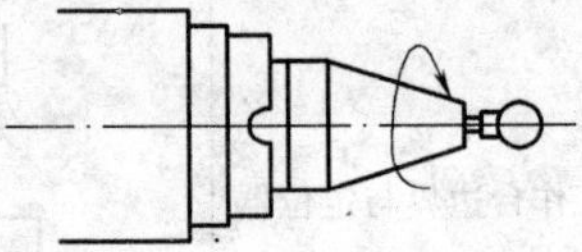</td><td>0.005</td><td></td></tr>
<tr><td rowspan="2">11</td><td rowspan="2">主轴孔径向圆跳动</td><td>a
靠主轴端</td><td rowspan="2">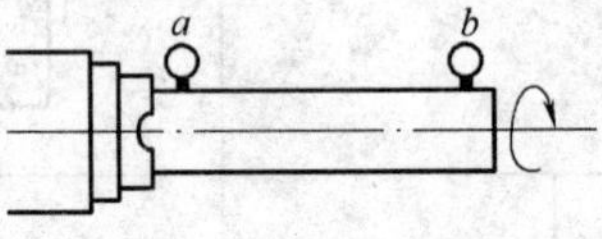
</td><td>0.01</td><td rowspan="2"></td></tr>
<tr><td>b
离主轴端300mm 处</td><td>0.02</td></tr>
<tr><td rowspan="2">12</td><td rowspan="2">主轴中心线工作台面的平行度</td><td>a
YOZ 平面内</td><td rowspan="2">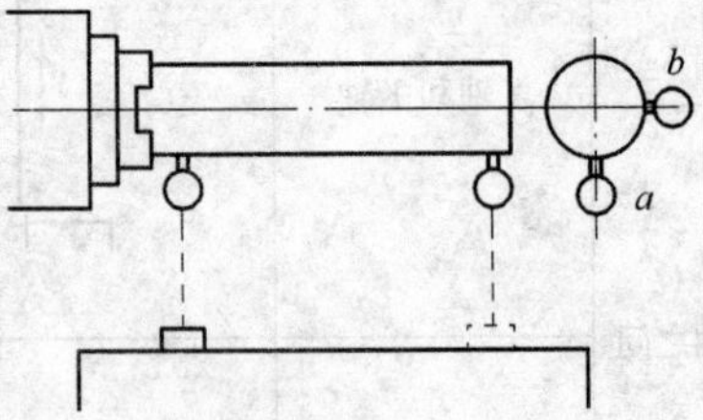
</td><td rowspan="2">0.015/300</td><td rowspan="2"></td></tr>
<tr><td>b
XOZ 平面内</td></tr>
<tr><td>13</td><td colspan="2">回转工作台回转 90°的垂直度</td><td>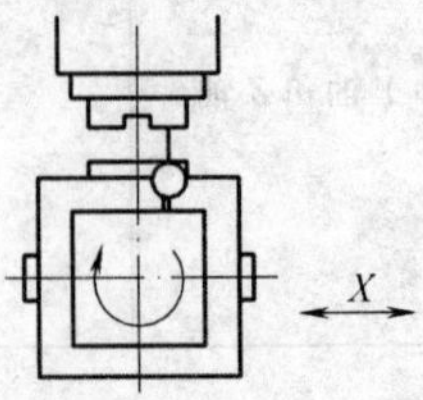
</td><td>0.01</td><td></td></tr>
</table>

（续）

序号	检测内容		检查方法	允许误差/mm	实测误差
14	回转工作台中心线到边界定位器基准面之间的距离精度	工作台 A 工作台 B	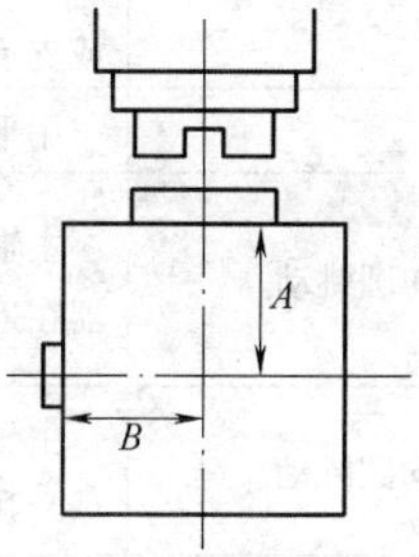	±0.02	
15	交换工作台的重复交换定位精度	X 轴方向 Y 轴方向 Z 轴方向	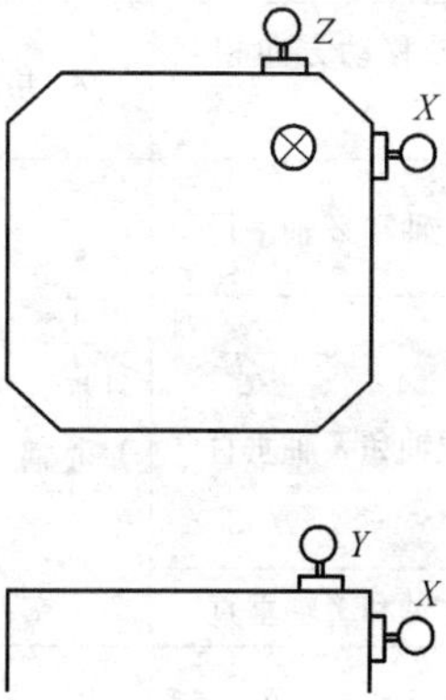	0.01	
16	各交换工作台的等高度		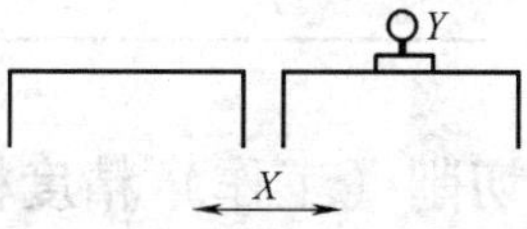	0.02	
17	分度回转工作台的分度精度		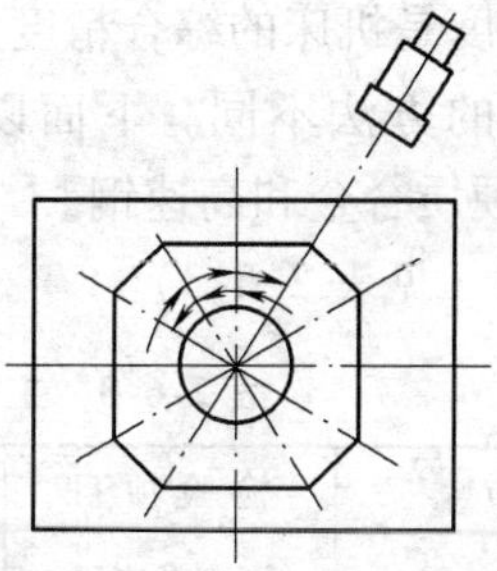	10″	

2. 主要共性几何精度分类

机床几何精度会反映到零件上去，主要的共性几何精度分类见表2-6-2。

表 2-6-2　共性几何精度分类

<table>
<tr><th colspan="3">项　目</th><th colspan="3">检查方法</th><th>备　注</th></tr>
<tr><td rowspan="5">部件自身精度</td><td colspan="2">床身水平</td><td colspan="3">精密水平仪置工作台上 X、Z（或 Y）向分别测量，调整垫铁或支承钉达到要求</td><td>是几何精度测量的基础</td></tr>
<tr><td colspan="2">工作台面平面度</td><td colspan="3">用平尺、等高量块指示器测量</td><td>几何精度测量的基础</td></tr>
<tr><td rowspan="2">主轴</td><td>主轴径向圆跳动</td><td colspan="3">主轴锥孔插入测量心轴用指示器在近端或远端测量</td><td>体现主轴旋转轴线的状况</td></tr>
<tr><td>主轴轴向圆跳动</td><td colspan="3">主轴锥孔插入专用心轴（钢球）用指示器测量</td><td>主轴轴承轴向精度</td></tr>
<tr><td colspan="2">X、Y、Z 导轨直线度</td><td colspan="3">精密水平仪或光学仪器</td><td>影响零件的形状精度</td></tr>
<tr><td rowspan="7">部件间相互位置精度</td><td colspan="2">X、Y、Z 三个轴移动方向相互垂直度</td><td colspan="3">90°角尺、指示器</td><td>影响零件的位置精度</td></tr>
<tr><td rowspan="4">主轴旋转中心线和三个轴移动轴的关系</td><td>主轴和 Z 轴平行</td><td rowspan="4">主轴锥孔插入测量心轴</td><td colspan="2">用指示器检查平行度</td><td rowspan="4">影响零件的位置形状精度</td></tr>
<tr><td rowspan="2">主轴和 X 轴垂直</td><td>立式</td><td>用平面指示器</td></tr>
<tr><td>卧式</td><td>用 90°角尺和指示器</td></tr>
<tr><td>主轴和 Y 轴垂直</td><td colspan="2">用平尺和指示器</td></tr>
<tr><td rowspan="2">主轴旋转轴线与工作台面关系</td><td>立式为垂直度</td><td colspan="3" rowspan="2">测量心轴、指示器、平尺、等高量块</td><td rowspan="2">影响零件的位置形状精度</td></tr>
<tr><td>卧式为平行度</td></tr>
</table>

二、数控铣床切削（工作）精度检验

切削（工作）精度是机床的综合精度，受机床几何精度、刚度、温度等影响，不同类型的机床检验的方法不同。下面以数控铣床为例予以说明，试件材料为 HT200，刀具材料为硬质合金和高速钢。

1. 工作精度项目（见表 2-6-3）

表 2-6-3　工作精度项目

序号	检验性质	检验项目	检验工具	说　明
1	镗孔精度	圆度及直径一致性	指示器、圆度仪	孔圆度与主轴径跳和刚度及 X、Y、Z 轴刚度（含间隙）有关
2	面铣刀铣平面精度	平面度接刀阶梯差	指示器、平板	平面度与 X、Y 轴直线度有关，阶梯差和 Z 与 M 垂直度有关

（续）

序号	检验性质	检验项目	检验工具	说　明
3	用回转台 90°分度绕四周（仅限卧式加工中心）	平行度、垂直度	指示器、平板	与回转台分度精度有关
4	镗四个正方形分布的孔	孔距精度	检棒、量块或坐标测量仪	与 X、Y 轴定位精度有关
5	用立铣刀侧刃精铣正方形四周	直线度、平行度、垂直度，两组相对面尺寸差	指示器、平板、千分尺、90°角尺	与 X、Y 轴直线度有关 与 X、Y 轴垂直度有关 与 X 或 Y 定位精度有关
6	用立铣刀 X、Y 联动铣正方形四周（倾斜 30°）	直线度、平行度、垂直度	指示器、平板、90°角尺	与 XY 轴插补精度有关 与 XY 轴垂直度、直线度、定位精度有关 与 XY 轴刚度及丝杠、导轨间隙和摩擦有关 与伺服系统跟随精度有关
7	用立铣刀侧刃 X、Y 插补铣圆	圆度	指示器、专用工具或圆度仪	与 XY 轴插补精度、过象限有关 与 XY 轴垂直度、直线度、定位精度有关 与 XY 轴刚度及丝杠、导轨间隙和摩擦有关 与伺服系统跟随精度有关
8	调头镗孔精度（仅限卧式加工中心）	同轴度	指示器或三坐标测量机	与回转台 180°分度精度有关 与回转台面对回转中心垂直度有关 与回转台面和 Z 轴的平行度有关

2. 切削精度检验（见表 2-6-4）

表 2-6-4　切削精度检验

序号	检测内容		检查方法	允许误差/mm	实测误差
1	镗孔精度	圆度	a　b　c　D　120	0.01	
		圆柱度		0.01/100	

（续）

序号	检测内容		检查方法	允许误差/mm	实测误差
2	面铣刀铣平面精度	平行度	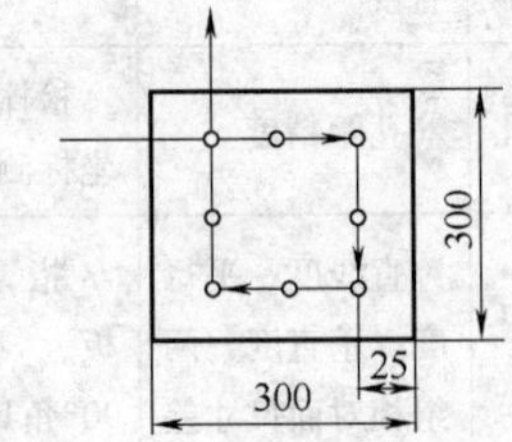	0.01	
		阶梯差		0.01	
3	面铣刀铣侧面精度	垂直度	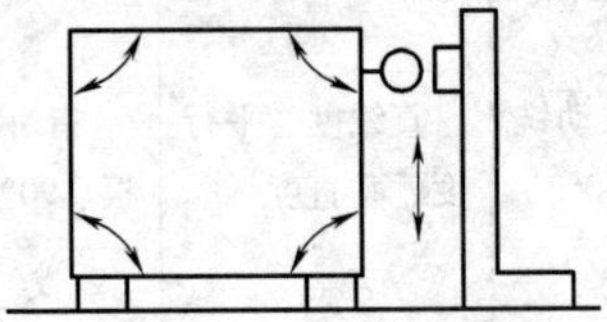	0.02/300	
		平行度		0.02/300	
4	镗孔孔距精度	X轴方向	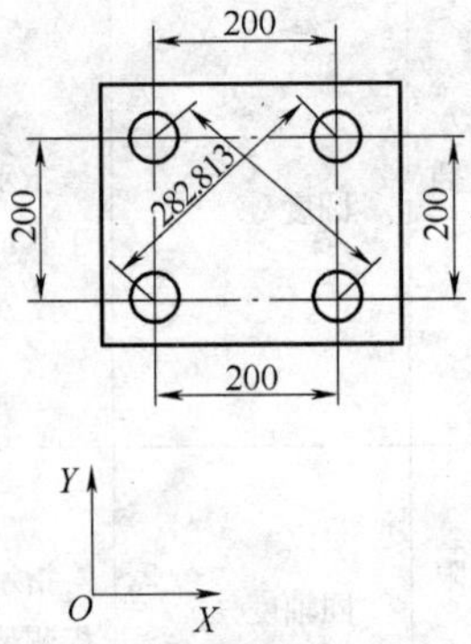	0.02	
		Y轴方向			
		对角线方向		0.03	
		孔径偏差		0.01	
5	立铣刀铣削四周面精度	直线度	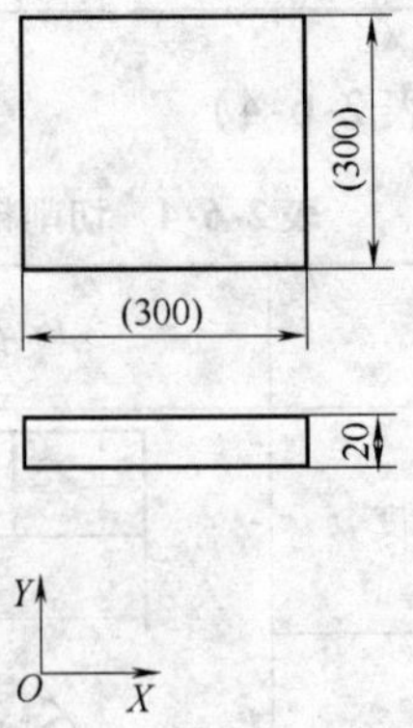	0.01/300	
		平行度		0.02/300	
		厚度差		0.03	
		垂直度		0.02/300	

（续）

序号	检测内容		检查方法	允许误差/mm	实测误差
6	两轴联动铣削直线精度	直线度	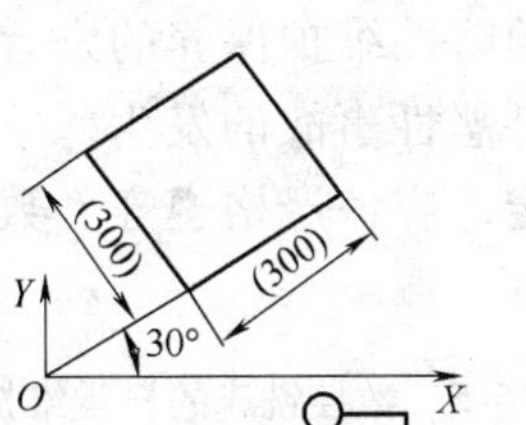	0.015/300	
		平行度	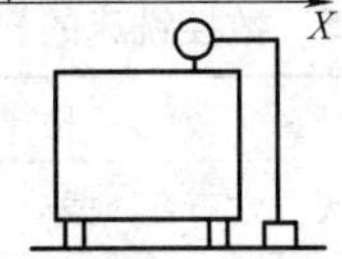	0.03/300	
		垂直度	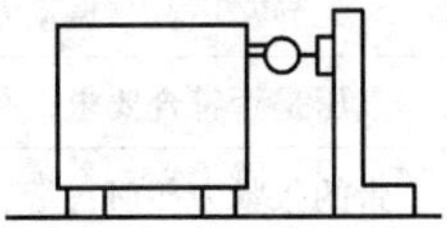	0.03/300	
7	立铣刀铣削圆弧精度		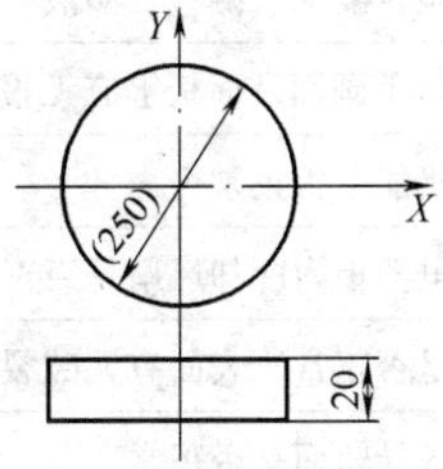	0.02	

第二节　数控铣床的维护与保养

一、日常维护必备的基本知识

数控铣床具有机、电、液集于一身，技术密集和知识密集的特点，所以数控铣床的维护人员不仅要有机械、加工工艺以及液压、气动方面的知识，也要具备计算机、自动控制、驱动及测量技术等知识，这样才能全面了解、掌握数控铣床，及时搞好维修工作。

维修人员在维修前应详细阅读数控铣床的有关说明书，对数控铣床有一个详尽的了解，包括机床结构、特点，机床的梯形图和数控系统的工作原理及框图，以及它们的电缆连接情况。使用者平时对数控铣床的正确维护保养，及时排除故障和及时修理，是充分发挥机床性能的基本保证。

二、日常维护

1. 设备的日常维护

日常对数控铣床进行预防性维护保养的宗旨是减少机械部件的磨损，延长元器件的使用寿命，防止意外恶性事故的发生，争取机床长时间稳定工作。数控铣床的维护与保养有明确规定，应该严格遵守。数控铣床的日常维护的检查顺序见表2-6-5。

表2-6-5 数控铣床的日常维护的检查顺序

序号	检查部位	检查内容	备注
1	运动部位	有无异常声音，振动及异常发热	
2	电动机	有无异常声音，振动及异常发热	6kgf/cm²(0.6MPa)
3	压力表	气压是否符合要求，是否稳定	
4	传动带	带的张紧力如何，带表面有无损伤	
5	切削液	液位是否适当，有无污染、变质	及时补给或更换
6	油气液管路	是否漏油、漏气、漏液	
7	操作面板	CRT画面及面板上有无报警信号	
8	安全装置	机能是否正常可靠	
9	冷却风扇	电器柜内冷却风扇是否正常运转	
10	外部配线电缆	是否正常，表面有无破裂、老化	
11	润滑	各导轨面是否正常	
12	防护运动件	运动时声音是否正常，是否漏液	
13	清洁	工作台上和伸缩防护及防护底盘上的铁屑是否清扫干净	工作后进行
14	气动三大件	油雾器中是否有油，气水分离器是否要放水	工作前进行

表2-6-5中仅列出了一些常规检查内容，对一些机床上频繁运动的零部件，无论是机械部分还是控制部分，都应作为重点定时检查对象。

2. CNC系统的日常维护

每种CNC系统的日常维护保养要求或说明，在该系统的随机说明书上都有具体规定。一般应注意以下几方面：

（1）数控柜、电器柜的散热通风系统维护　应每天检查各电器柜的冷却风扇工作是否正常，风道过滤网是否堵塞。由于尘埃聚积在过滤网上会导致过滤效果降低，使柜内温度上升，影响数控系统的正常工作，应每周或每月对空气过滤网进行清扫。方法是，拧下螺钉，拆下空气过滤器，取下过滤网，轻轻抖去上面的灰尘；灰尘太多时应及时更换或用中性清洁剂冲洗，随后用清水漂洗干净，于阴凉处阴干后使用。注意：打扫灰尘时应使气流从柜内向柜外流过，切勿使灰尘落入系统中。除非必要的调整和维修，不允许开启柜门。因为加工车间的空气中浮有灰尘、油雾和金属粉末，如落在电子器件或印制电路板上容易造成短路，损坏印制电路板。

（2）直流伺服电动机电刷的检查和更换　电刷可根据用户的实际使用情况来确定清洗周期，一般为三个月检查一次，同时使用工业酒精（乙醇）对电刷表面进行清洗。当电刷剩余长度在10mm以下时，须及时更换相同型号的电刷。

（3）熔丝的熔断和更换　NC装置内部的熔丝熔断时，需先查明其熔断原因，经处理后，再更换相同型号的熔丝。

（4）系统后备电池的更换　系统参数及用户加工程序由带有掉电保护的静态寄存器保存，系统关机后内存中的内容由后备电池供电保持，因此经常检查电池的工作状态和及时更换后备电池非常重要。当系统开机后，若发现电池电压报警灯亮时，应立即更换电池，更换方法见电池盒上图示。还应注意，更换电池时，为了不遗失系统参数及程序，需在系统开机时更换。电池为高能锂电池，不可充电。正常情况下使用寿命为两年（从出厂日期起）。

（5）CNC系统长期不用时的保养　CNC系统如长期闲置，要经常给系统通电，在机床锁住不动的情况下让系统空运行。系统通电可利用电器元件本身的发热来驱散数控机床电器柜内的潮气，保证电子元件性能的稳定可靠。实践证明，在空气湿度较大的地区，经常通电是降低故障的一个有效措施。另外，如果数控机床闲置不用达半年以上，应将电刷从直流电动机中取出，以免由于化学作用使换向器表面腐蚀，引起换向性能变化，甚至损坏整台电动机。

三、定期维护

定期维护内容见表2-6-6。

表2-6-6　定期维护内容

序号	检查部位		检查内容	检查周期
1	润滑系统	润滑管路	检查管路状态	6个月
		过滤器	清洗过滤器，过滤网	适时
2	冷却系统	过滤网	更换冷却器、清扫水箱	适时
3	气动系统	气动三大件	清洗过滤器，补油/放水	适时
4	主轴电动机	声音、振动、发热	检查异常声音、振动、温升	2个月
		绝缘电阻	检查绝缘电阻值是否合适	6个月
5	进给电动机	声音、振动、发热	检查异常声音、振动、温升	2个月
		电缆插座	检查电缆插座有无松动	6个月
6	其他电动机	同上	检查异常声音及轴承部位温升	2个月

（续）

序号	检 查 部 位		检 查 内 容	检 查 周 期
7	电器柜、操作面板	电器元件、端子螺钉	检查电器元件接点的磨损、接线端子螺钉及接线端子	6个月
8	安装在机械上的电气件	限位开关、传感器、电磁阀	检查动作的灵敏度，检查坚固螺钉及接线端子	6个月
9	X、Y、Z 进给轴	反向间隙	用指示表检测反向间隙状态	6个月
10	传动带	带、带轮	张力检查，带外观检查	6个月
11	地基	机床水平	用水平仪检查床身水平，进行调整	1年
12	精度	机床精度	按合格证明书复检主要精度项目	1年

四、数控铣床常见故障诊断

1. 常见故障分类

一台数控铣床由于自身原因不能正常工作，就是产生了故障。机床故障可分为以下几种类型：

（1）系统性故障和随机性故障　以故障出现的必然性和偶然性，分为系统性故障和随机性故障。系统性故障是指机床和系统在某一特定条件必然出现的故障。随机性故障是指偶然出现的故障。因此，随机性故障的分析与排除比系统性故障困难得多。通常随机性故障往往由于机械结构局部松动、错位，控制系统中元器件出现工作特性漂移，电器元件工作可靠性下降等原因造成，需经反复试验和综合判断才能排除。

（2）诊断显示故障和无诊断显示故障　以故障出现时有无自诊断显示，可分为有诊断显示故障和无诊断显示故障两种。现今的数控系统都有较丰富的自诊断功能，出现故障时会停机、报警并自动显示出相应的报警参数号，使维修人员较容易找到故障原因。而无诊断显示故障，则往往是机床停在某一位置不能动，甚至手动操作也失灵，维修人员只能根据出现故障前后现象来分析判断，排除故障难度较大。另外，诊断显示也有可能是其他原因引起的，例如因刀库运动误差造成换刀位置不到位、机械手卡在取刀中途位置，而诊断显示为机械手换刀位置开关未压合报警，这时应调整的是刀库定位误差而不是机械手位置开关。

（3）破坏性故障和非破坏性故障　以故障有无破坏性，分为破坏性故障和非破坏性故障。对于破坏性故障，如伺服系统失控造成撞车、短路烧坏保险等，维修难度大，有一定危险，维修后不允许重演这些现象。而非破坏性故障可经多次反复试验直至排除，不会对机床造成损害。

（4）机床运动特性质量故障　这类故障发生后，机床照常运行，也没有任何报警显示，但加工出的工件不合格。针对这些故障，必须在检测仪器配合下，对机械、控制系统、伺服系统等采取综合措施。

（5）硬件故障和软件故障　从发生故障的部位分为硬件故障和软件故障。硬件故障只要通过更换某些元器件（如电气开关等）即可排除，而软件故障是因程序编制错误造成，通过修改程序内容或修订机床参数就可排除。

2. 故障原因分析

数控铣床出现故障，除少量自诊断显示故障原因外，如存储器报警、动力电源电压过高报警等，大部分故障是因综合故障引起的，不能确定其原因，必须做充分的调查。

（1）充分调查故障现场　机床发生故障后，维修人员应仔细观察工作寄存器和缓冲工作寄存器尚存内容，了解已执行程序的内容，向操作者了解现场情况和现象。当有诊断显示报警时，打开电气柜观察印制电路板上有无相应报警红灯显示。做完这些调查后，就可以按动数控系统的复位键，观察系统复位后报警是否消除。如消除，则属于软件故障，否则属于硬件故障。对非破坏性故障，可让机床再重演故障时运行状况，再仔细观察故障是否再现。

（2）将可能造成故障的原因全部列出　数控铣床上造成故障的原因多种多样，包括机械的、电气的、控制系统的等等。例如：

手摇轮操作无法转动可按下述步骤查找故障原因：

1）确认系统是否处于手摇操作状态。

2）是否未选择移动坐标轴。

3）手摇脉冲发生器电缆连接是否有误。

4）系统参数中脉冲当量值是否正确。

5）系统中报警未解除。

6）伺服系统工作异常。

7）系统处于急停状态。

8）系统电源单元工作异常。

9）手摇脉冲发生器损坏。

若某行程开关工作不正常，其可能影响因素如下：

1）机械运动不到位，开关未压下。

2）机械设计结构不合理，开关松动或挡块太短，压合时速度太快等。

3）开关自身质量有问题。

4）开关选型不当。

5）防护措施不好，开关内进了油或切削液，使动作失常。

（3）逐步选择确定故障产生的原因　根据故障现象，参考机床有关维修使用手册罗列出诸多因素，经优化选择综合判断，找出确切因素，才能排除故障。

(4) 故障的排除　找到造成故障的确切原因后，就可以“对症下药”，修理、调整和更换有关元器件。

3. CNC 系统故障的处理

(1) 维修前的准备工作

1) 维修用器具。为了便于维修数控装置，必须准备下列维修用器具：

① 交流电压表。用来测量交流电源电压，表的测量误差应在 ±2% 以内。

② 直流电压表。用来测量直流电压，量程为 100V 和 30V，误差应在 ±2% 以内。用数字式电压表更好。

③ 万用表。分机械式和数字式，其中机械式是必备的，用来测量晶体管的性能。

④ 相序表。用来测量三相电源的相序，维修晶闸管可控硅伺服驱动系统时用。

⑤ 示波器。应为频带宽度在 5MHz 以上的双通道示波器，用于光电放大器和速度控制单元的波形测量和调整。

⑥ 逻辑分析仪。查找故障时，能把问题缩小到具体某个元器件，从而加快维修速度。

⑦ 大、中、小号各种规格的“十”字形螺钉旋具和“一”字形螺钉旋具各一套。

⑧ 清洁液和润滑油。

2) 必要备件准备。应配备各种熔丝、电刷、易出故障的晶体管模块和印制电路板，而对不易损坏的印制电路板，如中央处理器（CPU）模块、寄存器模块及显示系统等，因其故障率低，价格昂贵，可不必配置备件，以免积压资金。对已购置的印制电路板，应定期装到 CNC 系统上通电运行，以免长期不用而出现故障。

(2) CNC 系统故障诊断方法　CNC 系统发生故障（或称失效），是指 CNC 系统丧失了规定的功能。用户发现故障时，可遵循下述几个方面的判断方法进行综合判断：

1) 直观法。就是充分利用人的感官依据发生故障时的现象判断故障发生的可能部位。如有故障时是否伴有响声、火花、亮光产生，它们来自何方。何处出现焦煳味，何处发热异常。然后仔细观察可能发生故障的每块电路板的表面状况，是否有烧焦、熏黑或断裂，以进一步缩小检查范围。这是一种最简单、最基本的方法。但要求维修人员具有丰富的经验。

2) 报警指示灯显示故障。现代数控系统有众多的硬件报警指示灯，它们分布在电源单元、控制单元、伺服单元等部件上，根据报警指示灯判断故障所在部位。

3) 利用软件报警功能（自诊断功能）。CNC 系统都有自诊断功能，只是自诊断能力有强弱之分。在系统工作期间，自诊断程序作为主程序的一部分对系统本身，与 CNC 连接的各种外围设备、伺服系统等进行监控。一旦发现异常，立即以报警方式显示在 CRT 上或点亮各种报警指示灯，甚至可以对故障进行分类，并决定是否停机。一般 CNC 系统有几十种报警号，有的甚至多达五六百项报警号，可以根据报警内容提示来寻找故障的根源。

4）利用状态显示诊断功能。CNC 系统不仅能将故障诊断信息显示在 CRT 上，而且能以“诊断地址”和“诊断数据”的形式提供诊断的各种状态。可将故障区分出是在机床的哪个区域，缩小检查范围。

5）核对数控系统参数。系统参数变化会直接影响到机床性能，甚至使机床发生故障，不能正常工作。CNC 系统的有些故障就是由于外界的干扰等因素造成个别参数发生了变化所引起的。因此，可通过核对、修正参数，将故障排除。

6）置换备件法。当通过分析认为故障可能出在印制电路板时，如有备用板，可迅速找出有故障的电路板进行替换，减少停机时间。但在换板时，一定要注意使印制电路板与原板的状态一致，这包括电位器的位置、短路设定棒的位置等。当更换寄存器板时，不需进行初始化、重新设定各种 NC 数控等操作，一定要按说明书的要求进行。

7）测量比较法。CNC 系统生产厂在设计制造印制电路板时，为了调整维修的便利，在印制电路板上设计了多个检测用端子，也可利用这些端子将正常的印制电路板和出故障的印制电路板进行测量比较，分析故障的原因及故障的所在位置。

以上方法各有特点，对较难判断的故障，需要将多种方法同时综合运用，才能产生较好的效果，正确判断出故障的原因及故障的所处位置。

第三篇 典型案例

案例1 平面加工——台阶面的铣削加工技术

一、零件图、毛坯图及工、夹、量、刃具清单

1. 零件图

如图 3-1-1 所示的零件需要加工 3 个台阶面，加工表面有一定的精度和表面粗糙度要求。

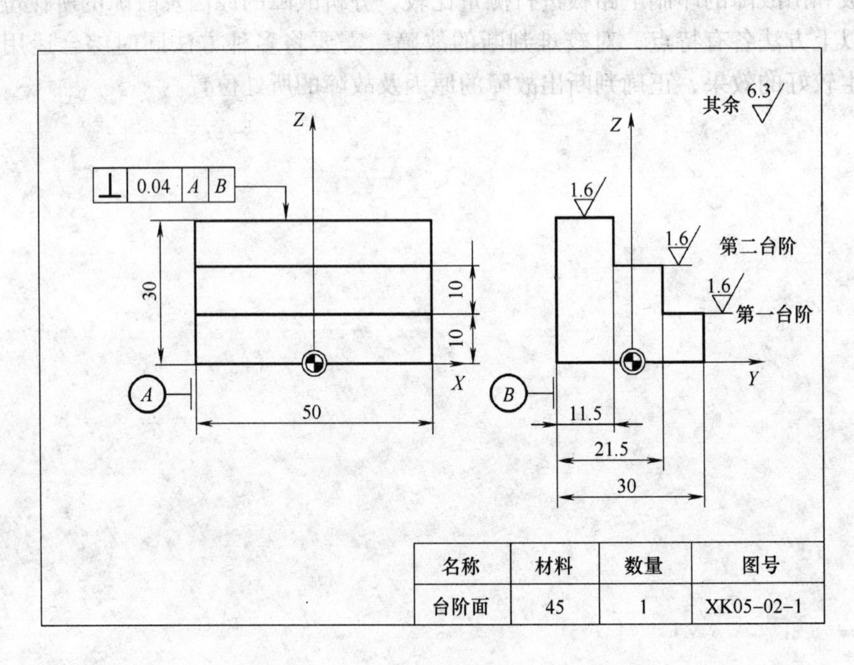

图 3-1-1 零件图

2. 毛坯图

台阶面的毛坯图见图 3-1-2。

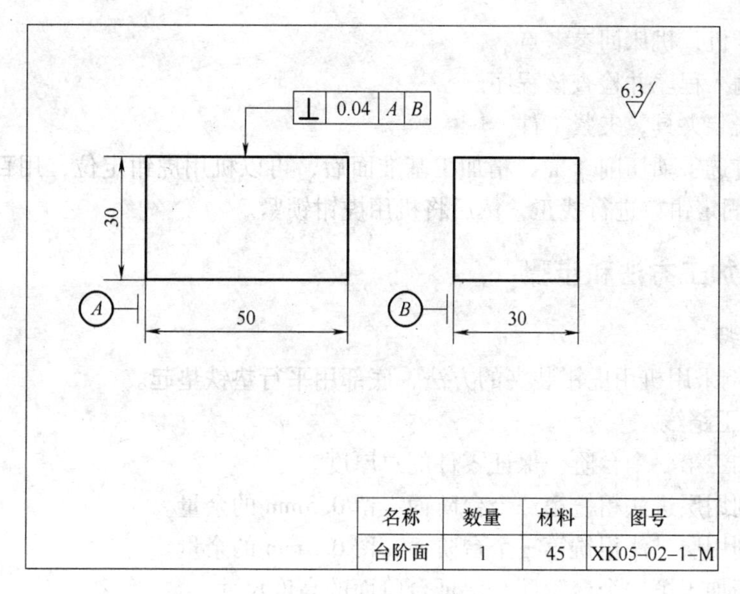

图 3-1-2　毛坯图

3. 工、夹、量、刃具清单

工、夹、量、刃具清单见表 3-1-1

表 3-1-1　工、夹、量、刃具清单

工、量、刃具清单			图号		XK05-02-01
字号	名称	规格	精度	单位	数量
1	Z 轴设定器	50mm	0.01mm	个	1
2	游标卡尺	0～150mm	0.02mm	把	1
3	游标深度尺	0～200mm	0.02mm	把	1
4	指示表及表座	0～10mm	0.01mm	套	1
5	立铣刀	ϕ24mm		把	1
6	立铣刀	ϕ28mm		把	1
7	粗糙度样板	N0～N1	12 级	副	1
8	平行垫铁			副	若干
9	机用虎钳	200mm		台	1
10	塑胶榔头			个	
11	T 形螺栓及螺母			套	2
12	呆扳手			把	若干

二、加工前的准备

1）阅读零件图，并按毛坯图检查坯料的尺寸。

2）开机，机床回参考点。

3）输入程序并检查该程序。

4）安装夹具，夹紧工件。

5）首选手动切削 *A* 面，精加工基准面后，再以机用虎钳定位，用百分表将机用虎钳的固定钳口进行找正，然后将机用虎钳锁紧。

三、加工方法和步骤

1. 工装

本案例采用机用虎钳装夹的方法，底部用平行垫铁垫起。

2. 加工路线

1）加工第一个台阶，保证零件的总厚度。

2）利用层进法粗铣第二个台阶面，留 0.5mm 的余量。

3）利用层进法粗铣第三个台阶面，留 0.5mm 的余量。

4）精加工第二个台阶面，保证台阶面的高度尺寸。

5）精加工第三个台阶面，保证台阶面的高度尺寸。

3. 刀具与合理的切削用量

本案例中选择的刀具与切削用量的相关参数见表 3-1-2。

表 3-1-2　刀具与切削用量的相关参数

刀具号	刀具规格	工序内容	v_f/（mm/min）	a_p/mm	n/（r/min）
T01	ϕ32mm 机夹立铣刀	端铣加工工件上表面	80	1	600
T02	ϕ24mm 高速钢立铣刀	粗铣第二、三个台阶面	60	3	300
T03	ϕ28mm 高速钢立铣刀	精铣第二、三个台阶面	90	1	200

4. 对刀，设定工件坐标系

1）*X*、*Y* 向对刀：通过寻边器进行对刀，得到 *X*、*Y* 零偏值，并输入到 G54 中。

2）*Z* 向对刀：本例采用两把刀具加工台阶，测量每把刀的刀位点在从参考点到工件下表面（基准面）的 *Z* 数据，输入到对应的刀具长度补偿单元 H01、H02、…中，则零件的下表面被设定为 $Z=0$ 面，G54 中的 *Z* 值为零。

也可以借助 Z 轴对刀仪对刀，Z 轴对刀仪放置时与零件底面同一高度，刀具把 Z 轴对刀仪压下，读出从参考点到 Z 轴对刀仪上表面的距离，输入到相应的刀具长度补偿号中，然后把对刀仪的高度值叠加到相对值“EXT”的 *Z* 值中。本例为负值。

5. 输入刀具补偿值

在 *Z* 向对刀时已经完成了刀具长度补偿数值的输入，另外需要把两把刀具的半径补偿值输入到对应的半径补偿单元 D01、D02 中。

6. 程序调试

把工件坐标系的 Z 值正方向平移 50mm，方法是在工件坐标系参数 G54 中输入 50，按下启动键，适当降低进给速度，检查刀具运动是否正确。

7. 工件加工

把工件坐标系的 Z 值恢复原值，将进给速度打到低档，按下起动键。机床加工时适当调整主轴转速和进给速度，保证加工正常。

8. 尺寸测量

程序执行完毕后，返回到设定高度，机床自动停止。用指示表检查台阶面的平面度是否在要求的范围之内，用游标卡尺检查台阶面的高度和宽度是否合格，合理修改补偿值，再加工，直至合格为止。

9. 结束加工

松开夹具，卸下工件，清理机床。

四、加工技巧和注意事项

在平面加工中，要做到刀具的合理选择与使用，并且能够保证平面质量。

1. 可转位铣刀的合理使用

（1）可转位铣刀定义　可转位刀具是将预先加工好并带有若干个切削刃的多边形刀片，用机械夹紧的方法夹紧在刀体上的一种刀具。在使用过程中当一个切削刃磨钝了后，只要将刀片的夹紧松开，转位或更换刀片，使新的切削刃进入工作位置，再经夹紧就可以继续使用。本例中，粗加工采用的 $\phi40R0.8$ 立铣刀和半精加工平台所采用的 $\phi16R1$ 圆弧铣刀都是可转位铣刀。

（2）可转位铣刀的类型

1）可转位面铣刀：主要有平面粗铣刀、平面精铣刀、平面粗精复合铣刀 3 种。

2）可转位立铣刀：主要有立铣刀、孔槽铣刀、球头立铣刀、R 立铣刀、T 形槽铣刀、倒角铣刀、螺旋立铣刀、套式螺旋立铣刀等。

3）可转位槽铣刀：主要有三面刃铣刀、两面刃铣刀、精切槽铣刀。

4）可转位专用铣刀：用于加工某些特定零件，其型式和尺寸取决于所用机床和零件的加工要求。如加工电动机转子槽的可转位转子槽铣刀，加工叶轮的可转位叶轮铣刀等。

5）可转位组合铣刀：由两个或多个铣刀组装而成，可一次加工出形状复杂的一个成形面或几个面。

（3）可转位铣刀的角度选择　可转位铣刀的角度如图 3-1-3 所示，在各种角度中，最主要的是主偏角和前角。

1）主偏角 κ_r：可转位铣刀的主偏角有 90°、88°、75°、70°、60°、45°等几种。

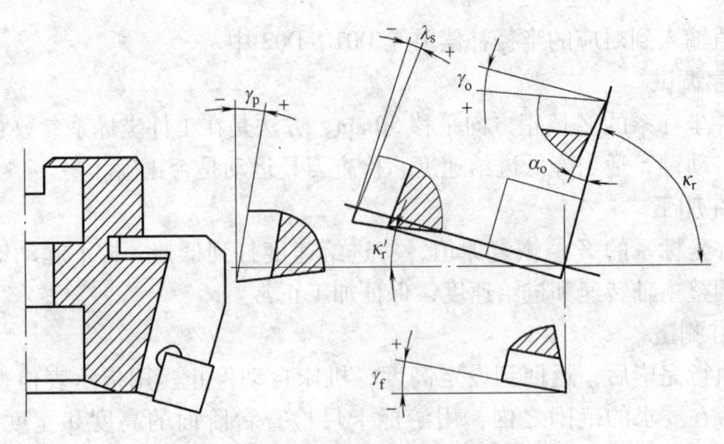

图 3-1-3　可转位铣刀的角度

主偏角对径向切削力和切削深度影响很大，径向切削力的大小直接影响切削功率和刀具的抗振性能。铣刀的主偏角越小，其径向切削力越小，抗振性也越好，但切削深度也随之减小。

90°主偏角：在铣削带凸肩的平面时选用，一般不用于纯平面加工。该类刀具通用性好（既可加工台阶面，又可加工平面），在单件、小批量加工中选用。由于该类刀具的径向切削力等于切削力，进给抗力大，易振动，因而要求机床具有较大功率和足够的刚性。在加工带凸肩的平面时，也可选用88°主偏角的铣刀，较之90°主偏角铣刀，其切削性能有一定改善。

60°～75°主偏角：适用于平面铣削的粗加工。由于径向切削力明显减小（特别是60°时），其抗振性有较大改善，切削平稳、轻快，在平面加工中应优先选用。75°主偏角铣刀为通用型刀具，适用范围较广；60°主偏角铣刀主要用于镗铣床、加工中心上的粗铣和半精铣加工。

45°主偏角：此类铣刀的径向切削力大幅度减小，约等于轴向切削力，切削载荷分布在较长的切削刃上，具有很好的抗振性，适用于镗铣床主轴悬伸较长的加工场合。用该类刀具加工平面时，刀片破损率低，寿命高；在加工铸铁件时，工件边缘不易产生崩刃。

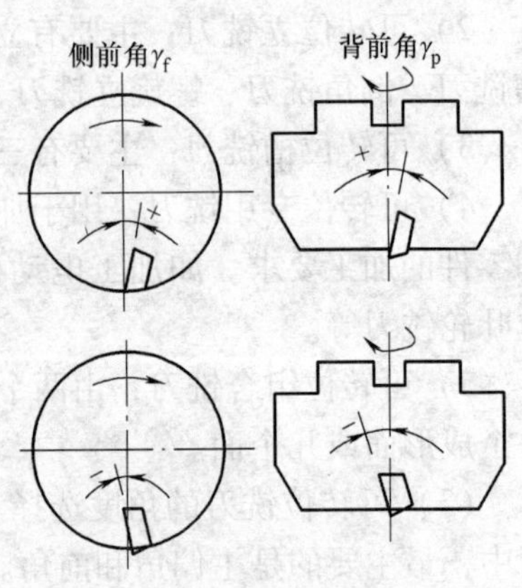

图 3-1-4　侧前角和背前角的正负

2）前角 γ：铣刀的前角可分解为侧前角 γ_f 和背前角 γ_p。侧前角 γ_f 主要影响切削功率；背前角 γ_p 则影响切屑的形成和轴向力的方向，当 γ_p 为正值时，切屑即飞离加工面。侧前角 γ_f 背前角 γ_p 正负的判别见图 3-1-4。

常用的前角组合形式如下：

① 双负前角：双负前角的铣刀通常均采用

方形（或长方形）无后角的刀片，刀具切削刃多（一般为8个），且强度高、抗冲击性好，适用于铸钢、铸铁的粗加工。由于切屑收缩比大，需要较大的切削力，因此要求机床具有较大功率和较高的刚性。由于背前角为负值，切屑不能自动流出，当切削韧性材料时易出现积屑瘤和产生刀具振动。

凡能采用双负前角刀具加工时，建议优先选用双负前角铣刀，以便充分利用和节省刀片。当采用双正前角铣刀产生崩刃（即冲击载荷大）时，在机床允许的条件下亦应优先选用双负前角铣刀。

② 双正前角：双正前角铣刀采用带有后角的刀片，这种铣刀楔角小，具有锋利的切削刃。由于切屑收缩比小，所耗切削功率较小，切屑成螺旋状排出，不易形成积屑瘤。这种铣刀最宜用于软材料和不锈钢、耐热钢等材料的切削加工。对于刚性差（如主轴悬伸较长的镗铣床）、功率小的机床和加工焊接结构件来说，也应优先选用双正前角铣刀。

③ 正负前角（轴向正前角、径向负前角）：这种铣刀综合了双正前角和双负前角铣刀的优点，轴向正前角有利于切屑的形成和排出；径向负前角可提高刀刃强度，改善刀具的抗冲击性能。此种铣刀切削平稳，排屑顺利，金属切除率高，适用于大余量的铣削加工。

（4）可转位铣刀的齿数（齿距）　铣刀齿数多，可提高生产效率，但受容屑空间、刀齿强度、机床功率及刚性等的限制，不同直径的可转位铣刀的齿数均有相应规定。为满足不同用户的需要，同一直径的可转位铣刀一般有粗齿、中齿、密齿三种类型。

1）粗齿铣刀：粗齿铣刀适用于普通机床的大余量粗加工和软材料或切削宽度较大的铣削加工；当机床功率较小时，为使切削稳定，也常选用粗齿铣刀。

2）中齿铣刀：中齿铣刀是通用系列，使用范围广泛，具有较高的金属切除率和切削稳定性。

3）密齿铣刀：密齿铣刀主要用于铸铁、铝合金和有色金属的大进给速度切削加工。在专业化生产（如流水线加工）中，为充分利用设备功率和满足生产节奏要求，也常选用密齿铣刀（此时多为专用非标铣刀）。

为防止工艺系统出现共振使切削平稳，刀具公司还开发出多种不等分齿距铣刀。在铸钢、铸铁件的大余量粗加工中建议优先选用不等分齿距的铣刀。

（5）可转位铣刀的直径　可转位铣刀直径的选用因产品及生产批量的不同而有较大差异，刀具直径的选用主要取决于设备的规格和工件的加工尺寸。

1）平面铣刀：选择平面铣刀直径时主要需考虑刀具所需功率应在机床功率范围之内，也可将机床主轴直径作为选取的依据。平面铣刀直径可按 $D=1.5d$（d 为主轴直径）选取。在批量生产时，也可按工件切削宽度的1.6倍选择刀具直径。

2）立铣刀：立铣刀直径的选择主要应考虑工件加工尺寸的要求，并保证刀具所需功率在机床额定功率范围以内。如小直径立铣刀，则应主要考虑机床的最高转速能否达到刀具的最低切削速度（60m/min）。

3）槽铣刀：槽铣刀的直径和宽度应根据加工工件尺寸选择，并保证其切削功率在机床允许的功率范围之内。

（6）可转位铣刀的最大切削深度　不同系列的可转位面铣刀有不同的最大切削深度。最大切削深度越大的刀具所用刀片的尺寸越大，价格也越高，因此从节约费用、降低成本的角度考虑，选择刀具时一般应按加工的最大余量和刀具的最大切削深度选择合适的规格。当然还需要考虑机床的额定功率和刚性应能满足刀具使用于最大切削深度时的需要。

（7）刀片牌号的选择　选择刀片硬质合金牌号的主要依据是被加工材料的性能和硬质合金的性能。一般用户选用可转位铣刀时，均由刀具制造厂根据用户加工的材料及加工条件配备相应牌号的硬质合金刀片。

由于各厂生产的同类用途硬质合金的成分及性能各不相同，硬质合金牌号的表示方法也不同。为方便用户，国际标准化组织规定，切削加工用硬质合金按其排屑类型和被加工材料分为3大类：P类、M类和K类。根据被加工材料及适用的加工条件，每大类中又分为若干组，用两位阿拉伯数字表示，每类中数字越大，其耐磨性越低、韧性越高。

1）P类合金（包括金属陶瓷）：用于加工产生长切屑的金属材料，如钢、铸钢、可锻铸铁、不锈钢、耐热钢等。分类号及选择原则如下：

P01　P05　P10　P15　P20　P25　P30　P40　P50

进给量　韧性（切削深度）→

切削速度　耐磨性（硬度）←

2）M类合金：用于加工产生长切屑和短切屑的黑色金属或有色金属，如钢、铸钢、奥氏体不锈钢、耐热钢、可锻铸铁、合金铸铁等。分类号及选择原则如下：

M10　M20　M30　M40

进给量　韧性（切削深度）→

切削速度　耐磨性（硬度）←

3）K类合金　用于加工产生短切屑的黑色金属、有色金属及非金属材料，如铸铁、铝合金、铜合金、塑料、硬胶木等。分类号及选择原则如下：

K01　K10　K20　K30　K40

进给量　韧性（切削深度）→

切削速度　耐磨性（硬度）←

各厂生产的硬质合金虽然有各自编制的牌号，但都有对应国际标准的分类号，选用十分方便。

2. 平面铣削的质量控制

（1）铣削表面平面度的控制　为保证铣削后的已加工表面达到图样所规定的平面度要求，铣削时应注意以下问题：

1）严格控制铣床主轴轴承的径向和轴向间隙。铣床主轴轴承的径向或轴向间隙过大，会引起主轴和铣刀的径向或轴向跳动量过大，从而使已加工表面的平面度超差。因此，铣削加工时，应经常检测主轴的跳动量，使铣床主轴的跳动量严格控制在0.01～0.03mm范围以内。

2）严格控制圆柱铣刀刀齿的径向圆跳动。圆柱铣刀刀齿的径向圆跳动超差，会引起铣削后的已加工表面的平面度超差。因此必须经过调整，使刀齿的径向圆跳动控制在规定范围以内。对于普通圆柱铣刀来说，其径向圆跳动不得超过0.05mm。

3）严格控制立式铣床主轴回转中心对工作台面的垂直度。面铣时，铣床主轴回转中心与工作台台面不垂直，是造成平面度超差的主要原因。如图3-1-5所示，纵向进给时，会使铣出的平面呈凹形。主轴的回转中心与工作台面的偏斜越大，铣出的平面呈凹形的情况就越严重。其公差在纵向及横向均为每300mm长度0.025mm。

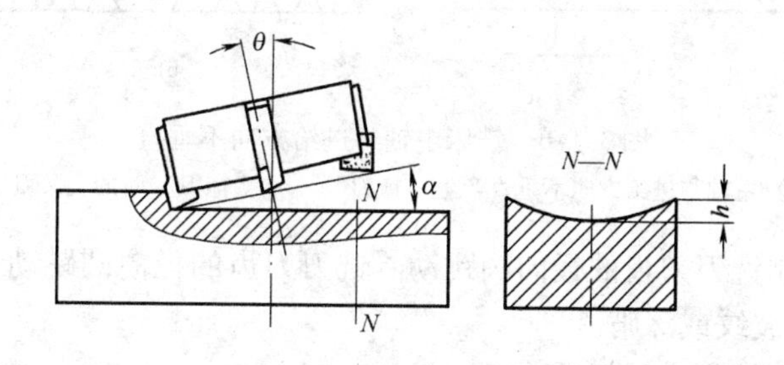

图3-1-5　纵向进给铣削平面

4）减小接刀产生的刀痕。铣削时，如选用的圆柱铣刀的长度或面铣刀的直径小于被加工表面的宽度，则需用接刀法来铣出整个平面。此时，若卧式铣床的主轴与工作台横向移动方向不平行，则铣出的平面会出现明显的刀痕，影响该表面的平面度。

5）严格控制工件的受力变形。对于一些本身较薄弱、刚度较差的工件来说，若夹紧不当，受力后会产生较大的弹性变形，铣削完毕，去除夹紧力后工件反弹，会使铣削的平面度超差。

此外，在铣削过程中还应控制进给运动的直线性，在进给中不得中途停顿，否则会使平面产生深啃，使平面度超差。

（2）铣削表面粗糙度的控制　为保证铣削后的已加工表面，能达到图样规定的粗糙度要求，在铣削加工中应注意以下几方面的问题：

1）正确选择铣刀的几何角度，对于精加工的面铣刀，可采用 $\kappa'_r = 0°$ 的修光刃，修光刃长度可取 1 ~ 2mm。

2）选择合适的切削用量，特别是进给速度不宜过大。进给速度过大会使铣削表面的粗糙度值增大。

3）在铣削过程中，工作台的进给运动不能中途停顿，否则将使铣刀空转，使平面产生“深啃”。这种“深啃”现象不仅精铣时应避免，在粗铣时也不允许存在。如果在铣削过程中必须停止进给运动，则应先抬起主轴，使铣刀脱离过渡表面后方可停止进给。

4）端面铣削时，应使铣床主轴与工作台进给方向垂直，若不垂直会使铣刀刀齿在已加工的表面再“刮”一次（俗称拖刀），使工件表面出现交叉刀纹，见图 3-1-6。

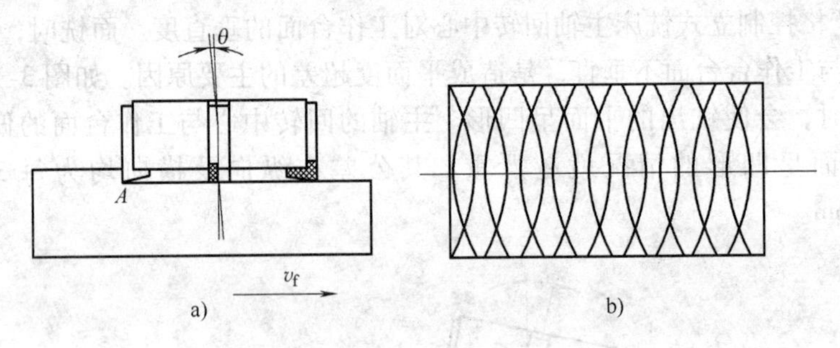

图 3-1-6　铣床主轴与进给方向不垂直

a）主轴与进给方向不垂直产生“拖刀”　b）“拖刀”时的交叉刀纹

5）严格控制铣刀刀齿的径向圆跳动。铣刀刀齿的径向圆跳动在周铣时会使已加工表面上产生波纹或深啃。

6）严格控制铣削中的振动。

7）铣刀刃口变钝后应及时刃磨。

8）应合理选用切削液。

3. 注意事项

1）在不切削区域进刀，不会对切削材料造成损伤，还可以延长刀具寿命。

2）铣削台阶时，应考虑切削刀具的放置形状，因此在加工时要注意在被加工材料的角落或边缘留下残余的面积。为保证清角，实际生产中可安排不切削空刀运行的铣削加工。

3）为保证工件在本工序中所有需要完成的待加工部分充分暴露在外，选择的夹具要尽可能敞开。本例使用机用虎钳时要注意垫铁的高度。

4）本案例在加工中还可以使用层切方法，根据刀具和工件材料的不同，选择合理的分层铣削深度。

案例2 轮廓加工——凸轮的铣削加工

一、零件图、毛坯图及工、量、刃具清单

1. 零件图

心形凸轮零件图见图3-2-1，该零件需要加工上表面、台阶面、外轮廓面和两个孔。

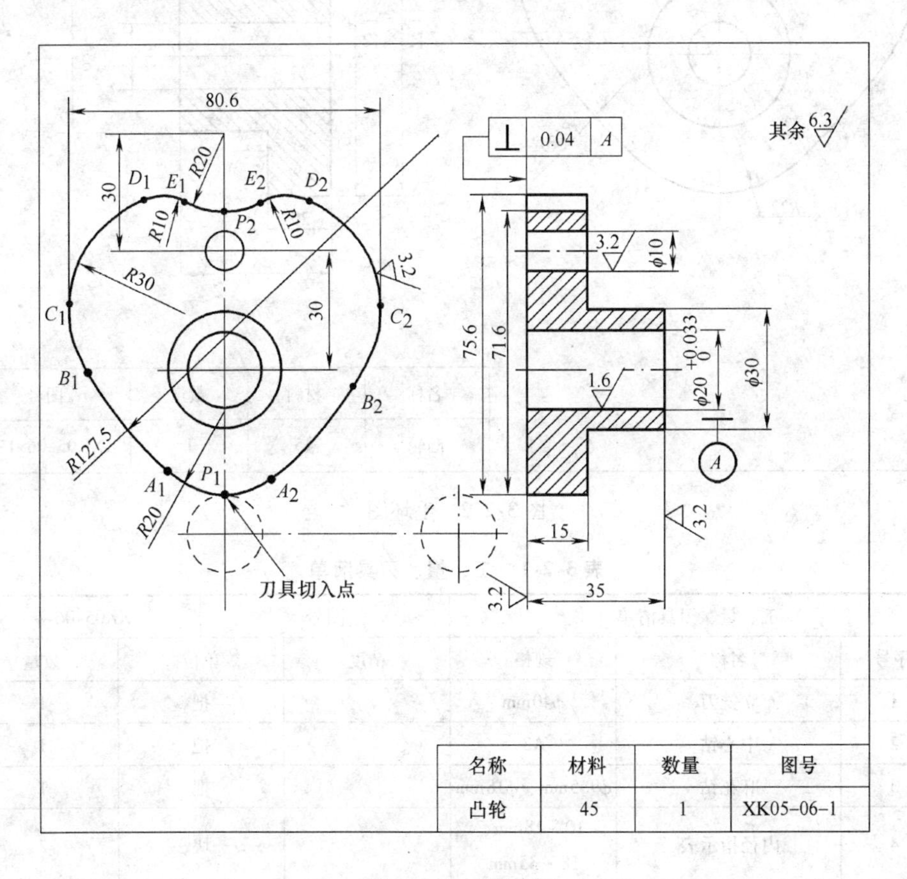

名称	材料	数量	图号
凸轮	45	1	XK05-06-1

图3-2-1 零件图

2. 毛坯图

心形凸轮毛坯图见图3-2-2。

3. 工、量、刃具清单

工、量、刃具清单见表3-2-1。

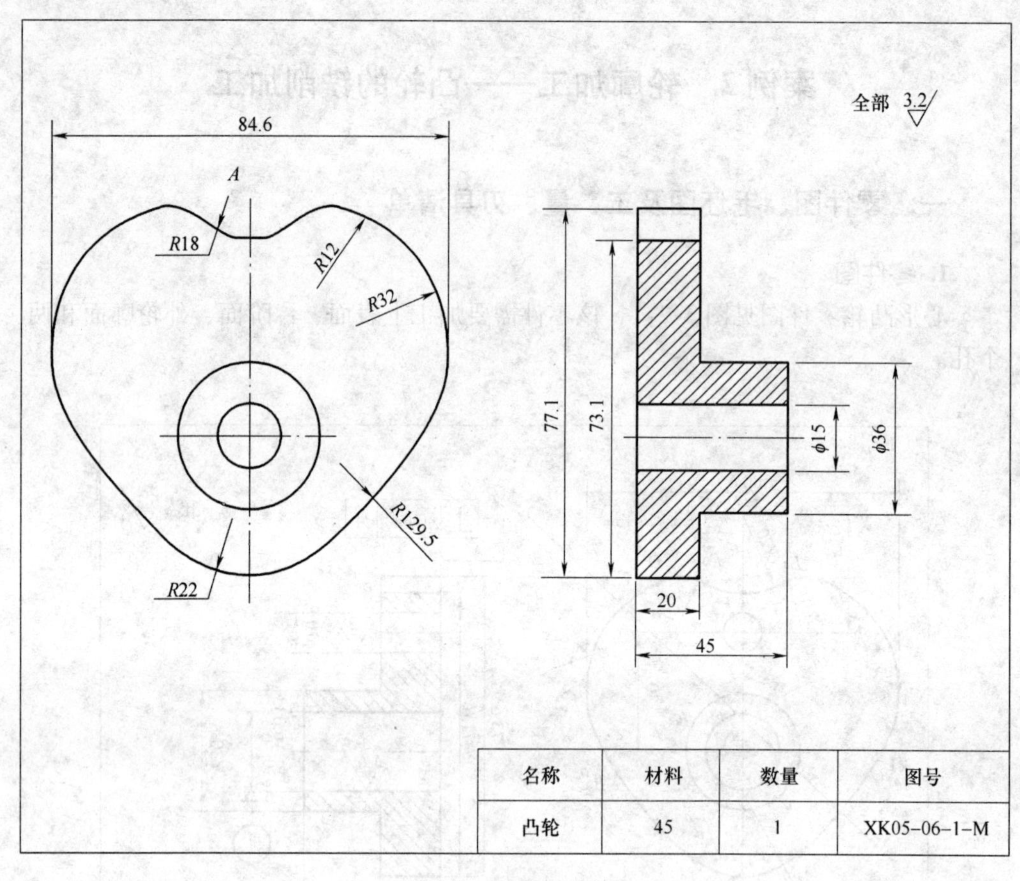

图 3-2-2　毛坯图

表 3-2-1　工、量、刃具清单

工、量、刃具清单			图号	XK05-06-1	
序号	名称	规格	精度	单位	数量
1	立铣刀	ϕ40mm		把	1
2	中心钻	A2		把	1
3	麻花钻	ϕ9.5mm、ϕ18mm		把	1
4	内径指示表	10～18mm、18～35mm		块	2
5	铰刀	ϕ20H8		把	1
6	铰刀	ϕ10H7		把	1
7	立铣刀	ϕ20mm		把	1
8	90°锪钻	ϕ20mm		把	1
9	立铣刀	ϕ40mm		把	1
10	*Z* 轴设定器	50mm	0.01mm	个	1

（续）

工、量、刃具清单			图号	XK05-06-1	
序号	名称	规格	精度	单位	数量
11	游标卡尺	0～200mm	0.02mm	把	1
12	指示表及表座	0～10mm	0.01mm	套	1
13	粗糙度样板	N0～N1	12级	副	1
14	平行垫铁			副	若干
15	塑胶榔头			个	
16	呆扳手			把	若干

二、加工前的准备

1）阅读零件图，并按毛坯图检查坯料的尺寸。

2）开机，机床回参考点。

3）输入程序并检查该程序。

4）安装夹具，夹紧工件。

5）安装刀具

三、加工方法和步骤

1. 工装

本案例需要两次装夹：第一次采用机用虎钳装夹，需要先粗铣两个小平台，以方便机用虎钳装夹。第二次采用“一面两孔”的装夹方法，必须保证加工区域外露。

2. 加工路线

1）加工底面、安装孔和定位孔。

首先在毛坯 ϕ84mm 外圆上粗铣小平台，保证有足够余量，然后以上平面定位。

① 用 ϕ40mm 立铣刀铣削底面。

② 加工底面安装孔和定位孔。

a. 利用 A2 中心钻钻中心孔。

b. 利用 ϕ19.7mm 的麻花钻钻孔。

c. 利用 ϕ9.6mm 的麻花钻钻孔。

d. 利用 ϕ20mm 铰刀铰孔。

e. 利用 ϕ10mm 铰刀铰孔。

2）加工凸轮外部轮廓和其他表面。

① 反面装夹，用 ϕ20mm 立铣刀铣外轮廓。

② 用 ϕ40mm 立铣刀铣上表面。

③ 倒角。

3. 刀具与合理的切削用量

（1）刀具选择　圆周铣削常用的刀具是立铣刀，每种类型的立铣刀用于特定类型的加工。标准平底铣刀适用于加工平底或工件壁与底面成90°角的工件；球头铣刀用于各种表面上的三维加工；圆形铣刀与球头铣刀类似，可以用于三维加工，也可以用于工件壁与底面需要圆角的加工。

1）高速钢立铣刀：高速钢立铣刀有单端和双端两种设计，有各种不同的直径、长度和刀柄形状。根据刀尖几何形状，它们可以用在平面圆周运动（*XY* 轴）、深度方向运动（*Z* 轴）或者三轴联动（*XYZ* 轴）中。

2）硬质合金立铣刀：硬质合金刀具与高速钢刀具的特性相同，只是刀具的材料不同。使用硬质合金刀具需要特殊的加工环境，因为刀具本身很贵，而且从冶金学的观点来看，它是脆性材料，容易碎裂，尤其是端部为锐角、跌落或存储不当时。但是如果处理得当，它可以高效地切削材料并可得到很好的表面加工质量。

3）可转位刀片立铣刀：可转位刀片立铣刀具有硬质合金刀具的全部优点，除此以外，它还可以方便地更换硬质合金刀片。

4）后角：对不同材料的加工，选择适当的刀具后角非常重要。对于HSS铣刀来说，建议在加工较软的材料时使用较大的刀具后角，例如，加工铝材时采用10°～12°的后角，而加工钢材时的后角为3°～5°。

5）铣刀的尺寸：加工中必须考虑三个与立铣刀尺寸相关的重要标准：

① 立铣刀直径。

② 立铣刀长度。

③ 螺旋槽长度。

加工中立铣刀的直径必须非常精确，名义直径为刀具目录中列出的值。立铣刀从夹具中伸出部分的长度也很重要，如果伸出过长就会产生振动并加速切削刃的磨损，此外长的刀具也容易产生偏斜，从而影响工件的加工尺寸和表面质量。

6）螺旋槽的数量：选择立铣刀时，尤其是加工中等硬度材料时，首先应该考虑铣刀螺旋槽的数量。对于轮廓加工，所需刀具尺寸大于 ϕ20mm 时，一般选择四槽立铣刀。在铣刀必须沿 Z 轴方向切入实心材料时，不管直径多大，它通常只有两个螺旋槽，这种“切入”型的立铣刀也称中心切削立铣刀，称为键槽铣刀。对于小直径或中等直径的立铣刀来说，在该尺寸范围内，立铣刀有两个、三个和四个螺旋槽结构，这几种结构铣刀各有特点。立铣刀螺旋槽少，可避免在切削用量较大时产生积屑瘤，而螺旋槽越少，编程的进给速度就越小。三螺旋槽立铣刀是最常用的，可以适合各种材料的加工，但很难精确测量其尺寸，尤其是使用普通工具如游标卡尺或千分尺时。

不管螺旋槽数量的多少，通常大直径刀具比小直径刀具的偏斜要小。此外，立铣刀的有效长度（夹具表面以外的长度）也很重要，刀具越长偏移越大，对所有刀具都是如此，偏斜使刀具偏离它的中心线。

（2）转速和进给速度　在切削过程中转速计算公式：

$$n=\frac{1000v}{\pi d}$$

式中　n——主轴转速（r/min）；

1000——常数（1m = 1000mm）；

v——切削速度（m/min）；

π——常数；

d——刀具直径（mm）。

对特定的材料，需要以特定的主轴转速（n）切削，如果同一材料使用不同直径的刀具，便可以找出适用于任何刀具尺寸的确切切削速度（v），这时便可使用下面的公式：

$$v=\frac{\pi dn}{1000}$$

所有字母与前面公式相同。

要计算切削进给速度，首先必须知道主轴的转速，同时还必须知道螺旋槽数量以及每一螺旋槽上的切削宽度。切削载荷的单位是 mm/齿，齿相当于螺旋槽或刀片，切削进给速度的单位为 mm/min。

$$v_f = nf_tN$$

式中　v_f——进给速度（mm/min）；

n——主轴转速（r/min）；

f_t——切削载荷（mm/齿）；

N——齿（螺旋槽）数。

下面举例说明上面公式的应用，例如 ϕ20mm 的四螺旋立铣刀加工铸铁材料时使用 100m/min 的切削速度，推荐使用 0.1mm 的切削宽度，因此两种计算分别如下：

主轴转速 $n = 1000 \times 100/\pi \times 20 = 1592$r/min

切削进给速度 $v_f = 1592 \times 0.1 \times 4$mm/min = 637mm/min

当使用硬质合金刀片立铣刀加工钢材时，主轴转速越快越好。转速较低时，硬质合金刀具与温度较低的钢材接触，随着主轴转速的提高，与刀具切削刃接触的钢材的温度也升高，从而降低材料的硬度，这时加工条件较好。硬质合金刀具使用的主轴转速通常为标准 HSS 刀具的 3～5 倍。可以将刀具材料与主轴转速之间关系概括如下：使用较高主轴转速会加速高速钢刀具的磨损，使用较低主轴转速会使硬质合金刀具崩裂甚至损坏。

本案例中，选择的刀具与切削用量的相关参数见表3-2-2。

表3-2-2　刀具与切削用量的相关参数

<table>
<tr><th>刀具号</th><th colspan="2">工序内容</th><th>刀具名称</th><th>刀具规格</th><th>n/（r/min）</th><th>v_f/（mm/min）</th><th>a_p/mm</th><th>加工余量/mm</th></tr>
<tr><td rowspan="2">T01</td><td rowspan="2">铣底面</td><td>粗</td><td rowspan="2">立铣刀</td><td rowspan="2">ϕ40mm</td><td>220</td><td>44</td><td>2</td><td>4.5</td></tr>
<tr><td>精</td><td>500</td><td>44</td><td>0.5</td><td>0.5</td></tr>
<tr><td>T02</td><td colspan="2">钻中心孔</td><td>中心钻</td><td>A2</td><td>800</td><td>60</td><td>2</td><td>8</td></tr>
<tr><td>T03</td><td colspan="2">钻孔</td><td>麻花钻</td><td>ϕ19.7mm</td><td>200</td><td>45</td><td>25</td><td>22</td></tr>
<tr><td>T04</td><td colspan="2">钻孔</td><td>麻花钻</td><td>ϕ9.6mm</td><td>250</td><td>60</td><td>25</td><td>16</td></tr>
<tr><td>T05</td><td colspan="2">铰孔</td><td>铰刀</td><td>ϕ20mm</td><td>50</td><td>10</td><td>25</td><td></td></tr>
<tr><td>T06</td><td colspan="2">铰孔</td><td>铰刀</td><td>ϕ10mm</td><td>50</td><td>10</td><td>25</td><td></td></tr>
<tr><td>T07</td><td colspan="2">铣外轮廓</td><td>立铣刀</td><td>ϕ20mm</td><td>300</td><td>60</td><td>23</td><td></td></tr>
<tr><td>T08</td><td colspan="2">铣上面</td><td>立铣刀</td><td>ϕ40mm</td><td>220</td><td>44</td><td>2</td><td>4.5</td></tr>
<tr><td>T09</td><td colspan="2">倒角</td><td>90°锪钻</td><td>ϕ20mm</td><td>220</td><td>100</td><td>1</td><td>1</td></tr>
</table>

4. 对刀，设定工件坐标系

把所用的9把刀具安装到刀柄上，编好顺序号，然后依次安装到主轴上，逐个测量每把刀具的长度补偿值，并输入到长度补偿单元中。

1）X、Y向对刀：通过寻边器进行对刀操作，得到X、Y零偏值，并输入到G54中。

2）Z向对刀：手动向下移动立铣刀，用立铣刀试切削上表面，测量余量后，使铣刀的底刃与工件的上表面轻微接触，记录此时机床坐标系下的Z值。粗铣用的立铣刀和精铣用的立铣刀都按以上操作步骤进行，把各自记录的Z值分别输入到各把刀的长度补偿值中。G54中Z值置为零。

5. 输入刀具补偿值

在步骤2中，Z向对刀时，已经完成刀具长度补偿数值的输入，然后需要输入刀具的半径补偿值。本例T03～T09均需输入刀具半径补偿值：D03为9.8mm，D04为4.8mm，D05为10mm，D06为5mm，D07为10mm，D08为20mm，D09为10mm。

6. 程序调试

把工件坐标系的Z值正方向平移50mm，方法是在工件坐标系参数G54中输入50，按下启动键，适当降低进给速度，检查刀具运动是否正确。

7. 工件加工

把工件坐标系的Z值恢复原值，将进给速度打到低档，按下启动键。机床加工时适当调整主轴转速和进给速度，保证加工正常。

8. 尺寸测量

程序执行完毕后，返回到设定高度，机床自动停止。检查各尺寸是否合格，适当修改刀具补偿值，再加工，直至全部符合要求。

9. 结束加工

松开夹具，卸下工件，清理机床。

四、注意事项

1）粗、精加工时刀具长度补偿要准确，防止因刀具补偿误差出现接刀痕迹，甚至在精加工时留有台阶或沟槽。

2）同一把刀具可以有多个刀具半径补偿值，可利用不同的半径补偿去除加工余量，同时实现工件的粗加工。

3）铣削内轮廓时要注意内轮廓的圆弧大小，刀具半径要小于或等于内圆弧的半径。

4）为保证圆弧处有比较好的垂直度和表面粗糙度，最后一次精加工时，刀具可以相对基准面在 Z 向提高 0.02mm，采用顺铣加工，这样可以防止刀具在精加工中受到轴向力的作用而划伤不加工平面。

5）复合零件加工时一般需要若干把刀具，在准备好刀具后，一般按程序的顺序放置。程序执行前，已经完成了各把刀在长度方向的补偿，所以在程序执行到 M00 时人工换刀，注意换刀时不要换错，否则会造成事故。

五、参考程序

以 ϕ15mm 孔中心为工件零点，$Z=0$ 面设在毛坯上表面，用机用虎钳装夹铣削底平面和加工安装孔和定位孔的程序如下：

```
O5007;
N10 G40 G49 G80;             （注销刀具半径补偿、刀具长度补偿及孔加工固
                               定循环）
N12 S220 M03;                （T01 号刀具粗加工底面）
N14 G91 G28 Z0;              （Z 轴返回参考点）
N16 G90 G54 G00 X40 Y -5;    （执行 G54 工件零件零点偏置，快速定位至 X40
                               Y -5 处）
N18 G43 G00 Z5 H01;          （1 号刀具长度补偿，快速定位至工件上方 5mm 处）
N20 M08;                     （打开切削液）
N22 G01 Z -2 F44;            （粗铣底平面，余量为 3mm）
N24 X50 Y -40;
N26 Y -10;
N28 X -50;
```

```
N30 Y20;
N32 X50;
N34 Y50;
N36 X-50;
N38 Y80;
N40 X50;
N42 G00 Z20;
N44 X-50 Y-40;
N46 G01 Z-4.5 F44;             （半精铣底平面，余量为0.5mm）
N48 X50 Y-40;
N50 Y-10;
N52 X-50;
N54 Y20;
N56 X50;
N58 Y50;
N60 X-50;
N66 M05;
N68 M09;
N70 G49 G00 Z20;
N72 G00 Z20;
N74 G00 X-50 Y-40;
N76 S500 M03;                  （下面程序开始精加工底平面）
N78 G43 G00 Z5 H01;
N80 G00 X-50 Y-40 Z20;
N82 M08;
N84 G01 Z-5 F44;
N86 X50 Y-40;
N88 Y-10;
N90 X-50;
N92 Y20;
N94 X50;
N96 Y50;
N98 X-50;
N104 M05 M09;
N106 G49 G00 Z20;
N108 M00;                      （程序停止，手动换T02刀，用中心钻钻中心孔）
```

```
N110 S800 M03;
N112 G43 G00 Z5 H01;                    (2号刀具长度补偿，快速定位至工件上表面5mm处)
N114 M08;
N116 G99 G81 X0 Y0 Z-8 R8 F60;          (在X0 Y0位置钻中心孔，然后返回初始平面)
N118 X0 Y30;                            (在X0 Y30处钻中心孔)
N120 G80;                               (取消孔固定循环)
N122 G49 G00 Z20;                       (取消刀具长度补偿，快速定位至Z20位置)
N124 M05 M09;
N126 M00;                               (程序停止，手动换刀T03号刀)
N128 S280 M03;
N130 G43 G00 Z30 H03;                   (3号刀具长度补偿，快速定位至Z30处)
N132 M08;
N134 G00 Z5;
N136 G98 G83 X0 Y0 Z-38 R+25 Q16 F60;
N138 G80;                               (取消孔加工固定循环)
N140 G49 G00 Z-20;                      (取消刀具长度补偿，快速定位至Z-20位置)
N142 G00 X0 Y0;
N144 M05 M09;
N146 M00;                               (程序停止，手动换T04号刀具，钻定位孔)
N148 S250 M03;
N150 G43 G00 Z30 H04;                   (快速定位Z30，4号刀具长度补偿)
N152 M08;
N154 G00 Z5;
N156 G98 G83 X0 Y30 Z-38 R+25 Q17 F60;  (执行钻孔指令G83，完毕后返回初始平面)
N158 G80;                               (取消孔加工循环指令G83)
N160 G49 G00 Z-20;                      (取消刀具长度补偿，定位于机械坐标Z-20位置)
N162 G00 X0 Y0;
N164 M05 M09;
N166 M00;                               (程序停止，手动换T05号刀具，铰
```

	安装孔）
N168 S50 M03；	
N170 G43 G00 Z30 H05；	（5 号刀具长度补偿，快速定位工件上方 30mm 处）
N172 M08；	
N174 G00 Z5；	
N176 G98 G85 X0 Y0 Z－38 R25 F10；	（执行铰孔指令 G84，对安装孔铰削）
N178 G80；	（取消孔循环指令 G85）
N180 G49；	（取消刀具长度补偿）
N182 M05 M09；	
N184 M00；	（程序停止，手动换 T06 号刀，铰定位孔）
N186 S50 M03；	
N188 G43 G00 Z30 H06；	（6 号刀具长度补偿，快速定位至工件上方 30mm 处）
N190 M08；	
N192 G00 Z5；	
N194 G98 G85 X0 Y30 Z－58 R25 F10；	（铰削定位孔，*R* 平面位于工件上方 25mm 处）
N192 G80；	
N196 G49 G00 Z20；	
N198 M05 M09；	
N200 M30；	

以 ϕ15mm 孔中心为工件零点，凸轮轮廓各基点、节点的坐标如下：

P_1（0，－31.638）

A_1（－13.019，－26.820）

B_1（－33.825，－4.072）

C_1（－40.295，14.538）

D_1（－17.275，43.715）

E_1（－9.966，42.660）

P_2（0，40）

A_2（13.019，－26.820）

B_2（33.825，－4.072）

C_2（40.295，14.538）

D_2（17.275，43.175）

E_2（9.966，42.660）

以 ϕ15mm 孔中心为工件零点，以调头后毛坯面为 Z=0 面，“一面两孔”装夹铣削凸轮外部轮廓的程序如下：

```
O5008;
N10 G40 H9 G80;                          (取消刀具半径补偿、刀具长度补偿及孔加工循环)
N12 S300 M03;                            (手动换刀 T07 号刀，粗铣外轮廓)
N14 G91 G28 Z0;                          (Z 轴返回参考点)
N16 G43 G00 Z20 H07;                     (7 号刀具长度补偿，快速定位至 Z20 处)
N18 M08;                                 (打开切削液)
N20 G00 X60 Y-50;                        (快速定位至 X60 Y-50 处)
N22 G01 Z-40 F44;                        (Z 向直线插补至心形轮廓深度 Z-40 处)
N24 G41 G01 X60 Y-31.637 F60 D07;        (7 号刀具半径补偿，D07=10.5mm)
N26 X0 Y-31.637;                         (粗铣心形外轮廓，下同)
N28 G02 X-13.019 Y-26.820 R20;
N30 G02 X-33.825 Y-4.072 R127.5;
N32 G02 X-17.275 Y43.715 R30;
N34 G02 X-9.966 Y42.660 R10;
N36 G03 X9.966 Y42.660 R20;
N38 G02 X17.275 Y43.715 R10;
N40 G02 X33.825 Y-4.072 R30;
N42 G02 X13.019 Y-26.820 R127.5;
N44 G02 X0 Y-31.633 R20;
N46 G01 X-40 Y-31.633;
N48 G40 G01 X-60 Y-50;
N50 G49 G00 Z50;
N52 G00 X60 Y-50;
N54 M00;                                 (程序停止，准备精铣外轮廓)
N56 S500 M03;
N58 G43 G00 Z20 H07;                     (7 号刀具长度补偿，快速定位至工件上方 20mm 处)
N60 G01 Z-40 F60;                        (精铣心形外轮廓，下同)
N62 G41 G01 X60 Y-31.637 F60 D09;
N64 G01 X0 Y-31.637;
N66 G02 X-13.019 Y-26.820 R20;
N68 G02 X-33.825 Y-4.072 R127.5;
N70 G02 X-17.275 Y43.715 R30;
```

```
N72 G02 X -9.966 Y42.660 R10;
N74 G03 X9.966 Y42.660 R20;
N76 G02 X17.275 Y43.715 R10;
N78 G02 X33.825 Y -4.072 R30;
N80 G02 X13.019 Y -26.820 R127.5;
N82 G02 X0 Y -31.633 R20;
N84 G01 X -40 Y -31.633;
N86 G40 G01 X -60 Y -50;
N88 G00 Z50 M05;
N90 M09;
N92 M00;                    (程序停止，手动换 T08 号刀，铣上面，保证凸台高度)
N94 S220 M03;
N96 G43 G00 Z30 H08;        (8 号刀具长度补偿，快速定位至工件上方 30mm 处)
N98 M08;
N100 G01 X -20 Y0 F44;
N102 Z -2;
N104 X20 Y0;
N106 Z -4.5;
N108 X -20 Y0;              (分三次进刀铣削凸台上表面，保证凸台高度)
N110 S500 M03;
N112 G01 Z -5 F44;
N114 X20 Y0;
N116 G00 Z50 M05;
N118 G00 X0 Y0;
N120 M00;                   (程序停止，手动换 T09 号刀，倒孔口倒角)
N122 S220 M03;
N124 G43 G00 Z30 H09;       (9 号刀具长度补偿，快速定位至工件上方 30mm 处)
N126 M08;
N128 G01 Z -2 F100;         (倒角)
N130 G49 G00 Z50;           (取消刀具长度补偿，快速定位至工件上方 50mm)
```

```
N132 M05
N134 M09;
N136 M30;
```

案例3　曲面加工——盒型模具的铣削

一、零件图、毛坯图及工、量、刃具清单

1. 零件图

盒型模具的凹模零件图见图3-3-1，该盒型模具为单件生产，零件材料为T8A。

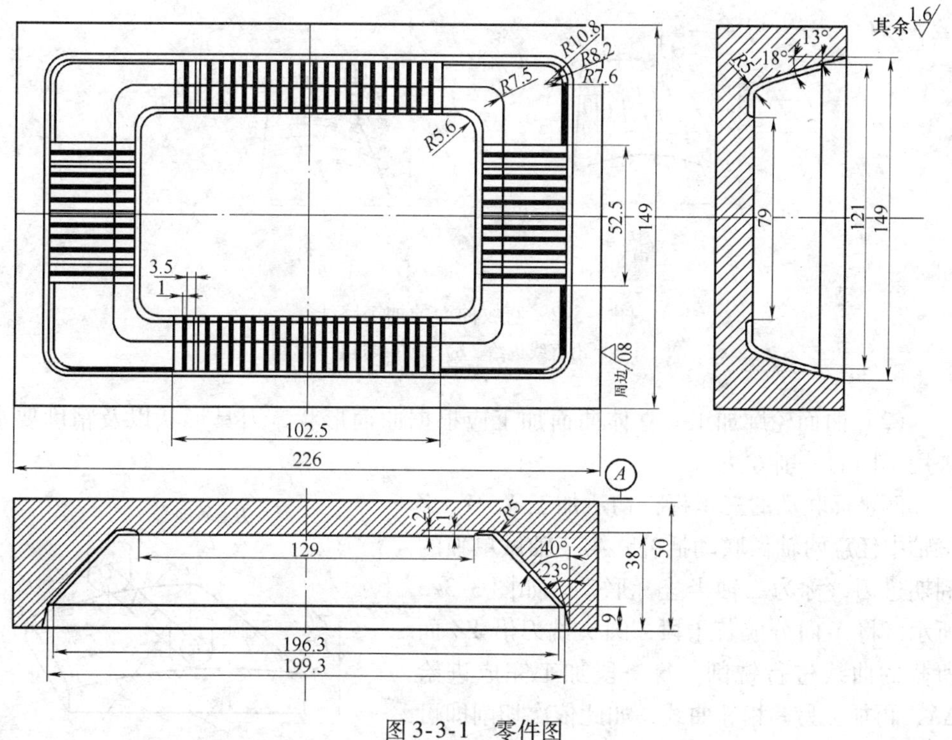

图3-3-1　零件图

2. 毛坯图（略）

3. 工、量、刃具清单（略）

二、加工方法和步骤

1. 工装

零件直接安装在机床工作台面上，用两块压板压紧。

2. 加工路线

在机械加工中，常会遇到各种曲面类零件，如模具、叶片螺旋桨等。由于这

类零件型面复杂，需用多坐标联动加工，因此多采用数控铣床、数控加工中心进行加工。

（1）直纹面加工　对于边界敞开的直纹曲面来说，加工时常采用球头刀进行“行切法”加工，即刀具与零件轮廓的切点轨迹是一行一行的，行间距按零件加工精度要求而确定，如在加工发动机大叶片时，可采用两种加工路线。采用图3-3-2a所示的加工方案时，每次沿直线加工，刀位点计算简单，程序少，加工过程符合直纹面的形成，可以准确保证母线的直线度。当采用图3-3-2b所示的加工方案时，符合这类零件数据给出情况，便于加工后检验，叶形的准确度高，但程序较多。由于曲面零件的边界是敞开的，没有其他表面限制，所以曲面边界可以延伸，球头刀应由边界外开始加工。

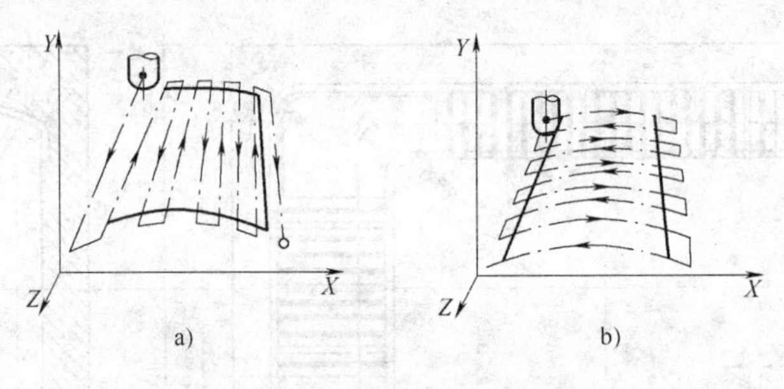

图3-3-2　直纹曲面的加工路线

a）沿直线进给　b）沿曲线进给

（2）曲面轮廓加工　立体曲面加工应根据曲面形状、刀具形状以及精度要求采用不同的铣削方法。

两坐标联动的三坐标行切法加工 X、Y、Z 三轴中任意两轴做联动插补，第三轴做单独的周期进刀，称为二轴半坐标联动。如图3-3-3所示，将 X 向分成若干段，圆头铣刀沿 YZ 面所截的曲线进行铣削，每一段加工完成进给 ΔX，再加工另一相邻曲线，如此依次切削即可加工整个曲面。在行切法中，要根据轮廓表面粗糙度的要求及刀头不干涉相邻表面的原则选取 ΔX。行切法加工中通常采用球头铣刀。球头铣刀的刀头半径应选得大些，有利于散热，但刀头半径不应大于曲面的最小曲率半径。

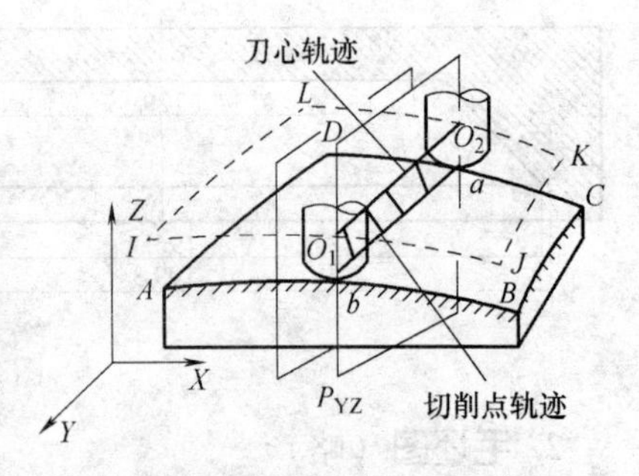

图3-3-3　二轴半坐标加工

用球头铣刀加工曲面时，总是用刀具中心轨迹的数据进行编程。二轴半坐标加工的刀具中心轨迹与切削点轨迹示意见图3-3-3。$ABCD$ 为被加工曲面，P_{YZ} 平面为平行于 YZ 坐标面的一个行切面，其刀具中心轨迹 O_1O_2 为曲面 $ABCD$ 的等距面 $IJKL$ 与平面 P_{YZ} 的交线，显然 O_1O_2 是一条平面曲线。在此情况下，曲面的曲率变化会导致球头刀与曲面切削点的位置改变，因此切削点的连线 ab 是一条空间曲线，从而在曲面上形成扭曲的残留沟纹。由于二轴半坐标加工的刀具中心轨迹为平面曲线，故编程计算比较简单，数控逻辑装置也不复杂，常在曲率变化不大及精度要求不高的粗加工中使用。

三坐标联动加工 X、Y、Z 三轴可同时插补联动。用三坐标联动加工曲面时，通常也用行切方法。如图 3-3-4 所示，P_{YZ} 平面为平行于 YZ 坐标面的一个行切面，它与曲面的交线为 ab，若要求 ab 为一条平面曲线，则应使球头刀与曲面的切削点总是处于平面曲线 ab 上（即沿 ab 切削），以获得规则的残留沟纹。显然，这时的刀具中心轨迹 O_1O_2 不在 P_{YZ} 平面上，而是一条空间曲面（实际是空间折线），因此需要 X、Y、Z 三轴联动。三轴联动加工常用于复杂空间曲面的精确加工（如精密锻模），但编程计算较为复杂，所用机床的数控装置还必须具备三轴联动功能。

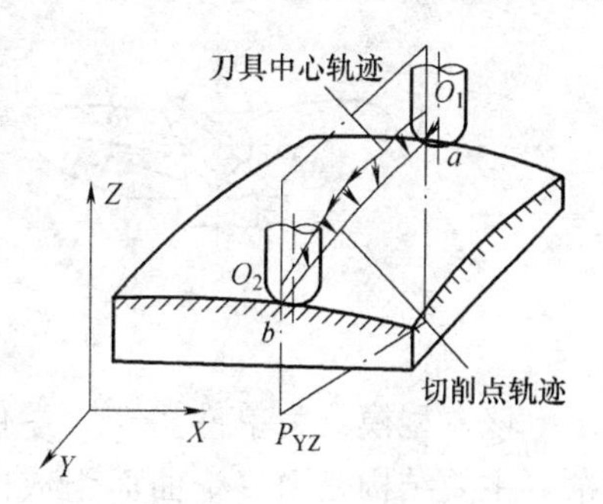

图 3-3-4　三坐标加工

四轴半坐标加工见图 3-3-5，侧面为直纹扭曲面。若在三坐标联动的机床上用圆头铣刀按行切法加工，不但生产效率低，而且表面粗糙度大，为此采用圆柱铣刀周边切削，并用四坐标铣床加工。即除三个直角坐标运动外，为保证刀具与工件型面在全长始终贴合，刀具还应绕 O_1（或 O_2）做摆角运动。由于摆角运动导致直角坐标（图中 Y 轴）需做附加运动，所以其编程计算较为复杂。

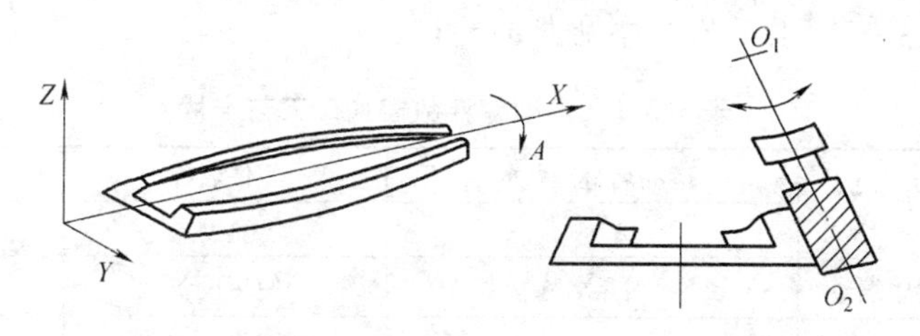

图 3-3-5　四轴半坐标加工

五坐标加工螺旋桨是五坐标加工的典型零件之一，其叶片的形状和加工原理见图 3-3-6。在半径为 R_1 的圆柱面上，与叶面的交线 AB 为螺旋线的一部分，螺旋升角为 φ_1，叶片的径向叶型线（轴向割线）EF 的倾角 α 为后倾角。螺旋线 AB 用极坐标加工方法，并且以折线段逼近。逼近段 mn 是由 C 坐标旋转 $\Delta\theta$ 与 Z 坐标位移 ΔZ 的合成。当 AB 加工完成后，刀具径向位移 ΔX（改变 R_1），再加工相邻的另一条叶型线，依次加工即可形成整个叶面。由于叶面的曲率半径较大，所以常采用面铣刀加工，以提高生产率并简化程序。因此，为保证铣刀端面始终与曲面贴合，铣刀还应作由坐标 A 和坐标 B 形成的摆角运动。在摆角的同时，还应作直角坐标的附加运动，以保证铣刀端面始终位于编程值所规定的位置上，即在切削成形点，铣刀端平面与被切曲面相切，铣刀轴心线与曲面该点的法线一致，所以需要五坐标加工。这种加工的编程计算相当复杂，一般采用自动编程。

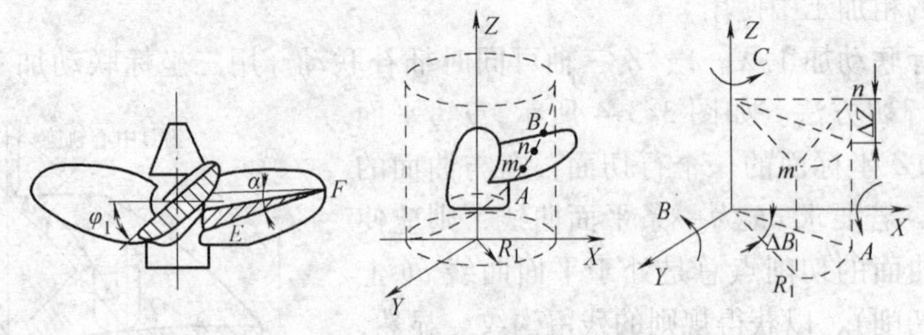

图 3-3-6　螺旋桨是五坐标加工

该盒型模具为单件生产，零件材料为 T8A，外形为一个六面体，内腔型面复杂。主要结构是由多个曲面组成的凹形型腔，型腔四周的斜平面之间采用半径为 7.6mm 的圆弧面过渡，斜平面与底平面之间采用半径为 5mm 的圆弧面过渡，在模具的底平面上有一个四周也为斜平面的锥台。模具的外部结构较为简单，是一个标准的长方体。因此零件的加工以凹形型腔为重点。

1）粗加工整个型腔，去除大部分加工余量。

2）半精加工和精加工上型腔。

3）半精加工和精加工下型腔。

4）对底平面上的锥台四周表面进行精加工。

盒型零件数控加工工艺卡片见表 3-3-1。

表 3-3-1　盒型零件数控加工工艺卡片

<table>
<tr><td rowspan="2">单位名称</td><td rowspan="2">×××</td><td colspan="3">产品名称或代号</td><td colspan="2">零件名称</td><td colspan="2">零件图号</td></tr>
<tr><td colspan="3">×××</td><td colspan="2">盒型</td><td colspan="2">×××</td></tr>
<tr><td>工序号</td><td>程序编号</td><td colspan="3">夹具名称</td><td colspan="2">使用设备</td><td colspan="2">车间</td></tr>
<tr><td>×××</td><td>×××</td><td colspan="3">压板</td><td colspan="2">VP1050 立式镗铣床加工中心</td><td colspan="2">数控中心</td></tr>
<tr><td>工步号</td><td>工步内容</td><td>刀具号</td><td colspan="2">刀具规格/mm</td><td>主轴转速/(r/min)</td><td>进给速度/(mm/min)</td><td>背吃刀量/mm</td><td>备注</td></tr>
<tr><td>1</td><td>粗铣整个型腔</td><td>T01</td><td colspan="2">ϕ20 平底立铣刀</td><td>600</td><td>60</td><td></td><td></td></tr>
<tr><td>2</td><td>半精铣上型腔</td><td>T02</td><td colspan="2">ϕ12 球头铣刀</td><td>700</td><td>40</td><td></td><td></td></tr>
<tr><td>3</td><td>精铣上型腔</td><td>T03</td><td colspan="2">ϕ6 平底立铣刀</td><td>1000</td><td>30</td><td></td><td></td></tr>
<tr><td>4</td><td>半精铣下型腔</td><td>T02</td><td colspan="2">ϕ12 球头铣刀</td><td>700</td><td>40</td><td></td><td></td></tr>
<tr><td>5</td><td>精铣下型腔</td><td>T04</td><td colspan="2">ϕ6 球头铣刀</td><td>1000</td><td>30</td><td></td><td></td></tr>
<tr><td>6</td><td>精铣底平面上锥台四周表面</td><td>T03</td><td colspan="2">ϕ6 平底立铣刀</td><td>1000</td><td>30</td><td></td><td></td></tr>
<tr><td>编制</td><td>×××</td><td>审核</td><td>×××</td><td>批准</td><td>×××</td><td>年　月　日</td><td>共　页</td><td>第　页</td></tr>
</table>

3. 刀具与合理的切削用量

在选择刀具时，除考虑加工表面凹处的最小曲率半径外，刀具半径的选择还需考虑以下因素：

1）加工效率。刀具半径越大，在同样的残留高度下切削行宽度越大，从而加工效率越高。

2）刀具的大小应与加工表面的大小相匹配。不应用一把半径很大的球形刀加工一个很小的加工表面，否则刀具容易与非加工表面发生干涉或碰撞。

3）取值范围。所取刀具半径应尽量符合规范或标准系列。

本案例中，选择的刀具与切削用量的相关参数见表3-3-2。

表3-3-2　刀具与切削用量的相关参数

产品名称或代号		×××	零件名称	盒型	零件图号	×××
序号	刀具号	刀具规格名称/mm	数量	加工表面	刀长/mm	备注
1	T01	ϕ20 平底立铣刀	1	粗铣整个型腔	实测	
2	T02	ϕ12 球头铣刀	1	半精铣上、下型腔	实测	
3	T03	ϕ6 平底立铣刀	1	精铣上型腔，精铣底平面上锥台四周表面	实测	
4	T04	ϕ6 球头铣刀	1	精铣下型腔	实测	建议以球心对刀
编制		×××　审核	×××	批准　×××	共　页	第　页

4. 对刀，设定工件坐标系

1）*X*、*Y* 向对刀。

2）*Z* 向对刀。

5. 输入刀具补偿值

在 *Z* 向对刀时已经完成了刀具长度补偿数值的输入，另外需要把两把刀具的半径补偿值输入到对应的半径补偿单元 D01、D02 中。

6. 程序调试

把工件坐标系的 *Z* 值正方向平移 50mm，方法是在工件坐标系参数 G54 中输入 50，按下启动键，适当降低进给速度，检查刀具运动是否正确。

7. 工件加工

把工件坐标系的 *Z* 值恢复原值，将进给速度打到低挡，按下启动键。机床加工时适当调整主轴转速和进给速度，保证加工正常。

8. 尺寸测量

程序执行完毕后，返回到设定高度，机床自动停止。用指示表检查台阶面的平面度是否在要求的范围之内，用游标卡尺检查台阶面的高度和宽度是否合格，合理修改补偿值，再加工，直至合格为止。

在加工过程中，多坐标数控加工中刀具的运动方式为线性插补运动，因而刀具运动的包络面与加工表面之间存在一定的逼近误差，下面分析此误差产生的原因：

当球形刀的刀具中心沿加工表面的等距面上某一曲线作直线插补运动时，加工表面与刀具之间的局部几何关系近似，见图3-3-7。

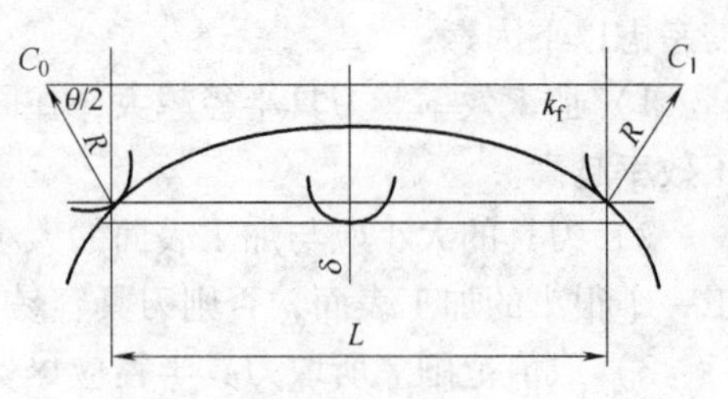

图3-3-7　球形刀三坐标加工误差分布

设 k_f 为加工表面在插补段内沿进给方向的法向曲率，θ 为插补段内加工表面法向矢量沿插补直线方向的转动角。假定半径为尺的球形刀的刀具中心从优点沿直线走到 C_1 点，L 为插补段弦长，则刀具切入曲面的深度 δ 为

$$\delta = \frac{1}{8}(k_f L^2 + R k_f^2 L^2)$$

9. 结束加工

松开夹具，卸下工件，清理机床。

三、加工技巧和注意事项

1. 曲面的数值计算

(1) 三维曲面的数学模型　某些三维曲面可以用方程 $z=f(x, y)$ 来描述，如球面、锥面、直纹鞍形面等，这类曲面在数控机床上用行切法加工时，可以直接根据曲面方程来计算其加工轨迹。但大量的三维曲面（如飞机机体、汽车车身、模具型腔等）只有模型、实物或实验数据，而没有描述它们的解析方程。要数控加工这类曲面时，第一步工作就是建立曲面的数学模型。

为了建立曲面的数学模型，首先在零件模型或实物的表面上划出横向和纵向两组特征线，这两组线在零件表面上构成网格，这些网格定义了许多小的曲面片，每一块曲面片一般都以四条光滑连续的曲线作为边界，然后相对于某一基准面测定这些网格顶点（即交点或角点）的坐标值。这样，就可以根据这些角点的坐标，对两组曲线和被曲线划分成网格的每块曲面片进行严格的数学描述，从而求出曲面的数学模型，这就是所谓的曲面拟合。

对曲线组和曲面片进行数学描述的方法很多，如双三次参数样条曲面，孔斯（Coons）曲面、弗格森（Ferguson）曲面、贝塞尔（Bezier）曲面、B样条曲面等，各种曲面的拟合方法所涉及的数学处理知识可参阅有关文献。

(2) 多坐标曲面加工的刀具轨迹生成方法

1) 参数线加工：曲面参数线加工方法是多坐标数控加工中生成刀具轨迹的主要方法，特别是切削行沿曲面的参数线分布，即切削行沿 U 线或 V 线分布，见图3-3-2，适用于网格比较规整的参数曲面的加工。

在加工中，刀具的运动分沿切削行的进给和切削行的进给两种运动。刀具沿切削行进给时所覆盖的一根带状曲面区域，称为加工带。参数线加工时先确定一个参数线方向为切削行的进给方向，假定为图 3-3-8a 参数曲线方向，则另一参数的方向即为切削行的行进给方向。然后根据编程精度要求计算各切削行的进给步长，以及根据允许的残留高度要求计算加工带的宽度（进给行距）。基于参数线加工的刀具进给轨迹计算方法有多种，见表 3-3-3。

表 3-3-3　参数线加工方法

方　法	说　明	优缺点
等参数步长法	最简单的参数线加工算法是等参数步长法，即在整条参数线上按等参数步长计算刀位。由于参数步长 δ 和曲面加工误差 Δ 没有一定的关系，为了满足加工精度要求，通常 δ 的取值偏于保守且凭经验，这样计算的刀位信息比较多。由于刀位信息按等参数步长计算，没有考虑曲面的局部平坦性（在平坦的区域只需较少的刀位）。但这种方法计算简单，速度快，在刀位计算中常被采用	优点是计算方法简单，计算速度快；不足之处是当曲面的参数线分布不均匀时，切削行刀具轨迹的分布也不均匀，加工效率不高，见图 3-3-8
参数筛选法	按等参数步长计算离散点列，步长 δ 的取值使离散点足够密，然后按曲面的曲率半径和允许编程误差值从离散点列中筛选出有效刀位信息。参数筛选法可克服等参数步长的缺点，但计算速度稍慢一些。这个方法的优点是计算的刀位信息比较合理且具有一定的通用性	
局部等参数步长法	在实际应用中，也常采用局部等参数步长离散方法。即加工带在 V 参数曲线方向上按局部等参数步长（曲面片内）分布，见图 3-3-8；在切削行上，进给步长根据最大曲率估计步长，然后按等参数步长进行离散	

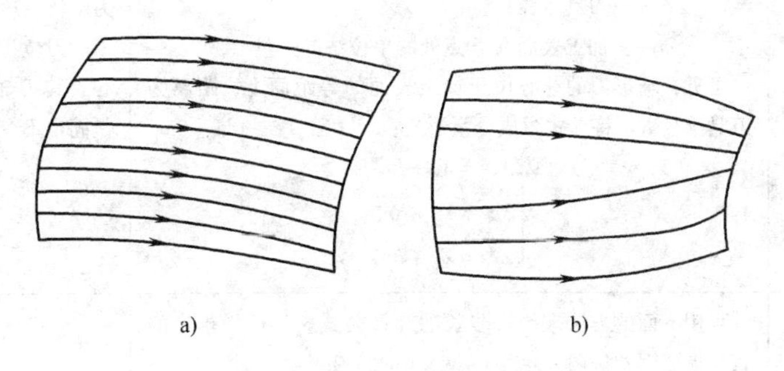

图 3-3-8　参数线加工的刀具轨迹分布

a）分布比较均匀　b）分布不均匀

2）截面（行）切加工：参数线加工方法要求曲面的参数线分布比较均匀，当不满足该条件时，可采用截面（行）切加工方法，该方法又称截面（行）加工方法。

① 截面线加工方法的基本思路是指采用一组平行平面或一组曲面（如一组绕某直线旋转的回转面）去切割加工表面，截出一系列交线，刀具与加工表面的切触点就沿着这些交线运动，完成曲面的加工。一般情况下，由于曲面与曲面的求交比较困难，所选用的截面都采用平面或回转曲面。截面线加工方法一般采用球形刀加工曲面，一些特殊情况下也可以采用环形刀或平底刀。由于采用球形刀加工曲面，刀具中心实际上是在加工表面的等距面上运动的。因此，截面线法加工曲面也可以采用构造等距面的方法，使刀具截面与加工表面等距面的交线运动，完成曲面加工。

② 截面的选择。采用一组什么样的截面去截加工表面，对提高编程效率、加工效率及加工表面质量是非常重要的。采取截面的原则如下：

a. 截面形式应尽可能简单，如一组平行平面或一组绕某一直线旋转的回转面或某一轴线的半平面族。

b. 截面的直纹方法（对于回转截面来说）尽可能垂直于加工表面。

c. 对组合曲面或曲面腔槽的加工，截面一般采用一组平行平面。

（3）多坐标曲面加工的刀位计算　空间曲面零件可在三、四、五坐标数控机床上采用行切法进行加工，所用刀具可为球形刀、环形刀和平底刀等。下面以球形刀三坐标面铣为例介绍多坐标数控加工的刀位计算方法（见表3-3-4）。

表 3-3-4　多坐标曲面加工的刀位计算

步骤		计算	说明
1	刀位计算	见图3-3-9所示，球形刀铣削加工表面上任一点 P 的球头中心计算公式为 $$rc_0 = r_p + Rn$$ 式中　rc_0——球头中心的点矢； r_p——加工表面上切触点 P 的点矢； R——刀具半径； n——加工表面在 P 点处的单位法向矢量 可见，球形刀的球心位于加工表面的等距面上，距离为刀具半径 R。将上式写成分量形式： $$\begin{cases} Xc_0 = X_p + Rn_x \\ Yc_0 = Y_p + Rn_y \\ Zc_0 = Z_p + Rn_z \end{cases}$$	球形刀三坐标面铣数控加工在曲面加工中应用最为广泛。球形刀三坐标加工的刀位指的就是球头中心，其刀轴矢量｛001｝是固定不变的
2	进给步长的计算	可用下面的方法来推进步长的计算公式。对任一指定的直线逼近误差极限 ε，当 $\lvert\delta\rvert<\varepsilon$ 时，有 $$\left\lvert \frac{1}{8}\left(k_f L^2 + Rk_f^2 L^2\right) \right\rvert \leqslant \varepsilon$$ 即进给步长 L 可用下式进行计算 $$L \leqslant 2\sqrt{\frac{2\varepsilon}{\lvert(k_f + Rk_f^2)\rvert}}$$	

（续）

步骤		计算	说明
3	切削行宽度的计算	残留高度 h 与切削行宽度 d 之间的关系为 $h=R\left[1-\sqrt{1-\left(\frac{d}{2R}\right)^{2}}\right]-\frac{1}{2}k_{b}\left(\frac{d}{2}\right)^{2}$ 若允许的最大残留高度为 ε_0，经推导可得切削行宽度 $d\leqslant2\sqrt{\frac{2R\varepsilon_{h}-\varepsilon_{h}^{2}}{1-Rk_{b}+\varepsilon_{h}k_{b}}}$ 式中 R——刀具半径； k_b——加工表面沿切削行进给方向的法向曲率	切削行宽度，即两条刀具轨迹（指刀具与加工表面的切削点的轨迹）之间的间距，与刀具半径 R 和残留高度 h 密切相关，见图 3-3-10
4	刀具半径选择	球形刀刀具半径应小于加工表面凹处的最小曲率半径，即 $R\leqslant\frac{2}{k_{min}}\quad(k_{min}>0)$ 式中 k_{min}——加工表面凹处的最大法向曲率	

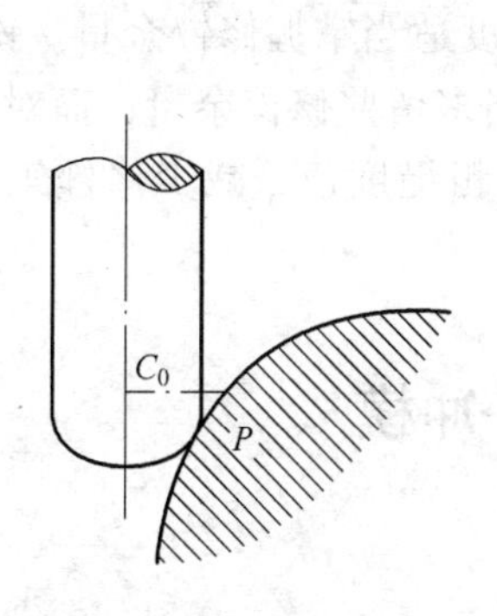

图 3-3-9 刀位计算

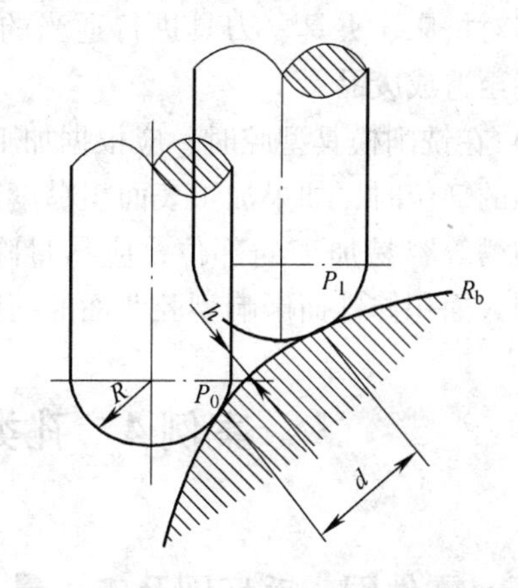

图 3-3-10 切削行宽度与残留高度的关系

2. 注意事项

1）粗铣时应根据被加工曲面给出的余量，用立铣刀按等高面一层一层地铣削，这种粗铣效率高。粗铣后的曲面类似于山坡上的梯田，台阶的高度视粗铣精度而定。

2）半精铣的目的是铣掉“梯田”的台阶，使被加工表面更接近于理论曲面，采用球头铣刀一般为精加工工序留出 0.5mm 左右的加工余量。半精加工的行距和步距可比精加工大。

3）精加工最终加工出理论曲面。用球头铣刀精加工曲面时，一般用行切法。

4）在铣削曲面时，球头铣刀刀尖处的切削速度很低，如果用球刀垂直于被加工面铣削比较平缓的曲面时，球刀刀尖切出的表面质量比较差，所以应适当地提高主轴转速，另外还应避免用刀尖切削。

5）避免垂直进刀。平底圆柱铣刀有两种，一种是端面有顶尖孔，其端刃不过中心。另一种是端面无顶尖孔，端刃相连且过中心。在铣削曲面时，有顶尖孔的面铣刀绝对不能像钻头似的向下垂直进刀，除非预先钻有工艺孔，否则会把铣刀顶断。如果用无顶尖孔的端刀可以垂直向下进刀，但由于切削刃角度太小，轴向力很大，所以也应尽量避免。最好的办法是向斜下方进刀，进到一定深度后再用侧刃横向切削。在铣削凹槽面时，可以预钻出工艺孔以便进刀。用球头铣刀垂直进刀的效果虽然比平底的面铣刀要好，但也因轴向力过大影响切削效果的缘故，最好不使用这种进刀方式。

6）铣削曲面零件中，如果发现零件材料热处理不好，有裂纹、组织不均匀等现象时，应及时停止加工，以免浪费工时。

7）铣削模具型腔比较复杂的曲面一般需要较长的周期，因此，在每次开机铣削前应对机床、夹具、刀具进行适当的检查，以免在中途发生故障，影响加工精度，甚至造成废品。

8）在铣削模具型腔时，应根据加工表面的粗糙度适当掌握修锉余量。铣削比较困难的部位时，如果加工表面粗糙度较差，应适当多留些修锉余量；而对平面、直角沟槽等容易加工的部位，应尽量降低加工表面粗糙度值，减少修锉工作量，避免因大面积修锉而影响型腔曲面的精度。

案例4　孔类加工——冲模

一、零件图、毛坯图及工、量、刃具清单

1. 零件图

如图3-4-1所示的冲模，该零件需加工50mm宽的通槽、ϕ37mm的不通孔和ϕ27mm的通孔。

2. 毛坯图

冲模的毛坯图见图3-4-2。

3. 工、量、刃具清单（见表3-4-1）

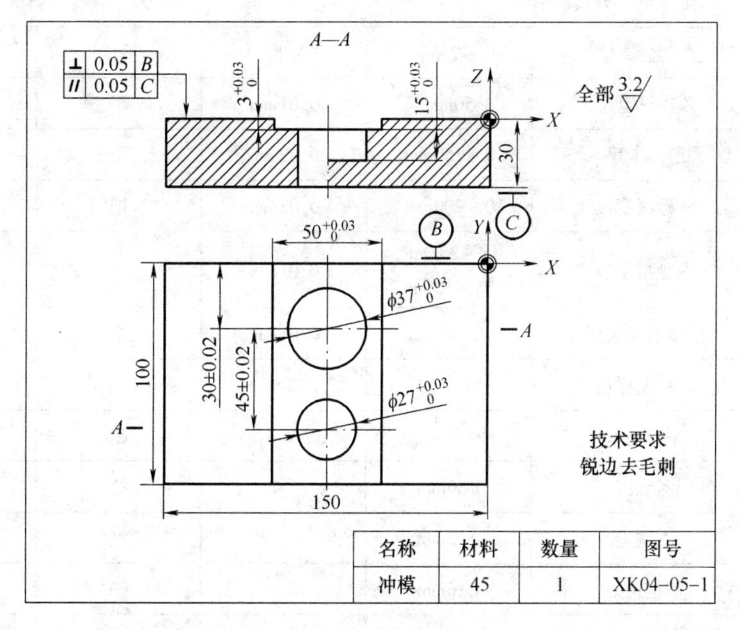

图 3-4-1　零件图

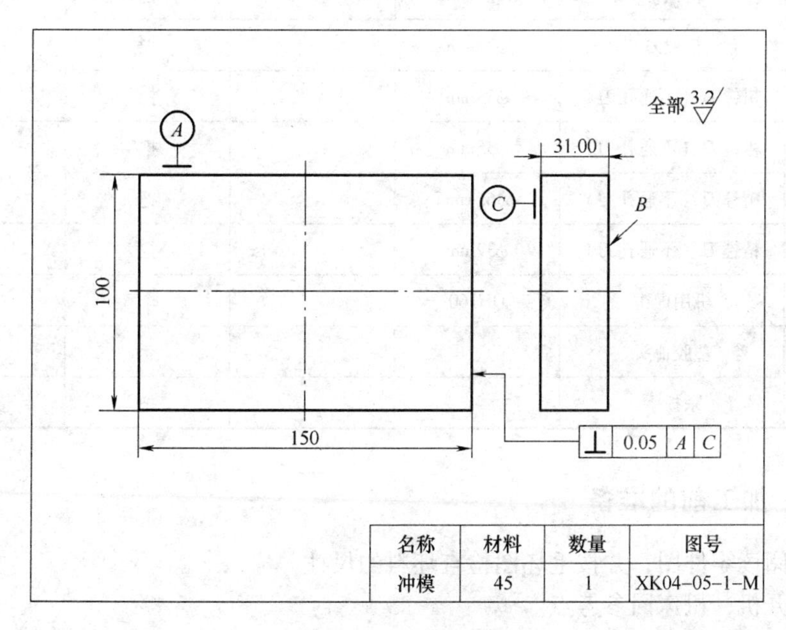

图 3-4-2　毛坯图

表 3-4-1 工、量、刃具清单

工、量、刃具清单			图号	XK04-05-1	
序号	名称	规格	精度	单位	数量
1	Z 轴设定器	50mm	0.01mm	个	1
2	游标卡尺	0 ~ 150mm	0.02mm	把	1
3	游标深度尺	0 ~ 200mm	0.02mm	把	1
4	内径指示表	18 ~ 35mm、35 ~ 50mm	0.01mm	套	2
5	指示表及表座	0 ~ 10mm	0.01mm	个	1
6	粗糙度样板	N0 ~ N1	12 级	副	1
7	平行垫铁			副	若干
8	盘铣刀	ϕ80mm		把	1
9	立铣刀	ϕ22mm		把	1
10	键槽铣刀	ϕ16mm		把	1
11	中心钻	A2		把	1
12	麻花钻	ϕ26mm、ϕ30mm		把	各 1
13	精镗刀	ϕ26.7mm		把	1
14	精镗刀	ϕ27mm		把	1
15	粗镗刀（不通孔刀）	ϕ33mm		把	1
16	粗镗刀（不通孔刀）	ϕ35mm		把	1
17	精镗刀（不通孔刀）	ϕ36.7mm		把	1
18	精镗刀（不通孔刀）	ϕ37mm		把	1
19	机用虎钳	QH160		个	1
20	塑胶榔头			个	1
21	呆扳手			把	若干

二、加工前的准备

1）阅读零件图，并按毛坯图检查坯料的尺寸。

2）开机，机床回参考点。

3）输入程序并检查该程序。

4）安装夹具，夹紧工件。

5）A 与 C 面为定位安装面，用平行垫铁垫起毛坯。零件的底面上要保持垫出一定厚度的标准块，用机用虎钳装夹工件，伸出钳口5mm左右，保证通孔加工时，保护工作台台面。定位时要利用指示表调整固定钳口与机床 X 轴的平行度，控制在0.02mm之内。

6）准备刀具。本案例共使用了12把刀具，把不同的刀具分别安装到对应的刀柄上，然后按序号依次放置在刀架上。分别检查每把刀具安装的牢固性和正确性。

三、加工方法和步骤

1. 工装

本案例采用机用虎钳装夹的方法，底部用垫铁垫起。

2. 加工路线

孔加工的方法有很多，在加工过程中应根据不同类型和精度选择其加工方案，见表3-4-2。

本案例需要加工 ϕ27mm 通孔和 ϕ37mm 不通孔，其加工路线如下：

1）粗、精铣坯料上表面。

2）粗、精铣 B 面，保证总厚度30mm。

3）粗、精铣宽50mm的通槽。

4）粗铣底面和侧面，底面留精铣余量0.1mm，侧面留精铣余量0.2mm。

5）精铣底面和侧面到尺寸要求。

6）加工 ϕ27mm 通孔和 ϕ37mm 不通孔的预制孔。

7）用中心钻钻 ϕ27mm 及 ϕ37mm 的中心孔。

8）钻 ϕ27mm 的通孔到 ϕ26mm。

9）钻 ϕ37mm 的不通孔至 ϕ30mm，深度14.9mm。

10）镗 ϕ27mm 通孔。

11）半精镗孔后，留精镗单边余量为0.15mm。

12）精镗孔至要求尺寸。

13）铣 ϕ37mm 不通孔孔底。

14）用键槽刀铣 ϕ37mm 不通孔的预制孔 ϕ30mm 的孔底，深度至要求尺寸。

15）镗 ϕ37mm 不通孔。

16）粗镗孔后，留半精镗单边余量为0.35mm。

17）半精镗孔后，精镗削余量为0.15mm。

18）精镗孔要达到要求的尺寸。

3. 刀具与合理的切削用量

本案例中，选择的刀具与切削用量的相关参数见表3-4-3。

表 3-4-2　孔加工的加工方案

通孔		钻孔—扩孔—倒角—铰孔 该方法适用于孔位置精度不高的中小孔，孔的直线度精度也不高，但具有孔径一致性好、加工方便的优点
		钻孔—镗孔—倒角—铰孔 该方法适用于孔的尺寸及位置精度都较高的孔。通孔镗刀的镗削加工能保证孔的直线度及位置精度
		钻孔—镗孔—倒角—精镗孔 该方法适用于高精度孔，经过多次精镗，孔的位置、形状等精度都能得到很好的保证

（续）

不通孔	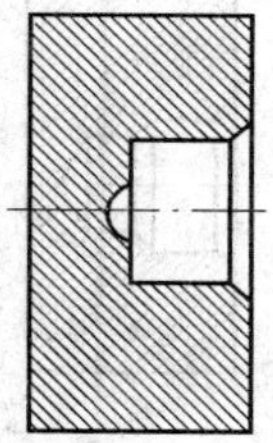			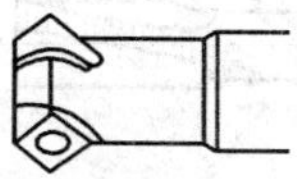	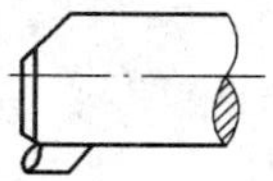	钻孔—平底钻扩孔—倒角—精镗孔 该方法适用于小孔径的不通孔，为确保孔底的平整，可用平底钻或铣刀加工孔底
	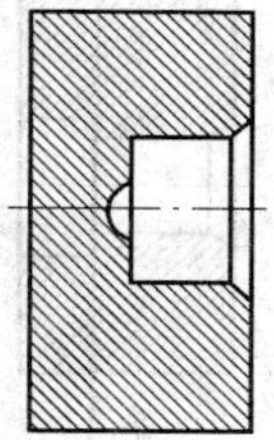		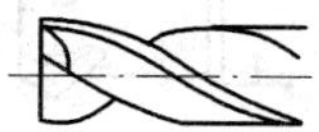	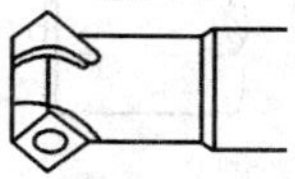	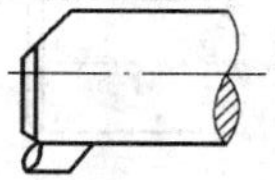	钻孔—铣孔—倒角—精镗孔 该方法适用于较大孔径的平底孔，孔底可用类似型腔底的加工方法铣削完成，孔侧面留有精加工余量。孔底精加工完成后，精镗孔壁
阶梯孔	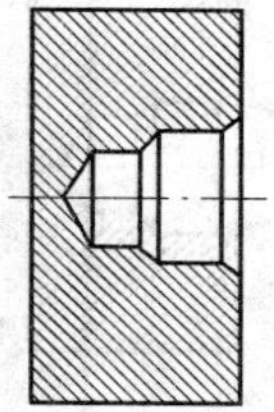	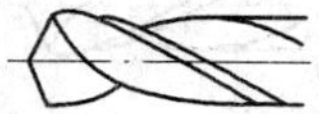	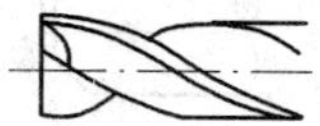	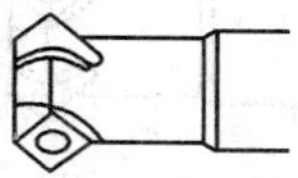	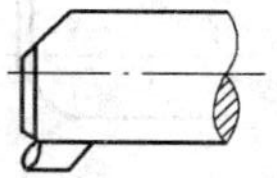	钻孔—平底钻加工台阶—倒角—镗孔 阶梯孔的台阶处可用平底钻直接加工，倒角后精镗大孔

（续）

阶梯孔	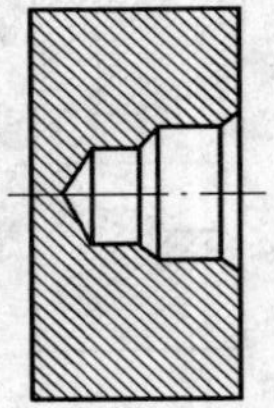		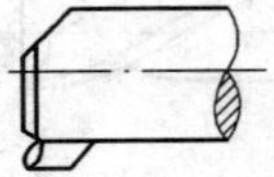	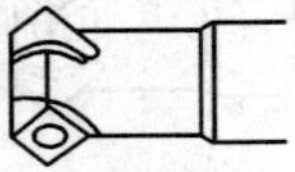	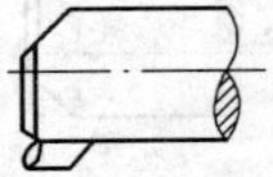	钻孔—镗刀加工台阶—倒角—镗孔 若台阶孔较浅、较宽，也可用铣刀精加工台阶，而且加工精度高
	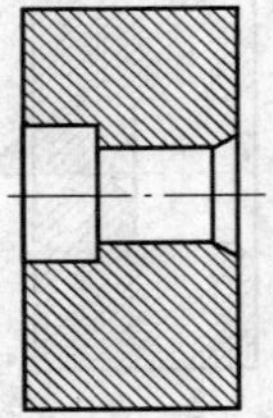		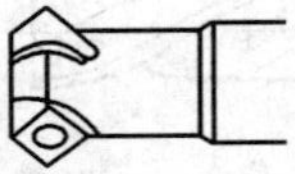	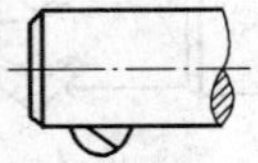	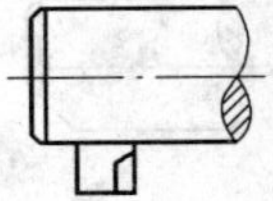	钻孔—倒角—镗正面孔—镗背孔 加工背孔时，镗刀要先沿刀尖反方向偏一段距离，镗刀穿过零件后复位，Z 轴反向进给加工背孔
螺纹孔	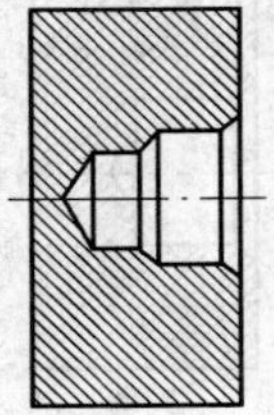		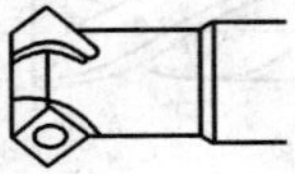	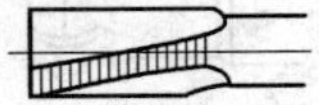		钻孔—倒角—攻螺纹

表 3-4-3　刀具与切削用量的相关参数表

刀具号	刀具规格	工序内容	v_f/(mm/min)	a_p/mm	n/(r/min)
T01	ϕ80mm 盘铣刀	精铣 B 平面至要求尺寸	80	1	350
T02	ϕ22mm 立铣刀	粗铣 50mm 通槽，底面、侧面留余量 0.5mm	80	—	380
		精铣通槽至要求尺寸	60	0.2	450
T03	A2 中心钻	钻 ϕ27mm 通孔及 ϕ37mm 不通孔的中心孔	60	—	800
T04	ϕ26mm 麻花钻	钻 ϕ27mm 通孔	40	13	260
T05	ϕ30mm 麻花钻	钻 ϕ37mm 不通孔至 ϕ30mm	35	15	
T06	精镗刀	半精镗 ϕ27mm 通孔至 ϕ26.7mm	45	0.35	450
T07	精镗刀	精镗 ϕ27mm 通孔至要求尺寸	60	0.15	500
T08	ϕ16mm 键槽铣刀	铣削 ϕ37mm 不通孔底面至要求尺寸	45	—	350
T09	不通孔粗镗刀	粗镗 ϕ37mm 孔至 ϕ33mm	60	1.5	350
T10	不通孔粗镗刀	粗镗 ϕ37mm 孔至 ϕ35mm	60	1	400
T11	不通孔精镗刀	半精镗 ϕ37mm 孔至 ϕ36.7mm	45	0.35	450
T12	不通孔精镗刀	精镗 ϕ37mm 孔至要求尺寸	30	0.15	450

4. 对刀，设定工件坐标系

1）X、Y 向对刀：安装寻边器，确定工件零点为坯料上表面的右角点，通过寻边器对刀操作得到 X、Y 零偏值，并输入到 G54 中。

2）Z 向对刀：依次安装 12 把刀具，每把刀都在从参考点 R 运动到工件基准面高度时读数，记录此时基准面的机床坐标系下的 Z 值，输入到对应的刀具长度补偿号中，从而把零件的上表面定义为工件坐标系的 $Z=0$ 面。

3）调整镗刀尺寸。试切法对刀是实际中应用最多的一种对刀方法，它是在手动方式下进行的。其长度方向的测定与其他铣刀一致。镗刀半径方向的调整主要分以下几步进行：

① 找正：编程前首先要根据要求确定孔的位置，如果以孔的轴线为编程原点，则需要事先找正，即找出孔的轴线在机床坐标系中的坐标，可利用指示表测定。由于指示表的量程较小，一般用于位置精度要求较高的孔，而且事先要进行粗找正，使轴线偏移精度在指示表的量程之内。一般直径小于 40mm 的孔，可将磁性表座直接吸附在主轴上，见图 3-4-3。若毛坯表面粗糙度值较大，可用铁丝代替指示表进行粗找正。

如图 3-4-3 所示，调整指示表的触头，使其与 Y 方向的两个极限点 A、C 接触，用手拨动主轴，观察 A、C 两点在表盘上的偏移量 Δ，然后在手轮方法下只调整主轴 Y 方向的位置，使其向度数偏小的一方移动 $\Delta/2$。如此反复，再进行测量调整，直到 A、C 两点在表盘上的读数相同，此时主轴所在位置为孔的轴线在 Y 方向的位置。同理可测量 X 轴方向的两个极限点 B、D，调整主轴在 X 方向的位置，用手拨动主轴使主轴旋转，指示表指针在 B、D 两点位置相同，此时主轴所在位置为孔的轴线在 X 向的位置。

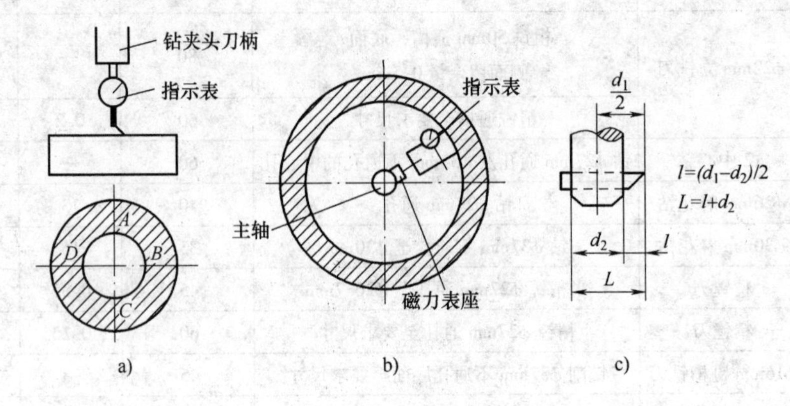

图 3-4-3　镗刀粗调整

a）孔径较小　b）孔径较大　c）粗调镗刀

② 试切调整：对镗刀进行粗调整，见图 3-4-3。松开锁紧螺钉，调整螺钉并用游标卡尺进行测量。图 3-4-3 中 l 为刀头伸出长度，d_1 为预制孔直径，d_2 为镗刀杆直径，L 为游标卡尺测量长度。L 应比所需尺寸小 0.5～0.3mm。

用自动方式使主轴到达孔轴线位置，在孔口处试切 1～2mm，检验孔的轴线位置是否正确，如果已经切到孔的表面则进行测量，再根据测量尺寸调整调整螺钉，仍在孔口处试切 1～2mm 并测量，直到达到要求。

试切法调整镗刀一定要遵循“小进多试”的原则，如果镗刀尺寸偏大会出现废品。

粗镗刀调整公差可在 ±0.05mm 内，精镗刀则一定要调整到公差要求范围内。

③ 对刀仪对刀：对刀仪对刀是将刀具置于对刀仪的定位孔中，直接测量伸出长度和刀具半径。使用对刀仪时应注意：使用前，为了校验对刀仪的位置公差，应当用标准基准刀杆进行校准（校准及标定 Z 轴和 X 轴的尺寸）。标准基准刀杆是每台对刀仪的随机附件，平时要妥善保护，使其不发生锈蚀，以免受外力的作用。静态测量的刀具尺寸与实际加工出的尺寸之间会有一个差值。这是因为有对刀仪本身公差及使用对刀仪的技巧熟练程度、刀具和机床的公差及刚度、加工工件的材料和状况、冷却状况和冷却介质的性质等诸多因素的影响，往往还需要在加工过程中通过试切进行现场调整。因此，对刀时要考虑一个修正量，一般为0.01～0.05mm。

5. 输入刀具补偿值

在 Z 向对刀时已经完成了刀具长度补偿数值的输入，另外需要把两把刀具的半径补偿值输入到对应的半径补偿单元 D01、D02 中。

6. 程序调试

1）锁住机床，将加工程序输入数控系统，在“图形模拟”功能下，实现图形轨迹的校验。

2）把工件坐标系的 Z 值朝正方向平移 50mm，方法是在 G54 参数中输入 50，按下启动键，适当降低进给速度，检查刀具运动是否正确。

7. 工件加工

主轴首先安装第一把刀具（本案例为 ϕ80mm 盘铣刀），把工件坐标系 G54 参数的 Z 值恢复原值，将进给速度打到低挡，按下启动键。加工时，适当调整主轴转速和进给速度，保证加工正常。

除了有与本案例类似的镗孔加工外，还有以箱体零件同轴孔系为代表的长孔镗削，是金属切削加工领域中最重要的内容之一。为提高镗杆刚度，目前，调头镗孔已成为数控卧式镗床和卧式加工中心镗削长孔零件的主要工艺形式。

调头镗孔，是指以安装工件的工作台的回转 180°及其横移的自动定位，实现被镗长孔轴线两次与镗轴轴线重合，刀具在调头前后分别从零件两端先后镗进（各镗 1/2 孔长）的长孔加工方法。调头镗孔可将长孔镗削变为短孔镗削，克服了镗杆伸出过长导致变形增大的弊端，有利于确保加工后孔轴线的直线度及圆柱度。

研究和实践表明，长孔的形状公差可利用组成长孔的两短孔的同轴度公差来控制。因此，在调头镗孔中需提高工作台 180°分度误差和工作台横移定位误差。

8. 尺寸测量

程序执行完毕后，返回到设定高度，机床自动停止。用内径千分尺测量内径尺寸，利用游标卡尺测量孔的相对位置，根据测量结果，调整相应刀具的尺寸大小，重新执行程序，加工工件，直到达到加工要求。

9. 结束加工

松开夹具，卸下工件，清理机床。

四、加工技巧和注意事项

1. 数控镗孔加工技巧

1）在镗铸件、锻件毛坯孔前应先将孔端倒角。

2）在孔内镗坯形槽（退刀槽除外）时，应在精镗孔前镗槽。

3）镗削有位置公差要求的孔或孔组时应先镗基准孔，再按此基准依次加工其余各孔并注意消除反向间隙。

4）精镗孔时应先试镗 1 ~ 2mm，测量合格后再继续加工。

5）用铰刀精铰孔时，钻孔之后应经过镗孔才能接着铰孔。

6）镗不通孔或台阶孔时，进给终了应稍停片刻再退刀。

7）编程时注意测量镗刀刀尖与镗杆端部的尺寸。

另外，注意数控镗孔过程中镗杆受力变形和切削热与夹紧力的变化，以保证数控镗孔加工精度。

① 镗杆受力变形的影响。镗杆受力变形是影响镗孔加工精度的主要因素之一。

当镗杆与机床主轴刚件连接悬伸镗孔时，镗杆的受力变形最严重，会产生弹性扭曲和挠曲变形。因此，镗孔时必须尽可能加大镗杆直径、减少悬伸长度以提高镗杆刚度。

② 切削热与夹紧力的影响。零件粗加工时产生大量的切削热，同等的热量传递到零件的不同部位，由于壁厚不均，因此温升不等。薄壁处的金属少，温升高；厚壁处的金属多，温升低。粗加工后如果不等工件冷却后就立即进行精加工，由于薄壁与厚壁处热膨胀量不同，因而孔内薄壁处所实际切去的金属要比厚壁处少；加工时所得到的正圆内孔，冷却后变成非正圆的内孔，使被加工孔产生圆度误差。为消除工件热变形的影响，孔系加工需分为粗、精两个阶段进行。

若零件刚度较低，在镗孔中夹紧力过大或着力点不当时极易产生夹紧变形。在夹紧力作用下所加工出的正圆孔，松夹后会因孔径弹性恢复而变成非正圆形孔，同时孔的位置精度也受到影响。为消除夹紧变形对孔系加工精度的影响，精镗时夹紧力要适当，不宜过大，着力点应选择在刚度较强的部位。

2. 注意事项

1）毛坯装夹时，一定要考虑垫铁与加工部位是否干涉。

2）镗孔刀对刀时要正确计算镗孔后的孔径尺寸。

3）镗孔试切对刀时要准确找正预镗孔的中心位置，保证试切一周切削均匀。

4）镗孔刀对刀时，工件零点偏置值可以直接借用之前工艺中应用麻花钻或铣刀测量得到的 X、Y 值，Z 值可重新试切获得。

案例5　槽类零件加工——深槽加工实例：圆柱凸轮的数控加工

一、零件图

圆柱凸轮的零件图见图 3-5-1。

二、工艺分析

所谓圆柱凸轮，就是在圆柱面上加工出按一定规律环绕的曲线沟槽，或在其端面上加工出特殊曲面。这些沟槽可以是首尾相连封闭式的，也可以是首尾不相连开式的。凸轮沟槽可以是等宽的，也可以是不等宽的，但通常深度是相同的。

图 3-5-1　圆柱凸轮零件图

圆柱凸轮机构可以实现任意复杂的运动形式，从动件运动机构在行程中可停留或等速运动，同时具有结构简单、体积小的优点，广泛应用在内燃机、包装机械、纺织机械、计算机外围设备以及自动控制系统等众多领域。

圆柱凸轮需进行热处理和表面氮化处理，以获得一定的强度、韧度和耐磨性。对于同等精度而转速较高的轴来说，圆柱凸轮材料一般为40Cr（统一数字代号A20402）合金钢，该材料强度高，耐磨性、耐热性较好，经调质和表面淬火处理可获得较高的综合力学性能；而轴承钢GCr15（统一数字代号B00150）和弹簧钢65Mn（统一数字代号U21653）等材料的圆柱凸轮，经调质和表面淬火处理后，具有更高的耐磨性和抗疲劳性能。在高转速、重载荷等条件下工作的圆柱凸轮，选20CrMnTi（统一数字代号A26202）、20Cr（统一数字代号A20202）等低碳合金钢或38CrMoAl（统一数字代号A33382）氧化钢较合适。其中，低碳合金钢经渗碳、淬火处理后，具有很高的表面硬度、心部强度和耐冲击韧性，但是热处理变形较大：氮化钢经调质和表面氮化后，有很高的心部强度，优良的耐磨性能和耐疲劳强度，但是热处理变形很小。

本案例圆柱凸轮的材料为40Cr，其基圆半径为32mm，槽宽为$12^{+0.04}_{+0.02}$mm，工作面粗糙度Ra为1.6μm，凸轮槽展开线见图3-5-2（包括凸轮槽中心线及上下轮廓线）。两端面的平行度为0.01mm，ϕ32H7孔的尺寸公差为0.025mm、圆跳动为0.01mm，外圆与内孔的同轴度为0.01mm。

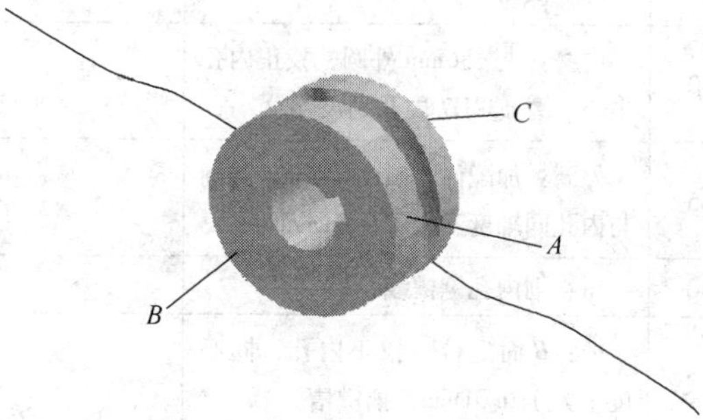

图3-5-2 凸轮槽展开线

本案例圆柱凸轮的加工工序见表3-5-1。凸轮槽的数控加工是圆柱凸轮加工的关键。

表3-5-1 加工工序卡片

（工厂）	加工工序卡片	产品名称或代号	零件名称	材料		零件图号
			圆柱凸轮	40Cr		
工序号	工序内容	刀具规格/mm	主轴转速/(r/min)	进给速度/(mm/min)	切削深度/mm	备注
5	锻造：毛坯ϕ110mm×34mm					锻压机
10	粗车： 1）粗车一端端面B、外圆ϕ108mm×31mm 2）粗车另一端端面C					自定心卡盘
15	钻：钻ϕ30mm的内孔					钻夹具
20	热处理：28～32HRC					

（续）

（工厂）	加工工序卡片	产品名称或代号	零件名称	材料	零件图号	
			圆柱凸轮	40Cr		
工序号	工序内容	刀具规格/mm	主轴转速/（r/min）	进给速度/（mm/min）	切削深度/mm	备注
25	车： 1）车外圆，留磨0.4~0.5mm 2）车内孔，留磨0.25~0.35mm 内孔与*B*面一刀下，*B*面作记号，厚度28mm，按28.2mm加工					自定心卡盘
30	热：人工时效					
35	磨： 1）*B*面定位光*C*面 2）*C*面定位光*B*面，平行度小于0.01mm					
40	内磨：夹ϕ86mm外圆，找正内孔中心，磨ϕ32H7内孔到尺寸					
45	外磨：加配件，顶磨ϕ86mm外圆与内孔同轴度不大于0.01mm					
50	钳：划内孔键槽线					
55	插：*B*面定位，找正内孔，同心度不大于0.01mm，插键槽					
60	钳：去毛刺					
65	数控铣：铣凸轮型面 以*B*面定位，找正外圆圆跳动度不大于0.01mm，检查*A*面圆跳动度不大于0.01mm					专用夹具
	1）预钻工艺孔	ϕ11.7mm钻头				
	2）粗加工	ϕ10mm键槽铣刀	600	60		
	3）半精加工	ϕ10mm键槽铣刀	800	60		
	3）精加工	ϕ12mm键槽铣刀	800	80		
70	钳：抛光型面，粗糙度*Ra*为1.6μm					
75	软氮化					
80	检验					
85	入库					

为确保滚子在圆柱凸轮槽中平稳运动，对圆柱凸轮槽的数控铣削加工必须满足以下要求：

1）圆柱凸轮槽的工作面即两个侧面的法向截面必须严格平行。

2）圆柱凸轮槽在工作段必须等宽。

圆柱凸轮槽宽度不大时，通常选择相应直径的立铣刀沿槽腔中心线进行加工，可比较容易加工出符合上述要求的圆柱凸轮槽。

圆柱凸轮程序的编制是以其展开线为依据的。

槽类加工有深槽和三维槽加工之分，其特点及加工方法如下：

1）深槽、三维槽加工时，刀具刚性差，排屑和散热难。

2）深槽、三维槽加工时按照槽的宽度尽量选择直径较大的铣刀。

深槽、三维槽加工时可选择两把铣刀进行。第一次加工选择刀具长度较短的铣刀，以保证铣刀的刚性，然后再按照槽的深度选择第二把铣刀。

3）深槽、三维槽加工中，进刀前尽量先在槽中央钻个工艺孔，进刀时沿此孔直接进刀，避免使用螺旋/斜线进刀。

4）如果机床允许的话，可以考虑以插削的方式进行粗加工。

三、确定数控加工装夹及刀具

三坐标数控铣床只具有 X、Y、Z 3 个直线移动坐标，无法加工圆柱凸轮类零件。为了在三坐标数控铣床上铣削圆柱凸轮，需要增加数控分度头，通过回转轴和直线轴的联动实现凸轮槽的加工。

加工圆柱凸轮前，要先加工一个带有台阶的心轴，台阶端面上配一定位销，并使之和凸轮端面上的定位孔相配合，或者在心轴上加工一键槽，通过键与圆柱凸轮连接，本例采用键连接的方法。心轴的小端车有螺纹和中心孔，通过螺母、垫圈压紧凸轮。心轴粗端装在数控分度头的自定心卡盘上，小端用尾座顶尖和其中心孔配合紧固。

铣加工前，先用钻头在凸轮槽中心线铣刀起始位置上预钻一工艺孔，并用 ϕ11.7mm 平底钻修整底部。

由于凸轮槽的公差较小，表面粗糙度较小，加工时粗精加工分开进行，首先用 ϕ10mm 立铣刀沿凸轮槽中心线切削，深度分层，然后利用该刀具对凸轮的上下轮廓线进行半精加工，留精加工余量。精加工刀具选用 ϕ12mm 立铣刀，以保证尺寸公差及表面粗糙度。

精加工刀具半径应小于凸轮的展开线拐角半径，否则需要清角加工。

尽管凸轮槽已预钻一工艺孔，原则上不需要采用键槽铣刀，但实际加工中精加工最好仍采用键槽铣刀，否则槽底将不平而上凸，刀具越大，上凸越大。

四、确定刀具路径

铣削深度方向的进给，要在旋转轴静止不动时一次进给到所需的加工深度，如果边旋转边沿深度方向进给，将在侧面上形成明显的螺旋切痕。

五、自动编程

预钻孔的加工件在数控机床上找正位置后，用手动方式加工，不需再编程。以下为铣加工的程序编制过程。

(1) 粗加工　选择刀具轨迹→外形铣削选项，串联凸轮槽中心线的展开线(见图3-5-2)。

单击确定按钮，进入外形铣削对话框。刀具参数设置见图3-5-3。单击旋转轴按钮，出现见图3-5-4所示对话框，用来设置工件的旋转轴。

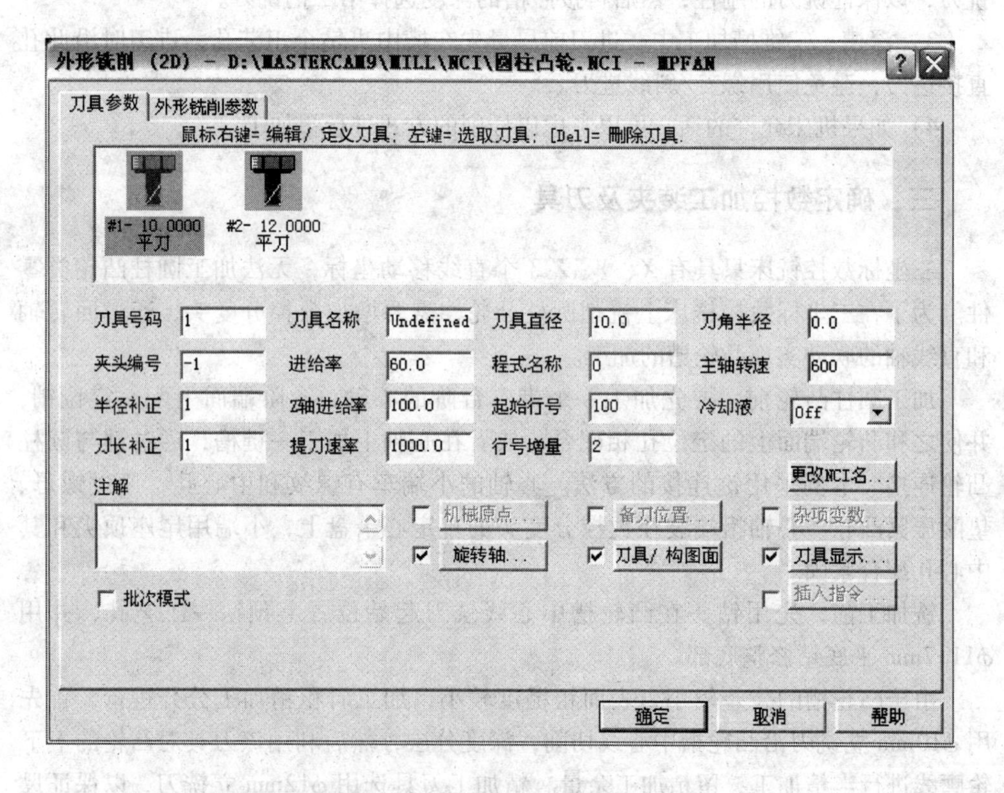

图3-5-3　2D轮廓加工刀具参数选项卡

图3-5-4中，旋转型式栏用来设置旋转的类型，有3个单选按钮：

旋转轴定位：当选择该按钮时，工件在指定旋转轴定义的刀具平面内不动，而刀具在X、Y、Z方向上移动。

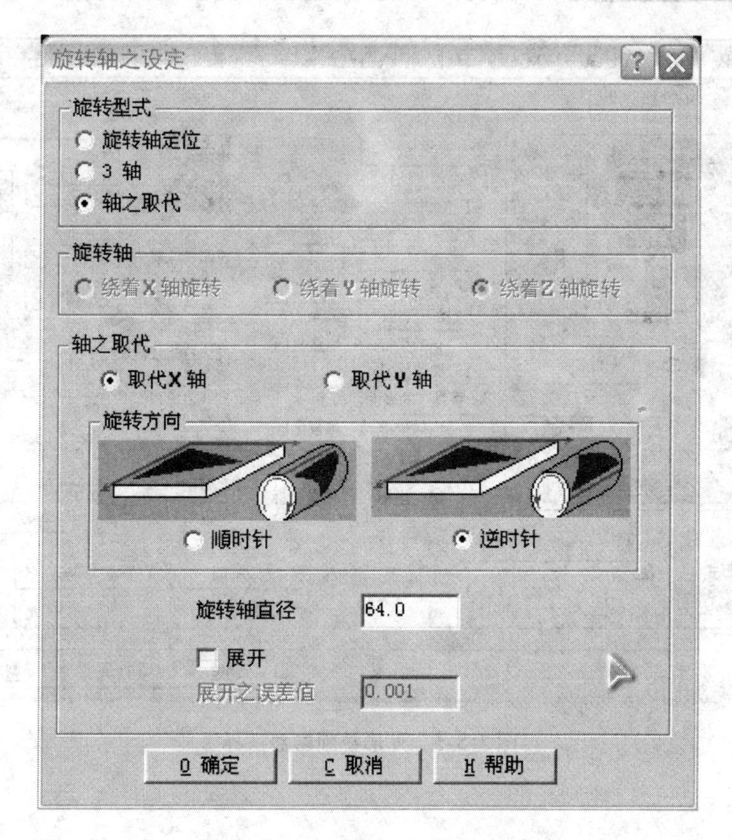

图 3-5-4　旋转轴设置对话框

3 轴：当选择该按钮时，工件绕指定的旋转轴运动，刀具与旋转轴平行。

轴之取代：当选择该按钮时，工件绕指定的旋转轴运动，刀具与旋转轴垂直。

当选择旋转轴定位或 3 轴旋转类型时，第二栏的旋转轴有效，可以选择 *X*、*Y*、*Z* 轴作为旋转轴。

当选择轴之取代旋转类型时，第三栏的轴之取代有效，此时可以选择 *X* 轴或 *Y* 轴作为替代的旋转轴，并可设置旋转方向和旋转轴直径等参数。

外形铣削参数选择见图 3-5-5。由于电脑补正位置为关（取消补偿），控制器补正位置不起作用。刀具由每次铣削深度开始加工，故进给下刀位置、要加工的表面、深度都取值为 0。同时刀具沿展开线进给，出现了曲线打成线段误差值化误差选项，根据加工精度取值 0.01。

单击确定按钮。

选取带旋转轴的后置处理器，即 *. pst 文件中的第 6 行“4 - axis/Axis subs”参数值为“YES”状态的后置处理器，如 Mpfan. pst，生成的数控加工程序如下：

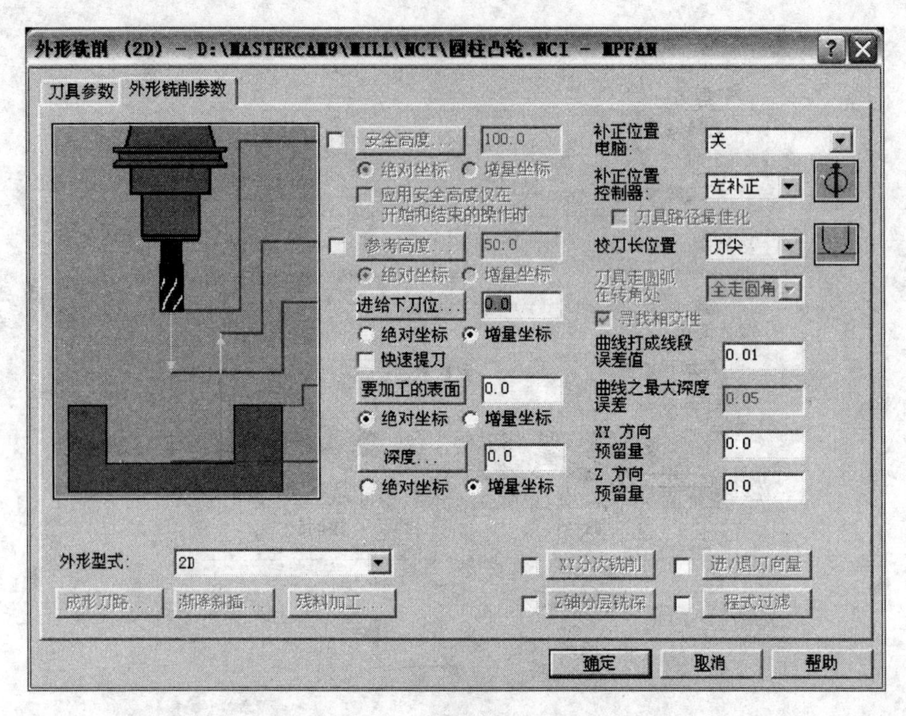

图 3-5-5　外形铣削参数选择

```
%
O0000
(PROGRAM NAME - 圆柱凸轮)
N100 G21
N102 G0 G17 G40 G49 C80 G90
N104 T1 M6
N106 G0 G90 G54 X0. Y10. A - 390. 09 S600 M3
N108 G43 H1 Z32.
N110 G1 Y10. 05 A - 388. 299 F60。
N112 Y10. 161 A - 385. 26
N114 Y10. 304 A - 382. 768
N116 Y10. 33 A - 382. 416
N118 Y10. 556 A - 379. 918
N120 Y10. 88 A - 377. 198
…
N192 Y10. 333 A - 157. 806
N194 Y10. 33 A - 157. 765
N196 Y10. 207 h - 155. 855
```

```
N198 Y10.083 A-152.94
N200 Y10. A-150.09
N202 A-30.09
N204 M5
N206 G91 G0 G28 Z0.
N208 G28 X0. Y0. A0.
N210 M30
%
```

其中A为旋转轴坐标，系统是根据等误差方式计算进给路径的，若要求线性化精度更高，可以将图3-5-5外形铣削参数选项卡中曲线打成线段误差值取得更小。

（2）半精加工 半精加工采用与粗加工相同的数控程序和刀具，用仿形铣的方法加工上下工作表面。在机床手动方式下，将原来对刀后的数据中的Y坐标加、减0.85mm，即偏移上、下轴线0.85mm加工工作表面，还留有0.15mm的精加工余量。切削参数通过机床操作面板上的倍率调整开关修调。

（3）精加工 如果精加工按和粗加工相同的方式，则刀具在进/退刀位置会留下明显切痕，因此将凸轮槽中心线的展开线平移一次，即将原来的展开线的起点平移至终点，形成两条展开线。选择刀具轨迹→外形铣削命令，串联凸轮槽中心线的两条展开线见图3-5-6。

设置2D轮廓加工刀具参数、外形铣削参数选择见图3-5-5。

刀具路径模拟见图3-5-7。精加工实际上是沿凸轮槽中心线进给两次，这样可减小ϕ12mm键槽铣刀进/退刀对加工表面的影响。

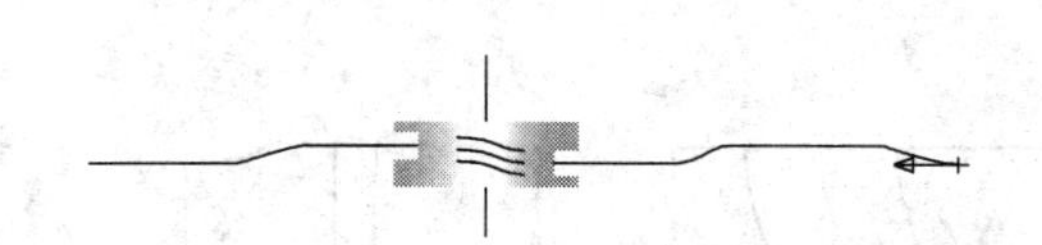

图3-5-6 串联凸轮槽中心线的两条展开线

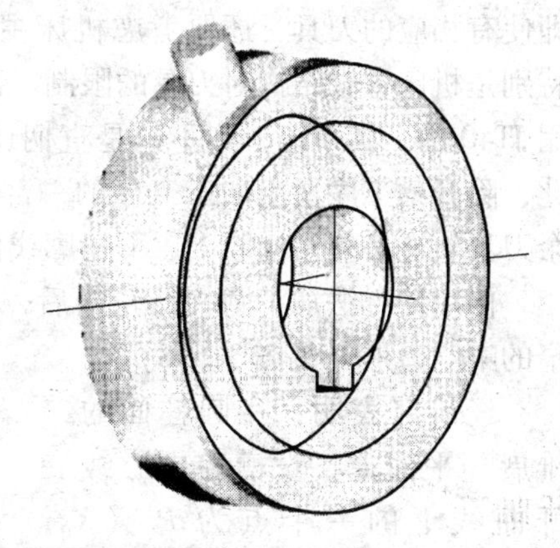

图3-5-7 精加工刀具路径

六、圆柱凸轮加工的几个问题

（1）刀具实际切削速度 圆柱凸轮加工中，使用了数控分度头，产生了旋转运动。对于旋转运动来说，指定的进给速度即为旋转角速度。因此，刀具的实际切削（线）速度随回转中心与刀具间的距离 r 的变化而变化，在编程时应考虑这一距离，本例为等槽深圆柱凸轮，r 为定值。

若以 f 指定旋转轴的编程进给速度，刀具实际的切削（线）速度为

$$f_c = f\frac{\pi r}{180}$$

而对旋转轴控制，当定义了刀具的实际进给速度之后，其编程进给速度需按下式确定：

$$f = f_c\frac{180}{\pi r}$$

（2）深度控制　由于该圆柱凸轮为40Cr材料，槽深［(84－64)/2］mm＝10mm不能一次加工到位，而圆柱凸轮编程时，设定凸轮槽曲线环绕 ϕ64mm的圆柱（基圆直径），即最深尺寸进给，因此，加工时在对刀找正后通过调整工件坐标系的 Z 坐标来手动控制进给次数，粗加工时可按每次加工3mm深度来控制。

（3）宽槽圆柱凸轮加工控制　对等宽的曲线沟槽，在留有加工余量的粗铣、半精铣之后，最好用直径和沟槽宽度相同的铣刀一次精铣出两个侧面，而不要用小直径铣刀采用两边仿形铣的方法分别加工出两个侧面。原因之一是后者的铣刀只受一个方向的切削力而呈悬臂状态，会因刀具变形而影响铣削精度；前一种情况的铣刀基本对称受力，不会产生上述变形，从而保证了加工精度。

对于槽宽尺寸较大的圆柱凸轮槽来说，很难找到直径与槽宽相等的标准刀具，即使有相应的刀具，还要考虑机床主轴输出功率及主轴和工装夹具刚度的限制，特别是机床主轴结构对刀具的限制。例如数控机床主轴头为7:24的40号内锥，配用JT40的工具系统，则不论是直柄还是锥柄立铣刀，最大直径只能是20mm。因此，除开槽工序及粗加工工序的一部分刀具轨迹可以沿槽腔的中心线生成外，其余刀具轨迹必须沿槽腔上、下轮廓线偏置生成。

但用此方法加工圆柱凸轮槽后，槽宽窄并不相等，槽腔的法向截面是上宽下窄的喇叭口形（见图3-5-8）。

经研究表明，在圆柱面的二维展开平面上，设槽腔中心线展开曲线上的一个点为 P_0（X_0，S_0），加工两个侧表面上对应刀位点在展开曲线上的点为 P_1（X_1，S_1）和 P_r（X_r，S_r），按坐标转换公式：

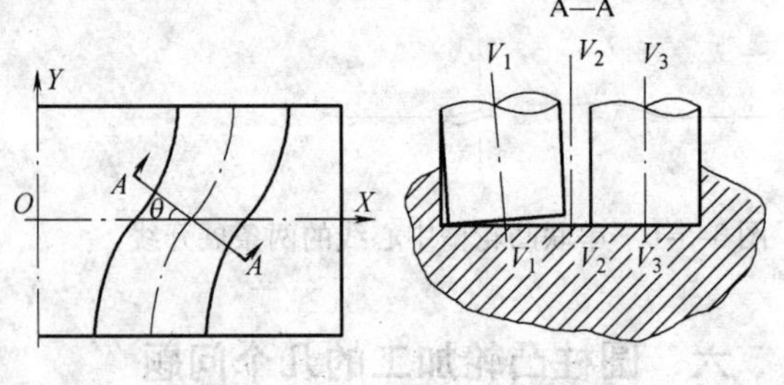

图3-5-8　圆柱凸轮加工示意

$$
\begin{cases}
x_1 = x_1, x_r = x_r \\
y_1 = R\sin[(s_1 - s_0)/R] \\
y_r = R\sin[(s_r - s_0)/R] \\
a_1 = a_r = s_0/R
\end{cases}
$$

用生成的刀具轨迹加工圆柱凸轮槽，加工出来的圆柱凸轮槽没有上宽下窄的喇叭槽现象，实现上下等宽矩形槽，目前这种情况的编程必须依靠手工来实现。

案例 6　配合件加工

一、零件图

装配示意图见图 3-6-1，件 1 见图 3-6-2，件 2 见图 3-6-3。

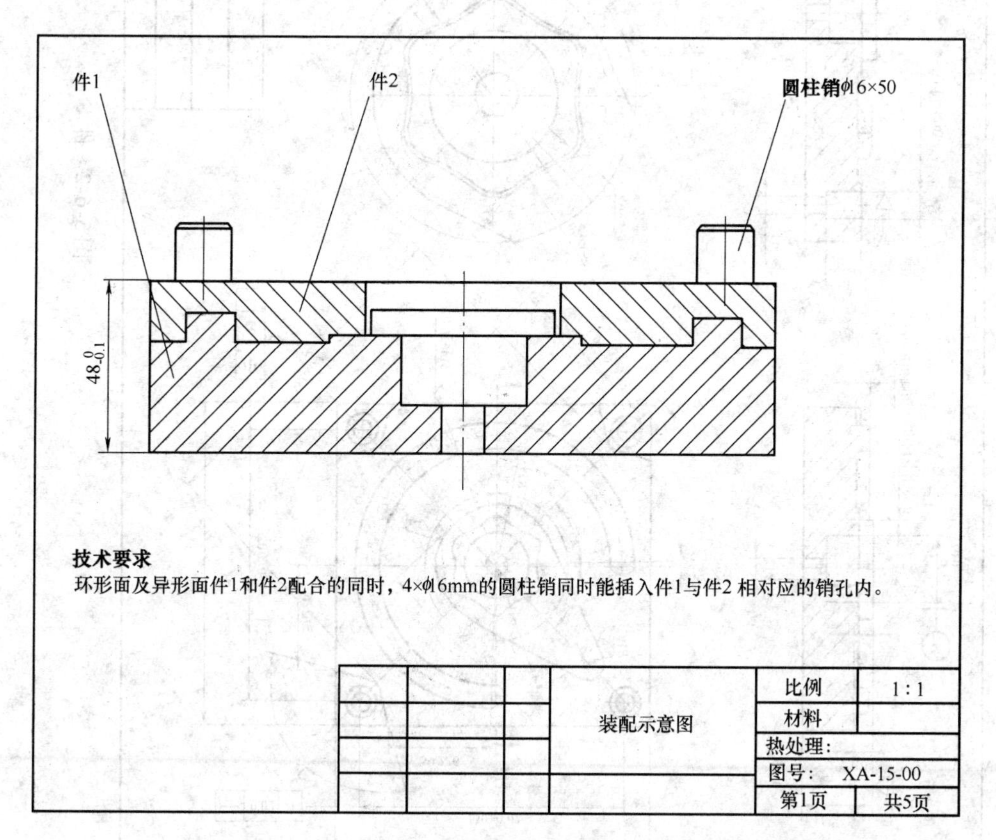

图 3-6-1　装配示意图

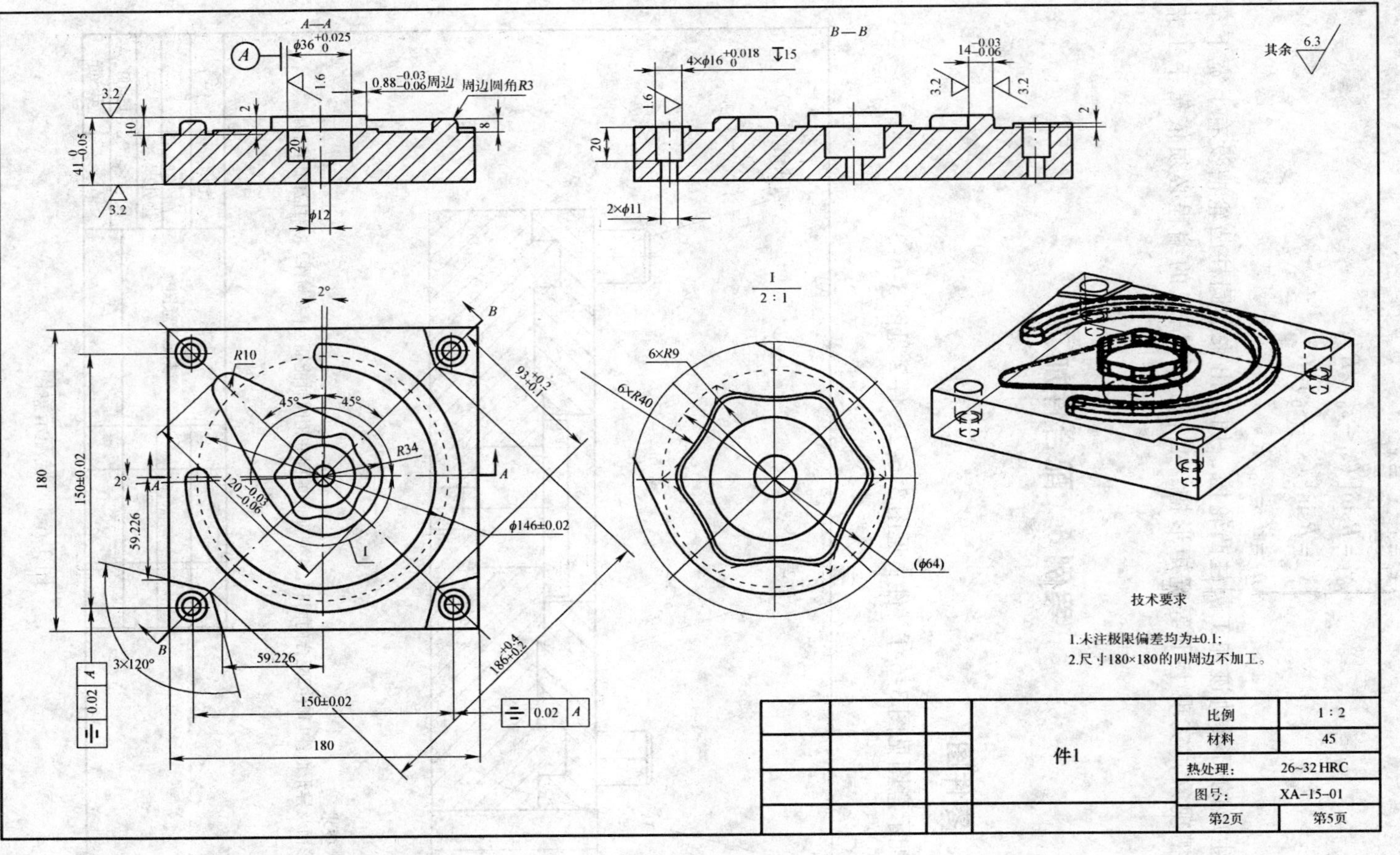
A—A
B—B
其余 6.3
周边圆角R3
2×φ11
4×φ16
φ12
φ36
6×R9
6×R40
(φ64)
R34
R10
φ146±0.02
150±0.02
180
59.226
3×120°
技术要求
1.未注极限偏差均为±0.1;
2.尺寸180×180的四周边不加工。
件1
比例 1:2
材料 45
热处理: 26~32 HRC
图号: XA-15-01
第2页 第5页

图 3-6-2 件 1

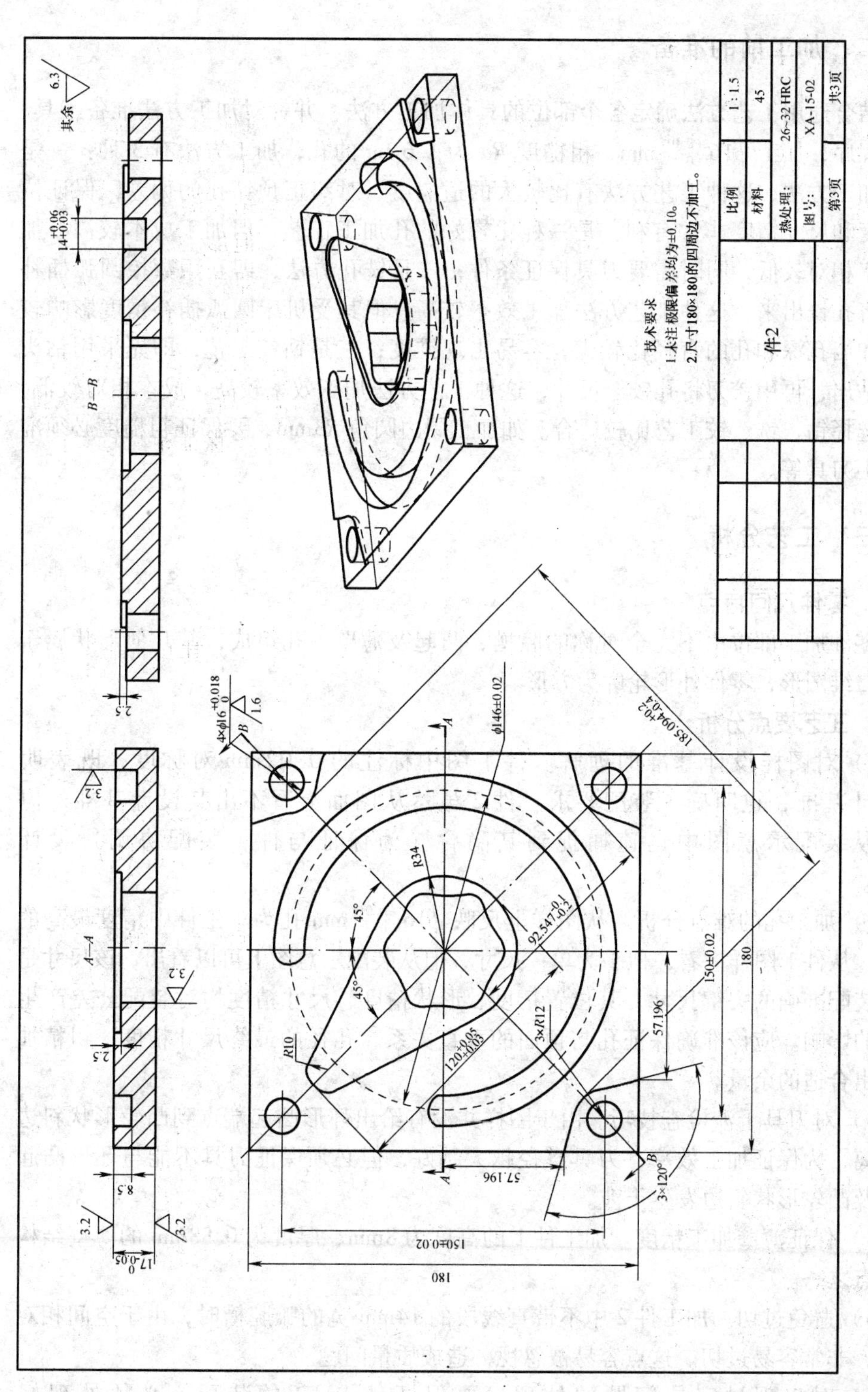

技术要求
1.未注极限偏差均为±0.10。
2.尺寸180×180的四周边不加工。
件2
比例 1:1.5
材料 45
热处理 26~32 HRC
图号 XA-15-02
第3页 共3页
B—B
A—A
其余 6.3

图 3-6-3 件 2

二、加工前的准备

结合通用工艺方法确定各个部位的具体加工方法，并针对加工方法准备工具、编写程序，加工 $\phi16^{+0.018}_{0}$mm、粗糙度 Ra 为 1.6μm 的孔，加工方法有 3 种：一是镗孔加工方法，这种工艺方法有比较大的适应度，对纠正预钻孔的偏差，保证位置精度和尺寸精度非常有利，是一种比较好的孔加工工艺，但加工成本较高，加工效率相对较低，同时需要刀具保证条件；二是铣孔方法，即利用数控圆弧插补方式将孔铣出来，这种工艺方法加工效率较高，但其受机床圆弧插补精度影响较大，如当孔深和孔的直径比较大，容易出现锥度；三是钻铰工艺，即先采用钻头将孔钻出，再用铰刀将孔铰至尺寸，这种工艺方法加工效率较高，成本相对较低。这里选择钻、铣、铰工艺比较适合。如加工周边圆角 R3mm，要保证粗糙度必须准备球头刀具等。

三、工艺分析

1. 零件几何特点

零件加工部位由不完全对称的腔槽、凸起及薄壁、孔组成，其几何形状属于平面二维图形，零件外形轮廓为方形。

2. 工艺要点分析

1）对图样设计基准的理解。件 1 图中标注的 0.02mm 对称度，既表明了设计基准，也明确了装配要求。件 2 虽然从图面上看不出其设计基准，但可以从装配示意图中迅速捕捉到其隐含（为保证与件 1 装配协调）设计要求。

2）加工孔的难点分析。从图样上反映 $\phi16^{+0.018}_{0}$mm 孔为本工件中精度最高的尺寸，从件 1 图样上看，似乎为单一尺寸，但从装配示意图上可以看出，该尺寸是保证装配准确的关键尺寸，其位置精度、形状精度、尺寸精度均对装配公差产生较大的影响。应该准确保证孔与顶面的垂直关系、孔径的最终尺寸精度，粗精加工留出合适的余量。

3）对刀具干涉检查技巧。由于图样并没有给出环形凸起端点到凸轮形状斜边的距离，为保证加工效率，刀具直径越大越好，但必须保证刀具不能与环形凸起端点及凸轮形状斜边发生干涉。

4）保证薄壁加工精度。加工件 1 的高度为 8mm、厚度为 0.88mm 的薄壁结构是难点之一。

5）避免过切。加工件 2 中不带直线段的 14mm 宽的弧腔槽时，由于空间相对窄小，非常容易过切。这点容易被忽视，造成质量问题。

6）对出现过定位问题的处理。要保证件 1、2 的装配，必须处理好图中多处容易过定位的位置。过定位是指件1、2在装配时出现的多处配合面，在加工中必须通过公差带的计算解决过定位造成装配困难的问题。

7）保证装配的方法。如何在保证零件尺寸精度的条件下，满足件1、2最终的装配关系，这里存在加工顺序问题。加工顺序合理对最终装配起决定作用。这也是处理工艺操作和零件装配关系问题的方法和技巧。

3. 加工顺序分析

1）根据设计基准和设计要求进行工艺分析，确定工艺基准和加工顺序是工艺分析的工作内容，从工艺施工的原则上讲，首先要保证工艺基准和设计基准重合，其次在排列加工顺序时，应考虑加工应力对零件加工精度的影响，再有，要根据设计精度选择加工方法。

2）由于保证件1和件2配合是加工的一个关键点。保证件1和件2的装配，除保证其尺寸，更重要的是保证配合公差，从零件的几何形状和测量的稳定性方面考虑，应先加工件2、后加工件1，从实施装配加工方面考虑，先加工件2、后加工件1明显对修配加工非常有利（件2重量较轻，操作方便，用件2配件1省力省时）。

3）从图样的技术要求来看，保证件1和件2的装配要求是加工重点之一，而装配基准又是建立在4个$\phi16^{+0.018}_{0}$mm基准装配孔上，那么$4\phi16^{+0.018}_{0}$mm装配孔的基准就应定为工艺基准。在完成单件加工内容（件1或件2），确认加工一切正常后，再加工这4个基准孔。

4）安排加工内容。操作者可根据实际需要，将同一把刀具的加工内容。安排在一道工序以内。

① 公差分配。这部分工作主要是根据图样上需要配合的公差尺寸进行分析，提出工艺要求。如图3-6-2、图3-6-3所示，宽14mm槽的深度为8.5mm，槽深的极限偏差为±0.1mm，与其配合凸起尺寸为8mm，极限偏差也为±0.1mm，考虑加工刀具根部自然形成圆角（倒角）的不确定性，在控制加工尺寸8.5mm时，最好控制其配合尺寸在（8.5）mm，以保证顺利配合，类似尺寸还有2mm、2.5mm、14mm、120mm、185.094mm等。具体操作方法是在编程时或加刀偏时，对槽类几何结构尺量大，对键类几何结构尽量小。

② 切削用量。这部分必须根据零件装夹状态、刀具悬出长度、冷却情况、机床刚性等实事求是地给出，这里程序给出的切削用量只在一些特定条件下有效，这是因为实际上不可能零件每次试切状态都一样。从这点来看，该切削用量仅供参考。

4. 工艺卡（见表3-6-1和表3-6-2）

表3-6-1　件1工艺卡

<table>
<tr><td>材料名称</td><td>45</td><td>材料状态</td><td>调质</td><td>毛料尺寸</td><td>180mm×180mm×42mm</td><td>坯料可制件数</td><td>1件</td><td>备注</td><td></td></tr>
<tr><td>工序号</td><td>工种</td><td colspan="3">工序内容</td><td>刀具</td><td colspan="4">程序名称</td></tr>
<tr><td rowspan="7">1</td><td rowspan="7">检验</td><td colspan="3">1. 检查零件状态是否满足要求</td><td rowspan="7"></td><td colspan="4" rowspan="7"></td></tr>
<tr><td colspan="3">2. 检查平口钳是否与机床 X 轴平行</td></tr>
<tr><td colspan="3">3. 检查平口钳是否装夹牢固</td></tr>
<tr><td colspan="3">4. 检查刀具是否齐全</td></tr>
<tr><td colspan="3">5. 检查量具是否齐全</td></tr>
<tr><td colspan="3">6. X、Y 向原点设置零件中心</td></tr>
<tr><td colspan="3">7. Z 向原点设置在零件端面上</td></tr>
<tr><td>2</td><td>钻孔</td><td colspan="3">保证：5×ϕ11mm×（150±0.2）mm</td><td>ϕ11mm</td><td colspan="4">执行程序 A. NC</td></tr>
<tr><td>3</td><td>铣顶面</td><td colspan="3">保证：厚度 $14^{\ 0}_{-0.06}$mm，Ra=3.2μm</td><td>ϕ32mm</td><td colspan="4">执行程序 B. NC</td></tr>
<tr><td>4</td><td>铣顶面</td><td colspan="3">加工 $14^{-0.03}_{-0.06}$ 凸起顶面，保证：（2±0.1）mm</td><td></td><td colspan="4">执行程序 E1. NC</td></tr>
<tr><td>5</td><td>铣侧面</td><td colspan="3">加工 $14^{-0.03}_{-0.06}$ 凸起侧壁，保证：$14^{+0.1}_{\ 0}$mm</td><td></td><td colspan="4">执行程序 F. NC</td></tr>
<tr><td>6</td><td>铣花瓣</td><td colspan="3">保证：R40mm，R9mm，（8±0.1）mm</td><td>ϕ20mm</td><td colspan="4">执行程序 G. NC</td></tr>
<tr><td>7</td><td>铣凸起外形</td><td colspan="3">保证：R34mm，R10mm，（2±0.1）mm，$120^{+0.06}_{+0.03}$mm</td><td></td><td colspan="4">执行程序 H. NC</td></tr>
<tr><td>8</td><td>铣花瓣内形</td><td colspan="3">保证 $0.88^{-0.03}_{-0.06}$mm 壁厚
注意：调整刀偏为（6−0.88）mm</td><td>ϕ12mm</td><td colspan="4">执行程序 D2. NC</td></tr>
<tr><td>9</td><td>精铣侧壁</td><td colspan="3">保证：R7mm，（ϕ146±0.02）mm，（8±0.1）mm，$14^{-0.03}_{-0.06}$mm
注意：调整刀偏值</td><td></td><td colspan="4">执行程序 F. NC</td></tr>
<tr><td>10</td><td>精铣 ϕ36mm 孔</td><td colspan="3">保证：ϕ35mm（ϕ36mm），（20±0.1）mm</td><td></td><td colspan="4">执行程序 I. NC</td></tr>
<tr><td>11</td><td>粗铣 ϕ16mm 孔</td><td colspan="3">保证：$\phi16^{\ 0}_{-0.06}$mm</td><td></td><td colspan="4">执行程序 D3. NC</td></tr>
<tr><td>12</td><td>铣3×120°处</td><td colspan="3">保证：3×120°，2×$186^{+0.4}_{+0.2}$mm</td><td></td><td colspan="4">执行程序 K. NC</td></tr>
<tr><td>13</td><td>铰孔</td><td colspan="3">（150±0.02）mm；$\phi16^{+0.018}_{\ 0}$mm</td><td></td><td colspan="4">执行程序 E. NC</td></tr>
<tr><td>14</td><td>镗 ϕ36mm 孔</td><td colspan="3">保证：$\phi36^{+0.025}_{\ 0}$mm；（20±0.1）mm</td><td></td><td colspan="4">执行程序 L. NC</td></tr>
<tr><td>15</td><td>铣圆角 R3mm</td><td colspan="3">保证：R3mm</td><td>ϕ8mm 球头刀</td><td colspan="4">执行程序 M. NC</td></tr>
<tr><td>16</td><td>铣</td><td colspan="3">用手动方式将局部凸起铣掉</td><td></td><td colspan="4"></td></tr>
<tr><td>17</td><td>去毛刺</td><td colspan="3">去毛刺，将所有锐边倒圆角 R0.2mm，擦净零件</td><td></td><td colspan="4"></td></tr>
</table>

表 3-6-2 件 2 工艺卡

<table>
<tr><td>材料名称</td><td>45</td><td>材料状态</td><td>调质</td><td>毛料尺寸</td><td>180mm×180mm×19mm</td><td>坯料可制件数</td><td>1 件</td><td>备注</td><td></td></tr>
<tr><td>工序号</td><td>工种</td><td colspan="3">工序内容</td><td>刀具</td><td colspan="4">程序名称</td></tr>
<tr><td rowspan="7">1</td><td rowspan="7">检验</td><td colspan="3">1. 检查零件状态是否满足要求</td><td></td><td colspan="4"></td></tr>
<tr><td colspan="3">2. 检查平口钳是否与机床 X 轴平行</td><td></td><td colspan="4"></td></tr>
<tr><td colspan="3">3. 检查平口钳是否装夹牢固</td><td></td><td colspan="4"></td></tr>
<tr><td colspan="3">4. 检查刀具是否齐全</td><td></td><td colspan="4"></td></tr>
<tr><td colspan="3">5. 检查量具是否齐全</td><td></td><td colspan="4"></td></tr>
<tr><td colspan="3">6. X、Y 向原点设置零件中心</td><td></td><td colspan="4"></td></tr>
<tr><td colspan="3">7. Z 向原点设置在零件端面上</td><td></td><td colspan="4"></td></tr>
<tr><td>2</td><td>钻孔</td><td colspan="3">保证：5×ϕ11mm；(150±0.2)mm</td><td>ϕ11mm</td><td colspan="4">执行程序 A. NC</td></tr>
<tr><td>3</td><td>铣顶面</td><td colspan="3">保证：厚度 $17^{\ 0}_{-0.05}$mm，Ra=3.2μm</td><td>ϕ32mm</td><td colspan="4">执行程序 B. NC</td></tr>
<tr><td rowspan="3">4</td><td>粗/精铣</td><td colspan="3">保证：$2.5^{+0.1}_{\ 0}$mm，$185.094^{-0.2}_{-0.4}$mm，3×R12mm</td><td>ϕ20mm</td><td colspan="4">执行程序 C. NC</td></tr>
<tr><td>凹槽</td><td colspan="3">粗铣 R10mm，R34mm，$2.5^{+0.1}_{\ 0}$mm；$120^{+0.06}_{+0.03}$mm 处，保证：$2.5^{+0.1}_{\ 0}$mm</td><td></td><td colspan="4">执行程序 C1. NC</td></tr>
<tr><td></td><td colspan="3">可以铣执行程序 D1. NC 在零件表面划印，作为粗加工边界条件保证粗加工质量</td><td></td><td colspan="4"></td></tr>
<tr><td rowspan="4">5</td><td rowspan="4">精铣</td><td colspan="3">保证：$14^{+0.06}_{+0.03}$mm $8.5^{+0.1}_{\ 0}$mm，ϕ (146±0.02)mm，R10mm</td><td>ϕ12mm</td><td colspan="4">执行程序 D. NC</td></tr>
<tr><td colspan="3">保证：$120^{+0.06}_{+0.03}$mm，$2.5^{+0.1}_{\ 0}$mm，R10mm，R34mm</td><td></td><td colspan="4">执行程序 D1. NC</td></tr>
<tr><td colspan="3">精加工中间花瓣，保证：R9.5mm，R39.5mm</td><td></td><td colspan="4">执行程序 D2. NC</td></tr>
<tr><td colspan="3">粗铣 ϕ16mm 的孔，保证：(150±0.02)mm；$\phi16^{\ 0}_{-0.05}$mm（工艺要求）</td><td></td><td colspan="4">执行程序 D3. NC</td></tr>
<tr><td>6</td><td>铰孔</td><td colspan="3">(150±0.02)mm；$\phi16^{+0.1}_{\ 0}$mm</td><td>铰刀</td><td colspan="4">执行程序 E. NC</td></tr>
<tr><td>7</td><td>铣</td><td colspan="3">用手动方式将局部凸起铣掉</td><td></td><td colspan="4"></td></tr>
<tr><td>8</td><td>去毛刺</td><td colspan="3">去毛刺
将所有锐边倒圆角 R0.2mm
擦净零件</td><td></td><td colspan="4"></td></tr>
</table>

四、相关知识——尺寸链的换算

1. 尺寸链的术语及定义

(1) 尺寸链的定义　尺寸链是指在机器装配或零件加工过程中，由相互连接的尺寸形成封闭的尺寸组。零件上三个平面间的尺寸 A_1、A_2 和 A_0 组成一个尺寸链，见图 3-6-4。车床主轴轴线高度 A_3，尾座轴线高度 A_1，垫板厚度 A_2 和主轴与尾座轴线高度差 A_0 组成一个尺寸链，见图 3-6-5。

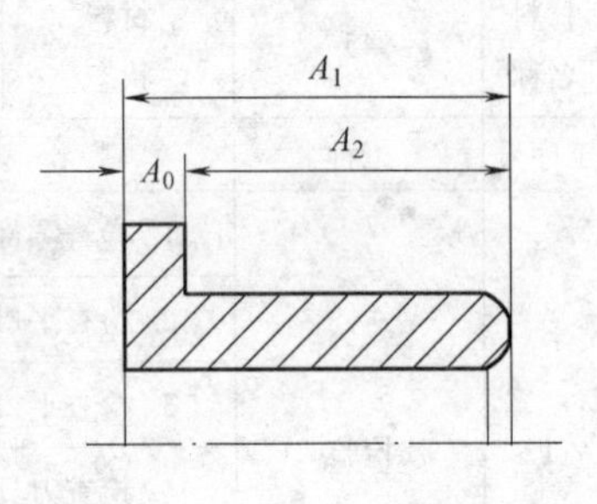

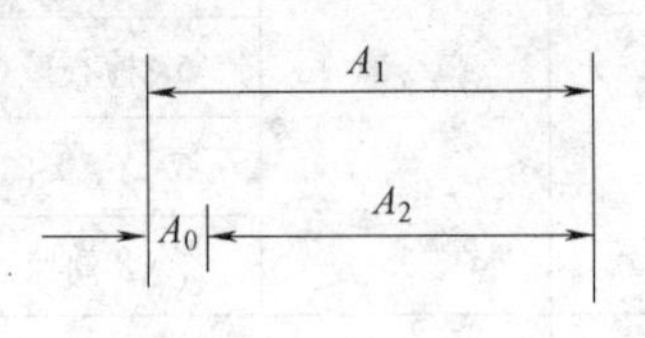

图 3-6-4　零件尺寸

(2) 尺寸链的特征　尺寸链有以下两个基本特征：

1）封闭性：由相互关联的全部尺寸依次连接成为封闭形式，这是尺寸链的表现形式。

2）相关性：尺寸链中所有独立尺寸的变动都直接影响某一尺寸，这是尺寸链的实质。

2. 尺寸链的组成和分类

(1) 尺寸链的组成　尺寸链中的每一个尺寸称为环，如图 3-6-4 所示的 A_0、A_1 和 A_2，图 3-6-5 所示的 A_0、A_1、A_2 和 A_3。

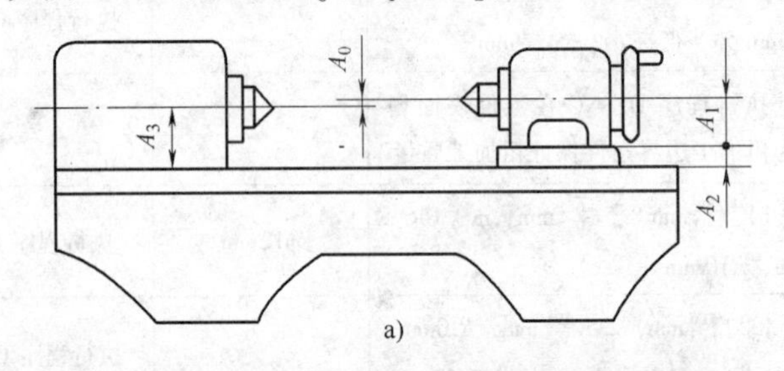

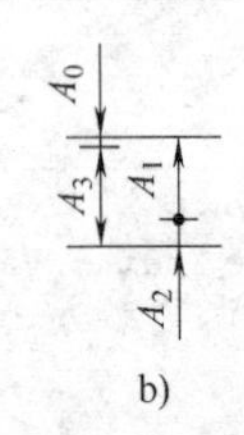

图 3-6-5　车床顶尖高度尺寸

a) 示意图　b) 尺寸链图

按环的不同性质可分为封闭环和组成环两种。

1）封闭环。尺寸链中在装配或加工过程中最后自然形成的环称为封闭环。一个尺寸链只有一个封闭环。封闭环的精度是由尺寸链中其他各环的精度决定的。正确地确定封闭环是尺寸链计算中的一个重要问题，必须根据封闭环的定义来确定尺寸链中哪一个尺寸是封闭环。这里规定封闭环用加下标“0”表示（见图 3-6-4中的 A_0 和图 3-6-5 中的 A_0）。

2）组成环。尺寸链中除封闭环以外的其他环称为组成环。组成环中任一环的变动必然引起封闭环的变动。组成环用大写拉丁字母 A、B、C 等加下角标阿拉伯数字表示，数字表示各组成环的序号。如图 3-6-4 中的 A_1、A_2，图 3-6-5 中的 A_1、

A_2、A_3。

根据组成环的尺寸变动对封闭环的影响，可把组成环分为增环和减环。

① 增环。该组成环的尺寸变动引起封闭环尺寸同向变动。同向变动指该环增大时，封闭环也增大，该环减小时，封闭环也减小。在文中表述时，增环用符号“→”标注在拉丁字母上方，如图3-6-6b中的A_1，图3-6-6a中的A_2。

② 减环。该组成环的尺寸变动引起封闭环尺寸反向变动。反向变动指该环增大时，封闭环减小，该环减小时，封闭环增大。在文中表述时，减环用符号“←”标注在拉丁字母上方，如图3-6-6b中的A_2，图3-6-6a中的A_3。

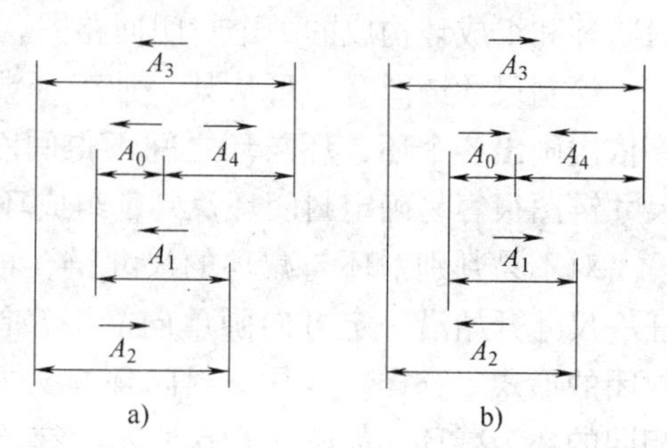

图3-6-6　尺寸链图

尺寸链中预先选定的某一组成环，可以通过改变其大小，使封闭环达到规定要求，这种环叫补偿环。

(2) 尺寸链的分类

1）按尺寸链的应用场合不同，可分为以下几类：

① 零件尺寸链：全部组成环为同一零件设计尺寸所形成的尺寸链（见图3-6-4）。

② 装配尺寸链：全部组成环为不同零件设计尺寸所形成的尺寸链（见图3-6-5）。

③ 工艺尺寸链：全部组成环为同一零件工艺尺寸所形成的尺寸链。

设计尺寸指零件图上标注的尺寸；工艺尺寸指工序尺寸、定位尺寸与基准尺寸等。装配尺寸链与零件尺寸链统称为设计尺寸链。

2）按尺寸链中环的相互位置，可分为以下几类：

① 直线尺寸链：全部组成环平行于封闭环的尺寸链。

② 平面尺寸链：全部组成环位于一个或几个平行平面内，但某些组成环不平行于封闭环的尺寸链。

③ 空间尺寸链：全部组成环位于几个不平行平面内的尺寸链。

平面尺寸链或空间尺寸链均可用投影的方法得到两个或三个方位的直线尺寸链，最后综合求解平面或空间尺寸链。这里仅研究直线尺寸链。

3）按尺寸链中各环尺寸的几何特征，可分为以下几类：

① 长度尺寸链：全部环为长度尺寸的尺寸链（这里所列的各尺寸链均属此类）。

② 角度尺寸链：全部环为角度尺寸的尺寸链。

3. 尺寸链图

要进行尺寸链分析和计算，首先必须画出尺寸链图。所谓尺寸链图，是指由封闭环和组成环构成的一个封闭回路图。

绘制尺寸链图时，可从某一加工（或装配）基准出发，按加工（或装配）顺序依次画出各个环，环与环之间不得间断，最后用封闭环构成一个封闭回路。用尺寸链图很容易确定封闭环及判定组成环中的增环或减环。

对不易判别增环与减环的尺寸链，可按箭头方向判别：在画尺寸链图时，由任一尺寸开始沿一定方向画单向箭头，首尾相接，直至回到起始尺寸，形成一个封闭的形式。这样，凡是与封闭环箭头方向相反的环为增环，与封闭环箭头方向相同的环为减环，如图 3-6-6 所示，在该尺寸链中，A_1 和 A_3 为增环，A_2 和 A_4 为减环。

例 1：车床导轨与主轴和尾座装配示意如图 3-6-5 所示。试画出其尺寸链图，并确定出封闭环、增环和减环。

解：首先确定车床床身导轨面为基准面，根据车床主轴、垫板和尾座在导轨面上的安装顺序，分别依次画出 A_3、A_2 和 A_1，把它们用 A_0 连接成封闭回路，形成了尺寸链图，如图 3-6-7 所示。

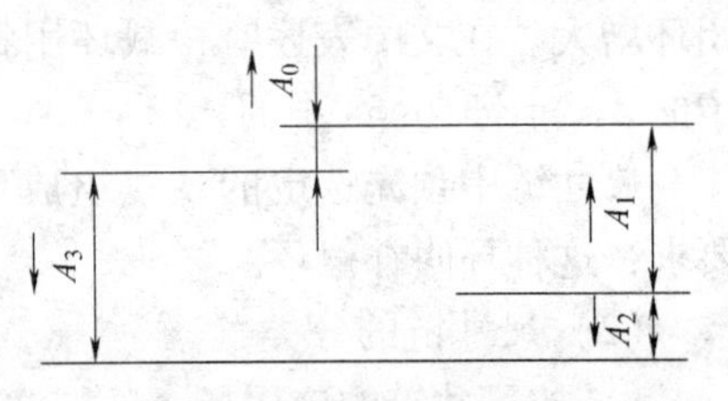

图 3-6-7　例 1 尺寸链图

由于尾座轴线与主轴轴线之间的距离 A_0 是装配后自然形成的，故可将其确定为封闭环。

按箭头方向判定增环和减环，先按以上规定画出各环箭头，由图 3-6-7 可知，与 A_3 方向相同的 A_3 是减环，与 A_0 方向不同的 A_1、A_2 是增环。

4. 尺寸链的分析和解算

1）尺寸链解算类型。解尺寸链，就是计算尺寸链中各环的基本尺寸、公差和极限偏差。从解尺寸链的已知条件和目的出发，尺寸链可分为校核计算和设计计算两种情况。

① 校核计算：校核计算是按给定的各组成环的基本尺寸、公差或极限偏差，求封闭环的基本尺寸、公差或极限偏差。校核计算主要用于检验设计的正确性，即由各组成环的极限尺寸验算封闭环的变动范围是否符合技术要求的规定。

② 设计计算：设计计算是按给定的封闭环的基本尺寸、公差或极限偏差和各组成环的基本尺寸，求各组成环的公差或极限偏差。这种计算常用于产品设计，根据机器的使用要求，合理地分配有关尺寸的公差或极限偏差。

解尺寸链的基本方法主要有完全互换法（极值法）和大数互换法（概率法），本节只介绍完全互换法。

2）用完全互换法解算尺寸链的基本公式。完全互换法是从尺寸链各环的极限尺寸出发来进行计算，能够完全保证互换性。应用此法不考虑实际尺寸的分布情况，装配时，全部产品的组成环都不需挑选或改变其大小和位置，装入后即能达到封闭环的公差要求。

① 封闭环的基本尺寸。封闭环的基本尺寸 A_0 等于所有增环的基本尺寸之和减去所有减环的基本尺寸之和，即

$$A_0 = \sum_{z=1}^{n} \overrightarrow{A}_z - \sum_{j=n+1}^{m-n} \overleftarrow{A}_j$$

式中　n——增环环数；

m——组成环环数。

下角标 z 表示增环序号，j 表示减环序号。

② 封闭环的极限尺寸。封闭环的上极限尺寸 $A_{0\max}$ 等于所有增环的上极限尺寸之和减去所有减环的下极限尺寸之和。封闭环的下极限尺寸 $A_{0\min}$ 等于所有增环的下极限尺寸之和减去所有减环的上极限尺寸之和，即

$$A_{0\max} = \sum_{z=1}^{n} \overrightarrow{A}_{z\max} - \sum_{j=n+1}^{m-n} \overleftarrow{A}_{j\min}$$

$$A_{0\min} = \sum_{z=1}^{n} \overrightarrow{A}_{z\min} - \sum_{j=n+1}^{m-n} \overleftarrow{A}_{j\max}$$

③ 封闭环的极限偏差。封闭环的上极限偏差等于所有增环的上极限偏差之和减去所有减环的下极限偏差之和。封闭环的下极限偏差等于所有增环的下极限偏差之和减去所有减环的上极限偏差之和，即

$$\mathrm{ES}_0 = \sum_{z=1}^{n} \mathrm{ES}_z - \sum_{j=n+1}^{m-n} \mathrm{EI}_j$$

$$\mathrm{EI}_0 = \sum_{z=1}^{n} \mathrm{EI}_z - \sum_{j=n+1}^{m-n} \mathrm{ES}_j$$

$$T_0 = \sum_{i=1}^{m-1} T_i$$

④ 封闭环公差：封闭环公差 T_0 等于所有组成环公差之和，即

3）尺寸链解算举例。尺寸链一般可通过下列步骤来解算：确定封闭环，查明组成环，画出尺寸链图，区别增环和减环，选择合适公式，代入数值进行计算。

例 2：如图 3-6-8a 所示，要求 $A_0 = 0.10 \sim 0.45$mm，已给出各组成环尺寸与极限偏差为下列各值：$A_3 = 30_{-0.10}^{\ 0}$mm，$A_2 = A_4 = 5_{-0.05}^{\ 0}$mm，$A_1 = 44_{+0.10}^{+0.20}$mm，$A_5 = 3_{-0.05}^{\ 0}$mm。

试校核能否保证齿轮端面与挡环端面间的间隙满足预定要求。

解　① 画尺寸链图。见图 3-6-8b。

② 确定封闭环：因为 A_0 为装配后自然形成的尺寸，故此 A_0 为封闭环。

③ 确定增、减环：画出各环箭头方向（见图 3-6-8b），根据箭头方向判断法

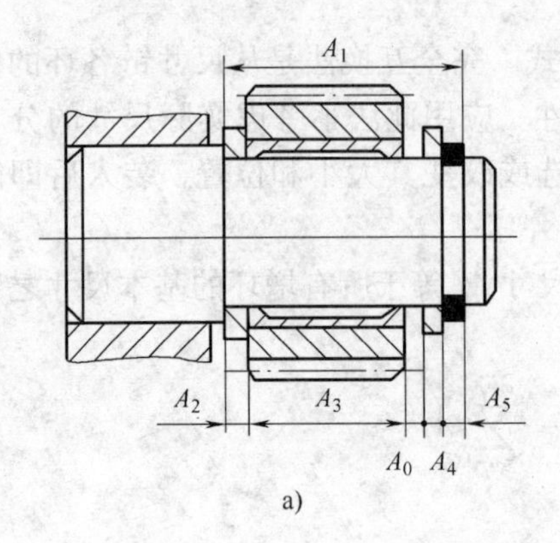

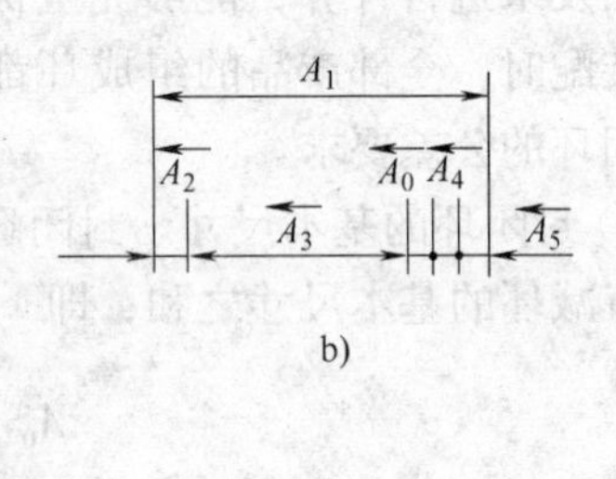

图 3-6-8 例 2 装配尺寸链

确定 A_1 为增环，A_2、A_3、A_4、A_5 为减环。

④ 计算封闭环的基本尺寸和上、下极限偏差：

$$A_0 = A_1 - (A_2 + A_3 + A_4 + A_5) = 44 - (5 + 30 + 5 + 3) = 1\text{mm}$$

因要求 $A_0 = 0^{+0.45}_{+0.10}\text{mm}$，故应将 A_1 改为 $A_1 = 43^{+0.20}_{+0.10}\text{mm}$。

$$\begin{aligned} ES_0 &= ES_1 - (EI_2 + EI_3 + EI_4 + EI_5) \\ &= +0.2 - [(-0.05) + (-0.1) + (-0.05) + (-0.05)] \\ &= +0.45\text{mm} \end{aligned}$$

$$\begin{aligned} EI_0 &= EI_1 - (ES_2 + ES_3 + ES_4 + ES_5) \\ &= +0.10 - (0 + 0 + 0 + 0) \\ &= +0.10\text{mm} \end{aligned}$$

⑤ 校验计算结果。由以上计算结果可得

$$T_0 = ES_0 - EI_0 = (+0.45) - (+0.10) = 0.35\text{mm}$$

按公式 $\sum T_i = T_1 + T_2 + T_3 + T_4 + T_5$

$= 0.10 + 0.05 + 0.10 + 0.05 + 0.05$

$= 0.35\text{mm}$

满足 $T_0 = \sum T_i$。

案例 7 易变形零件加工——支架零件的数控铣削

一、零件图

如图 3-7-1 所示的支架零件，材料为 2A50（旧牌号 LD5），表面粗糙度 Ra 为 6.3μm，尺寸公差为 IT14。

二、工艺分析

该零件的加工轮廓由圆弧及直线构成，形状复杂，加工、检验都较困难，除

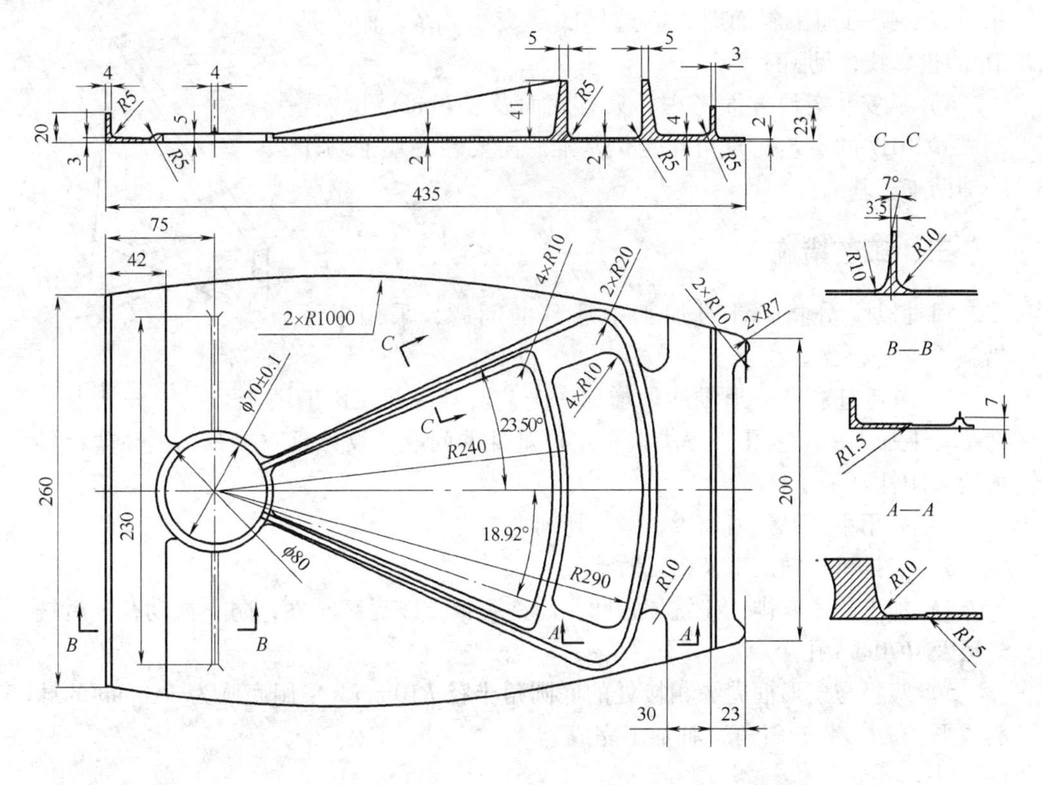

图 3-7-1　支架零件简图

底平面的铣削采用普通铣削加工外，其余部位均需采用数控机床铣削加工。

1）该零件的尺寸公差等级为 IT14，表面粗糙度 *Ra* 均为 6.3μm，容易保证。但零件腹板厚度只有 2mm，且面积较大，加工时极易产生振动，使其壁厚公差及表面粗糙度要求难以达到，应作为工艺上考虑的重点。

支架的毛坯与零件相似，各处均有单边余量 5mm。零件在加工后各处厚薄尺寸相差悬殊，除扇形框外，其余各处刚性较差，尤其是腹板两面切削余量相对值较大，故该零件在铣削过程中及铣削后都将产生较大变形。

2）该零件被加工轮廓表面的最大高度 $H=(41-2)\text{mm}=39\text{mm}$，该处的转接圆弧为 *R*10mm，两者比值为 0.256，大于 0.2，能满足铣削工艺性要求。

圆角分别为 *R*10mm、*R*5mm、*R*1.5mm，不统一，需采用多把不同直径的铣刀加工。

3）工件腹板与扇形框周缘相接的底圆角半径为 *R*10mm，采用底圆半径为 *R*10mm 带 7°斜角的球头成形铣刀加工效率较高。

加强肋为定斜角（7°）结构，高度由 5mm 变化到 41mm，而其顶端尺寸不变，为 3.5mm。因此，造型时应根据角度和高度情况，正确绘制加强肋与腹板的交线。

采用成形铣刀加工斜面时，应选择底部交线 A_1B_1，而不是 AB 的投影线，见图 3-7-2。

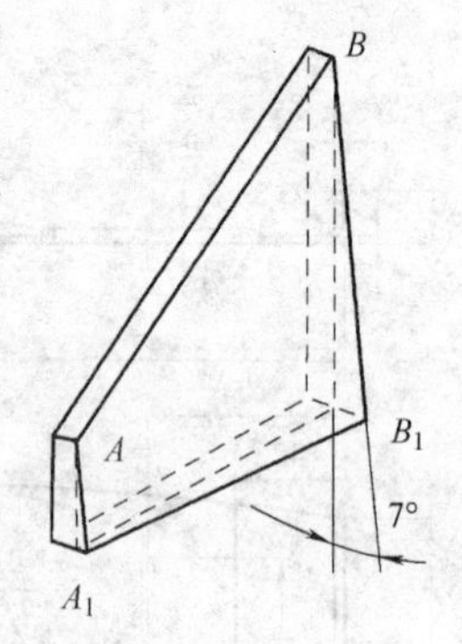

图 3-7-2　定斜面

4）从安装定位方面考虑，只有底面及 Φ70mm 孔（先制成 Φ20H7 的工艺孔）可作定位基准。需要在毛坯上制作一辅助工艺基准。

三、工艺措施

根据以上分析，针对加工中遇到的问题，采用以下措施：

1）在毛坯右侧外形轴线处增加一工艺凸耳，并在该工艺凸耳上加工一工艺孔，解决缺少定位基准的问题。设计真空夹具，提高薄板件的装夹刚性。

2）采用小直径铣刀加工，减少切削力。

3）安排粗、精加工及钳工矫形。

4）加工顺序安排：先铣加强肋，后铣腹板，以提高刚性，防止振动，最后铣外形及 Φ70mm 孔。

5）腹板与扇形框周缘相接处的底圆角半径 R10mm，采用底圆为 R10mm 的球头成形铣刀（带 7°斜角）补加工完成。

四、确定工艺方案

（1）确定装夹方案　在数控铣削加工工序中，选择底面、Φ70mm 孔位置上预制的 Φ20H7 工艺孔以及工艺凸耳上的工艺孔为定位基准，即一面两孔定位。相应的夹具定位元件为一面两销。

数控加工中使用的真空夹具是通过真空泵将工件与夹具接触面间的空气抽出，形成真空，在大气压的作用下将工件夹紧在夹具上。真空夹具适用于有较大定位平面或具有较大可密封面积的工件，铣削时不易产生振动，尤其适用于薄板件的装夹。

该工件设计制造的专用过渡真空夹具见图 3-7-3，在机床工作台上使用。先根据工件的形状与尺寸确定过渡真空平台的大小，同时也需考虑通用真空平台上的密封槽尺寸和夹紧区范围，选用一块中等厚度的铝板或塑料板，在其周围加工出与通用真空平台上备用的螺栓孔相对应的通孔，以使用螺栓将其固定在通用平台上，再在其上方铣出与被夹工件外形轮廓大致相似的密封槽，密封槽一般比工件轮廓形状小 5 ~ 10mm。在过渡平台的下方最好能铣出一些下陷，而且必须加工出几个上下连通的抽气孔。

装夹工件时，在密封槽内嵌入橡胶条，将工件装在过渡真空平台上，开动真空泵即可将工件夹紧，开通气路即可将工件松开。为保险起见，可在其周围准备一些螺栓压板等机械式夹紧元件，必要时进行辅助夹紧。支架零件数控铣削加工装夹示意如图 3-7-4 所示。

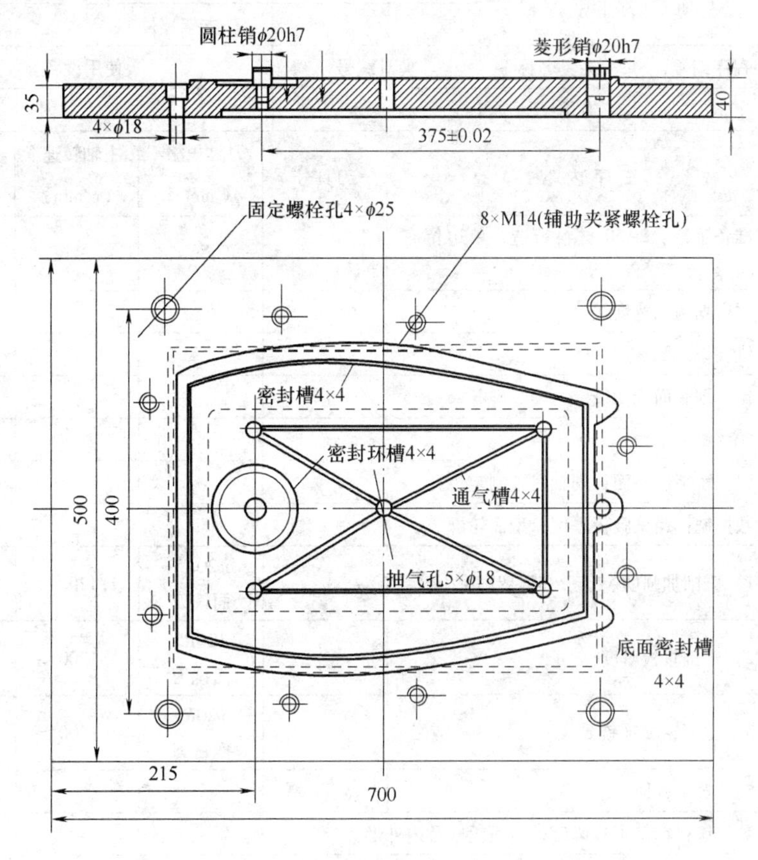

图 3-7-3 支架零件专用过渡真空夹具简图

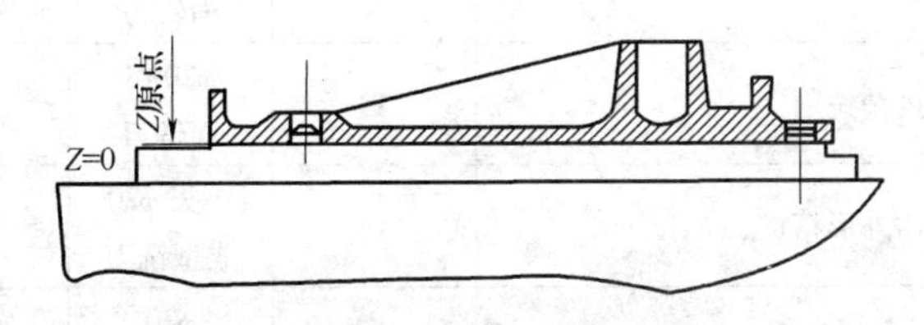

图 3-7-4 支架零件数控铣削加工装夹示意图

（2）加工工序设计和刀具及参数选择　编程原点 *XY* 方向为 *Φ*70mm 孔轴心，*Z* 方向为轴线与底平面的交点。加工工序设计见表 3-7-1。数控加工刀具切削用量计算略。

表 3-7-1　加工工序卡片

(工厂)	加工工序卡片	产品名称或代号	零件名称	材料
			支架零件	2A50

工序号	程序编号	夹具名称	夹具编号	使用设备
		专用夹具		

工序号	工 序 内 容	刀具号	刀具规格/mm	主轴转速/(r/min)	进给速度/(mm/min)
1	准备毛坯：2A50 材料铸造，单边留有 5mm 余量				
2	钳：划两侧宽度线				
3	铣：铣两侧宽度				
4	钳：划底面铣切线				
5	铣：铣底平面				
6	钳：矫平底平面，划轴线，制定位孔				
7	数控铣：粗铣腹板厚度；型面轮廓				
	1）铣削加强肋、扇形和框架高度		$\phi 20R5$ 面铣刀	1200	200
	2）粗铣腹板厚度		$\phi 20R5$ 面铣刀	1200	200
	3）型面轮廓（铣到尺寸）		$\phi 20R5$ 面铣刀	1200	200
8	钳：矫平底面				
9	数控铣：精铣腹板厚度、型面轮廓及内外形				
	1）铣型面轮廓周边 $R5$mm	T3	$\phi 20R5$ 面铣刀	1500	300
	2）腹板厚度精铣削	T3	$\phi 20R5$ 面铣刀	1500	300
	3）扇形框内外形精加工	T4	小头 $\phi 20$ 成型铣刀	1500	300
	4）内孔 $\phi 70$mm	T5	$\phi 20$ 面铣刀	1500	300
	5）$R1.5$mm 清角	T6	$R1.5$ 加长球头铣刀	3000	120
10	铣：铣去工艺凸耳				
11	钳：矫平底面，表面光整，尖边倒角				
12	表面处理				

五、自动编程

以下介绍支架零件精铣工序。

由于内应力、切削热的影响，为减少零件变形，当零件数控粗加工结束，钳工矫平底面后，最好再放置一个班时进行自然时效，使剩余应力释放均匀。

1. 铣型面轮廓周边 *R*5mm，以 *ϕ*20*R*5 面铣刀采用外形铣削方式加工。

采用4副螺栓压板作为辅助夹紧装置，其布置位置见图3-7-5。由于铣型面轮廓周边 *R*5mm 位置的高度不同，因此，串联加工轮廓时必须按高度选择。此外，还要以方便进给为原则对轮廓形状进行修整处理，串联轮廓顺序见图3-7-6。

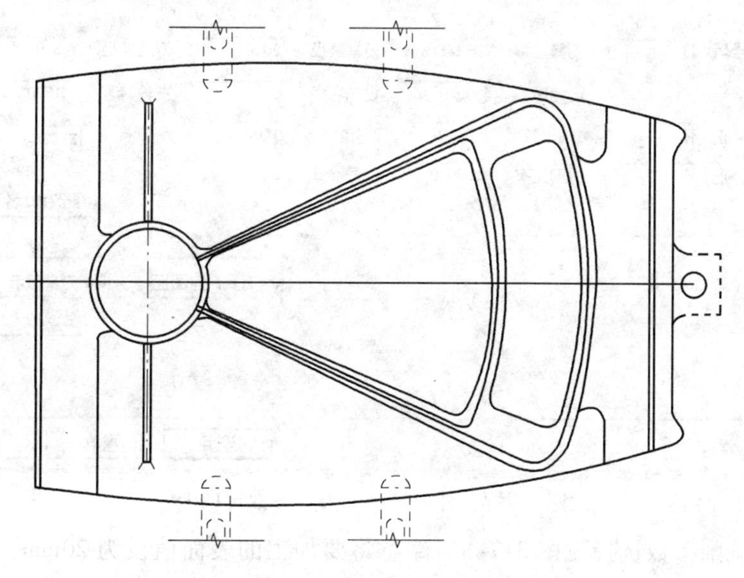

图3-7-5　辅助压板位置

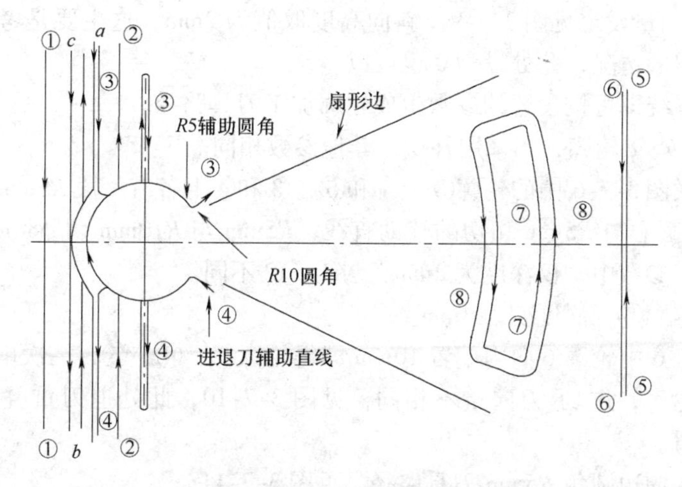

图3-7-6　串联加工轮廓

① 和②高度为 3mm，一次串联选择。

② 的线条起辅助作用，与 ϕ80mm 圆倒 R12mm 圆角。

采用外形铣削方式加工。刀具参数选择见图 3-7-7。

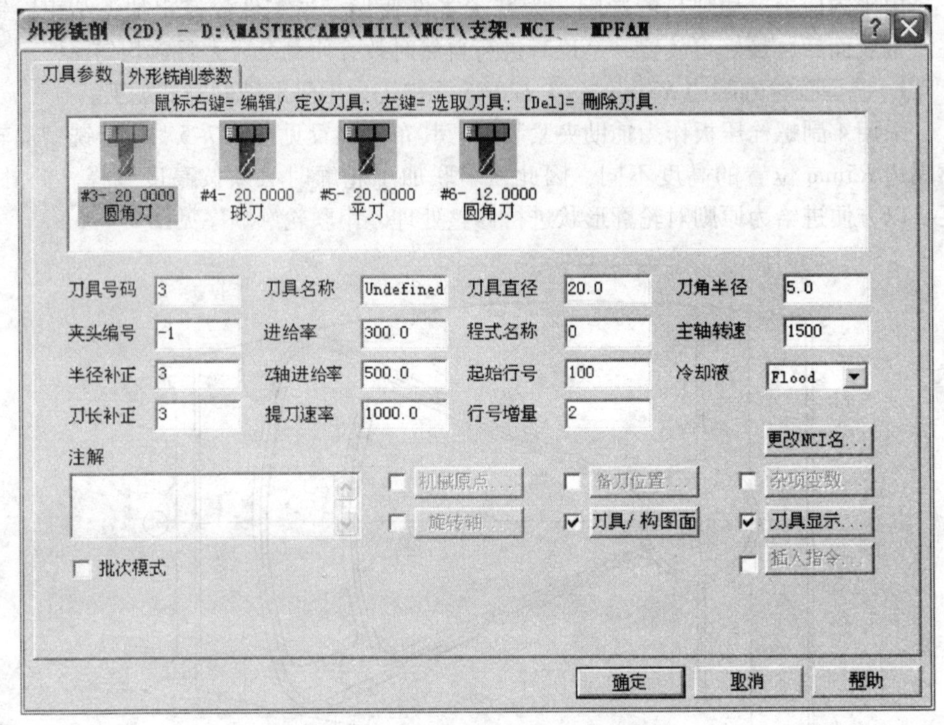

图 3-7-7　外形铣削的刀具参数选项卡

外形铣削参数选择见图 3-7-8。注意将要加工的表面值设为 20mm，进给下刀位用绝对值，取 50（零件最高处为 41mm）。

进/退刀向量设定见图 3-7-9。斜向高度取值为 2mm，这主要是考虑后面有在零件内部进刀的情况，此处设为 0 也可以。

这样，系统即可按设置的参数生成轮廓加工刀具路径。

选择 a、b、c 轮廓，不采用补偿，其他参数相同。

接着串联图 3-7-6 中的轮廓③、④和⑤，③和④上各有一段 R5mm 的辅助圆弧及过 ϕ80mm 圆心与 R5mm 相切的辅助直线，R5mm 与 R10mm 切 ϕ80mm 圆于同一点。所有加工参数中，仅深度为 2mm，与①、②不同。

再串联轮廓⑥，深度变为 4mm。

将图 3-7-6 中轮廓⑥向内偏置 10mm 即得轮廓③、④、⑤，一次串联的原因是⑦、⑧为内轮廓，进/退刀向量不相同，见图 3-7-10，此处退刀重叠量取为 5.0，确保轮廓光滑。

加工轮廓周边圆角 R5mm 刀具路径，见图 3-7-11。

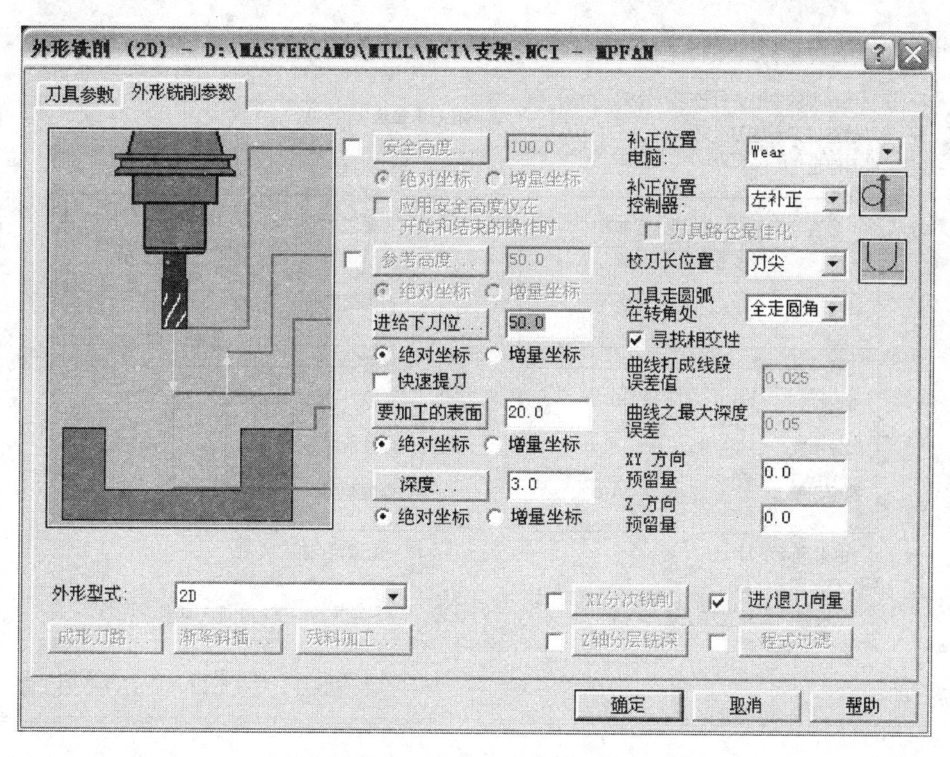

图 3-7-8　外形铣削参数选项卡

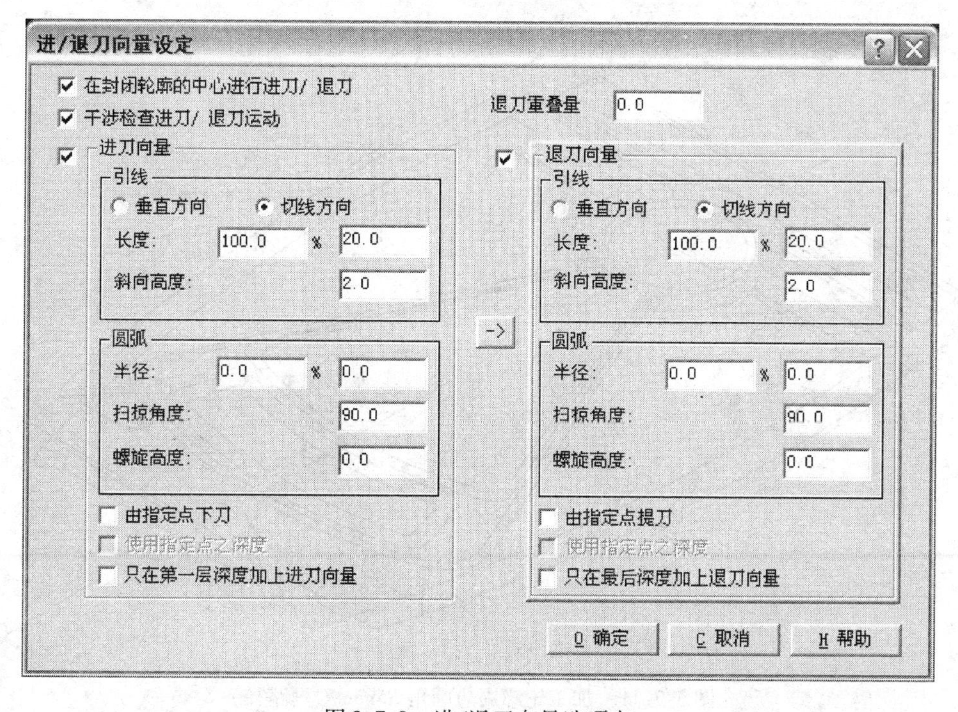

图 3-7-9　进/退刀向量选项卡

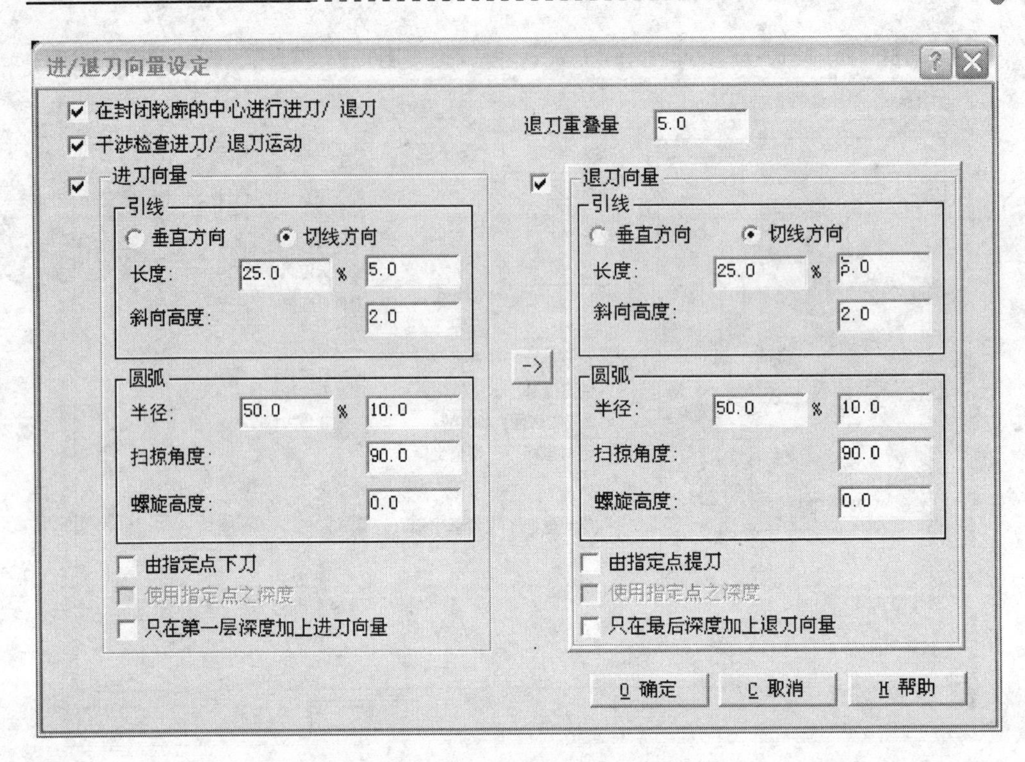

图 3-7-10　轮廓⑦、⑧进/退刀向量选项卡

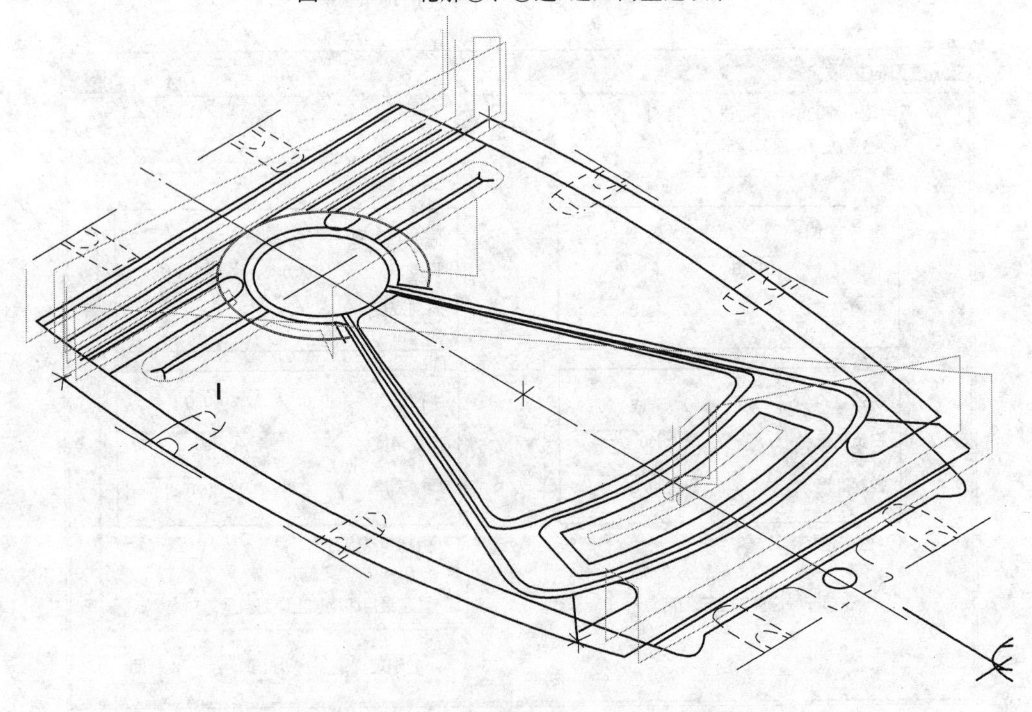

图 3-7-11　加工轮廓周边圆角 *R*5mm 刀具路径

2. 腹板厚度加工，以 $\phi 20R5$ 面铣刀采用挖槽方式加工

如腹板加工辅助轮廓（图 3-7-12）中粗线条所示，4 副螺栓压板位置移动到左右两边。扇形边轮廓已按照图 3-7-2 所示原理绘制。

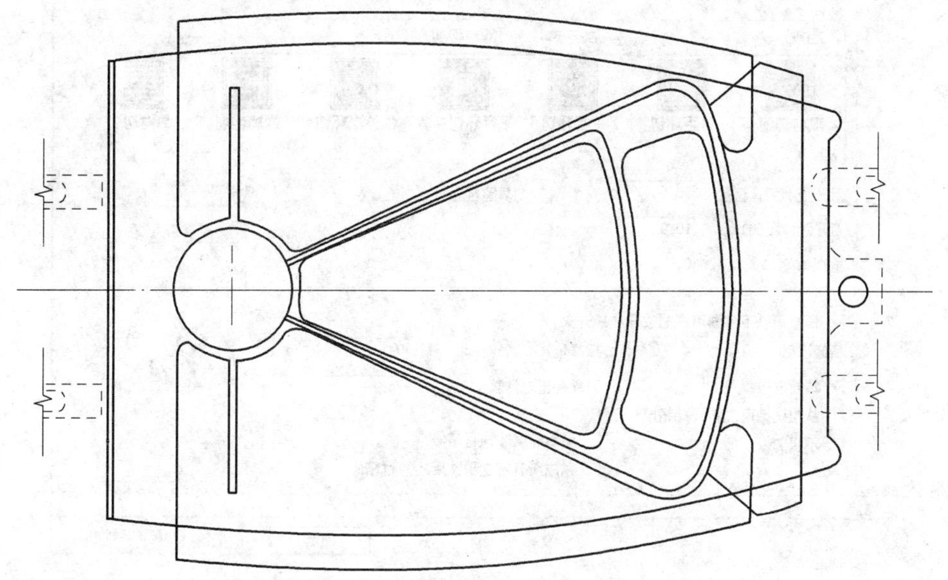

图 3-7-12　腹板加工辅助轮廓

挖槽加工串联轮廓时注意定义下刀点在实体外。

刀具参数不变。

挖槽参数选择见图 3-7-13。

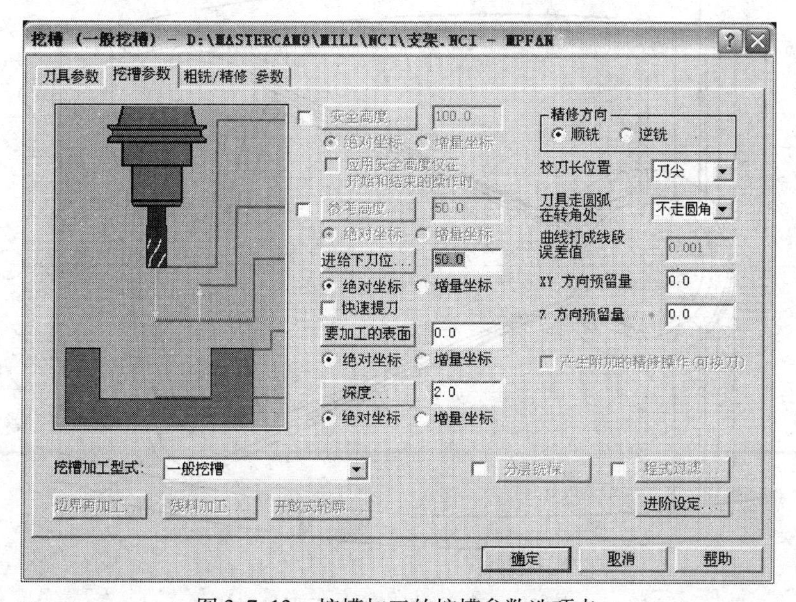

图 3-7-13　挖槽加工的挖槽参数选项卡

粗铣/精修参数选择见图 3-7-14。

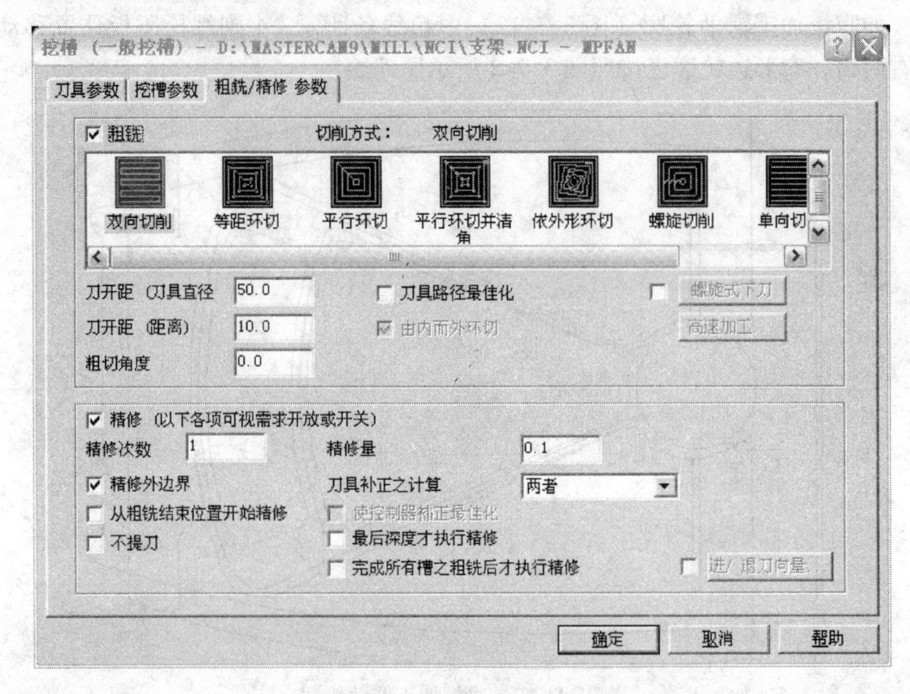

图 3-7-14　粗铣/精修参数选择

腹板厚度加工刀具路径见图 3-7-15。

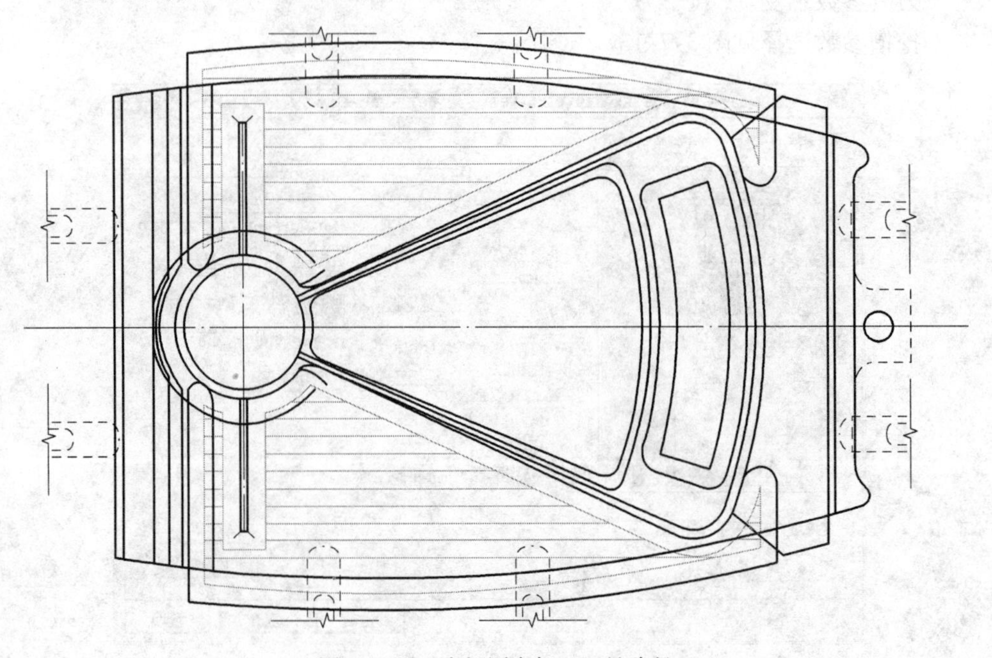

图 3-7-15　腹板厚度加工刀具路径

3. 扇形框内外形精加工

以小头 ϕ20mm 成形铣刀采用外形铣削方式加工螺栓压板位置同腹板厚度加工。串联轮廓如图 3-7-16 中的粗线条所示。刀具参数选择见图3-7-17。

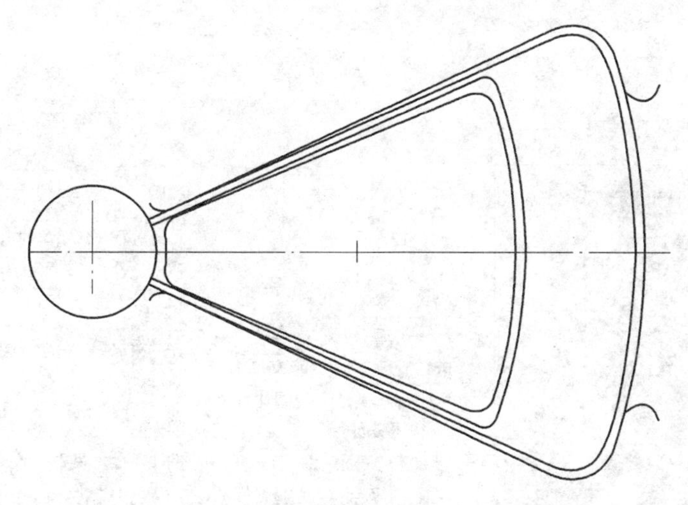

图 3-7-16　扇形框内外形精加工串联轮廓

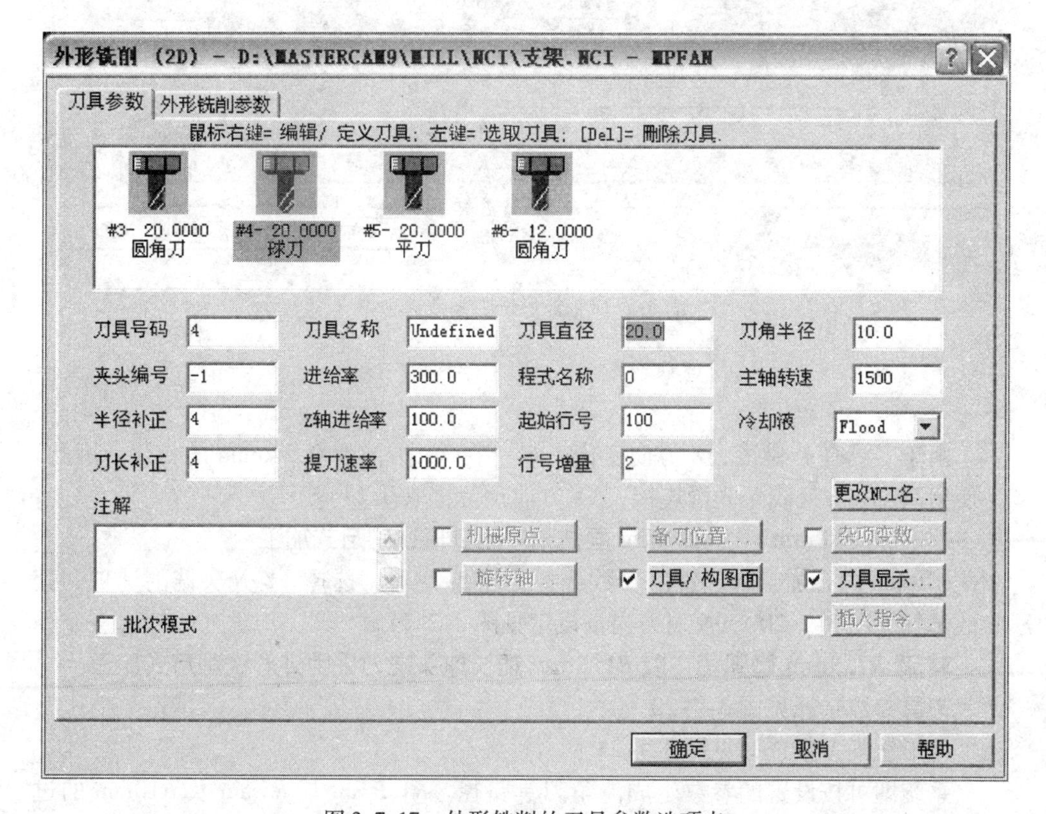

图 3-7-17　外形铣削的刀具参数选项卡

扇顶部4mm高度处的外形铣削参数选择见图3-7-18。受位置限制，没有采用进/退刀向量，因此，刀具参数中进给率取值300。

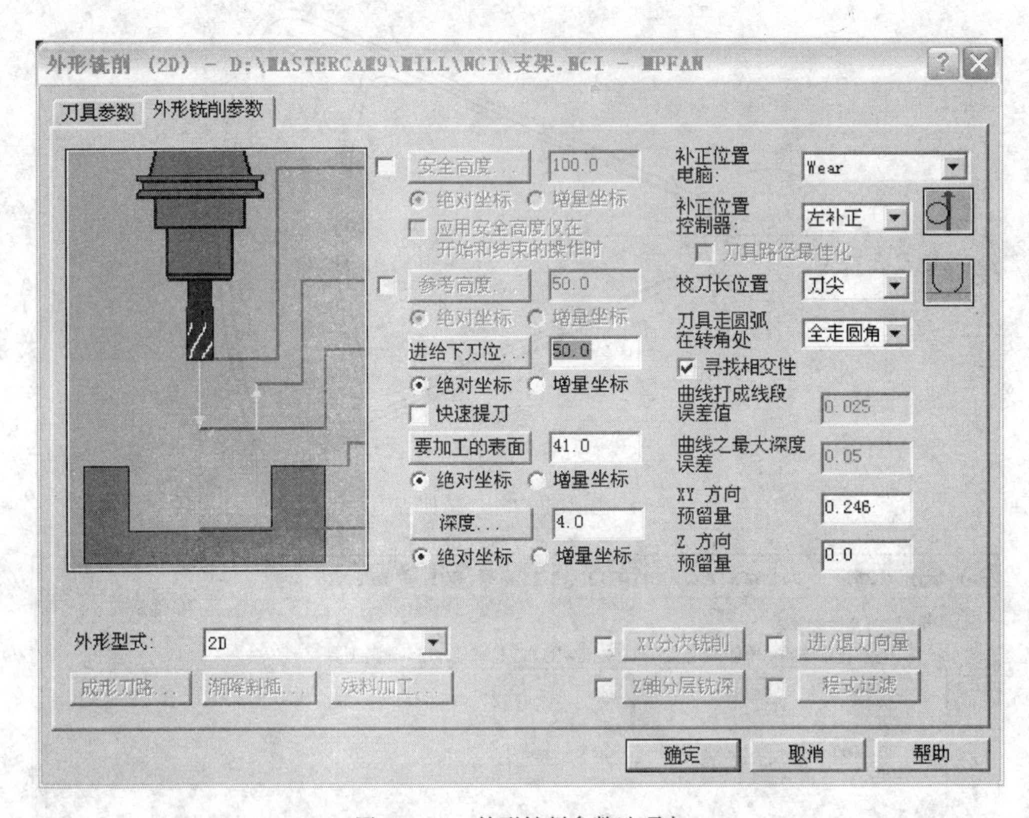

图3-7-18　外形铣削参数选项卡

由于刀具有7°锥度，Z方向变化2mm，在XY方向有0.246mm的变化。因此，为使扇高41mm处线条光滑连接，XY方向预留量取0.246。

4. 内孔ϕ70mm，以ϕ20mm面铣刀采用外形铣削方式加工

ϕ70mm内孔加工外形铣削参数选择见图3-7-19。选择XY分次铣削选项，其参数选择见图3-7-20。进/退刀向量设定见图3-7-21。

5. 清R1.5mm圆弧角，以R1.5mm加长球头铣刀采用外形铣削方式加工

刀具参数选择见图3-7-22。

外形铣削参数选择见图3-7-23。

系统即可按设置的参数生成清角刀具路径。R1.5mm与R5mm及R10mm的过渡面由钳工手工完成。

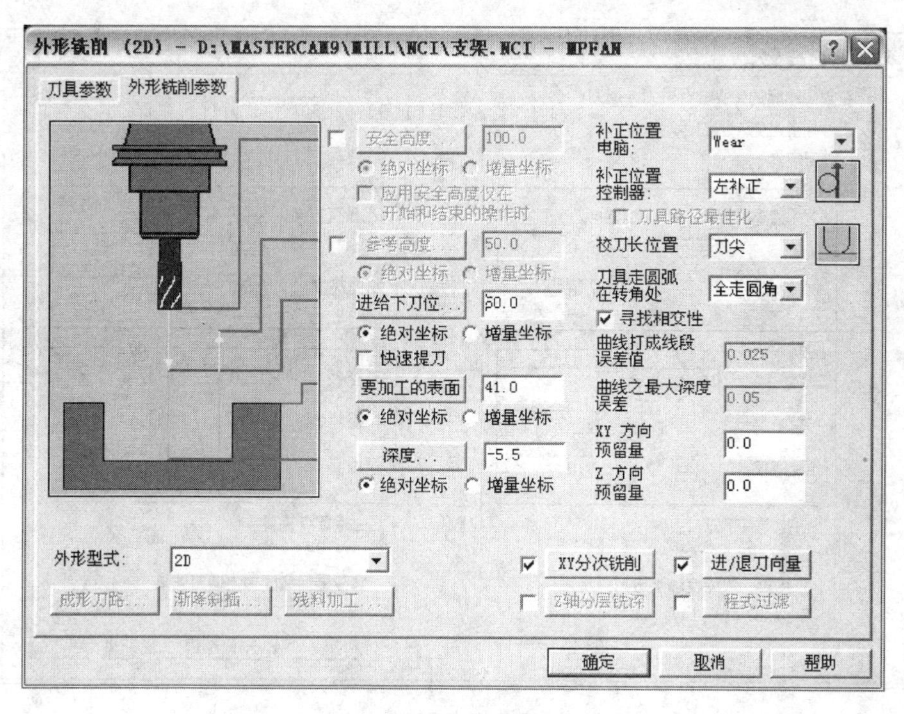

图 3-7-19 外形铣削参数选项卡

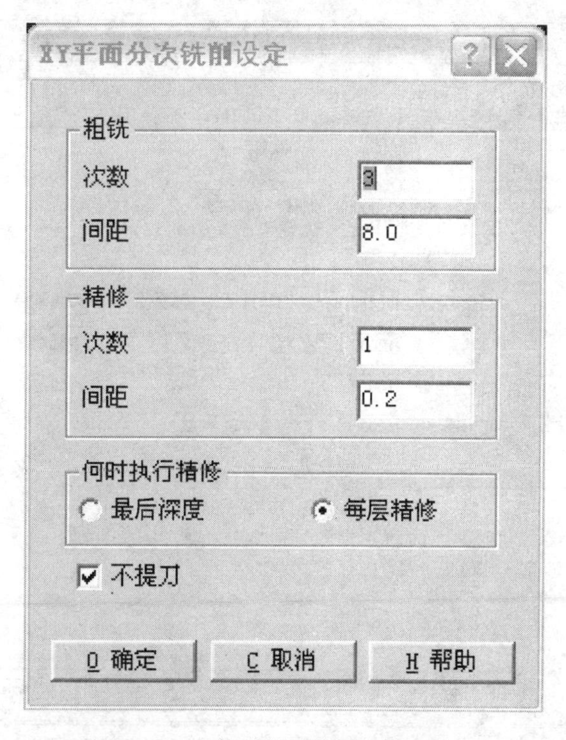

图 3-7-20 外形分层铣削参数选项卡

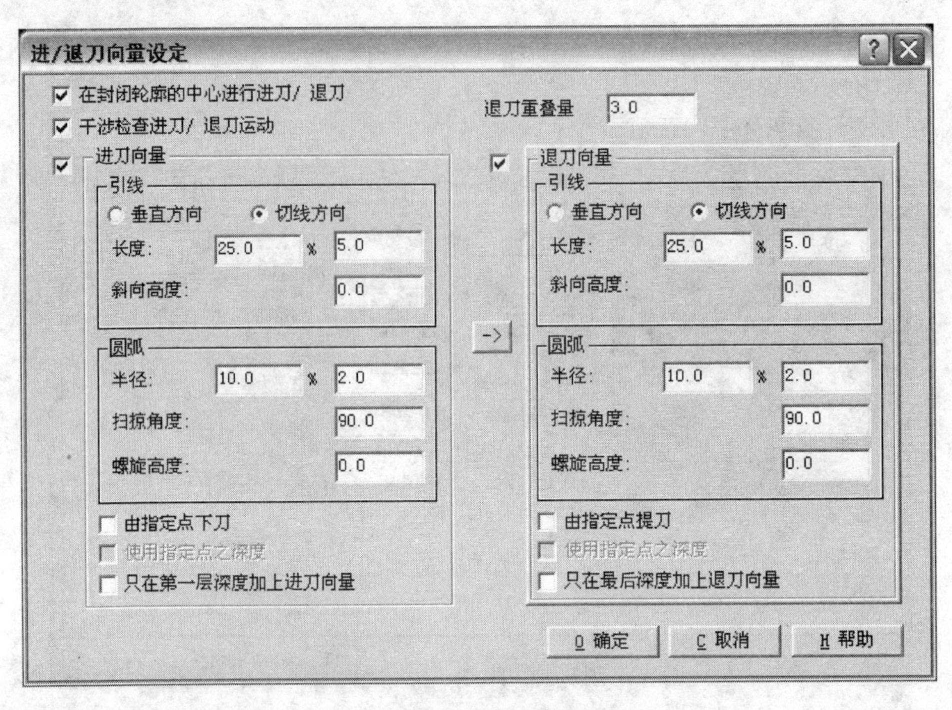

图 3-7-21　进/退刀向量选项

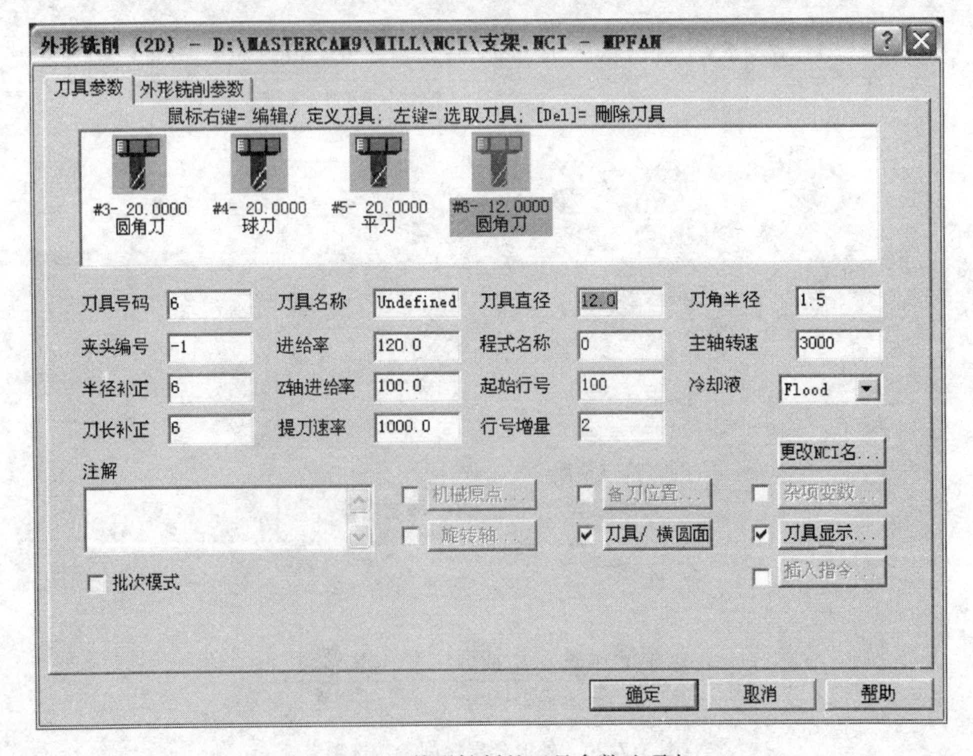

图 3-7-22　外形铣削的刀具参数选项卡

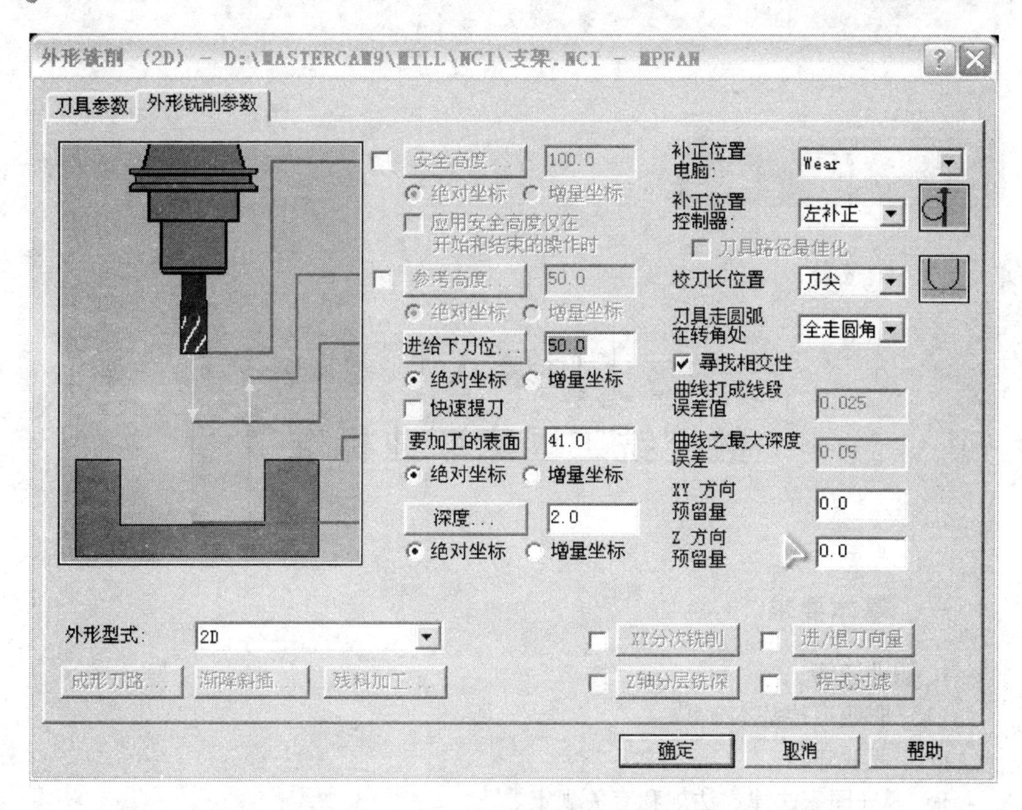

图 3-7-23　外形铣削参数选项卡

附　录

附录 A

数控铣工国家职业标准

一、基本要求

1. 职业道德

（1）职业道德基本知识

（2）职业守则

1）遵守国家法律、法规和有关规定。

2）具有高度的责任心、爱岗敬业、团结合作。

3）严格执行相关标准、工作程序与规范、工艺文件和安全操作规程。

4）学习新知识新技能、勇于开拓和创新。

5）爱护设备、系统及工具、夹具、量具。

6）着装整洁，符合规定；保持工作环境清洁有序，文明生产。

2. 基础知识

（1）基础理论知识

1）机械制图。

2）工程材料及金属热处理知识。

3）机电控制知识。

4）计算机基础知识。

5）专业英语基础。

（2）机械加工基础知识

1）机械原理。

2）常用设备知识（分类、用途、基本结构及维护保养方法）。

3）常用金属切削刀具知识。

4）典型零件加工工艺。

5）设备润滑和切削液的使用方法。
6）工具、夹具、量具的使用与维护知识。
7）铣工、镗工基本操作知识。
(3) 安全文明生产与环境保护知识
1）安全操作与劳动保护知识。
2）文明生产知识。
3）环境保护知识。
(4) 质量管理知识
1）企业的质量方针。
2）岗位质量要求。
3）岗位质量保证措施与责任。
(5) 相关法律、法规知识
1）劳动法的相关知识。
2）环境保护法的相关知识。
3）知识产权保护法的相关知识。

二、职业标准级别分类

本标准对中级、高级、技师和高级技师的技能要求依次递进，高级别涵盖低级别的要求。

表 A-1　中级工

职业功能	工作内容	技能要求	相关知识
一、加工准备	（一）读图与绘图	1. 能读懂中等复杂程度（如凸轮、壳体、板状、支架）的零件图 2. 能绘制有沟槽、台阶、斜面、曲面的简单零件图 3. 能读懂分度头尾座、弹簧夹头套筒、可转位铣刀结构等简单机构装配图	1. 复杂零件的表达方法 2. 简单零件图的画法 3. 零件三视图、局部视图和剖视图的画法
	（二）制定加工工艺	1. 能读懂复杂零件的铣削加工工艺文件 2. 能编制由直线、圆弧等构成的二维轮廓零件的铣削加工工艺文件	1. 数控加工工艺知识 2. 数控加工工艺文件的制定方法
	（三）零件定位与装夹	1. 能使用铣削加工常用夹具（如压板、台虎钳、平口钳等）装夹零件 2. 能够选择定位基准，并找正零件	1. 常用夹具的使用方法 2. 定位与夹紧的原理和方法 3. 零件找正的方法

（续）

职业功能	工作内容	技能要求	相关知识
一、加工准备	（四）刀具准备	1. 能够根据数控加工工艺文件选择、安装和调整数控铣床常用刀具 2. 能根据数控铣床特性、零件材料、加工精度、工作效率等选择刀具和刀具几何参数，并确定数控加工需要的切削参数和切削用量 3. 能够利用数控铣床的功能，借助通用量具或对刀仪测量刀具的半径及长度 4. 能选择、安装和使用刀柄 5. 能够刃磨常用刀具	1. 金属切削与刀具磨损知识 2. 数控铣床常用刀具的种类、结构、材料和特点 3. 数控铣床、零件材料、加工精度和工作效率对刀具的要求 4. 刀具长度补偿、半径补偿等刀具参数的设置知识 5. 刀柄的分类和使用方法 6. 刀具刃磨的方法
二、数控编程	（一）手工编程	1. 能编制由直线、圆弧组成的二维轮廓数控加工程序 2. 能够运用固定循环、子程序进行零件的加工程序编制	1. 数控编程知识 2. 直线插补和圆弧插补的原理 3. 节点的计算方法
	（二）计算机辅助编程	1. 能够使用CAD/CAM软件绘制简单零件图 2. 能够利用CAD/CAM软件完成简单平面轮廓的铣削程序	1. CAD/CAM软件的使用方法 2. 平面轮廓的绘图与加工代码生成方法
三、数控铣床操作	（一）操作面板	1. 能够按照操作规程起动及停止机床 2. 能使用操作面板上的常用功能键（如回零、手动、MDI、修调等）	1. 数控铣床操作说明书 2. 数控铣床操作面板的使用方法
	（二）程序输入与编辑	1. 能够通过各种途径（如DNC、网络）输入加工程序 2. 能够通过操作面板输入和编辑加工程序	1. 数控加工程序的输入方法 2. 数控加工程序的编辑方法
	（三）对刀	1. 能进行对刀并确定相关坐标系 2. 能设置刀具参数	1. 对刀的方法 2. 坐标系的知识 3. 建立刀具参数表或文件的方法
	（四）程序调试与运行	能够进行程序检验、单步执行、空运行并完成零件试切	程序调试的方法
	（五）参数设置	能够通过操作面板输入有关参数	数控系统中相关参数的输入方法
四、零件加工	（一）平面加工	能够运用数控加工程序进行平面、垂直面、斜面、阶梯面等的铣削加工，并达到如下要求： （1）尺寸公差等级达IT7 （2）几何公差等级达IT8 （3）表面粗糙度 Ra 达3.2μm	1. 平面铣削的基本知识 2. 刀具端刃的切削特点

（续）

职业功能	工作内容	技能要求	相关知识
四、零件加工	（二）轮廓加工	能够运用数控加工程序进行由直线、圆弧组成的平面轮廓铣削加工，并达到如下要求： （1）尺寸公差等级达IT8 （2）几何公差等级达IT8 （3）表面粗糙度 *Ra* 达3.2μm	1. 平面轮廓铣削的基本知识 2. 刀具侧刃的切削特点
	（三）曲面加工	能够运用数控加工程序进行圆锥面、圆柱面等简单曲面的铣削加工，并达到如下要求： （1）尺寸公差等级达IT8 （2）几何公差等级达IT8 （3）表面粗糙度 *Ra* 达3.2μm	1. 曲面铣削的基本知识 2. 球头刀具的切削特点
	（四）孔类加工	能够运用数控加工程序进行孔加工，并达到如下要求： （1）尺寸公差等级达IT7 （2）几何公差等级达IT8 （3）表面粗糙度 *Ra* 达3.2μm	麻花钻、扩孔钻、丝锥、镗刀及铰刀的加工方法
	（五）槽类加工	能够运用数控加工程序进行槽、键槽的加工，并达到如下要求： （1）尺寸公差等级达IT8 （2）几何公差等级达IT8 （3）表面粗糙度 *Ra* 达3.2μm	槽、键槽的加工方法
	（六）精度检验	能够使用常用量具进行零件的精度检验	1. 常用量具的使用方法 2. 零件精度检验及测量方法
五、维护与故障诊断	（一）机床日常维护	能够根据说明书完成数控铣床的定期及不定期维护保养，包括：机械、电、气、液压、数控系统检查和日常保养等	1. 数控铣床说明书 2. 数控铣床日常保养方法 3. 数控铣床操作规程 4. 数控系统（进口、国产数控系统）说明书
	（二）机床故障诊断	1. 能读懂数控系统的报警信息 2. 能发现数控铣床的一般故障	1. 数控系统的报警信息 2. 机床的故障诊断方法
	（三）机床精度检查	能进行机床水平的检查	1. 水平仪的使用方法 2. 机床垫铁的调整方法

表 A-2 高级工

职业功能	工作内容	技能要求	相关知识
一、加工准备	（一）读图与绘图	1. 能读懂装配图并拆画零件图 2. 能够测绘零件 3. 能够读懂数控铣床主轴系统、进给系统的机构装配图	1. 根据装配图拆画零件图的方法 2. 零件的测绘方法 3. 数控铣床主轴与进给系统基本构造知识
	（二）制定加工工艺	能编制二维、简单三维曲面零件的铣削加工工艺文件	复杂零件数控加工工艺的制定
	（三）零件定位与装夹	1. 能选择和使用组合夹具和专用夹具 2. 能选择和使用专用夹具装夹异型零件 3. 能分析并计算夹具的定位误差 4. 能够设计与自制装夹辅具（如轴套、定位件等）	1. 数控铣床组合夹具和专用夹具的使用、调整方法 2. 专用夹具的使用方法 3. 夹具定位误差的分析与计算方法 4. 装夹辅具的设计与制造方法
	（四）刀具准备	1. 能够选用专用工具（刀具和其他） 2. 能够根据难加工材料的特点，选择刀具的材料、结构和几何参数	1. 专用刀具的种类、用途、特点和刃磨方法 2. 切削难加工材料时的刀具材料和几何参数的确定方法
二、数控编程	（一）手工编程	1. 能够编制较复杂的二维轮廓铣削程序 2. 能够根据加工要求编制二次曲面的铣削程序 3. 能够运用固定循环、子程序进行零件的加工程序编制 4. 能够进行变量编程	1. 较复杂二维节点的计算方法 2. 二次曲面几何体外轮廓节点计算 3. 固定循环和子程序的编程方法 4. 变量编程的规则和方法
	（二）计算机辅助编程	1. 能够利用 CAD/CAM 软件进行中等复杂程度的实体造型（含曲面造型） 2. 能够生成平面轮廓、平面区域、三维曲面、曲面轮廓、曲面区域、曲线的刀具轨迹 3. 能进行刀具参数的设定 4. 能进行加工参数的设置 5. 能确定刀具的切入切出位置与轨迹 6. 能够编辑刀具轨迹 7. 能够根据不同的数控系统生成 G 代码	1. 实体造型的方法 2. 曲面造型的方法 3. 刀具参数的设置方法 4. 刀具轨迹生成的方法 5. 各种材料切削用量的数据 6. 有关刀具切入切出的方法对加工质量影响的知识 7. 轨迹编辑的方法 8. 后置处理程序的设置和使用方法
	（三）数控加工仿真	能利用数控加工仿真软件实施加工过程仿真、加工代码检查与干涉检查	数控加工仿真软件的使用方法

（续）

职业功能	工作内容	技能要求	相关知识
三、数控铣床操作	（一）程序调试与运行	能够在机床中断加工后正确恢复加工	程序的中断与恢复加工的方法
	（二）参数设置	能够依据零件特点设置相关参数进行加工	数控系统参数设置方法
四、零件加工	（一）平面铣削	能够编制数控加工程序铣削平面、垂直面、斜面、阶梯面等，并达到如下要求： （1）尺寸公差等级达IT7 （2）几何公差等级达IT8 （3）表面粗糙度 *Ra* 达3.2μm	1. 平面铣削精度控制方法 2. 刀具端刃几何形状的选择方法
	（二）轮廓加工	能够编制数控加工程序铣削较复杂的（如凸轮等）平面轮廓，并达到如下要求： （1）尺寸公差等级达IT8 （2）几何公差等级达IT8 （3）表面粗糙度 *Ra* 达3.2μm	1. 平面轮廓铣削的精度控制方法 2. 刀具侧刃几何形状的选择方法
	（三）曲面加工	能够编制数控加工程序铣削二次曲面，并达到如下要求： （1）尺寸公差等级达IT8 （2）几何公差等级达IT8 （3）表面粗糙度 *Ra* 达3.2μm	1. 二次曲面的计算方法 2. 刀具影响曲面加工精度的因素以及控制方法
	（四）孔系加工	能够编制数控加工程序对孔系进行切削加工，并达到如下要求： （1）尺寸公差等级达IT7 （2）几何公差等级达IT8 （3）表面粗糙度 *Ra* 达3.2μm	麻花钻、扩孔钻、丝锥、镗刀及铰刀的加工方法
	（五）深槽加工	能够编制数控加工程序进行深槽、三维槽的加工，并达到如下要求： （1）尺寸公差等级达IT8 （2）几何公差等级达IT8 （3）表面粗糙度 *Ra* 达3.2μm	深槽、三维槽的加工方法
	（六）配合件加工	能够编制数控加工程序进行配合件加工，尺寸配合公差等级达IT8	1. 配合件的加工方法 2. 尺寸链换算的方法

（续）

职业功能	工作内容	技能要求	相关知识
四、零件加工	（七）精度检验	1. 能够利用数控系统的功能使用指示表测量零件的精度 2. 能对复杂、异形零件进行精度检验 3. 能够根据测量结果分析产生误差的原因 4. 能够通过修正刀具补偿值和修正程序来减少加工误差	1. 复杂、异形零件的精度检验方法 2. 产生加工误差的主要原因及其消除方法
五、维护与故障诊断	（一）日常维护	能完成数控铣床的定期维护	数控铣床定期维护手册
	（二）故障诊断	能排除数控铣床的常见机械故障	机床的常见机械故障诊断方法
	（三）机床精度检验	能协助检验机床的各种出厂精度	机床精度的基本知识

表 A-3　技师

职业功能	工作内容	技能要求	相关知识
一、加工准备	（一）读图与绘图	1. 能绘制工装装配图 2. 能读懂常用数控铣床的机械原理图及装配图	1. 工装装配图的画法 2. 常用数控铣床的机械原理图及装配图的画法
	（二）制定加工工艺	1. 能编制高难度、精密、薄壁零件的数控加工工艺规程 2. 能对零件的多工种数控加工工艺进行合理性分析，并提出改进建议 3. 能够确定高速加工的工艺文件	1. 精密零件的工艺分析方法 2. 数控加工多工种工艺方案合理性的分析方法及改进措施 3. 高速加工的原理
	（三）零件定位与装夹	1. 能设计与制作高精度箱体类，叶片、螺旋桨等复杂零件的专用夹具 2. 能对现有的数控铣床夹具进行误差分析并提出改进建议	1. 专用夹具的设计与制造方法 2. 数控铣床夹具的误差分析及消减方法
	（四）刀具准备	1. 能够依据切削条件和刀具条件估算刀具的使用寿命，并设置相关参数 2. 能根据难加工材料合理选择刀具材料和切削参数 3. 能推广使用新知识、新技术、新工艺、新材料、新型刀具 4. 能进行刀具刀柄的优化使用，提高生产效率，降低成本 5. 能选择和使用适合高速切削的工具系统	1. 切削刀具的选用原则 2. 延长刀具寿命的方法 3. 刀具新材料、新技术知识 4. 刀具使用寿命的参数设定方法 5. 难切削材料的加工方法 6. 高速加工的工具系统知识

（续）

职业功能	工作内容	技能要求	相关知识
二、数控编程	（一）手工编程	能够根据零件与加工要求编制具有指导性的变量编程程序	变量编程的概念及其编制方法
	（二）计算机辅助编程	1. 能够利用计算机高级语言编制特殊曲线轮廓的铣削程序 2. 能够利用计算机 CAD/CAM 软件对复杂零件进行实体或曲线曲面造型 3. 能够编制复杂零件的三轴联动铣削程序	1. 计算机高级语言知识 2. CAD/CAM 软件的使用方法 3. 三轴联动的加工方法
	（三）数控加工仿真	能够利用数控加工仿真软件分析和优化数控加工工艺	数控加工工艺的优化方法
三、数控铣床操作	（一）程序调试与运行	能够操作立式、卧式以及高速铣床	立式、卧式以及高速铣床的操作方法
	（二）参数设置	能够针对机床现状调整数控系统相关参数	数控系统参数的调整方法
四、零件加工	（一）特殊材料加工	能够进行特殊材料零件的铣削加工，并达到如下要求： （1）尺寸公差等级达 IT8 （2）几何公差等级达 IT8 （3）表面粗糙度 Ra 达 3.2μm	特殊材料的材料学知识 特殊材料零件的铣削加工方法
	（二）薄壁加工	能够进行带有薄壁的零件加工，并达到如下要求： （1）尺寸公差等级达 IT8 （2）几何公差等级达 IT8 （3）表面粗糙度 Ra 达 3.2μm	薄壁零件的铣削方法
	（三）曲面加工	1. 能进行三轴联动曲面的加工，并达到如下要求： （1）尺寸公差等级达 IT8 （2）几何公差等级达 IT8 （3）表面粗糙度 Ra 达 3.2μm 2. 能够使用四轴以上铣床与加工中心对叶片、螺旋桨等复杂零件进行多轴铣削加工，并达到如下要求： （1）尺寸公差等级达 IT8 （2）几何公差等级达 IT8 （3）表面粗糙度 Ra 达 3.2μm	三轴联动曲面的加工方法 四轴以上铣床/加工中心的使用方法

（续）

职业功能	工作内容	技能要求	相关知识
四、零件加工	（四）易变形件加工	能进行易变形零件的加工，并达到如下要求： （1）尺寸公差等级达 IT8 （2）几何公差等级达 IT8 （3）表面粗糙度 Ra 达 3.2μm	易变形零件的加工方法
	（五）精度检验	能够进行大型、精密零件的精度检验	精密量具的使用方法 精密零件的精度检验方法
五、维护与故障诊断	（一）机床日常维护	能借助字典阅读数控设备的主要外文信息	数控铣床专业外文知识
	（二）机床故障诊断	能够分析和排除液压和机械故障	数控铣床常见故障诊断及排除方法
	（三）机床精度检验	能够进行机床定位精度、重复定位精度的检验	机床定位精度检验、重复定位精度检验的内容及方法
六、培训与管理	（一）操作指导	能指导本职业中级、高级进行实际操作	操作指导书的编制方法
	（二）理论培训	能对本职业中级、高级进行理论培训	培训教材的编写方法
	（三）质量管理	能在本职工作中认真贯彻各项质量标准	相关质量标准
	（四）生产管理	能协助部门领导进行生产计划、调度及人员的管理	生产管理基本知识
	（五）技术改造与创新	能够进行加工工艺、夹具、刀具的改进	数控加工工艺综合知识

表 A-4　高级技师

职业功能	工作内容	技能要求	相关知识
一、工艺分析与设计	（一）读图与绘图	1. 能绘制复杂工装装配图 2. 能读懂常用数控铣床的电气、液压原理图 3. 能够组织中级、高级技师进行工装协同设计	1. 复杂工装设计方法 2. 常用数控铣床电气、液压原理图的画法 3. 协同设计知识
	（二）制定加工工艺	1. 能对高难度、高精密零件的数控加工工艺方案进行合理性分析，提出改进意见并参与实施 2. 能够确定高速加工的工艺方案 3. 能够确定细微加工的工艺方案	1. 复杂、精密零件机械加工工艺的系统知识 2. 高速加工机床的知识 3. 高速加工的工艺知识 4. 细微加工的工艺知识

（续）

职业功能	工作内容	技能要求	相关知识
一、工艺分析与设计	（三）工艺装备	1. 能独立设计复杂夹具 2. 能在四轴和五轴数控加工中对由夹具精度引起的零件加工误差进行分析，提出改进方案，并组织实施	1. 复杂夹具的设计及使用知识 2. 复杂夹具的误差分析及消减方法 3. 多轴数控加工的方法
	（四）刀具准备	1. 能根据零件要求设计专用刀具，并提出制造方法 2. 能系统地讲授各种切削刀具的特点和使用方法	1. 专用刀具的设计与制造知识 2. 切削刀具的特点和使用方法
二、零件加工	（一）异形零件加工	能解决高难度、异形零件加工的技术问题，并制定工艺措施	高难度零件的加工方法
	（二）精度检验	能够设计专用检具，检验高难度、异形零件	检具设计知识
三、机床维护与精度检验	（一）数控铣床维护	1. 能借助字典看懂数控设备的主要外文技术资料 2. 能够针对机床运行现状合理调整数控系统相关参数	数控铣床专业外文知识
	（二）机床精度检验	能够进行机床定位精度、重复定位精度的检验	机床定位精度、重复定位精度的检验和补偿方法
	（三）数控设备网络化	能够借助网络设备和软件系统实现数控设备的网络化管理	数控设备网络接口及相关技术
四、培训与管理	（一）操作指导	能指导本职业中级、高级技师进行实际操作	操作理论教学指导书的编写方法
	（二）理论培训	1. 能对本职业中级、高级技师进行理论培训 2. 能系统地讲授各种切削刀具的特点和使用方法	1. 教学计划与大纲的编制方法 2. 切削刀具的特点和使用方法
	（三）质量管理	能应用全面质量管理知识，实现操作过程的质量分析与控制	质量分析与控制方法
	（四）技术改造与创新	能够组织实施技术改造和创新，并撰写相应的论文。	科技论文的撰写方法

三、比重表

表 A-5　理论知识

项　　目		中级（%）	高级（%）	技师（%）	高级技师（%）
基本要求	职业道德	5	5	5	5
	基础知识	20	20	15	15
相关知识	加工准备	15	15	25	—
	数控编程	20	20	10	—
	数控铣床操作	5	5	5	—
	零件加工	30	30	20	15
	数控铣床维护与精度检验	5	5	10	10
	培训与管理	—	—	10	15
	工艺分析与设计	—	—	—	40
合计		100	100	100	100

表 A-6　技能操作

项　　目		中级（%）	高级（%）	技师（%）	高级技师（%）
技能要求	加工准备	10	10	10	—
	数控编程	30	30	30	—
	数控铣床操作	5	5	5	—
	零件加工	50	50	45	45
	数控铣床维护与精度检验	5	5	5	10
	培训与管理	—	—	5	10
	工艺分析与设计	—	—	—	35
合计		100	100	100	100

附录 B

公差与配合的标准公差与基本偏差表

表 B-1　尺寸≤500mm 的标准公差数值（部分）

公称尺寸		公差值														
		IT4	IT5	IT6	IT7	IT8	IT9	IT10	IT11	IT12	IT13	IT14	IT15	IT16	IT17	IT18
大于	到	μm								mm						
—	3	3	4	6	10	14	25	40	60	0.10	0.14	0.25	0.40	0.60	1.0	1.4
3	6	4	5	8	12	18	30	48	75	0.12	0.18	0.30	0.48	0.75	1.2	1.8
6	10	4	6	9	15	22	36	58	90	0.15	0.22	0.36	0.58	0.90	1.5	2.2
10	18	5	8	11	18	27	43	70	110	0.18	0.27	0.43	0.70	1.10	1.8	2.7
18	30	6	9	13	21	33	52	84	130	0.21	0.33	0.52	0.84	1.30	2.1	3.3
30	50	7	11	16	25	39	62	100	160	0.25	0.39	0.62	1.00	1.60	2.5	3.9
50	80	8	13	19	30	46	74	120	190	0.30	0.46	0.74	1.20	1.90	3.0	4.6
80	120	10	15	22	35	54	87	140	220	0.35	0.54	0.87	1.40	2.20	3.5	5.4
120	180	12	18	25	40	63	100	160	250	0.40	0.63	1.00	1.60	2.50	4.0	6.3
180	250	14	20	29	46	72	115	185	290	0.46	0.72	1.15	1.85	2.90	4.6	7.2
250	315	16	23	32	52	81	130	210	320	0.52	0.81	1.30	2.10	3.20	5.2	8.1
315	400	18	25	36	57	89	140	230	360	0.57	0.89	1.40	2.30	3.60	5.7	8.9
400	600	20	27	40	63	97	155	250	400	0.63	0.97	1.55	2.50	4.00	6.3	9.7

表 B-2 部分常用孔的基本偏差数值（公称尺寸 10～315mm）（单位：μm）

公差带	等级	公称尺寸/mm							
		>10～18	>18～30	>30～50	>50～80	>80～120	>120～180	>180～250	>250～315
D	8	+77 +50	+98 +65	+119 +80	+146 +100	+174 +120	+208 +145	+242 +170	+271 +190
	▼9	+93 +50	+117 +65	+142 +80	+174 +100	+207 +120	+245 +145	+285 +170	+320 +190
	10	+120 +50	+149 +65	+180 +80	+220 +100	+260 +120	+305 +145	+355 +170	+400 +190
	11	+160 +50	+195 +65	+240 +80	+290 +100	+340 +120	+395 +145	+460 +170	+510 +190
E	6	+43 +32	+53 +40	+66 +50	+79 +60	+94 +72	+110 +85	+129 +100	+142 +110
	7	+50 +32	+61 +40	+75 +50	+90 +60	+107 +72	+125 +85	+146 +100	+162 +110
	8	+59 +32	+73 +40	+89 +50	+106 +60	+126 +72	+148 +85	+172 +100	+191 +110
	9	+75 +32	+92 +40	+112 +50	+134 +60	+159 +72	+185 +85	+215 +100	+240 +110
	10	+102 +32	+124 +40	+150 +50	+180 +60	+212 +72	+245 +85	+285 +100	+320 +110
F	6	+27 +16	+33 +20	+41 +25	+49 +30	+58 +36	+68 +43	+79 +50	+88 +56
	7	+34 +16	+41 +20	+50 +25	+60 +30	+71 +36	+83 +43	+96 +50	+108 +56
	▼8	+43 +16	+53 +20	+64 +25	+76 +30	+90 +36	+106 +43	+122 +50	+137 +56
	9	+59 +16	+72 +20	+87 +25	+104 +30	+123 +36	+143 +43	+165 +50	+186 +56
H	6	+11 0	+13 0	+16 0	+19 0	+22 0	+25 0	+29 0	+32 0
	▼7	+18 0	+21 0	+25 0	+30 0	+35 0	+40 0	+46 0	+52 0
	▼8	+27 0	+33 0	+39 0	+46 0	+54 0	+63 0	+72 0	+81 0
	▼9	+43 0	+52 0	+62 0	+74 0	+87 0	+100 0	+115 0	+130 0
	10	+70 0	+84 0	+100 0	+120 0	+140 0	+160 0	+185 0	+210 0
	▼11	+110 0	+130 0	+160 0	+190 0	+220 0	+250 0	+290 0	+320 0

（续）

公差带	等级	公称尺寸/mm							
		>10~18	>18~30	>30~50	>50~80	>80~120	>120~180	>180~250	>250~315
K	6	+2 -9	+2 -11	+3 -13	+4 -15	+4 -18	+4 -21	+5 -24	+5 -27
	▼7	+6 -12	+6 -15	+7 -18	+9 -21	+10 -25	+12 -28	+13 -33	+16 -36
	8	+8 -19	+10 -23	+12 -27	+14 -32	+16 -38	+20 -43	+22 -50	+25 -56
N	6	-9 -20	-11 -28	-12 -24	-14 -33	-16 -38	-20 -45	-22 -51	-25 -57
	▼7	-5 -23	-7 -28	-8 -33	-9 -39	-10 -45	-12 -52	-14 -60	-14 -66
	8	-3 -30	-3 -36	-3 -42	-4 -50	-4 -58	-4 -67	-5 -77	-5 -86
P	6	-15 -26	-18 -31	-21 -37	-26 -45	-30 -52	-36 -61	-41 -70	-47 -79
	▼7	-11 -29	-14 -35	-17 -42	-21 -51	-24 -59	-28 -68	-33 -79	-36 -88

注：标注▼者为优先公差等级，应优先选用。

表 B-3　部分常用轴的基本偏差数值（公称尺寸 10~315mm）

（单位：μm）

公差带	等级	公称尺寸/mm							
		>10~18	>18~30	>30~50	>50~80	>80~120	>120~180	>180~250	>250~315
d	6	-50 -61	-65 -78	-80 -96	-100 -119	-120 -142	-145 -170	-170 -199	-190 -222
	7	-50 -68	-65 -86	-80 -105	-100 -130	-120 -155	-145 -185	-170 -216	-190 -242
	8	-50 -77	-65 -98	-80 -119	-100 -146	-120 -174	-145 -208	-170 -242	-190 -271
	▼9	-50 -93	-65 -117	-80 -142	-100 -174	-120 -207	-145 -245	-170 -285	-190 -320
	10	-50 -120	-65 -149	-80 -180	-100 -220	-120 -260	-145 -305	-170 -355	-190 -400
f	▼7	-16 -34	-20 -41	-25 -50	-30 -60	-36 -71	-43 -83	-50 -96	-56 -108
	8	-16 -43	-20 -53	-25 -64	-30 -76	-36 -90	-43 -106	-50 -122	-56 -137
	9	-16 -59	-20 -72	-25 -87	-30 -104	-36 -123	-43 -143	-50 -165	-56 -186

（续）

公差带	等级	公称尺寸/mm							
		>10 ~18	>18 ~30	>30 ~50	>50 ~80	>80 ~120	>120 ~180	>180 ~250	>250 ~315
g	5	−6 −14	−7 −16	−9 −20	−10 −23	−12 −27	−14 −32	−15 −35	−17 −40
	▼6	−6 −17	−7 −20	−9 −25	−10 −29	−12 −34	−14 −39	−15 −44	−17 −49
	7	−6 −24	−7 −28	−9 −34	−10 −40	−12 −47	−14 −54	−15 −61	−17 −69
h	5	0 −8	0 −9	0 −11	0 −13	0 −15	0 −18	0 −20	0 −23
	▼6	0 −11	0 −13	0 −16	0 −19	0 −22	0 −25	0 −29	0 −32
	▼7	0 −18	0 −21	0 −25	0 −30	0 −35	0 −40	0 −46	0 −52
	8	0 −27	0 −33	0 −39	0 −46	0 −54	0 −63	0 −72	0 −81
	▼9	0 −43	0 −52	0 −62	0 −74	0 −87	0 −100	0 −115	0 −130
k	5	+9 +1	+11 +2	+13 +2	+15 +2	+18 +3	+21 +3	+24 +4	+27 +4
	▼6	+12 +1	+15 +2	+18 +2	+21 +2	+25 +3	+28 +3	+33 +3	+36 +4
	7	+19 +1	+23 +2	+27 +2	+32 +2	+38 +3	+43 +3	+50 +4	+56 +4
m	5	+15 +7	+17 +8	+20 +9	+24 +11	+28 +13	+33 +15	+37 +17	+43 +20
	6	+18 +7	+21 +8	+25 +9	+30 +11	+35 +13	+40 +15	+46 +17	+52 +20
	7	+25 +7	+29 +8	+34 +9	+41 +11	+48 +13	+55 +15	+63 +17	+72 +20
n	5	+20 +12	+24 +15	+28 +17	+33 +22	+38 +23	+45 +27	+51 +31	+57 +34
	▼6	+23 +12	+28 +15	+33 +17	+39 +20	+45 +23	+52 +27	+60 +31	+66 +34
	7	+30 +12	+36 +15	+42 +17	+50 +20	+58 +23	+67 +27	+77 +31	+86 +34
p	5	+26 +18	+31 +22	+37 +26	+45 +32	+52 +37	+61 +43	+70 +50	+79 +56
	▼6	+29 +18	+35 +22	+42 +26	+51 +32	+59 +37	+68 +43	+79 +50	+88 +56
	7	+36 +18	+43 +22	+51 +26	+62 +32	+72 +37	+83 +43	+96 +50	+108 +56

注：标注▼者为优先公差等级，应优先选用。

附录 C

常用切削材料牌号、特性、用途、重量计算

表 C-1　碳素工具钢的牌号、化学成分、力学性能和用途

<table>
<tr><th rowspan="3">牌号</th><th colspan="5">化学成分（质量分数,%）</th><th colspan="2">热处理</th><th rowspan="3">应用举例</th></tr>
<tr><th rowspan="2">C</th><th rowspan="2">Mn</th><th rowspan="2">Si</th><th rowspan="2">S</th><th rowspan="2">P</th><th rowspan="2">淬火温度/℃</th><th rowspan="2">HRC（不小于）</th></tr>
<tr></tr>
<tr><td>T7</td><td>0.65～0.74</td><td rowspan="2">≤0.4</td><td rowspan="8">≤0.35</td><td rowspan="8">≤0.03</td><td rowspan="8">≤0.035</td><td>800～820水淬</td><td rowspan="8">62</td><td rowspan="3">受冲击而要求较高硬度和耐磨性的工具，如木头公用錾、锤头、钻头、模具等</td></tr>
<tr><td>T8</td><td>0.75～0.84</td><td rowspan="2">780～800水淬</td></tr>
<tr><td>T8Mn</td><td>0.80～0.90</td><td>0.4～0.6</td></tr>
<tr><td>T9</td><td>0.85～0.94</td><td rowspan="5">≤0.4</td><td rowspan="5">760～780水淬</td><td rowspan="3">受中等冲击的工具和耐磨性机件，如刨刀、冲模、丝锥、板牙、手工锯条、卡尺等</td></tr>
<tr><td>T10</td><td>0.95～1.04</td></tr>
<tr><td>T11</td><td>1.05～1.14</td></tr>
<tr><td>T12</td><td>1.15～1.24</td><td rowspan="2">不受冲击而要求极高硬度的工具和耐磨机件，如钻头、锉刀、刮刀、量具等</td></tr>
<tr><td>T13</td><td>1.25～1.35</td></tr>
</table>

表 C-2　常用低合金高强度结构钢的牌号和应用

新标准	旧标准	用途举例
Q295	09MnV、9MnNb、09Mn2、12Mn	车辆的冲压件、冷弯型钢、螺旋焊管、拖拉机轮圈、低压锅炉汽包、中低压化工容器、输油管道、储油罐、油船等
Q345	12MnV、14MnNb、16Mn、18Nb、16MnRE	船舶、铁路车辆、桥梁、管道、锅炉、压力容器、石油储罐、起重及矿山机械、电站设备厂房钢架等
Q390	15MnTi、16MnNb、10MnPNbRE、15MnV	中高压锅炉汽包、中高压石油化工容器、大型船舶、桥梁、车辆、起重机及其他较高载荷的焊机结构件等

（续）

新标准	旧标准	用途举例
Q420	15MnVN、14MnVTiRE	大型船舶、桥梁、电站设备、起重机械、机车车辆、中压或高压锅炉和及其他大型焊接结构件等
Q460		可淬火加回火后用于大型挖掘机、起重运输机械、钻井平台等

表 C-3　常用合金渗碳钢的牌号、力学性能和用途

牌号	力学性能					用途
	σ_b/MPa	σ_s/MPa	δ_5（%）	φ（%）	a_k/J/cm^2	
	不小于					
20Cr	835	540	10	40	60	齿轮、齿轮轴、凸轮、活塞销
20Mn2B	980	785	10	45	70	齿轮、轴套、气阀挺杆、离合器
20MnVB	1080	885	10	45	70	重型机床的齿轮和轴、汽车后桥齿轮
20CrMnTi	1080	835	10	45	70	汽车和拖拉机上的变速齿轮、传动轴
12CrNi3	930	685	11	50	90	重负荷下工作的齿轮、轴、凸轮轴
20Cr2Ni4	1175	1080	10	45	80	大型齿轮和轴，也可用作调质件

表 C-4　常用合金调质钢的牌号、力学性能和用途

牌号	力学性能					用途
	σ_b/MPa	σ_s/MPa	δ（%）	φ（%）	a_k/J/cm^2	
	不小于					
40Cr	980	785	9	45	60	齿轮、花键轴、后半轴、连杆、主轴
45Mn2	885	735	10	45	60	齿轮、齿轮轴、连杆盖、螺栓
35CrMo	980	835	12	45	80	大电动机轴、锤杆、连杆、轧钢机、曲轴
30CrMnSi	1080	835	10	45	50	飞机起落架、螺栓
40MnVB	980	785	10	45	60	汽车和机床上的轴、齿轮
30CrMnTi	1470	—	9	40	60	汽车主动锥齿轮、后主齿轮、齿轮轴
38CrMoAIA	980	835	14	50	90	磨床主轴、精密丝杠、量规、样板

表 C-5 常用弹簧钢的牌号、化学成分、力学性能和用途

牌号	化学成分（质量分数,%）					力学性能				用途
	C	Si	Mn	Cr	V	σ_S /MPa	σ_b /MPa	δ_{10} (%)	φ (%)	
						不小于				
55Si2Mn	0.52 ~ 0.6	1.5 ~ 2	0.6 ~ 0.9	≤0.35		1200	1300	6	30	20 ~ 25mm 弹簧可用于230℃以下温度
60Si2Mn	0.56 ~ 0.64	1.5 ~ 2	0.6 ~ 0.9	≤0.35		1200	1300	5	25	20 ~ 25mm 弹簧可用于230℃以下温度
50CrVA	0.46 ~ 0.54	0.17 ~ 0.37	0.5 ~ 0.8	0.8 ~ 1.1	0.1 ~ 0.2	1150	1300	(δ_5) 10	40	30 ~ 50mm 弹簧可用于210℃以下温度
60SiCrVA	0.56 ~ 0.64	1.4 ~ 1.8	0.4 ~ 0.7	0.9 ~ 1.2	0.1 ~ 0.2	1700	1900	(δ_5) 6	20	50mm 弹簧可用于250℃以下温度

表 C-6 常用滚动轴承钢的牌号、化学成分和用途

牌号	化学成分（质量分数,%）				用途
	C	Cr	Si	Mn	
GCr6	1.05 ~ 1.15	0.4 ~ 0.7	0.15 ~ 0.35	0.2 ~ 0.4	直径 < 10mm 的滚珠，滚柱及滚针
GCr9	1 ~ 1.1	0.9 ~ 1.2	0.15 ~ 0.35	0.2 ~ 0.4	直径 < 20mm 的滚珠，滚柱及滚针
GCr9SiMn	1 ~ 1.1	0.9 ~ 1.2	0.4 ~ 0.7	0.9 ~ 1.2	ϕ25 ~ ϕ50mm 的滚珠，直径 < 22mm 的滚柱，壁厚 < 12mm、外径 < 250mm 的套圈
GCr15	0.95 ~ 1.05	1.3 ~ 1.65	0.15 ~ 0.35	0.2 ~ 0.4	
GCr15SiMn	0.95 ~ 1.05	1.3 ~ 1.65	0.45 ~ 0.65	0.9 ~ 1.2	直径 > 50mm 的滚珠，直径 > 22mm 的滚柱，壁厚 > 12mm、外径 > 250mm 的套圈

表 C-7 常用低合金刃具钢的牌号、化学成分、热处理和用途

牌号	化学成分（质量分数,%）					用途
	C	Cr	Si	Mn	其他	
9SiCr	0.85 ~ 0.95	0.95 ~ 1.25	1.2 ~ 1.6	0.3 ~ 0.6		冷冲模、板牙、丝锥、钻头、铰刀、拉刀
8MnSi	0.75 ~ 0.85	—	0.3 ~ 0.6	0.8 ~ 1.1		木工錾子、锯条或其他刀具
9Mn2V	0.85 ~ 0.95	—	≤0.4	1.7 ~ 2	V0.1 ~ 0.25	量块、块规、精密丝杠、丝锥、板牙
CrWMn	0.90 ~ 1.05	0.9 ~ 1.2	0.15 ~ 0.35	0.8 ~ 1.1	W1.2 ~ 1.6	淬火后变形小的刀具，如拉刀、长丝杠及量规；形状复杂的冲模

表 C-8 量具钢的应用实例

量具名称	钢号
平样板、卡板	15、20、50、55、60、60Mn、65Mn
一般量规	T10A、T12A、9SiCr
高精度量规	Cr12、GCr15
高精度、形状复杂的量规	CrWMn

注：15、20 钢经渗碳淬火后使用。

表 C-9 常用不锈钢的牌号、成分、性能和用途

类别	钢号	化学成分（质量分数,%）			力学性能（不小于）				用途举例
		C	Cr	其他	σ_s /MPa	σ_b /MPa	δ （%）	硬度 HBW	
马氏体钢	12Cr13	≤0.15	11.50～13.50	—	420	600	20	187	汽轮机叶片、水压机阀、螺栓、螺母等抗弱腐蚀介质并承受冲击的零件
	20Cr13	0.16～0.25	12.00～14.00	—	450	600	16	197	
	30Cr13	0.26～0.35	12.00～14.00	—	—	—	—	48	做耐磨的零件，如加油泵轴、阀门零件、轴承、弹簧以及医疗器械
	40Cr13	0.36～0.45	12.00～14.00	—	—	—	—	50	
铁素体钢	06Cr13	≤0.08	11.50～13.50	—	350	500	24	—	抗水蒸气及热含硫石油腐蚀的设备
	10Cr17	≤0.12	16.00～18.00	—	250	400	20	—	硝酸工厂、食品工厂的设备
	1Cr28	≤0.15	27～30	—	300	450	20	—	制浓硝酸的设备
	1Cr17Ti	≤0.12	16～18	Ti：5 C：0.8	300	450	20	—	同1Cr17，但晶间腐蚀抗力较高
奥氏体钢	0Cr19Ni9	≤0.08	18～20	Ni：8～10.5	180	490	40	—	深冲零件、焊 NiCr 钢的焊芯
	1Cr19Ni9	0.04～0.1	18～20	Ni：8～11	200	550	45	—	耐硝酸、有机酸、盐、碱溶液腐蚀的设备
	1Cr18Ni9Ti	≤0.12	17～19	Ni：8～11 Ti：0.8～5 C：0.02	200	550	40	—	做焊芯、抗磁仪表、医疗器械、耐酸容器、输送管道

注：奥氏体不锈钢中硅的质量分数 <1%、锰的质量分数 <2%，其余钢中 Si、Mn 的质量分数一般不大于0.8%。

表 C-10 灰铸铁的牌号和应用

铸铁类别	牌号	铸件壁厚/mm	力学性能		用途举例
			R_m/MPa	HBW	
铁素体灰铸铁	HT100	2.5~10 10~20 20~30 30~50	130 100 90 80	110~166 93~140 87~131 82~122	适用于载荷小、对摩擦和磨损无特殊要求的不重要的零件，如防护罩、盖、油盘、手轮、支架、底板、重锤、小手柄、镶导轨的机床底座等
铁素体—珠光体灰铸铁	HT150	2.5~10 10~20 20~30 30~50	175 145 130 120	137~205 119~179 110~166 105~157	承受中等载荷的零件，如机座、支架、箱体、刀架、床身、轴承座、工作台、带轮、法兰、泵体、阀体、管路附件（工作压力不大）、飞轮、电动机座等
珠光体灰铸铁	HT200	2.5~10 10~20 20~30 30~50	220 195 170 160	157~236 148~222 134~200 129~192	承受较大载荷和要求一定的气密性或耐腐蚀性等较重要的零件，如气缸、齿轮、机座、飞轮、床身、气缸体、活塞、齿轮箱、刹车轮、联轴器盘、中等压力阀体、泵体、液压缸、阀门等
	HT250	4~10 10~20 20~30 30~50	270 240 220 200	175~262 164~247 157~236 150~225	
孕育铸铁	HT300	10~20 20~30 30~50	290 250 230	182~272 168~251 161~241	承受高载荷、耐磨和高气密性的重要零件，如重型机床、剪床、压力机、自动机床的床身、机座、机架、高压液压件、活塞环、齿轮、凸轮、车床卡盘、衬套、大型发动机的气缸体、缸套、气缸盖等
	HT350	10~20 20~30 30~50	340 290 260	199~298 182~272 171~257	

表 C-11 可锻铸铁牌号、力学性能和用途

牌号		试样直径 d/mm	σ_b /MPa	σ_s /MPa	δ (%)	硬度 HBW	应用
A	B		不小于				
KTH300-6	—	12 或 15	300	—	6	不大于 150	适于动载和静载且要求气密性好的零件，如管道配件、中低压阀门
—	KTH330-08		330	—	8		适于承受中等动载和静载的零件，如机床用扳手、车轮毂、钢丝绳接头

（续）

牌号 A	牌号 B	试样直径 d/mm	σ_b /MPa	σ_s /MPa	δ (%)	硬度 HBW	应用
			不小于				
KTH350-10	—	12 或 15	350	200	10	不大于 150	适于承受较高的冲击、振动及扭转负荷下工作的零件，如汽车上的差速器壳、前后轮毂、转向节壳、制动器
—	KTH370—12		370	—	12		
KTZ450-06	—		450	270	6	150～200	韧性较低，但强度大，适于承受较高载荷、耐磨损的重要零件，如曲轴、凸轮轴、连杆、齿轮、活塞环、摇臂、扳手
KTZ550-04	—		550	340	4	180～230	
KTZ650-02	—		650	430	2	210～260	
KTZ700-02	—		700	530	2	240～290	

表 C-12　球墨铸铁牌号、力学性能和用途

牌号	σ_b/MPa	$\sigma_{0.2}$/MPa	δ（%）	硬度 HBW	用途
	不小于				
QT400-18	400	250	18	130～180	汽车轮毂、驱动桥壳体、差速器壳体、离合器壳、拨叉、阀体、阀盖
QT400-15	400	250	15	130～180	
QT450-10	450	310	10	160～210	
QT500-7	500	320	7	170～230	内燃机的机油泵齿轮、铁路车辆轴瓦、飞轮
QT600-3	600	370	3	190～270	柴油机曲轴，轻型柴油机凸轮轴、连杆、气缸套、进排气门座，磨床、铣床、车床主轴，矿车车轮
QT700-2	700	420	2	225～305	
QT800-2	800	480	2	245～335	
QT900-2	900	600	2	280～360	汽车锥齿轮、转向节、传动轴，内燃机曲轴、凸轮轴

表 C-13　工业纯铝的牌号、化学成分和用途

旧牌号	新牌号	化学成分（质量分数,%） Al	化学成分（质量分数,%） 杂质总量	用途
L1	1070A	99.7	0.3	垫片、电容、电子管隔离罩、电缆、导电体和装饰件
L2	1060	99.6	0.4	
L3	1050A	99.5	0.5	
L4	1035	99.3	0.7	
L5	1200	99	1	不受力而具有某种特性的零件，如电线保护导管、通信系统的零件、垫片和装饰品

表 C-14　常用铝合金的牌号、力学性能和用途

类别	旧牌号	新牌号	半成品种类	状态	力学性能		用途举例
					σ_b/MPa	δ（%）	
防锈铝合金	LF2	5A02	冷轧板材 热轧板材 挤压板材	0 H112 0	167～226 117～157 ≤226	16～18 7～6 10	在液体中工作的中等强度的焊接件、冷冲压件和容器、骨架零件等
	LF21	3A21	冷轧板材 热轧板材 挤压厚壁管材	0 H112 H112	98～147 108～118 ≤167	18～20 15～12 —	要求高的可塑性和良好的焊接性、在液体或气体介质中工作的低载荷零件，如油箱、油管、液体容器、饮料罐等
硬铝合金	LY11	2A11	冷轧板材（包铝） 挤压棒材 拉挤制管材	0 T4 0	226～235 353～373 ≤245	12 10～12 10	用作各种要求中等强度的零件和构件、冲压的连接部件、空气螺旋桨叶片、局部镦粗的零件（如螺栓、铆钉）
	LY12	2A12	冷轧板材（包铝） 挤压棒材 拉挤制管材	T4 T4 0	407～427 255～275 ≤245	10～13 8～12 10	用量最大。用作各种要求高载荷的零件和构件（但不包括冲压件和锻件），如飞机上的骨架零件、蒙皮、翼梁、铆钉等150℃以下工作的零件
	LY8	2B11	铆钉线材	T4	J225	—	主要用作铆钉材料
超硬铝合金	LC3	7A03	铆钉线材	T6	J284	—	受力结构的铆钉
	LC4 LC9	7A04 7A09	挤压棒材 冷轧板材 热轧板材	T6 0 T6	490～510 ≤240 490	5～7 10 3～6	用作承力构件和高载荷零件，如飞机上的大梁、加强框、蒙皮、翼肋、起落架零件等，通常多用以取代2A12
锻铝合金	LD5 LD7 LD8	2A50 2A70 2A80	挤压棒材 挤压棒材 挤压棒材	T6 T6 T6	353 353 441～432	12 8 8～10	用作形状复杂和中等强度的锻件和冲压件，内燃机活塞、压气机叶片、叶轮、圆盘以及其他在高温下工作的复杂锻件。2A70耐热性好
	LD10	2A14	热轧板材	T6	432	5	高负荷和形状简单的锻件和模锻件

注：状态符号采用GB/T 16475—2008规定代号：0—退火，T4—淬火＋自然时效，T6—淬火＋人工时效，H112—热加工。

表 C-15　常用铸造铝合金的牌号、化学成分、力学性能和用途

合金牌号	化学成分（质量分数,%）				铸造方法与合金状态	力学性能（不低于）			用　途
	Si	Cu	Mg	其他		σ_b /MPa	δ （%）	HBW	
ZAlSi7Mg	6.5～7.5		0.25～0.45		J，T5 S，T5	202 192	2 2	60 60	飞机、仪器上的零件，工作温度＜185℃的化油器
ZAlSi7MgA	10～13				J，SB JB，SB T2	153 143 133	2 4 4	50 50 50	仪表、抽水机壳体，承受低载、工作温度＜200℃的气密性零件
ZAlSi5Cu1Mg	4.5～5.5	1～1.5	0.4～0.6		J，T5 S，T5 S，T6	231 212 222	0.5 1 0.5	70 70 70	形状复杂，在＜225℃下工作的零件，如风冷发动机的气缸头、油泵体、机匣
ZAlSi12Cu2Mg1	11～13	1～2	0.4～1	0.3～0.9 Mn	J，T1 J，T6	192 251	— —	85 90	要求高温强度及低膨胀系数的零件，如高速内燃机活塞、耐热零件
ZAlCu5Mn		4.5～5.3		0.6～1 Mn 0.15～0.35 Ti	S，T4 S，T5	290 330	8 4	70 90	在175～300℃下工作的零件，如内燃机气缸、活塞、支臂
ZAlCu5MnA		9～11			S，J S，J，T6	104 163	— —	50 100	形状简单、要求表面光洁的中等承载零件
ZAlMg10			9～11.5		J，S T4	280	9	60	工作温度＜150℃，在大气或海水中工作，承受大振动负载的零件
ZAlZn10Si7	6～8		0.1～0.3	9～13Zn	J，T1 S，T1	241 192	1.5 2	90 80	工作温度＜200℃，形状复杂的汽车、飞机零件

注：铸造方法与合金状态的符号：J—金属型铸造；S—砂型铸造；B—变质处理；T1—人工时效（不进行淬火）；T2—290℃退火；T4—淬火＋自然时效；T5—淬火＋不完全时效（时效温度低或时间短）；T6—淬火＋人工时效（180℃下，时间较长）。

表 C-16 铜加工产品的牌号、化学成分和用途

组别	牌号	化学成分（质量分数,%）				用途
		Cu（不小于）	杂质		杂质总量	
			Bi	Pb		
纯铜	T1	99.95	0.001	0.003	0.05	导电、导热、耐蚀器具材料，如电线、蒸发器、雷管、储藏器
	T2	99.9	0.001	0.005	0.1	
	T3	99.7	0.002	0.01	0.3	一般用铜材，如电气开关、管道、铆钉
无氧铜	TU1	99.97	0.001	0.003	0.03	电真空器件、高导电性导线
	TU2	99.95	0.001	0.004	0.05	

表 C-17 常用黄铜的牌号、化学成分、力学性能和用途

组别	牌号	化学成分（质量分数,%）		力学性能			用途
		Cu	其他	σ_b/MPa	δ（%）	HBW	
普通黄铜	H90	88~91	余量 Zn	260/480	45/4	53/130	双金属片、供水和排水管、艺术品、证章
	H68	67~70	余量 Zn	320/660	55/3	/150	复杂的冲压件、散热器外壳、波纹管、轴套、弹壳
	H62	60.5~63.5	余量 Zn	330/600	49/3	56/164	销钉、铆钉、螺钉、螺母、垫圈、夹线板、弹簧
特殊黄铜	HSn90-1	88~91	0.25~0.75Sn 余量 Zn	280/520	45/5	58/148	船舶零件、汽车和拖拉机的弹性套管
	HSi80-3	79~81	2.5~4Si 余量 Zn	300/600	58/4	90/110	船舶零件、蒸汽（<265℃）条件下工作的零件
	HMn58-2	57~60	1~2Mn 余量 Zn	400/700	40/10	85/175	弱电电路用的零件
	HPb59-1	57~60	0.8~1.9Pb 余量 Zn	400/650	45/14	90/140	热冲压及切削加工零件，如销、螺钉、螺母、轴套等
	HAl59-3-2	57~60	2.5~3.5Al 2~3Ni 余量 Zn	380/650	50/15	75/155	船舶、电动机及其他在常温下工作的高强度、耐蚀零件

注：力学性能数值中，分母数值为50%变形程度的硬化状态测定值，分子数值为600℃下退火状态测定值。

表 C-18　常用铸造黄铜的牌号、化学成分、力学性能和用途

牌　　号	化学成分（质量分数,%）		力 学 性 能			用　　途
	Cu	其他	σ_b/MPa	δ（%）	HBW	
ZCuZn38	60～63	余量 Zn	295/295	30/30	60/70	法兰、阀座、手柄、螺母
ZCuZnAl6 Fe3Mn3	60～66	4.5～7Al 2～4Fe 1.5～4Mn 余量 Zn	725/740	10/7	160/170	耐磨板、滑块、涡轮、螺栓
ZCuZn40Mn2	57～60	1～2Mn 余量 Zn	345/390	20/25	80/90	在淡水、海水、蒸汽中工作的零件，如阀体、阀杆、泵管接头
ZCuZn33Pb2	63～67	1～3Pb 余量 Zn	180/	12/	50/	煤气和给水设备的壳体、仪器的构件

注：力学性能中分子为砂型铸造试样测定值，分母为金属型铸造试样测定值。

表 C-19　常用青铜的牌号、化学成分、力学性能和用途

牌号	化学成分（质量分类,%）		力 学 性 能			用　　途
	第一主加元素	其他	σ_b/MPa	δ（%）	HBW	
QSn4-3	Sn3.5～4.5	2.7～3.3Zn 余量 Cu	350/550	40/4	60/160	弹性元件、管配件、化工机械中的耐磨零件及抗磁零件
QSn6.5-0.1	Sn6～7	0.1～0.25P 余量 Cu	400/750	65/9	80/180	弹簧、接触片、振动片、精密仪器中的耐磨零件
QSn4-4-4	Sn3～5	3.5～4.5Pb 3～5Zn 余量 Cu	310/650	46/3	62/170	重要的减磨零件，如轴承、轴套、蜗轮、丝杠、螺母
QAl7	Al6～8	余量 Cu	470/980	70/3	70/154	重要用途的弹性元件
QAl9-4	Al8～10	2～4Fe 余量 Cu	550/900	40/5	110/180	耐磨零件，如轴承、涡轮、齿圈；在蒸汽及海水中工作的高强度、耐蚀零件
QBe2	Be1.8～2.1	0.2～0.5Ni 余量 Cu	500/950	40/3	90HV/ 250HV	重要的弹性元件，耐磨件及在高速、高压、高温下工作的轴承
QSi3-1	Si2.7～3.5	1～1.5Mn 余量 Cu	370/700	55/3	80/180	弹性元件；在腐蚀介质下工作的耐磨零件，如齿轮

注：力学性能数值中分母数值为50%变形程度的硬化状态测定值，分子数值为600℃下退火状态测定值。

表 C-20　常用铸造青铜的牌号、化学成分、力学性能、用途

牌　号	化学成分（质量分类,%）		力学性能			用　途
	第一主加元素	其他	σ_b/MPa	δ（%）	HBW	
ZCuSn5Pb5Zn5	Sn 4～6	4～6Zn 4～6Pb 余量 Cu	200/200	13/13	60/60	较高负荷，中速的耐磨、耐蚀零件，如轴瓦、缸套、涡轮
ZCuSn10Pb1	Sn 9～11.5	0.5～1Pb 余量 Cu	200/310	3/2	80/90	高负荷、高速的耐磨零件，如轴瓦、衬套、齿轮
ZCuPb30	Pb 27～33	余量 Cu			/25	高速双金属轴瓦
ZCuAl9Mn2	Al 8～10	1.5～2.5Mn 余量 Cu	390/440	20/20	85/95	耐蚀、耐磨件，如齿轮、衬套、涡轮

注：力学性能中分子为砂型铸造试样测定值，分母为金属型铸造试样测定值。

表 C-21　锡基轴承合金的牌号、化学成分、力学性能和用途

牌　号	化学成分（质量分数,%）					HBW（不低于）	用　途
	Sb	Cu	Pb	杂质	Sn		
ZChSnSb12-4-10	11～13	2.5～5	9～11	0.55	余量	29	一般发动机的主轴承，但不适于高温条件
ZChSnSb11-6	10～12	5.5～6.5	—	0.55	余量	27	1500kW 以上蒸汽机、3700kW 涡轮压缩机、涡轮泵及高速内燃机的轴承
ZChSnSb8-4	7～8	3～4	—	0.55	余量	24	大型机器轴承及重载汽车发动机轴承
ZChSnSb4-4	4～5	4～5	—	0.5	余量	20	涡轮内燃机的高速轴承及轴承衬套

表 C-22　铅基轴承合金的牌号、化学成分、力学性能和用途

牌　号	化学成分（质量分数,%）					HBW（不低于）	用　途
	Sb	Cu	Sn	杂质	Pb		
ZChPbSb16-16-2	15～17	1.5～2	15～17	0.6	余量	30	110～880kW 蒸汽涡轮机、150～750kW 电动机和小于 1500kW 起重机中重载推力轴承

（续）

牌　号	化学成分（质量分数,%）					HBW（不低于）	用　途
	Sb	Cu	Sn	杂质	Pb		
ZChPbSb15-5-3-2	14~16	2.5~3	5~6	0.4	Cd 1.75~2.25 As 0.6~1 Pb余量	32	船舶机械、小于250kW电动机、水泵轴承
ZChPbSb15-10	14~16	—	9~11	0.5	余量	24	高温、中等压力下的机械轴承
ZChPbSb15-5	14~15.5	0.5~1	4~5.5	0.75	余量	20	低速、轻压力下的机械轴承
ZChPbSb10-6	9~11	—	5~7	0.75	余量	18	重载、耐蚀、耐磨轴承

表 C-23　工业上常用的橡胶的种类、特点和用途

种　类	代号	主要特点	用　途
天然橡胶	NR	耐磨、抗撕，加工性能良好，但不耐高温，耐油和耐溶剂性差，耐臭氧性差，易老化	用于制造轮胎、胶带、胶管及通用橡胶制品等
丁苯橡胶	SBR	耐磨性、耐老化和耐热性优良，比天然橡胶好。力学性能与天然橡胶相近，但加工性能较天然橡胶差，特别是自粘性	用于制造轮胎、胶带、胶管及通用橡胶制品等
氯丁橡胶	CR	力学性能、耐臭氧、耐腐蚀、耐油及耐溶剂性较好，但密度较大，电绝缘性差，加工时易粘辊、粘模	用于制造胶管、胶带、电缆粘胶剂、磨压制品及汽车门窗嵌条等
硅橡胶		可在-100~300℃下工作，具有良好的耐气候性和耐臭氧性、优良的电绝缘性，但强度低，耐油性不好	用于制造耐高低温制品、电绝缘制品，如各种管道系统的接头、垫片、O形密封圈等
氟橡胶	FPM	耐高温，可在315℃下工作。耐油、耐高真空、耐腐蚀性高于其他橡胶，抗辐射性能优良，但加工性能差，价格较贵	用于制造耐化学腐蚀制品，如化工衬里、垫圈、高级密封件、高真空橡胶件等

表 C-24　常用塑料的种类、性能和用途

类别	名　称	代号	主要特点	用　途
热塑性塑料	聚乙烯	PE	具有良好的耐蚀性和电绝缘性 高压聚乙烯柔软性、透明性较好 低压聚乙烯强度高、耐磨、耐蚀、绝缘性良好	高压聚乙烯：制造薄膜、软管和塑料瓶低压聚乙烯：制造塑料管、塑料板、塑料绳，以及承载不高的零件，如齿轮、轴承
	聚酰胺（尼龙）	PA	具有韧性好，耐磨、耐疲劳、耐油、耐水等综合性能，但吸水性强，成型收缩不稳定	制造一般机器零件，如轴承、齿轮、凸轮轴、涡轮、铰链等
	聚甲醛	POM	具有优良的综合力学性能，尺寸稳定性高，耐磨、耐老化性能良好，吸水性小，可在104℃下长期使用。遇火易燃，长期在大气中暴晒会老化	制造减磨、耐磨件，如轴承、齿轮、凸轮轴、仪表外壳、化油器、线圈骨架等
	聚砜	PSF	具有良好的耐寒、耐热、抗蠕变及尺寸稳定性。耐酸、碱和高温蒸汽。可在 -65 ~ 150℃下长期工作	制造耐蚀、减磨、耐磨、绝缘零件，如齿轮、凸轮、仪表外壳和接触器等
	有机玻璃（聚甲基丙烯酸甲酯）	PMMA	透光性好，可透过92%的太阳光，强度高，耐紫外线和大气老化，易于成型加工	制造航空、仪器仪表和无线电工业中的透明件，如飞机的座舱、电视机屏幕、汽车风挡、光学镜片等
	ABS塑料（聚乙烯-丁二烯-丙烯腈）	ABS	兼有三组元的性能，坚韧、质硬、刚性好。同时耐热、耐蚀、尺寸稳定性好，易于成型加工	制造一般机械的减磨、耐磨件，如齿轮、电视机外壳、转向盘、凸轮等
热固性塑料	环氧塑料	EP	强度较高，韧性较好，电绝缘性优良，化学稳定性和耐有机溶剂性好。因填料不同，性能也有所不同	制造塑料模具、精密量具、电工电子元件及线圈的灌封与固定
	酚醛塑料	PF	采用木屑作填料的酚醛塑料俗称“电木”。具有优良的耐热性、绝缘性、化学稳定性、尺寸稳定性和抗蠕变性，这些性能均优于热塑性塑料。电性能及耐热性随填料不同而有差异	制造一般机械零件、绝缘件、耐蚀零件及水润滑零件

（续）

类别	名　称	代号	主要特点	用　途
热固性塑料	氨基塑料	UF	具有优良的电绝缘性和耐电弧性；硬度高、耐磨、耐油脂及溶剂，难于自燃；着色性好，使用过程中不会失去其光泽	制造一般机器零件、绝缘件和装饰件，如玩具、餐具、开关、纽扣等
	有机硅塑料		电绝缘性能优良；可在180～200℃下长期使用；憎水性好，防潮性强；耐辐射，耐臭氧	主要为浇注料和粉料：浇注料用于制造电工电子元件及线圈的灌封与固定；粉料用于压制耐热件和绝缘件

表 C-25　常用金属材料质量计算公式

序号	质量计算公式（直径、长度、厚度、壁厚等单位为mm）
1	圆钢质量（kg）=0.00617×直径×直径×长度
2	方钢质量（kg）=0.00785×边宽×边宽×长度
3	六角钢质量（kg）=0.0068×对边宽×对边宽×长度
4	八角钢质量（kg）=0.0065×对边宽×对边宽×长度
5	螺纹钢质量（kg）=0.00617×计算直径×计算直径×长度
6	角钢质量（kg）=0.00785×(边宽+边宽-边厚)×边厚×长度
7	扁钢质量（kg）=0.00785×厚度×边宽×长度
8	钢管质量（kg）=0.02466×壁厚×(外径-壁厚)×长度
9	钢板质量（kg）=7.85×厚度×面积
10	圆纯铜棒质量（kg）=0.00698×直径×直径×长度
11	圆黄铜棒质量（kg）=0.00668×直径×直径×长度
12	圆铝棒质量（kg）=0.0022×直径×直径×长度
13	方纯铜棒质量（kg）=0.0089×边宽×边宽×长度
14	方黄铜棒质量（kg）=0.0085×边宽×边宽×长度
15	方铝棒质量（kg）=0.0028×边宽×边宽×长度
16	六角纯铜棒质量（kg）=0.0077×对边宽×对边宽×长度
17	六角黄铜棒质量（kg）=0.00736×边宽×对边宽×长度
18	六角铝棒质量（kg）=0.00242×对边宽×对边宽×长度
19	纯铜板质量（kg）=0.0089×厚×宽×长度
20	黄铜板质量（kg）=0.0085×厚×宽×长度
21	铝板质量（kg）=0.00171×厚×宽×长度
22	圆纯铜管质量（kg）=0.028×壁厚×(外径-壁厚)×长度
23	圆黄铜管质量（kg）=0.0267×壁厚×(外径-壁厚)×长度

附录 D

国标中螺纹的常识

一、螺纹的分类

1）螺纹分内螺纹和外螺纹两种。

2）按牙形分可分为三角形螺纹、梯形螺纹、矩形螺纹、锯齿形螺纹。

3）按线数分单头螺纹和多头螺纹。

4）按旋入方向分左旋螺纹和右旋螺纹两种，右旋不标注，左旋加 LH，如 M24×1.5LH。

5）按用途不同分为米制普通螺纹、用螺纹密封的管螺纹、非螺纹密封的管螺纹、60°圆锥管螺纹、米制锥螺纹等。

二、米制普通螺纹

1）米制普通螺纹用大写 M 表示，牙型角 $2\alpha=60°$（α 表示牙型半角）。

2）米制普通螺纹按螺距分粗牙普通螺纹和细牙普通螺纹两种。

① 粗牙普通螺纹标记一般不标明螺距，如 M20 表示粗牙螺纹；细牙螺纹标记必须标明螺距，如 M30×1.5 表示细牙螺纹、其中螺距为 1.5。

② 普通螺纹用于机械零件之间的联接和紧固，一般螺纹联接多用粗牙螺纹，细牙螺纹比同一公称直径的粗牙螺纹强度略高，自锁性能较好。

3）米制普通螺纹的标记：

M20—6H、M20×1.5LH—6g—40

其中，M 表示米制普通螺纹，20 表示螺纹的公称直径为 20mm，1.5 表示螺距，LH 表示左旋，6H、6g 表示螺纹公差等级，大写公差等级代号表示内螺纹，小写公差等级代号表示外螺纹，40 表示旋合长度。

① 常用米制普通粗牙螺纹的螺距如下表（螺纹底孔直径：碳钢 ϕ＝公称直径－P；铸铁 ϕ＝公称直径－1.05～1.1P；加工外螺纹光杆直径取 ϕ＝公称直径－0.13P）。

② 米制普通内螺纹的加工底孔直径（表 D-1）可用下式作近似计算

$$d=D-1.0825P$$

式中　D——公称直径；

　　　P——螺距。

表 D-1　螺纹底孔直径表　　（单位：mm）

螺纹						底孔直径
公称直径	螺距	小直径级别				
		5H max	6H max	7H max	5H、6H、7H min	
1	0.25	0.785			0.729	0.75
1.2	0.25	0.985			0.929	0.95
1.6	0.35	1.301	1.321		1.221	1.25
2	0.4	1.657	1.679		1.561	1.60
2.5	0.45	2.112	2.138		2.013	2.05
3	0.5	2.571	2.599	2.639	2.459	2.50
4	0.7	3.382	3.422	3.466	3.242	3.30
5	0.8	4.294	4.334	4.384	4.134	4.20
6	1	5.007	5.153	5.217	4.917	5.00
8	1.25	6.859	6.912	6.982	6.647	6.80
10	1.5	8.612	8.676	8.751	8.376	8.50
12	1.75	10.371	10.441	10.531	10.106	10.2
14	2	12.135	12.210	12.310	11.835	12.0
16	2	14.135	14.210	14.310	13.835	14.0
18	2.5	15.649	15.744	15.854	15.294	15.5
20	2.5	17.649	17.744	17.854	17.294	17.5
22	2.5	19.649	19.744	19.854	19.294	19.5
24	3	21.152	21.252	21.382	20.754	21.0

补充：M27*3　底孔 24.0mm；M30*3.5　底孔 26.5mm；M33*3.5　底孔 29.5mm；M36*4　底孔 32.0mm；M39*4　底孔 35.0mm；　M42*4.5　底孔 37.5mm；M45*4.5　底孔 40.5mm；　M48*5　底孔 43mm。

三、米制螺纹与英制螺纹的区别

1）米制螺纹用螺距来表示，美英制螺纹用每英寸内的螺纹牙数来表示。

2）米制螺纹是 60°等边牙型，英制螺纹是等腰 55°牙型，美制螺纹为等腰 60°牙型。

3）米制螺纹用公制单位（mm），美英制螺纹用英制单位（英寸，in）。

业内通常用“分”来称呼螺纹尺寸，1 英寸等于 8 分，1/4 英寸就是 2 分，以此类推。米、英制对照表、紧固件螺纹常用尺寸规格见表 D-2。

表 D-2 米、英制对照表、紧固件螺纹常用尺寸规格

规 格	螺 距			规 格	直径/mm	每英寸牙数	
	粗牙	细牙	极细牙			粗牙	细牙
M3	0.5	0.35		4#	2.9	40	48
M4	0.7	0.5		6#	3.5	32	40
M5	0.8	0.5		8#	4.2	32	36
M6	1.0	0.75		10#	4.8	24	32
M7	1.0	0.75		12#	5.5	24	28
M8	1.25	1.0	0.75	1/4	6.35	20	28
M10	1.5	1.25	1.0	5/16	7.94	18	24
M12	1.75	1.5	1.25	3/8	9.53	16	24
M14	2.0	1.5	1.0	7/16	11.11	14	20
M16	2.0	1.5	1.0	1/2	12.7	13	20
M18	2.5	2.0	1.5	9/16	14.29	12	18
M20	2.5	2.0	1.5	5/8	15.86	11	18
M22	2.5	2.0	1.5	3/4	19.05	10	16
M24	3.0	2.0	1.5	7/8	22.23	9	14
M27	3.0	2.0	1.5	1	25.40	8	12
M30	3.5	3.0	2.0				

附录 E

科技论文撰写知识

一、科技论文撰写的概述

科技人员不但需要具备一定的专业知识和科学研究能力，而且还应具备基础写作修养和技能，这样才能更好地对所从事的工作进行总结、挖掘、深入、交流和提高。

1. 科技论文的定义

科技论文是报道自然科学研究和技术开发创新性工作成果的论说文章，它运用概念、判断、推理、证明或反驳等逻辑思维手段，分析表达自然科学理论和技术开发研究成果。

科技论文特点是创新性，科学技术研究工作成果的科学论述，是某些理论性、实验性或观测性的新知识的科学记录，是某些已知原理应用于实际中取得新进展、新成果的科学总结。

2. 科技论文的分类

（1）按不同的角度，根据不同标准分类

1）学术性论文是指研究人员提供给学术性期刊发表或向学术会议提交的论文，它以报道学术研究成果为主要内容。学术性论文反映了该学科领域最新的、最前沿的科学技术水平和发展动向，对科学技术事业的发展起着重要的推动作用。这类论文应具有新的观点、新的分析方法和新的数据或结论，并具有科学性。

2）技术性论文是指工程技术人员为报道工程技术研究成果而提交的论文，这种研究成果主要是应用已有的理论来解决设计、技术、工艺、设备、材料等具体技术问题而取得的。技术性论文对技术进步和提高生产力起着直接的推动作用。这类论文应具有技术的先进性、实用性和科学性。

3）学位论文　指学位申请者提交的论文（略）。

（2）按研究的方式和论述的内容分类　实验、试验研究型；理论论证型；发现、发明型；设计、计算型；综合论述型。

3. 科技论文的特点

（1）科学性　科学性是科技论文的生命。

（2）创造性　科技论文的创造性说的是创造的有无问题，并不是指创造的大小问题。某一篇论文，其创新程度可能大些，也可能很小，但总要有一些独到之处，总要对丰富科学技术知识宝库和推动科学技术发展起到一定的作用。

（3）学术性　科技论文是议论文的一种，它同一般议论文一样都是由论点、论据、论证构成。科技论文要有一定的理论高度，要分析带有学术价值的问题，要研究某种专门的、有系统的学问，要引述各种事实和道理去论证自己的新见解，所以它不同于一般的议论文。

（4）理论性　科技论文要将实验、观测所得的结果，从理论高度进行分析，把感性认识上升到理性认识，进而找到带有规律性的东西，得出科学的结论。论文所表述的发现或发明，不但具有应用价值，而且还应具有理论价值，使论文具有较浓的理论色彩。

（5）规范性和可读性　撰写科技论文是为了交流、传播、储存新的科技信息，让他人利用，因此，科技论文必须按一定格式写作，必须具有良好的可读性。在文字表达上，要求语言准确、简明、通顺，条理清楚，层次分明，论述严谨。在技术表达方面，包括名词术语、数字、符号的使用，图表的设计，计量单位的使用，文献的著录等都应符合规范化要求。

二、科技论文的选题

选题就是决定论文写什么和怎么写。选题是写好科技论文的关键，选好题目就等于写好论文的一半。很多一线工作人员虽有丰富的实践经验，但写起论文来却往往不知从何下手。其实，这个问题并不难解决。选题时要注意以下几个问题：

1）选题方向与专业对口，从主管部门、专业学会和各类研讨会等指定的研究课题中，筛选出符合自己的工作实际和研究专长的典型问题作为论题，加以研究，撰写成文；在实践中注意细心观察，勤于思考，就自己体验较深又感兴趣的地方触发灵感，加以提炼，将其上升到一定的理论高度，形成论题；还可通过阅读书刊杂志，在综合、借鉴别人科研成果的基础上，受到有关论点和问题的启示，发现论题，总结经验、推陈出新，发表自己与众不同的见解。

2）选题要考虑主客观条件，应对自己有正确的客观估计。

3）选题时间适宜，选题要尽量早些，以便有充分的时间积累材料。

4）课题难易、大小要适度。选择的课题难易要适度，难度大的课题当然更有科学价值，但对参加工作不久的人来说，往往力不胜任，难以完成。

三、科技论文撰写的资料准备

1. 资料收集的重要性

科技论文是表述科研成果的文章，详细地占有资料，是科技论文写作的前提条件。科学研究的本质是发现事物的内在规律，揭示其蕴含的真谛。“规律”总是存在于大量的现象之中，“真谛”总是蕴含在纷繁的资料之中。详尽地占有资料，才有可能从对这些资料的分析研究中“析出”其固有规律而不是臆造“结论”。

2. 收集资料的要求与方法

（1）要求　必要而充分；真实而准确；典型而新颖；

（2）方法

1）参加有关实验、试验、调查研究，取得第一手资料。

2）参加学术报告会、技术鉴定会、学术交流会、技术研讨会、项目论证会等有关会议，并索取相关资料。

3）搜集《全国新书目》并到书店选购有关著作及期刊。

4）在图书馆检索、阅读、复制并索取或借阅有用资料。

5）加入信息网，从网内有关单位或网员处取得有关资料，或从同行、朋友处得到有关科技文献。

6）互联网上的资料可以作为参考，但一般不能当做依据。

四、科技论文的构成与表达方式

1. 科技论文的结构

科技论文的结构是文章的骨架，没有一个好的结构，就会使材料散乱无序，文章的内容就难以得到充分有力的表现。如同进行园林布局，同样的花木山石，如果安排不好，使人看了就索然无味；如果安排精巧，就会给人以峰回路转、曲径通幽的美感。

2. 结构的要求

（1）紧扣主题　文章结构的安排要为突出主题服务。无论内容安排的先后，详略主次的配合，层次段落的确定，叙述议论的结合，都要服从并服务于主题的需要。

（2）完整统一　所谓完整统一，是要将构成文章的各个部分和谐地、有机地组织到一起，使文章组织上协调，格调上一致，做到层次清楚，脉络分明；前后呼应，详略得当；章节之间环环相扣，成为一个完整的统一体。

（3）合乎逻辑　科技论文结构必须符合人们认识事物的规律，而提出问题、分析问题、解决问题的过程正符合人们认识问题的思维规律。根据事物的逻辑关系安排结构，尽管有时为了更好地表现主题在层次上稍做变动，但仍然是结构严密，合情合理，合乎逻辑的。

3. 科技论文的表达方式

（1）叙述　是用来交待与揭示某一事物或某一现象发生、发展、变化过程的一种表达方式。叙述是一种最基本、最常用的表达方式，凡是需要交待过程、显示发展、反映变化的地方，都要用这种表达方式。

（2）说明　是使用简洁的语言把实体事物的形态、构造、性质、特征、功能、成因、关系与抽象事物的概念、特点、原理、演变、异同等解说清楚的表达方式。要求内容科学、表述明确、态度客观。

（3）议论　是议事说理，它是运用概念、判断、推理等逻辑形式，通过摆事实、讲道理、辨是非，对客观事物、事理进行科学的分析论证，以表达作者的观点和态度。它的作用在于使文章鲜明、深刻，具有较强的哲理性和理论深度。

对议论的要求是论点要正确鲜明，论据要典型充实，论证要符合逻辑。

五、科技论文的撰写格式及其要求

（1）题目　题目是科技论文的中心和总纲。

要求准确恰当、简明扼要、醒目规范、便于检索，忌讳皮大馅小、盲目拔高、词语重复、语序错乱。

（2）署名　署名表示论文作者声明对论文拥有著作权、愿意文责自负，同时便于读者与作者联系。署名包括工作单位及联系方式。

工作单位应写全称并包括所在城市名称及邮政编码，有时为进行文献分析，要求作者提供性别、出生年月、职务职称、电话号码、E-mail 地址等信息。

（3）摘要　摘要是对论文的内容不加注释和评论的简短陈述，是文章内容的高度概括，主要内容包括：

1）该项研究工作的内容、目的及其重要性。

2）所使用的实验方法。

3）总结研究成果，突出作者的新见解。

4）研究结论及其意义。

注意：摘要中不列举例证，不描述研究过程，不做自我评价。

（4）关键词　关键词是为了满足文献标引或检索工作的需要而从论文中萃取出的、表示全文主题内容信息条目的单词、词组或术语，可参照《汉语主题词表》列出 3 ~8 个。

关键词是科技论文的文献检索标识，是表达文献主题概念的自然语言词汇。科技论文的关键词是从其题名、层次标题和正文中选出来的，能反映论文主题概念的词或词组。关键词是为了适应计算机检索的需要而提出来的，位置在摘要之后。

（5）引言　引言又称前言、导言、序言、绪论，它是一篇科技论文的开场白，由它引出文章，所以写在正文之前。

引言的主要内容：

1）简要说明研究工作的主要目的、范围，即为什么写这篇论文和要解决什么问题。

2）前人在本课题相关领域内所做的工作和尚存的知识空白，即作简要的历史回顾和现在国内外情况的横向比较。

3）研究的理论基础、技术路线、实验方法和手段，以及选择特定研究方法的理由。

4）预期研究结果及其意义。

引言的写作要求：

1）引言应言简意赅，内容不得繁琐，文字不可冗长，应能对读者产生吸引力。学术论文的引言根据论文篇幅的大小和内容的多少而定，一般为200~600字，短则可以不足100字，长则可以达1000字左右。

2）比较短的论文可不单列“引言”一节，在论文正文前只写一小段文字即可起到引言的效用。

3）引言不可与摘要雷同，不要写成摘要的注释。一般教科书中有的知识，在引言中不必赘述。

（6）正文　正文是科技论文的主体，是用论据经过论证证明论点而表述科研成果的核心部分。正文占论文的主要篇幅，可以包括以下部分或内容：调查对象、基本原理、实验和观测方法、仪器设备、材料原料、实验和观测结果、计算方法和编程原理、数据资料、经过加工整理的图表、形成的论点和导出的结论等。

正文可分作几个段落来写，每个段落需列什么样的标题，没有固定的格式，但大体上可以有以下几个部分（以试验研究报告类论文为例）。

1）理论分析　包括论证的理论依据，对所作的假设及其合理性的阐述，对分析方法的说明。其要点是，假说、前提条件、分析的对象、适用的理论、分析的方法、计算的过程等。

2）实验材料和方法　材料的表达主要是对材料的来源、性质和数量，以及材料的选取和处理等事项的阐述。

方法的表达主要指对实验的仪器、设备，以及实验条件和测试方法等事项的阐述。

写作要点包括实验对象，实验材料的名称、来源、性质、数量、选取方法和处理方法，实验目的，使用的仪器、设备（包括型号、名称、量测范围和精度等），实验及测定的方法和过程，出现的问题和采取的措施等。

材料和方法的阐述必须具体，真实。如果是采用前人的，只需注明出处；如果是改进前人的，则要交待改进之处；如果是自己提出的，则应详细说明，必要时可用示意图、方框图或照片图等配合表述。

3）实验结果及其分析　这是论文的价值所在，是论文的关键部分。它包括给出结果，并对结果进行定量或定性的分析。

写作要点是，以绘图和（或）列表（必要时）等手段整理实验结果，通过数据统计和误差分析说明结果的可靠性、再现性和普遍性，进行实验结果与理论计算结果的比较，说明结果的适用对象和范围，分析不符合预见的现象和数据，检验理论分析的正确性等。

4）结果的讨论　对结果进行讨论，目的在于阐述结果的意义，说明与前人所得结果不同的原因，根据研究结果继续阐述作者自己的见解。

写作要点是，解释所取得的研究成果，说明成果的意义，指出自己的成果与前人研究成果或观点的异同，讨论尚未定论之处和相反的结果，提出研究的方向和问题。最主要的是突出新发现、新发明，说明研究结果的必然性或偶然性。

（7）结论　科技论文一般在正文后面要有结论。结论是实验、观测结果和理论分析的逻辑发展，是将实验、观测得到的数据、结果，经过判断、推理、归纳等逻辑分析过程而得到的对事物的本质和规律的认识，是整篇论文的总论点。读者阅读论文的习惯一般是首先看题名，其次是看摘要，再次看结论，读完结论后才考虑这篇论文是否有阅读价值，决定是否看全文。结论既是能引起读者阅读兴趣的重要内容，又是文献工作者作摘要的重要依据，因此，写好论文的结论很重要。结论的内容主要包括，研究结果说明了什么问题，得出了什么规律，解决了什么实际问题或理论问题；对前人的研究成果做了哪些补充、修改和证实，有什么创新；本文研究的领域内还有哪些尚待解决的问题，以及解决这些问题的基本思路和关键。

（8）参考文献　在科技论文中，凡是引用前人（包括作者自己过去）已发表的文献中的观点、数据和材料等，都要对它们在文中出现的地方予以标明，并在文末（致谢段之后）列出参考文献表。这项工作叫做参考文献著录。

六、技师专业论文的撰写要求

1. 技师、高级技师专业论文要求

（1）题目要求

1）必须是本专业的范畴。

2）论题明确，言简意赅，避免空泛。

3）必要时，可加副标题。

（2）内容要求

1）立论正确：无原则性错误（政治性、法律性、人权性）。

2）论点正确：算法正确；无科学性错误（定律性、逻辑性、数学性）。

3）论据充分：具有典型意义，能够说明问题；合乎逻辑：前后呼应，无

舛乱。

4）举例恰当：叙述清楚，符合实际，有代表性和针对性，能够说明问题。

5）行文规范：行文流畅，段落清楚，用词恰当，标点准确，文中的文字和图形符号要统一、规范；用计算机按统一标准要求排版。

（3）字数要求

技师：5000字左右；高级技师：8000字左右。

评判准则：WORD97-“统计信息”-“字符”（带空格），去除插入的图形文件（如：*.BMP文件等）、声音文件（如：*.WAV文件等）等非文本文件的内容。

（4）格式要求

1）操作系统：

MS-WINDOWS 2000中文版、MS-WINDOWS NT中文版或MS-WINDOWS XP。

2）文字编辑软件：MS-WORD2000中文版或WPS2000以上软件。

3）论文内容提要内容和关键词：

单独页面。

正文字体：楷体_ GB2312，字号：小四。

标题：黑体，字号：四号，加粗。

4）论文目录内容

单独页面，列写到小节。

正文字体：宋体，字号：小四。

5）论文正文内容

正文字体：宋体，字号：小四。

标题：黑体，字号：四号，加粗。

6）参考文献

单独页面。

内容：序号、书名或原文名称（包括副标题）、主要编著者、出版社、出版时间，版次。

正文字体：宋体，字号：小四。

标题：黑体，字号：四号，加粗。

作者签名：钢笔或签字笔；黑色或蓝黑色。

7）所有页面的设置，左边界为4厘米，右边界为3厘米，其他均按默认值（WORD2000以上中文版）。

2. 技师、高级技师专业论文示例

1）封面格式如下：

专业论文

工种：×××××

题目：××××××××××

——————×××××××××

姓名：×××××
身份证号：×××××
等级：×××××
准考证号：×××××
培训单位：×××××
鉴定单位：×××××
2×××年××月 ××日

2）内容提要和关键词格式如下：

内容提要：黑体，四号字，加粗。

本文论述×××××××××××××××！×××××××××××××××××××××××××，×××？×××××××××××××××××××××××××。楷体，小四号字。

×××××××××××××！×××××××××××××××××××××××××，×××？×××××××××××××××××××××××××××。

小四号字空一行。

关键词：黑体，四号字，加粗。

制冷，空调，美容。楷体，小四号字。

3）目录格式如下：

目　　录 宋体三号字。

一、××××××××××

（一）×××××

1. ××××

2. ×××××

3. ××

（二）××××××

1. ××××××

2. ×××××××××

3. ××××××

（三）××××××

1. ××××××

2. ××××××××

3. ×××××

二、×××××××××

（一）×××××

1. ××××

2. ×××××

3. ××

（二）××××××

1. ××××××

2. ×××××××××

3. ××××

（三）××××××

1. ×××

2. ×××××

3. ××××

…… ……

4）论文正文格式如下：

××××××××××标题：黑体，三号字，加粗，居中。

一、××××××××××

××××××××，×××××××××××××××××××××××××。

××××××××××××××××；××××××××，××××××××！××××××××。

（一）×××××

×××××××××××××××××××××××，××××××××××××××××××××××××××××××××。

1. ××××

×××××××××××××××××××××××××××××××××××××，××××××××××××××××××××××。

2. ×××××

××××××××××××××××××××××××××××××××，×××××××××××××××××××××××××××。

（二）××××××

××××××××××××××××××××××××××××，×××××××××××××××××××××××××。

1. ××××××

××××××××××××××××，××××××××××××××××××××××××××。

2. ××××××××

××××××××××××××××××××××××××××××××，××××××××××××××××××××××××××。

3. ××××××

××××××××××××××××××××，××××××××××××××××××××××××××××。

……　……

5）参考文献格式如下：

参 考 文 献 首页小四号字空一行。

[1] 钱学森、宋健.《工程控制论》上册 [M]. 修订版. 北京：科学出版社，1978.
[2] 周作仁. 高士达彩电“白板”的检修 [J]. 家电维修，1998 (5).

附录 F

数控专业英语常用词汇

ABS（absolute） adj. 绝对的
absolute adj. 绝对的
AC n. 交流
accelerate v. 加速
acceleration n. 加速度
active adj. 有效的
adapter n. 适配器，插头
address n. 地址
adjust v. 调整
adjustment n. 调整
advance v. 前进
advanced adj. 高级的，增强的
alarm n. 报警
ALM（alarm） n. 报警
alter v. 修改
amplifier n. 放大器
angle n. 角度
APC n. 绝对式脉冲编码器
appendix n. 附录，附属品
arc n. 圆弧
argument n. 字段，自变量
arithmetic n. 算术
arrow n. 箭头
AUTO n. 自动
automatic adj. 自动的
automation n. 自动
auxiliary function 辅助功能
axes n. 轴（复数）
axis n. 轴
background n. 背景，后台
backlash n. 间隙
backspace v. 退格
backup v. 备份
bar n. 栏，条
battery n. 电池
baudrate n. 波特率
bearing n. 轴承
binary adj.. 二进制的
bit n. 位
blank n. 空格
block n. 块，段
block n. 撞块，程序段
blown v. 熔断
bore v. 镗
boring n. 镗
box n. 箱体，框
bracket n. 括号
buffer n. v. 缓冲
bus n. 总线
button n. 按钮
cabient n. 箱体
calbe n. 电缆

calculate v. 计算
calculation n. 计算
call v. 调用
CAN（cancel） v. 清除
cancel v. 清除
canned cycle 固定循环
capacity n. 容量
card n. 板卡
carriage n. 底座，工作台
cassette n. 磁带
cell n. 电池
CH（chanel） n. 通道
change v. 变更，更换
channel n. 通道
check v. 检查
chop v. 錾削
chopping n. 錾削
circle n. 圆
circuit n. 电路，回路
circular adj. 圆弧的
clamp v. 夹紧
clear v. 清除
clip v. 剪切
clip board n. 剪贴板
clock n. 时钟
clutch n. 卡盘，离合器
CMR n. 命令增益
CNC 计算机数字控制
code n. 代码
coder n. 编码器
command n，v. 命令
communication n. 通信
compensation n. 补偿
computer n. 计算机
condition n. 条件
configuration n. 配置
configure v. 配置
connect v. 连接
connection n. 连接
connector n. 连接器
console n. 操作台
constant n. 常数，adj. 恒定的
contour n. 轮廓
control v. 控制
conversion n. 转换
cool v. 冷却
coolant n. 冷却
coordinate n. 坐标
copy v. 拷贝
corner n. 转角
correct v. 改正，adj. 正确的
correction n. 修改
count v. 计数
counter n. 计数器
CPU n. 中央处理单元
CR n. 回车
cradle n. 摇架
create v. 生成
CRT n. 真空射线管
CSB n. 中央服务板
current n. 电流，当前的，缺省的
current loop n. 电流环
cursor n. 光标
custom n. 用户
cut v. 切削
cutter n. （圆盘形）刀具
cycle n. 循环
cylinder n. 圆柱体
cylindrical adj. 圆柱的
data n. 数据（复数）
date n. 日期
datum n. 数据（单数）

DC n. 直流
deceleration n. 减速
decimal point n. 小数点
decrease v. 减少
deep adj. 深的
define v. 定义
deg. n. 度
degree n. 度
DEL (delete) v. 删除
delay v, n. 延时
delete v. 删除
deletion n. 删除
description n. 描述
detect v. 检查
detection n. 检查
device n. 装置
DGN (diagnose) v. 诊断
DI n. 数字输入
DIAG (diagnosis) n. 诊断
diagnosis n. 诊断
diameter n. 直径
diamond n. 金刚石
digit n. 数字
dimension n. 尺寸,(坐标系的)维
DIR n. 目录
direction n. 方向
directory n. 目录
disconnect v. 断开
disconnection n. 断开
disk n. 软盘
diskette n. 软盘
display v, n. 显示
distance n. 距离
divide n, v 除, v. 划分
DMR n. 检测增益
DNC 直接数据控制
DO n. 数字输出
dogtch n. 回参考点减速开关
DOS n. 软盘操作系统
DRAM n. 动态随机存储器
drawing n. 画图
dress v. 修整
dresser n. 修整器
drill v. 钻孔
drive v. 驱动
driver n. 驱动器
dry run 空运行
duplicate v. 复制
duplication n. 复制
dwell n, v. 延时
edit v. 编辑
EDT (edit) v. 编辑
EIA n. 美国电子工业协会标准
electrical adj. 电气的
electronic adj. 电子的
emergency n. 紧急情况
enable v. 使能
encoder n. 编码器
end v, n. 结束
enter n. 回车, v. 输入, 进入
entry n. 输入
equal v. 等于
equipment n. 设备
erase v. 擦除
error n. 误差, 错误, 故障
esc = escape v. 退出
exact adj. 精确的
example n. 例子
exchange v. 更换
execute v. 执行
execution n. 执行
exit v. 退出

external　adj. 外部的
failure　n. 故障
FANUC　n. （日本）发那科
fault　n. 故障
feed　v. 进给
feedback　v. 反馈
feedrate　n. 进给率
figure　n. 数字
file　n. 文件
filt（filtrate）　v. 过滤
filter　n. 过滤器
fin（finish）　n. 完成（应答信号）
fine　adj. 精密的
fixture　n. 夹具
FL（回参考点的）低速
flash memory　n. 闪存
flexible adj. 柔性的
floppy　adj. 软的
foreground　n. 前景，前台
format　n. 格式，v. 格式化
function　n. 功能
gain　n. 增益
GE FANUC GE　发那科
gear　n. 齿轮
general　adj. 总的，通用的
generator　n. 发生器
geometry　n. 几何
gradient　n. 倾斜度，梯度
graph　n. 图形
graphic　adj. 图形的
grind　v. 磨削
group　n. 组
guidance　n. 指南，指导
guide　v. 指导
halt　n，v. 暂停，间断
handle　n. 手动，手摇轮
handy　adj. 便携的
handy file　便携式编程器
hardware　n. 硬件
helical　adj. 螺旋上升的
help　n，v. 帮助
history　n. 历史
HNDL（handle）　n. 手摇，手动
hold　v. 保持
hole　n. 孔
horizontal　a. 水平的
host　n. 主机
hour　n. 小时
hydraulic　adj. 液压的
I/O　n. 输入/输出
illegal　adj. 非法的
inactive　adj. 无效的
inch　n. 英寸
increment　n. 增量
incremental　adj. 增量的
index　分度，索引
initial　adj. 原始的
initialization　n. 初始化
initialize　v. 初始化
input n. v. 输入
INS（insert）　v. 插入
insert　v. 插入
instruction　n. 说明
interface　n. 接口
internal　adj. 内部的
interpolate　v. 插补
interpolation　n. 插补
interrupt　v. 中断
interruption　n. 中断
intervent　n. 间隔，间歇
involute　n. 渐开线
ISO　n. 国际标准化组织

jog n. 点动
jump v. 跳转
key n. 键
keyboard n. 键盘
label n. 标记，标号
ladder diagram 梯形图
language n. 语言
lathe n. 车床
LCD n. 液晶显示
least adj. 最小的
length n. 长度
LIB（library） n. 库
library n. 库
life n. 寿命
light n. 灯
limit n. 极限
limittch n. 限位开关
line n. 直线
linear adj. 线性的
linear scale n. 直线式传感器
link n，v. 连接
list n，v. 列表
load n. 负荷，v. 装载
local adj. 本地的
locate v. 定位，插销
location n. 定位，插销
lock v. 锁定
logic n. 逻辑
look ahead v. 预，超前
loop n. 回路，环路
LS n. 限位开关
LSI n. 大规模集成电路
machine n. 机床，v. 加工
macro n. 宏
macro program n. 宏程序
magazine n. 刀库
magnet n. 磁体，磁
magnetic a. 磁的
main program n. 主程序
maintain v. 维护
maintenance n. 维护
MAN（manual） n. 手动
management n. 管理
manual n. 手动
master adj. 主要的
max adj. 最大的，n. 最大值
maximum adj. 最大的，n. 最大值
MDI n. 手动数据输入
meaning n. 意义
measurement n. 测量
memory n. 存储器
menu n. 菜单
message n. 信息
meter n. 米
metric adj. 米制的
mill n. 铣床，v. 铣削
min adj. 最小的，n. 最小值
minimum adj. 最小的，n. 最小值
minus v. 减，adj. 负的
minute n. 分钟
mirror image n. 镜像
miscellaneous functio n n. 辅助功能
MMC n. 人机通信单元
modal adj. 模态的
modal G code n. 模态 G 代码
mode n. 方式
model n. 型号
modify v. 修改
module n. 模块
MON（monitor） v. 监控
monitor v. 监控
month n. 月份

motion　n. 运动
motor　n. 电机
mouse　n. 鼠标
MOV（移动）　v. 移动
move　v. 移动
movement　n. 移动
multiply　v. 乘
N number　n. 程序段号
N · M　n. 牛顿 · 米
name　n. 名字
NC　n. 数字控制
NCK　n. 数字控制核心
negative　adj. 负的
nest　v，n. 嵌入，嵌套
nop　n. 空操作
NULL　n. 空
number　n. 号码
numeric　adj. 数字的
O number　n. 程序号
octal　adj. 八进制的
OEM　n. 原始设备制造商
OFF　adv. 断
offset　n. 补偿，偏移量
ON　adv. 通
one shot G code　一次性 G 代码
open　v. 打开
operate　v. 操作
operation　n. 操作
OPRT（operation）　n. 操作
origin　n. 起源，由来
original　adj. 原始的
output　n，v. 输出
over travel　超程
over voltage　过电压
overcurrent　过电流
overflow　v，n. 溢出
overheat　n. 过热
overload　n. 过负荷
override　n.（速度等的）倍率
page　n. 页
page down　下翻页
page up　上翻页
panel　n. 面板
PARA（parameter）　n. 参数
parabola　n. 抛物线
parallel　adj. 平行的，并行的，并联的
parameter　n. 参数
parity　n. 奇偶性
part　n. 工件，部分
password　n. 口令，密码
paste　v. 粘贴
path　n. 路径
pattern　n. 句型，式样
pause　n. 暂停
PC　n. 个人电脑
PCB　n. 印刷电路板
per　prep. 每个
percent　n. 百分数
pitch　n. 节距，螺距
plane　n. 平面
PLC　n. 可编程序逻辑控制器
plus　n. 增益，prep. 加，adj. 正的
PMC　n. 可编程序逻辑控制器
pneumatic　adj. 空气的
polar　adj. 两极的，n. 极线
portable　adj. 便携的
POS（position）v，n. 位置，定位
position　v，n. 位置，定位
position loop　n. 位置环
positive　adj. 正的
power　n. 电源，能量，功率
power source　n. 电源

preload v. 预负荷
preset v. 预置
pressure n. 压力
preview v. 预览
PRGRM (program) v. 编程, n. 程序
print v. 打印
printer n. 打印机
prior adj. 优先的, 基本的
procedure n. 步骤
profile n. 轮廓, 剖面
program v. 编程, n. 程序
programmable adj. 可编程的
programmer n. 编程器
protect v. 保护
protocol n. 协议
PSW (password) n. 密码, 口令
pulse n. 脉冲
pump n. 泵
punch v. 穿孔
puncher n. 穿孔机
push button n. 按钮
PWM n. 脉宽调制
query n. 问题, 疑问
quit v. 退出
radius n. 半径
RAM n. 随机存储器
ramp n. 斜坡
ramp up v. (计算机系统) 自举
range n. 范围
rapid adj. 快速的
rate n. 比率, 速度
ratio n. 比值
read v. 读
ready adj. 有准备的
ream v. 铰加工
reamer n. 铰刀
record v, n. 记录
REF (reference) n. 参考
reference n. 参考
reference point n. 参考点
register n. 寄存器
registration n. 注册, 登记
relative adj. 相对的
relay v, n. 中继
remedy n. 解决方法
remote adj. 远程的
replace v. 更换, 代替
reset v. 复位
restart v. 重启动
RET (return) v. 返回
return v. 返回
revolution n. 转
rewind v. 卷绕
rigid adj. 刚性的
RISC n. 精简指令集计算机
roll v. 滚动
roller n. 滚轮
ROM n. 只读存储器
rotate v. 旋转
rotation n. 旋转
rotor n. 转子
rough adj. 粗糙的
RPM n. 转/分
RSTR (restart) v. 重启动
run v. 运行
sample n. 样本, 示例
save v. 存储
save as 另存为
scale n. 尺度, 标度
scaling n. 缩放比例
schedule n. 时间表, 清单
screen n. 屏幕

screw n. 丝杠，螺杆
search v. 搜索
second n. 秒
segment n. 字段
select v. 选择
selection n. 选择
self-diagnostic 自诊断
sensor n. 传感器
sequence n. 顺序
sequence number 顺序号
series n. 系列，adj. 串行的
series spindle n. 数字主轴
servo n. 伺服
set v. 设置
setting n. 设置
shaft n. 轴
shape n. 形状
shift v. 移位
SIEMENSE（德国）西门子公司
sign n. 符号，标记
signal n. 信号
skip v，n. 跳步
slave adj. 从属的
SLC n. 小型逻辑控制器
slide n. 滑台，v. 滑动
slot n. 槽
slow adj. 慢
soft key n. 软键盘
software n. 软件
space n. 空格，空间
SPC n. 增量式脉冲编码器
speed n. 速度
spindle n. 主轴
SRAM n. 静态随机存储器
SRH（search） v. 搜索
start v. 启动
statement n. 语句
stator n. 定子
status n. 状态
step n. 步
stop v. 停止，n. 挡铁
store v. 存储
strobe n. 选通
stroke n. 行程
subprogram n. 子程序
sum n. 总和
surface n. 表面
SV（servo） n. 伺服
symbol n. 符号，标记
synchronous adj. 同步的
SYS（system） n. 系统
system n. 系统
tab n. 制表键
table n. 表格
tail n. 尾座
tandem adv. 一前一后，串联
tandem control n. 纵排控制（加载预负荷的控制方式）
tank n. 箱体
tap n，v. 攻螺纹
tape n. 磁带，纸带
tape reader n. 纸带阅读机
tapping n. 攻螺纹
teach in 示教
technique n. 技术，工艺
temperature n. 温度
test v，n. 测试
thread n. 螺纹
time n. 时间，次数
tolerance n. 公差
tool n. 刀具，工具
tool pot n. 刀杯

torque n. 扭矩
tower n. 刀架，转塔
trace n. 轨迹，踪迹
track n. 轨迹，踪迹
tranducer n. 传感器
transfer v. 传输，传送
transformer n. 变压器
traverse v. 移动
trigger v. 触发
turn v 转动，n 转，回合
turn off v. 关断
turn on v. 接通
turning n. 转动，车削
unclamp v. 松开
unit n. 单位，装置
unload n. 卸载
unlock v. 解锁
UPS n. 不间断电源
user n. 用户
value n. 值
variable n. 变量，adj. 可变的
velocity n. 速度
velocity loop n. 速度环
verify v. 效验
version n. 版本
vertical a. 垂直的
voltage n. 电压
warning n. 警告
waveform n. 波形
wear n，v. 磨损
weight n. 重量，权重
wheel n. 轮子，砂轮
window n. 窗口，视窗
word n. 字
workpiece n. 工件
write v. 写入
wrong n. 错误，adj. 错的
year n. 年
zero n. 零，零位
zone n. 区域

参 考 文 献

[1] 宋放之，杨伟群，金福吉，等. 国家职业标准《数控铣工》（试行）[M]. 北京：中国劳动社会保障出版社，2005.

[2] 雷萍. 机械加工通用基础知识 [M]. 北京：中国劳动社会保障出版社，2003.

[3] 魏川生. 铣工技师培训教材 [M]. 北京：机械工业出版社，2004.

[4] 钱昌明，张晓芳. 铣削加工禁忌实例 [M]. 北京：机械工业出版社，2005.

[5] 吴明友. 数控铣床培训教程 [M]. 北京：机械工业出版社，2008.

[6] 王荣兴. 加工中心培训教程 [M]. 北京：机械工业出版社，2008.

[7] 陈海舟. 数控铣削加工宏程序及应用实例 [M]. 北京：机械工业出版社，2006.

[8] 尚建伟. 数控加工工艺与编程：铣工分册 [M]. 北京：机械工业出版社，2009.

[9] 张铁城. 加工中心操作工（基础知识 中级技能）[M]. 北京：中国劳动社会保障出版社，2001.

[10] 张铁城. 加工中心操作工（基础知识 高级技能）[M]. 北京：中国劳动社会保障出版社，2001.

[11] 彭效润. 数控铣工（中级）[M]. 北京：中国劳动社会保障出版社，2007.

[12] 彭效润. 数控铣工（高级）[M]. 北京：中国劳动社会保障出版社，2008.

[13] 宋放之. 数控机床多轴加工技术实用教程 [M]. 北京：清华大学出版社，2010.

[14] 彭效润. 数控加工基础 [M]. 北京：中国劳动社会保障出版社，2007.

[15] 赵刚. 数控铣削编程与加工 [M]. 北京：化学工业出版社，2007.

[16] 谷育红. 数控铣削加工技术 [M]. 北京：北京理工大学出版社，2006.